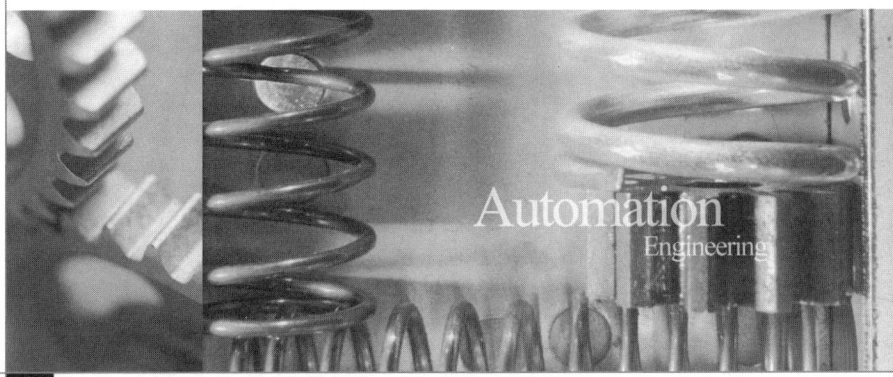

자동화설비기술

공유압 제어 이론과 실험

차흥식 저

일진사

책 머리에

　냉엄한 국제 경제 환경 속에서 우리가 살아 남는 수단은 인간성 회복과 기술 축적밖에 없다. 다량과 소량의 문제보다는 품질과 기술의 질로서 판가름 나게 될 것이다. 주변을 살펴보면 점차 자동화되어 가는 제조업체를 많이 볼 수 있는데, 우리는 그런 업체에서 종사하거나 그 기계들을 알게 모르게 이용하고 있다.

　이러한 자동화 설비는 무엇으로 움직여지며, 어떻게 구성되어 있을까? 바로 공유압으로 되어 있다 해도 과언이 아니다. 자동화 기술자는 '만능 선수이어야 한다'라는 말이 있듯이 자동화의 설계는 단순히 기계 지식뿐만 아니라 공유압과 전기·전자 지식 등을 알아야 하며, 이러한 것들이 종합적인 지식으로 되어야 비로소 자동화 기술자라 할 수 있다.

　자동화 기술이 급속히 발전하게 되고 보급됨에 따라 기계 기술자뿐만 아니라 모든 산업분야에 종사하는 기술자들에게까지도 그 지식과 이해의 필요성이 절실히 요구되고 있다. 우리 주변에 실용화되고 있는 공유압은 놀라울 정도로 그 종류가 많다. 예를 들면, 우리가 하루의 일과를 시작할 때에 이용하는 대중 버스나 지하철의 출입문 역시 공유압을 이용한 것이다.

　공유압은 유체공학의 일부로 기계공학의 전 분야에 걸쳐 기초이론과 응용기술의 조화가 이루어져야 하나, 근래에는 전기 및 전자에 이르기까지 다기술 또는 다기능쪽으로 조화가 이루어지고 있다.

　이 책은 그러한 추세에 맞추어 순수 공압 및 유압뿐만 아니라 전기 공학까지도 다루어 이공계 대학의 교재로 사용할 수 있도록 만들었다. 공학도에겐 기초를 쌓고, 산업현장에서는 반드시 필요한 자동제어 지침서가 되도록 내용 및 예제, 회로 작성법을 다루었다.

　끝으로, 이 책의 출간에 수고를 아끼지 않은 도서출판 **일진사** 여러분께 진심으로 감사를 드리며, 혹시 내용상의 잘못된 곳이나 미비한 부분이 있을 경우 독자 여러분의 기탄없는 지적을 바라며 수정, 보완할 것을 약속 드린다.

저자 씀

차 례

제1장 공·유압 장치의 개요

1. 공·유압의 특징 11
   1-1 공·유압의 정의 11
   1-2 공압장치의 장·단점 11
   1-3 유압장치의 장·단점 13

2. 공·유압 장치의 구성 및 작동 유체 14
   2-1 공압장치의 구성 14
   2-2 유압장치의 구성 15
   2-3 유체의 성질 16

3. 공·유압의 기초 23
   3-1 파스칼의 원리 23
   3-2 연속의 법칙 24
   3-3 일, 에너지 및 동력 25
   3-4 베르누이의 정리 27
   3-5 벤투리관 28
   3-6 공·유압 회로에서의 손실 29
   3-7 유체의 교축 30
   3-8 공기 중의 수분과 공기의 질 31

   ⊙ 연습문제 36

제2장 공기압 기기

1. 공압 발생 장치 ... 37
1-1 공기 압축기 ... 37
1-2 공기 탱크 ... 44
1-3 공기 정화 시스템 ... 44

2. 공압 밸브 ... 58
2-1 압력 제어 밸브 ... 58
2-2 유량 제어 밸브 ... 63
2-3 방향 제어 밸브 ... 65

3. 공압 액추에이터 ... 89
3-1 공압 실린더 ... 89
3-2 공압 모터 및 요동 액추에이터 ... 110

4. 공·유압 조합기기 ... 117
4-1 공·유압 변환기 ... 117
4-2 하이드로릭 체크 유닛 ... 119
4-3 증압기 ... 119

5. 부속 기기 ... 120
5-1 진공용 기기 ... 120
5-2 소음기 ... 121
5-3 완충기 ... 122

⊙ 연습문제 ... 123

제3장 유압 기기

1. 유압 펌프 124
- 1-1 펌프의 성능 및 선택 125
- 1-2 펌프의 종류와 특징 128
- 1-3 펌프의 선택 방법 137
- 1-4 펌프 취급시 주의사항 139
- 1-5 펌프의 고장과 대책 141

2. 유압 제어 밸브 143
- 2-1 압력 제어 밸브 143
- 2-2 방향 제어 밸브 150
- 2-3 유량 제어 밸브 156
- 2-4 서보 유압 밸브 160

3. 유압 액추에이터 161
- 3-1 유압 액추에이터의 종류 161
- 3-2 유압 실린더 163
- 3-3 유압 모터 174

4. 부속 기기 187
- 4-1 오일 탱크 187
- 4-2 여과기 189
- 4-3 축압기 195
- 4-4 오일 냉각기 및 가열기 201
- 4-5 오일 실 204
- 4-6 배 관 212
- 4-7 유압 작동유 218

- ⊙ 연습문제 224

제4장 공·유압 회로

1. 공·유압 제어 ·· 225
   - 1-1 공·유압 제어의 개요 ·· 225
   - 1-2 제어의 종류 ·· 226
   - 1-3 공·유압 회로 설계 ··· 227

2. 공압 회로 ·· 238
   - 2-1 공압 회로의 기호 ·· 238
   - 2-2 공압원 설정회로 ·· 239
   - 2-3 1방향 흐름회로 ·· 239
   - 2-4 단동 실린더 작동회로 ·· 240
   - 2-5 복동 실린더 작동회로 ·· 240
   - 2-6 복동 실린더의 속도조절 회로 ································· 241
   - 2-7 논리 제어 회로 ·· 241
   - 2-8 플립플롭 회로 ·· 243
   - 2-9 순차작동 제어회로 (시퀀스 회로) ························· 243

3. 유압 회로 ·· 244
   - 3-1 유압 회로의 기호 ·· 245
   - 3-2 유압 장치의 기본 회로 ·· 245
   - 3-3 시퀀스 회로 ·· 259
   - 3-4 증압 및 증강회로 ·· 262
   - 3-5 동조 회로 ·· 264
   - 3-6 유압 모터 회로 ·· 268

   - ⊙ 연습문제 ·· 272

제5장　전기-공·유압

1. 전기-공·유압의 개요 273
　　1-1　제어회로의 구성 273

2. 전기 기기 273
　　2-1　전기 제어용 소자 273

3. 전기 시퀀스도를 읽는 방법과 쓰는 방법 286
　　3-1　시퀀스도의 표시법 286
　　3-2　기본 회로도 그리는 법 287
　　3-3　실제로 사용되는 회로 294

◉ 연습문제 298

부　록

1. 유압·공기압 도면 기호 301
2. 공기압 용어 337
3. 유압 용어 359

◉ 찾아보기 373

1장
공·유압 장치의 개요

1. 공·유압의 특징

1-1 공·유압의 정의

압축된 유체를 이용하여 동력을 발생시키고 전달하며, 기계·기구를 제어하는 기체 (자동화 장치에 크게 활용) 를 말한다.

(1) 유 체
　① 공압장치(pneumatic pressure system) : 매체가 기체인 공기
　② 유압장치(hydraulic pressure system) : 매체가 액체인 석유계 오일, 물, 합성유

(2) 유체의 유동 목적
　① 유체수송(fluid transport) : 수원지 → 가정급수
　② 유체압력(pneumatic / hydraulic pressure) : 실린더, 모터에 일을 시킨다.

1-2 공압장치의 장·단점

(1) 장 점
　① 양 (amount) : 공기는 무한대로 존재하고 무료이며, 전력이 있는 한 공기 압축기와 전동기만 있으면 어떤 곳에서나 간단히 얻을 수 있다.
　② 조정가능 (adjustable) : 힘의 전달과 증폭이 간단하고, 방향의 전환, 유량의 가감, 압력의 증감 등의 조작과 제어를 매우 간단하게 할 수 있다.
　③ 구조 (construction) : 작동요소가 간단하여 가격이 저렴하다.
　④ 속도 (speed) : 압축공기는 매우 빠른 작업 매체이다.
　⑤ 이송 (transport) : 먼 거리까지도 쉽게 이송이 가능하다.
　⑥ 청결성 (cleanness) : 공기는 어디에 버려도 좋고, 또 누출되어도 환경이 오염되지 않고, 불쾌한 냄새가 나지도 않는다.
　⑦ 안정성 (overload safe & explosion proof) : 보통 사용되고 있는 $7\,kgf/cm^2$ 이하의 압

력에서는 인화나 폭발의 위험이 전혀 없으며 사용 범위 이상에서도 작동된다.
⑧ 저장성 (storage) : 압축공기는 공기탱크 등에 저장이 용이하고 필요에 따라 사용할 수 있다.
⑨ 쿠션성 (cushion) : 공기는 압축성 유체로 충격을 받으면 쿠션으로 작용한다. 사용 예로서 차량 공기 스프링을 들 수 있다.
⑩ 온도 (temperature) : 압축공기는 온도에 둔감하여 극한 상태에서의 운전에도 가능하다.

(2) 단 점

① 준비 (preparation) : 압축공기를 만드는데 준비가 필요하며, 먼지, 습기 등의 주의가 필요하다.
② 압축성 (compressible) : 압축성 때문에 균일한 피스톤 속도를 얻는 것이 불가능하다.
③ 역학적 사용한계 (force requirement) : 공기는 압력을 가하면 압축되는데, 이것은 완충 작용으로서의 이점은 되나, 유압에서와 같이 큰 힘으로 사용할 수 없다는 것도 된다. 유압의 경우는 일반적으로 $70\,kg_f/cm^2$ 정도가 사용되나, 공압은 $10\,kg_f/cm^2$ 정도로 유압과는 비교가 안 된다.
④ 운전비용 (cost) : 압축성 때문에 소비 동력에 비해 얻어지는 에너지가 적다. 즉, 효율에 있어서 유압 보다 못하고, 구동 비용이 고가로 된다.
⑤ 배기 (exhaust air) : 배기 소음이 크다.

각종 동력전달과 제어방식의 비교

특 징	전달 방식	공 기 압	유 압	전 기	기 계
장 점	에너지 축적	탱크에 의한 저장	어큐뮬레이터로 저장	직류만 콘덴서로 저장	스프링, 추 등 소규모
	동력원의 집중	용 이	곤 란	용 이	다소 곤란
	동력원의 발생	다소 용이	다소 곤란	용 이	곤 란
	인화, 폭발	압축성에 의한 폭발	작동유가 인화성이 있다	누전에 인한 가스 등에 인화성	영향 없다.
	외부 누설	영향 없다	오염, 인화	감전, 인화	관계없다
	허용 온도범위	5~60℃	5~60℃	40℃로 범위 좁음	넓 다
	과부하 안전대책	압력조절 밸브	릴리프 밸브	복 잡	복 잡
	출력 유지	용 이	다소 곤란	곤 란	곤 란
	작동 속도	10 m/sec 도 가능	1m/sec 정도	가장 빠르다	소
	보수 관리	용 이	다소 곤란	다소 곤란	용 이

	에너지 변화 효율	다소 나쁨	다소 양호	좋 다	다소 좋다
단 점	출 력	중(1 ton 정도)	대(10 ton 이상도 가능)	중	소
	윤활 대책	필요하다	필요 없다	별로 없다	필요하다
	배수 대책	필요하다	필요 없다	별로 없다	관계없다
	속도 제어	다소 나쁨	우 수	우 수	나쁘다
	중간 정지	곤 란	용 이	용 이	다소 곤란
	응 답 성	다소 나쁨	다소 양호	좋 다	다소 좋다
	신호 전달	중(1 ton 정도)	대(10 ton 이상도 가능)	중	소
	부하 특성	필요하다	필요 없다	별로 없다	필요하다
	소 음	크 다	다소 크다	적 다	적 다

1-3 유압장치의 장·단점

(1) 장 점

① 정확한 위치제어 : 정지, 이동 등의 위치제어가 정확하다.
② 크기에 비해 큰 힘의 발생 : 힘을 수십 배 또는 수백 배 이상 쉽게 증폭시킬 수 있다.
③ 뛰어난 제어 및 조절성 : 무단 변속이 가능하고 진동이 적으며, 작동이 원활하고 일정한 힘과 토크를 낼 수 있다.
④ 과부하에 대한 안전성과 시동 가능 : 일반적으로 기계식이나 전기식에 비해 구성요소가 간단하게 되어 있어 작동 및 유지가 쉽고, 안전성과 신뢰성이 크게 된다.
⑤ 부하와 무관한 정밀한 운동 : 전기식과 비교하여 관성이 적고, 저속 대토크의 기동이 우월하고 기계식에 비하여 마찰, 마모가 적고 윤활성이 우수하며, 힘의 전달기구가 간단하고, 일의 방향 변화가 용이하다. 원격 제어가 가능하며, 기계적 구동축에서와 같이 방향에 대한 제한을 받지 않는다.
⑥ 정숙한 작동과 반전 및 열 방출성 : 소음이 적고 응답성이 좋으며, 열을 방출한다.

(2) 단 점

① 기계장치마다 동력원, 즉 펌프와 탱크가 필요하다.
② 유온의 영향을 받고 작동유의 점도 변화로 인하여 정밀한 속도 제어가 어렵다.
③ 기름탱크가 커서 소형화가 곤란하다.
④ 배관의 난이성, 폐유에 의한 주변 환경이 오염될 우려가 있다.
⑤ 가연성 기름 사용시 화재의 위험이 있으며, 고압 사용으로 인한 위험성 및 이물질에 민감하다.
⑥ 낮은 효율과 냉각장치가 필요하다.

2. 공·유압 장치의 구성 및 작동 유체

2-1 공압장치의 구성

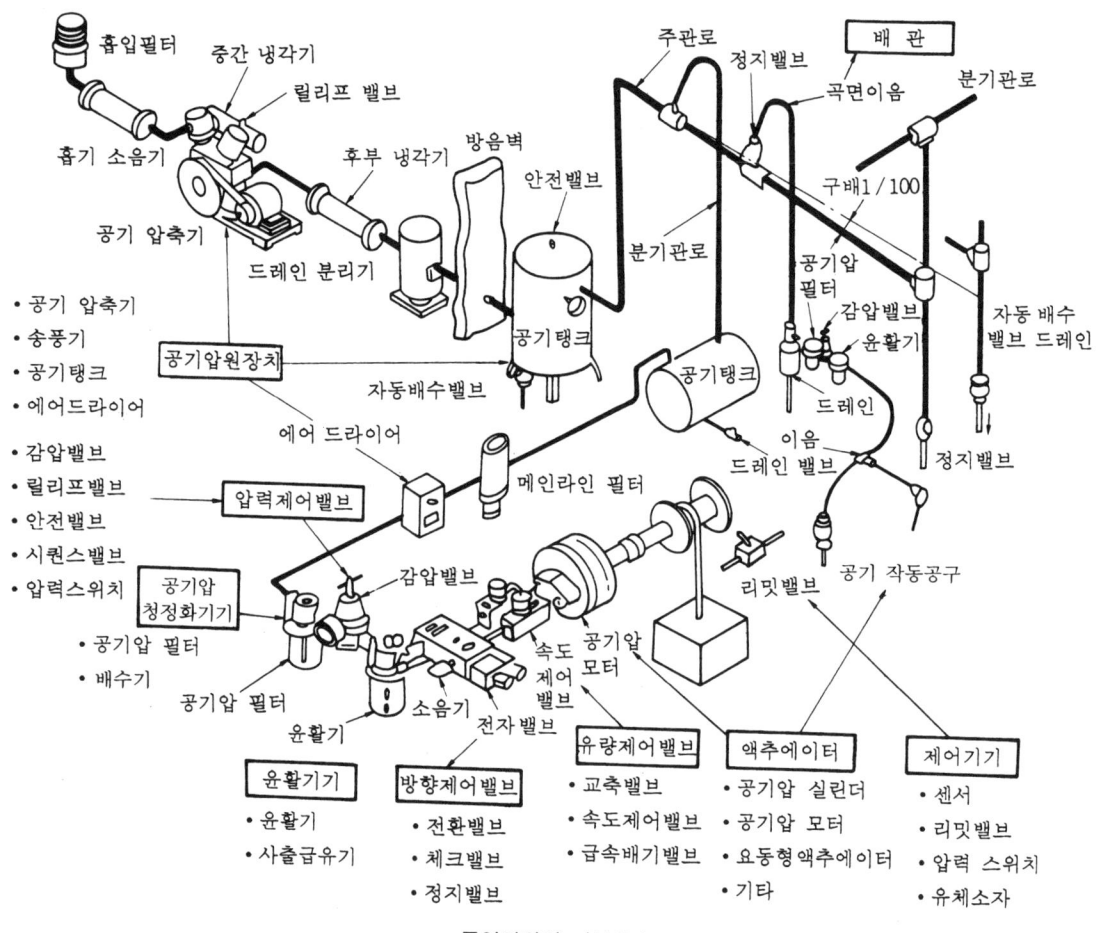

공압장치의 기본요소

공압장치는 기본적으로 다음의 요소로 구성된다.
① 압축공기를 저장하는 일정 크기의 탱크와 수분 등을 제거하는 장치
② 공기를 압축하는 공기 압축기
③ 공기 압축기를 구동시키는 전기 모터나 그 밖의 동력원
④ 공기의 방향, 압력, 유량을 조절하는 각종의 제어 밸브
⑤ 공기의 에너지를 필요한 작업을 위해서 힘 또는 토크 등의 기계적인 일로 변환시키는 장치
⑥ 공기가 통과하고 이송되는 파이프

먼저 공기 압축기에 의해 발생된 압축공기($1\sim7\,kg_f/cm^2$)는 공기탱크로 들어간 다음 하나의 배관으로 유도되어 밸브의 개방에 따라 여과기를 거치며, 여기서 먼지나 수분이 제거되어 질이 깨끗한 공기로 된다.

압력조정 밸브를 거치면서 사용압력(일반적으로 $4\sim5\,kg_f/cm^2$)으로 감압되어 안정된 압력을 가지게 된다.

이어서 윤활기로 들어가 뿌려지는 안개 모양의 오일과 섞인다. 이 안개 모양의 오일은 다음에 통과하는 방향제어 밸브나 공압 실린더가 원활하게 작동되도록 하기 위한 윤활제가 된다.

이와 같이 제반 성질을 갖춘 압축 공기는 방향제어 밸브의 조작에 따라 공압 실린더로 들어가 전후진한다. 공압 실린더가 공압 모터로 대체되면 공기 그라인더나 공기 드릴에서처럼 회전운동을 하게 된다.

2-2 유압장치의 구성

유압장치도 기본적으로 공압장치와 마찬가지로 펌프와 오일 탱크, 펌프 구동의 동력원, 각종 제어밸브, 유압 실린더 등의 일 변환장치 및 파이프의 6가지 요소로 구성된다.

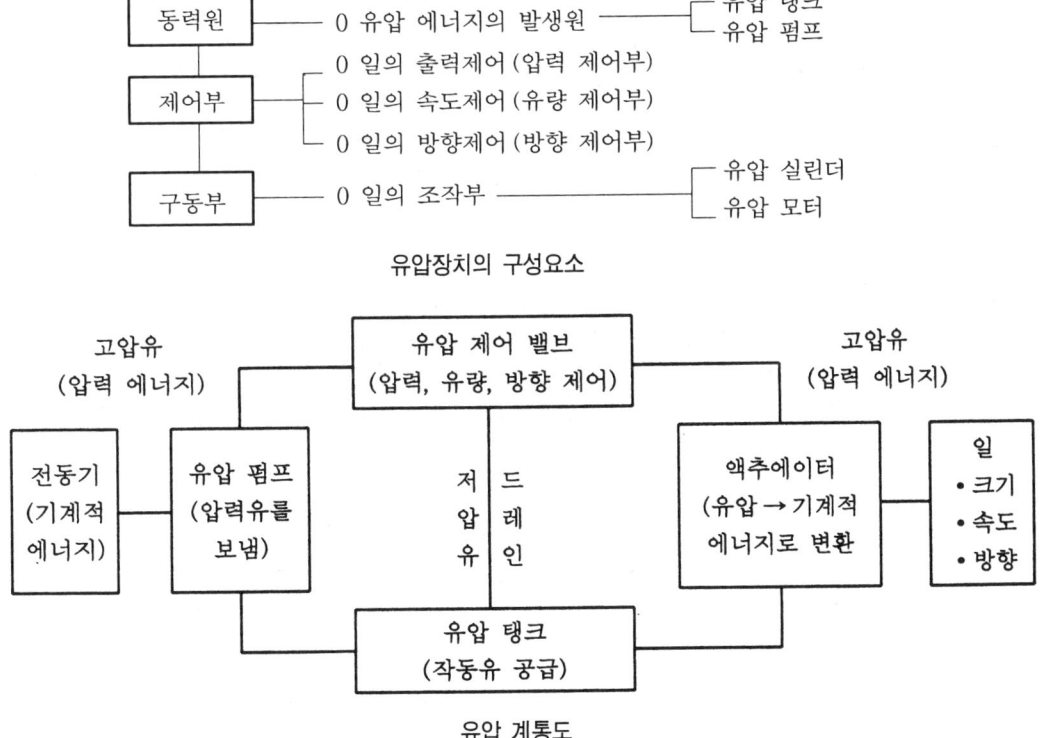

유압장치의 구성요소

유압 계통도

2-3 유체의 성질

(1) 중력 단위계

길이의 단위로 미터, 힘의 단위로 중량 킬로그램, 시간은 초를 기본 단위로 하는 단위계를 말한다. 일반적으로 중력가속도 g ($9.80665\,m/s^2$)의 국제 협정 표준치에 따라 중량 킬로그램을 규정하고 있다.

$$1\,[kg_f] = 1\,[kg] \times 9.80665\,[m/s^2] = 9.80665\,[N]$$
$$1\,[N] = 0.101972\,[kg_f]$$

미터법 단위계의 비교

단 위 계		길이 (L)	질량 (M)	시간 (T)	힘 (F)
미터법	절대 단위계 SI	m	kg	s	N
	MKS	m	kg	s	N, $kg_f \cdot m/s^2$
	CGS	cm	g	s	dyn, $g_f \cdot m/s^2$
	중력 단위계	m	$kg_f \cdot s^2/m$	s	kg_f

(2) 국제 단위계

국제단위계(SI : The International System of Unit)란 국제도량형총회(CGPM) 결의에 의하여 미터조약에 바탕을 두고 결정한 미터법 절대 단위계의 하나로 7개의 기본단위와 2개의 보조단위, 그리고 19개의 고유 명칭을 포함한 조립단위 및 16개의 접두어로 구성된다.

SI 기본단위

양	명 칭	기 호	양	명 칭	기 호
길이	미터	m	열역학 온도	켈빈	K
질량	킬로그램	kg	물질량	몰	mol
시간	초	s	광도	칸델라	cd
전류	암페어	A			

SI 보조단위

양	명 칭	기 호
평면각	라디안	rad
입체각	스테라디안	dr

SI 유도단위

양	명 칭	기 호	정 의
주파수	헤르츠	Hz	s^{-1}
힘	뉴턴	N	$m \cdot kg \cdot s^{-2}$
압력, 응력	파스칼	Pa	N/m^2
에너지, 일약, 열량	줄	J	$N \cdot m$
일률, 공률, 동력, 전력	와트	W	J/s
전기량, 전하	쿨롬	C	$A \cdot s$
전위, 전위차, 전압, 기전력	볼트	V	J/C
정전용량, 커패시턴스	패러디	F	C/V
전기저항	옴	Ω	V/A
컨덕턴스	지멘스	S	$Ω^{-1}$
자력선속	웨버	Wb	$V \cdot s$
자력선속밀도	데스러	T	Wb/m^2
인덕턴스	헨리	H	Wb/A
셀시우스 온도	셀시우스도	℃	$t\,℃ = (t + 273.15)K$
광속	루멘	lm	$cd \cdot sr$
조명도	럭스	lx	lm/m^2
방사능	베크렐	Bq	s^{-1}
흡수선량	그레이	Gy	J/kg
선량 당량	시버트	Sv	J/kg

접 두 어

단위에 곱해지는 배수	접 두 어 명칭	기호	단위에 곱해지는 배수	접 두 어 명칭	기호
10^{18}	엑서 (exa)	E	10^{-1}	데시 (deci)	d
10^{15}	페타 (peta)	P	10^{-2}	센티 (centi)	c
10^{12}	테라 (tera)	T	10^{-3}	밀리 (milli)	m
10^{9}	기가 (giga)	G	10^{-6}	마이크로 (micro)	μ
10^{6}	메가 (mega)	M	10^{-9}	나노 (nano)	n
10^{3}	킬로 (kilo)	k	10^{-12}	피코 (pico)	p
10^{2}	헥토 (hecto)	h	10^{-15}	펨토 (femto)	f
10^{1}	데카 (deco)	da	10^{-18}	아토 (atto)	a

SI 단위와 병용하는 단위

양	명 칭	기 호	정 의
시 간	분 시 일	min h d	1 min = 60 s 1 h = 60 min 1 d = 24 h
평면각	도 분 초	° ′ ″	1° = (π / 180) rad 1′ = (1 / 60)° 1″ (1 / 60)′
체 적	리터	L	1 L = 1 dm^3
질 량	톤	t	1 t = 10^3 kg$_f$

(3) 유체의 성질

① 비중량, 밀도, 비중 : 유체나 고체에 관계없이 모든 물질은 지구의 중력에 의해 지구의 중심으로 당겨진다. 이 힘을 물체의 무게라고 하며, 다음 식으로 나타낸다.

$$F = W = mg$$

여기서, F : 힘(kg$_f$), W : 무게(kg$_f$), m : 물질의 질량(g), g : 중력 가속도(9.8 m/s^2)

유체의 비중량은 단위 체적당의 무게로 정의된다.

$$\gamma = \frac{W}{V}$$ 여기서, γ : 비중량(kg$_f$/m^2), W : 무게(kg$_f$), V : 체적(m^2)

밀도는 단위 체적당 유체의 질량으로 나타내며, 밀도 ρ [kg/m^3] 는

$$\rho = \frac{m}{V}$$

비중은 물체의 밀도를 물의 밀도로 나눈 값으로 유체의 밀도를 ρ, 비중의 밀도를 ρ' 라고 하면, 비중 S 는

$$S = \frac{\rho}{\rho'}$$

즉, 물의 비중을 1로 보고 유체의 상대적 무게를 나타낸 것이다.

② 압력 : 공·유압장치 내의 압력은 가장 중요한 변수이므로, 압력의 개념과 단위를 확실하게 알아야 한다. 압력은 유체 내에서 단위 면적당 작용하는 힘으로 정의된다. 즉, 압력 P 는

$$P = \frac{F}{A}$$ 여기서, P : 압력(kg$_f$/cm^2), F : 힘(kg$_f$), A : 면적(cm^2)

압력의 단위로서 기압을 사용하기도 하는데, 760 mm 수은주의 높이에 상당하는

압력을 표준기압 (standard atmosphere)이라 하며, 다음과 같은 관계가 있다.

1 표준 기압 = 1atm = 760 mmHg (수은주)
= 10.33 mAq (물 기둥)
= 1.033 kgf/cm² = 1.013 bar = 1013 hpa

공학에서는 1 kgf/cm² 압력을 기준으로 하는데, 이것은 공학 기압이라 하며, 다음과 같은 관계가 성립한다.

1 공학 기압 = 1at = 733.5 mmHg
= 10.00 mAq
= 1.0 kgf/cm²

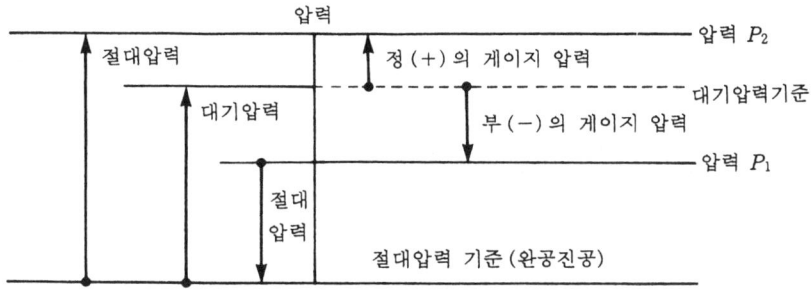

절대 압력과 게이지 압력과의 비교

압력의 단위

단위	Pa	bar	kgf/cm²	atm	mmH₂O	mmHg 또는 Torr
압력	1	1×10^{-5}	1.01972×10^{-5}	9.86923×10^{-6}	1.01972×10^{-1}	7.50062×10^{-3}
	1×10^5	1	1.01972	9.86923×10^{-1}	1.01972×10^{-4}	7.50062×10^2
	9.80665×10^4	9.80665×10^{-1}	1	9.67841×10^{-1}	1.0000×10^4	7.35559×10^2
	1.01325×10^5	1.01325	1.03323	1	1.03323×10^5	7.60000×10^2
	9.80665	9.80665×10^{-5}	1.0000×10^{-4}	9.67841×10^{-5}	1	7.35559×10^{-2}
	1.33322×10^2	1.33322×10^{-3}	1.35951×10^{-3}	1.31579×10^{-3}	1.35951×10	1

압력을 비중량으로 나누면 길이 단위가 되며, 이를 양정(lift) 또는 수두(head) 라 한다.

$$H = \frac{P}{\gamma}$$

압력은 대기 압력을 0으로 하여 측정한 압력인 게이지 압력(gauge pressure)과 완전한 진공을 0으로 하여 측정한 압력인 절대 압력(absolute pressure)이 있다.

절대 압력 = 대기압 + 계기 압력

게이지 압력에서는 대기 압력보다 높은 압력을 정압(+), 대기 압력보다 낮은 압력을 부압(-) 또는 진공압(vacuum pressure)이라 한다. 공학에서는 부압을 진공으로 표시하는데, 수은주(mmHg) 또는 백분율(%)을 사용한다.

예제 1. 1 기압은 수은주 760 mmHg 이다. 상온의 물이라면 이것의 수두는 얼마인가? 또, 1 기압을 kg_f/cm^2 단위로 나타내어 보아라.

[해설] (γH) 수은 = (γH) 물이므로, H(물) = 0.76 m × 13.6 = 10.34 m

1기압 = $\rho g H$ = 1000 kg_f/m^2

∴ 1기압 = 1000 kg_f/m^2 × 10.34 m = 10340 kg_f/m^2 = 1.034 kg_f/cm^2

③ 체적 탄성계수(bulkmodulus of elasticity) : 유체가 얼마나 압축되기 어려운가 하는 정도를 나타내는 것이며, 체적 탄성계수가 크면 압축이 잘되지 않는다.

$$\beta = -\frac{1}{V} \cdot \frac{\Delta v}{\Delta P}$$

여기서, β : 체적 탄성계수 (kg_f/cm^2), V : 원래의 체적 (cm^2)
ΔP : 압력의 변화량 (kg_f/cm^2), ΔV : 체적의 변화량 (cm^2)

유압장치 내에서 힘을 효과적으로 전달하려면 오일의 압축성이 적어야 한다. 오일의 체적 탄성계수는 $9.8 \times 10^9 \, kg_f/m^2$ 정도이다. 오일은 비압축성 유체라고 생각해도 좋다.

④ 점성계수(coefficient of viscosity) : 유체의 점성(viscosity)은 오일의 또 다른 중요한 성질의 하나로, 점성이 적으면 그만큼 유체는 흐르기가 쉽고, 점성이 크면 흐르기가 어렵게 된다.

㈎ 점성이 지나치게 큰 경우
 · 유동의 저항이 지나치게 많아진다.
 · 마찰 손실에 의해서 펌프가 많이 소비된다.
 · 밸브나 파이프를 통과할 때 압력 손실이 커진다.
 · 마찰에 의한 열이 많이 발생된다.

㈏ 점성이 지나치게 적은 경우
 · 각 부품 사이에서 누출 손실(leakage loss)이 커진다.
 · 부품 사이의 윤활작용을 하지 못하므로 마멸이 심해진다.

아래판은 고정하고 위판을 오른쪽으로 밀면, 그 사이의 유체가 움직이게 되며, 아래판 위에서의 유속은 "0"이고, 위판 바로 아래의 속도는 판의 속도 v 와 같게 된다. 그 사이의 속도가 직선으로 변한다고 하면, 판을 끌기 위한 단위 면적당의 힘을 전단응력(shearing stress)이라 하며 다음과 같이 나타낸다.

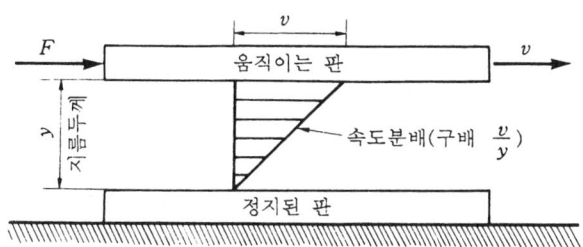

점성에 의한 속도 분포

$$\tau = \mu \frac{v}{y}$$

여기서, τ : 전단응력(kg_f/m^2), v : 위판의 속도 (m/s),
       y : 판 사이의 간격(m), μ : 점성계수 ($kg \cdot s/m^2$)

전단응력은 보통 속도의 기울기에 비례하며, 그 비례상수가 점성계수이며, 이 유체를 뉴턴 유체 (Newtonian fluid) 라 한다. 점성계수의 단위로는 푸아즈 (poise, P), 센티푸아즈 (cP) 등이 있다.

     1 cP = 0.01 푸아즈

한편, 점성계수를 밀도로 나눈 값을 동점성계수 (kinematic coefficient of viscosity) 라고 한다.

$$v = \frac{\mu}{\rho}$$

여기서, v : 동점성계수 (m^2/s), ρ : 밀도 (kg/m^2)

유압 공학에서 많이 사용하는 단위로는 스토크 (St) 를 사용하고, 센티스토크 (cSt) 도 사용한다.

     1 stokes = 1cm^2/s = $10^{-4} m^2/s$

     1 cSt = 0.01 stoke

여기서, 점성계수는 온도에 따라 크게 변화한다는 것에 주의하여야 한다.

⑤ 공기의 상태 변화 : 기체의 압력, 체적, 온도의 3요소에는 일정한 관계가 있는데 이들 중의 2요소가 정해지면 나머지 요소는 필연적으로 정해진다. 이 3요소간의 관계를 나타내는 식을 상태식이라 하고, 이들의 변화를 상태의 변화라 한다.

(가) 보일의 법칙 : 압력이 P_1, 체적이 V_1인 일정량의 공기와 온도를 일정하게 유지한 채 압축 또는 팽창시켜서 압력이 P_2, 체적이 V_2로 변화할 때 다음 식이 성립된다.

$$P_1 V_1 = P_2 V_2 = 일정$$

즉, 온도가 일정하면 일정량의 기체의 압력과 체적의 곱은 항상 일정하며, 이것을 보일의 법칙이라 한다.

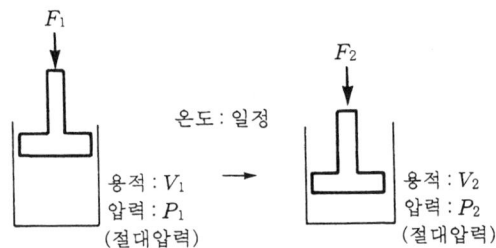

보일의 법칙

(나) 샤를의 법칙 : 절대온도가 T_1인 일정량의 공기와 압력을 일정하게 유지한 채 가열 또는 냉각해서 체적이 V_2, 온도가 T_2로 변화할 때 다음 식이 성립된다.

$$\frac{T_1}{T_2} = \frac{V_1}{V_2} = 일정$$

즉, 압력이 일정하면 일정량의 공기의 체적은 절대온도에 정비례한다. 이것을 샤를의 법칙이라 한다.

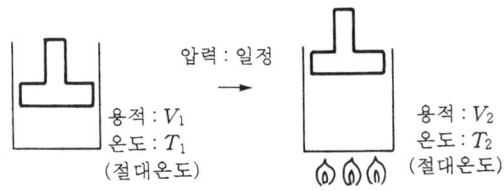

샤를의 법칙

(다) 보일·샤를의 법칙 : 압력, 온도, 체적의 3요소가 모두 변화할 경우 일정량의 기체의 체적은 압력에 비례하고 절대온도에 정비례한다. 이것을 보일·샤를의 법칙이라 한다.

$$PV = GRT \, [\text{kg}_f \cdot \text{m}]$$

여기서, G : 기체의 중량(kg_f), R : 가스상수 ($29.27 \, \text{kg}_f \cdot \text{m} / \text{kg}_f \cdot \text{K}$)

㈑ 등온변화 : 보일·샤를의 법칙에서 다음의 식이 성립되며, 온도의 변화가 없는 상태에서의 변화를 등온변화라 한다.

$$PV = GRT = 일정$$

즉, 압력은 체적에 반비례하고, 이 변화가 온도변화도 동반할 경우 다음으로 표현된다.

$$\frac{P_1 V_1}{T_1} = \frac{P_2 V_2}{T_2}$$

㈒ 단열변화 : 기체가 외부와 열의 출입이 전혀 없는 상태에서 압력이나 체적이 변화하는 것을 단열변화라 한다. 단열변화인 경우 압력과 체적의 관계는 다음 식으로 표현할 수 있다.

$$PV^k = 일정 \qquad P_1 V_1^k = P_2 V_2^k$$

$$\frac{T_1}{T_2} = \left(\frac{P_1}{P_2}\right)^{\frac{(k-1)}{k}} = \left(\frac{V_2}{V_1}\right)^{k-1}$$

여기서, v : 비용적 ($v = 1/\gamma$, $\gamma = P/RT$), C_p : 정압비열
C_v : 정적비열, k : 비열비 (단열지수 $k = C_p / C_v$, 공기의 경우 1.4)

3. 공·유압의 기초

3-1 파스칼의 원리

공·유압 회로를 이해하고 설계하기 위해서는 먼저 공·유압장치 내에서 유체가 정지해 있을 때, 압력이 어떻게 전달되고 힘이 어떻게 증폭되는지를 이해하여야 한다. 기본적으로 정지된 유체 내의 모든 위치에서의 압력은 방향에 관계없이 항상 같으며, 또 유체를 통하여 전달된다.

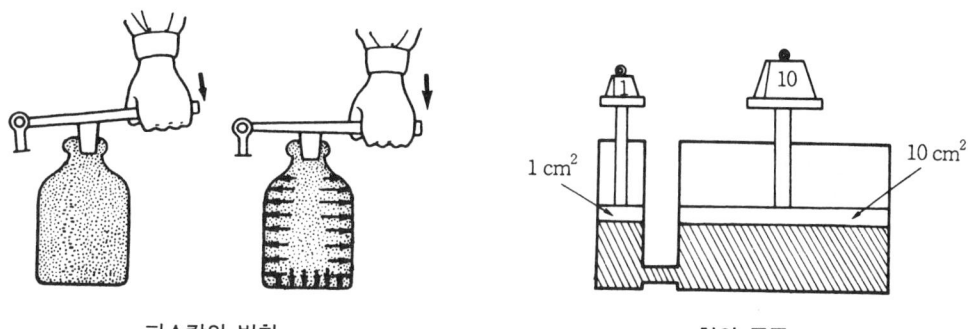

파스칼의 법칙   힘의 증폭

24 제 1 장 공·유압 장치의 개요

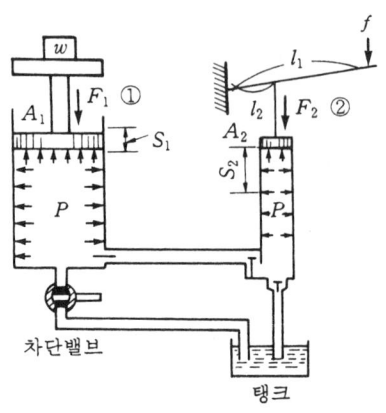

지렛대의 원리

지레를 이용하여 파스칼의 원리를 설명하면, 지레의 길이를 10 : 1로 하면 힘은 10배 증가된다.

즉, 파스칼의 원리는 정지된 유체 내에서 압력을 가하면 이 압력은 유체를 통하여 모든 방향으로 일정하게 전달된다는 것으로, 모든 유압장치에 기본적으로 이용되는 원리이다.

예제 2. 공기 유압 부스터에서 왼쪽 실린더를 통하여 공기가 $1\,\text{kg}_f/\text{cm}^2$ 의 압력으로 작용되면 오른쪽 피스톤에 얼마의 힘이 전달되는가? (단, $P_1 : 1\,\text{kg}_f/\text{cm}^2$(공기 압력), $A_1 : 20\,\text{cm}^2$ (공기 피스톤의 면적), $A_2 : 1\,\text{cm}^2$(유압유 피스톤의 면적), $A_3 : 25\,\text{cm}^2$ (부하 피스톤의 면적)

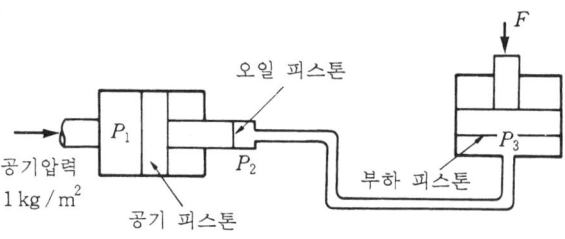

[해설] 왼쪽 실린더에서 $P_1 A_1 = P_2 A_2$ 이므로, $P_2 = \dfrac{P_1 A_1}{A_2} = \dfrac{1 \times 20}{1} = 20\,\text{kg}_f/\text{cm}^2$

파스칼의 원리에서 $P_2 = P_3 = 20\,\text{kg}_f/\text{cm}^2$

따라서, 작용하는 힘은 $F = P_3 A_3 = 20 \times 25 = 500\,\text{kg}_f$

3-2 연속의 법칙 (law of continuity)

관 속을 유체가 가득 차서 흐른다면, 단위 시간에 단면 A_1을 통과하는 중량 유량은 단면 A_2를 통과하는 중량 유량과 같다. 이를 연속의 법칙이라 한다.

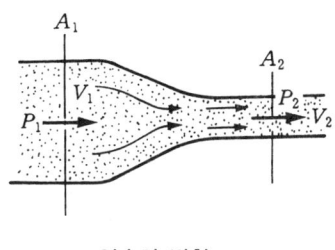

연속의 법칙

단면적을 A_1, A_2 [m^2], 유체의 비중량을 γ_1, γ_2 [kg$_f$/m^3], 유속을 V_1, V_2 [m/s] 라 하면, 유체의 중량 G [kg$_f$/s] 는 연속의 법칙에 따라 다음의 식으로 표시된다.

$$G = \gamma_1 A_1 V_1 = \gamma_2 A_2 V_2$$

따라서, γ_1과 γ_2 의 두 값 사이에 매우 큰 차가 없다면 관의 단면적이 큰 곳에서는 유속이 늦어지고, 작은 곳에서는 빨라진다. 또, 물과 같이 비압축성 유체의 경우는 $\gamma_1 = \gamma_2$ 이므로, 이것을 γ 로 나타내면 다음 식을 얻을 수 있다.

$$\frac{G}{\gamma} = A_1 V_1 = A_2 V_2 = Q = 일정$$

위의 식에서 Q 는 유체의 유량을 체적으로 나타낸 것으로 보통체적 유량이라 하며, 단위로는 m^3/s, m^3/min, l/min 를 사용한다.

예제 3. 지름 $D_1 = 4$ cm, 지름 $D_2 = 2$ cm, V_1 의 속도가 4 m/s 일 때, 유량 Q 와 속도 V_2 는 얼마인가?

[해설] $Q = A_1 V_1$ 이므로,

$$A_1 = \frac{\pi}{4} D_1^2 = \frac{3.14}{4} \left(\frac{4}{100}\right)^2 = 0.00126 \, \text{m}^2$$

$$Q = 4 \, \text{m/s} \times 0.00126 \, \text{m}^2 = 0.00504 \, \text{m}^3/\text{s}$$

$$V_2 = V_1 \frac{A_1}{A_2} = V_1 \left(\frac{D_1}{D_2}\right)^2 = 4 \times \left(\frac{4}{2}\right)^2 = 16 \, \text{m/s}$$

3-3 일, 에너지 및 동력

물체에 일정한 크기의 힘을 가하여 힘이 작용하는 방향으로 물체가 움직였다면 일은 힘과 움직인 거리의 곱으로 정의된다.

$$W = F \times S$$

여기서, F : 작용한 힘 (kg$_f$), S : 움직인 거리 (m), W : 일 (kg$_f \cdot$ m)

에너지는 일과 같은 개념이나 형태에 따라 열에너지, 전기 에너지, 기계 에너지 등으로 생각할 수 있다.

한편, 동력은 일률, 즉 단위 시간에 수행한 일 또는 단위 시간에 전달되는 에너지의 양을 말한다.

$$P = \frac{W}{t} = \frac{F \cdot S}{t} = F \cdot V$$

여기서, t 는 힘이 작용한 시간이므로, 동력이란 결국 작용한 힘의 크기와 움직이는 속도의 곱과 같으며, 동력을 마력으로 나타내면 다음과 같다.

$$1\,\text{PS} = 75\,\text{kg}_f \cdot \text{m/s} ≒ 735\,\text{W}$$

풀리, 기어 등의 회전체는 회전축 둘레의 모멘트를 받고 회전하여 동력을 전달하는 데, 이 때의 모멘트를 토크(torque, T)라 하며, 회전하는 기계에서는 이 토크가 매우 중요하다.

회전하는 디스크의 반지름 R 인 위치에 직각으로 힘 F 가 작용하면, 토크(T)는

$$T = F \times R$$

회전하는 디스크의 토크

여기서, T : 토크 (kg$_f \cdot$ m) 이고, ω : 회전 각속도 (rad/s) 일 때 동력은

$$P = F \cdot v = F \times R w = T \cdot w$$

유압 실린더의 왼쪽으로 압력 p 인 상태의 유체를 유량 Q 로 보내면 실린더 로드는 F 만큼의 힘을 받으며, 주어진 시간 t 동안 행정 S 만큼 움직인다고 하면 피스톤의 지름, 유량, 동력은 다음과 같이 구할 수 있다.

(1) 피스톤의 지름

피스톤의 단면적을 A 라 하면,

$$A = \frac{\pi D^2}{4}, \quad P = \frac{F}{A} = \frac{4F}{\pi D^2} \quad \therefore D = \sqrt{\frac{4F}{\pi P}}$$

(2) 피스톤을 한 행정 움직이는 데 필요한 전체 유체의 체적 : $V = A \cdot S$

(3) 유량 : $Q = \dfrac{A \cdot S}{t} = A \cdot v$

(4) 동력 : $H_p = F \cdot v = \dfrac{P \cdot A \cdot Q}{A} = P \cdot Q$

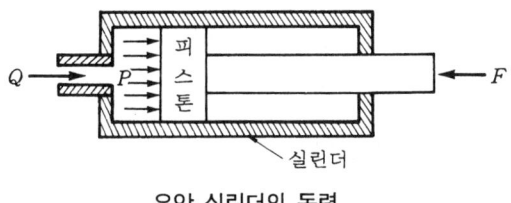

유압 실린더의 동력

주어진 압력에서 많은 힘을 얻기 위해서는 피스톤의 지름이 커야 함을 알 수 있고, 빨리 움직이기 위해서는 유량이 많아야 하며, 동력은 압력과 유량의 곱으로 나타내고 있음을 알 수 있다. 따라서, 주어진 압력에서 힘과 속도를 증가시키려면 많은 동력이 필요함을 알게 된다.

3-4 베르누이의 정리 (Bernoulli's theorem)

베르누이의 정리는 유압 회로를 해석하는데 가장 좋은 관계식의 하나이며, 관 속에서 에너지 손실이 없다고 가정하면, 즉 점성이 없는 비압축성의 액체는 에너지 보존의 법칙(law of conservation of energy)으로부터 유도될 수 있다.

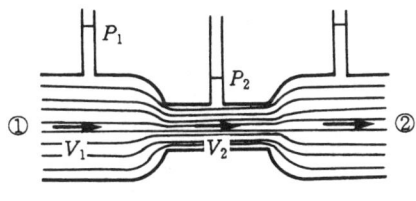

베르누이의 정리

그림과 같이 관 내에 W [kg]의 유체가 흐르면 ①의 위치에서 가지고 있는 에너지는 ②의 위치에서 가지고 있는 에너지와 같다고 생각한다.

에너지 보존 법칙에 따라 유체가 가지고 있는 에너지는 위치 에너지(potential energy)와 운동 에너지(kinetic energy), 압력 에너지(pressure energy)로 나눌 수 있다.

위치 에너지는 무게 W의 유체를 h 만큼 위로 높이면 에너지는 Wh 만큼 증가하고, 속도가 v면 $\dfrac{Wv_2}{2g}$ 만큼의 운동 에너지를 가지게 된다. 또한, 압력이 p 인 상태의 유체에는 $\dfrac{WR}{\gamma}$ 만큼의 잠재 에너지가 존재한다. 따라서, 마찰이 없는, 즉 손실이 없는 경우라면 다음의 식이 성립한다.

$$Wh_1 + \frac{Wv_1^2}{2g} + \frac{Wp_1}{\gamma} = \frac{Wv_2^2}{2g} + \frac{Wp_2}{\gamma}$$

$$h_1 + \frac{v_1^2}{2g} + \frac{p_1}{\gamma} = h_2 + \frac{v_2^2}{2g} + \frac{p_2}{\gamma}$$

이것을 베르누이의 방정식이라 하며, 손실이 없는 경우에 유체의 위치, 속도 및 압력 수두의 합으로 표시된다.

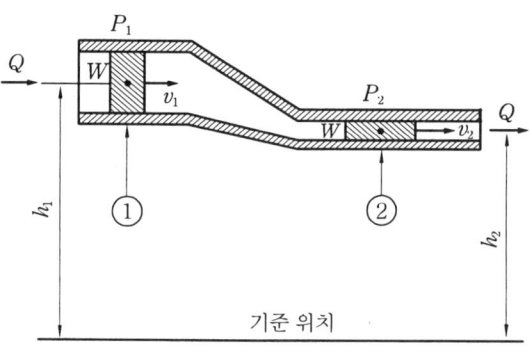

베르누이의 정리의 적용

3-5 벤투리관 (venturi tube)

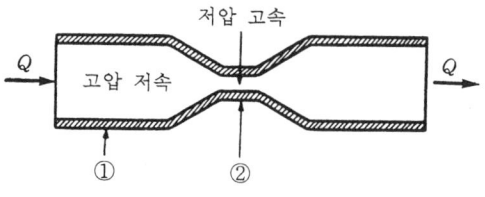

벤투리관에서의 압력강화

관의 저압은 차차 줄어들어 ② 점에서 최소로 되었다가 다시 굵어진다. 유량이 일정하므로 속도 V_2 가 속도 V_1 보다 크다. 여기서, 위치 ①과 위치 ② 사이에 베르누이의 방

정식을 적용시키면,

$$\frac{v_1^2}{2g} + \frac{p_1}{\gamma} = \frac{v_2^2}{2g} + \frac{p_2}{\gamma} \qquad \frac{v}{2g}(v_2^2 - v_1^2) = p_1 - p_2$$

가 된다. 따라서, p_1 은 p_2 보다 크게 된다. 이것은 유체의 전체 에너지가 보존되기 위해서 운동 에너지가 증가됨에 따라 압력 에너지가 감소되기 때문이다.

3-6 공·유압 회로에서의 손실

(1) 유체의 흐름

유체의 흐름에는 층류와 난류가 있다. 층류인 경우는 원통형의 층을 이룬 형태로 배관 내를 흐르게 된다. 이 때 유체 안쪽 층의 속도가 바깥쪽 보다 빨라지게 된다. 그러나 유속이 정해진 어떤 속도(임계속도) 보다 빨라지면 유체 분자들은 층을 이루며 운동하는 형태를 벗어나 파이프 중앙에, 유체 분자들은 바깥쪽으로 회전하게 되며, 결국 유체 분자들은 서로 얽히게 되고 소용돌이가 생긴다.

이것을 난류라고 하며 유체의 레이놀즈수가 큰 경우, 즉 점도계수가 작고, 굵은 관을 흐를 때 일어나기 쉬우며 에너지를 많이 소비한다. 층류는 유체의 동점도가 크고, 유속이 비교적 작고, 가는 관이나 좁은 틈새를 통과할 때, 레이놀즈수가 작은 경우, 즉 점성계수가 큰 경우에 잘 일어나며, 유체의 점성만이 압력손실의 원인이 된다.

(2) 유체의 손실수두 (loss head)

공·유압 회로 내에서는 베르누이의 정리에 의하여 압력은 속도와 위치의 변화에 따라 변하게 된다. 유압회로는 H_L의 손실이 항상 있게 된다.

관의 지름을 D[m], 길이를 L[m], 관 내 유체의 평균속도를 V[m/s]라 하고, f는 마찰계수, g는 중력 가속도 $9.8\,\text{m/s}^2$ 라 하면, 관 내에서의 손실수두 H_L[m] 을 나타내는 식은 다음과 같다.

$$H_L = f\left(\frac{L}{D}\right)\left(\frac{V^2}{2}g\right)$$

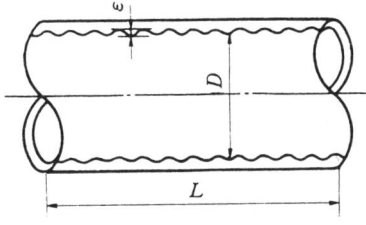

관의 치수와 거칠기

관을 흐르는 유체는 레이놀즈수(Reynolds number, $Re = \dfrac{VD}{v}$)에 따라 층류와 난류로 구별된다.

레이놀즈수가 작은 경우, 즉 상대적으로 유속과 지름이 작거나 점성계수가 큰 경우에 층류가 되고, 레이놀즈수가 큰 경우에는 난류가 된다. 그 경계값은 보통 $Re = 2320$ 정도이며, 층류인 경우 이론적으로

$$f = \frac{64}{Re}$$

이고, 난류인 경우 f는 Re와 벽면의 거칠기에 따라 달라지며, 밸브나 관이음 등 복잡한 형상 내의 흐름은 대부분 난류인 경우가 많다.

3-7 유체의 교축

(1) 오리피스로부터의 공기의 흐름

오리피스로부터의 공기 흐름은 흐름의 단면에 따라 변화한다. 상류의 압력 P_H를 일정하게 유지하면서 하류의 압력 P_L을 P_H와 같은 압력으로부터 조금씩 내리면 B점의 유속은 증가된다.

이에 따라 B점의 압력 P_S도 내려가는데, P_L이 어느 압력까지 내려가면 B점의 유속과 압력은 일정한 값을 가지게 되고, 그 이상 P_L을 내려도 변하지 않는다.

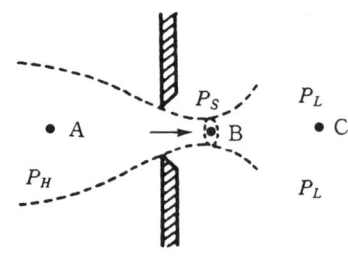

오리피스의 흐름

이것은 B 유속이 음속에 달하였으므로 그 이상의 유속으로 될 수 없기 때문이다. B점의 유속이 음속으로 될 때의 조건은 상류와 하류의 절대 압력의 비에 따라 정해지며, 이 비를 임계 압력비라 한다.

$$\frac{P_H}{P_L} = 1.893$$

오리피스나 스로틀부를 흐를 때의 유량은 흐름이 가장 좁게 되는 B점의 단면적이 유효 면적으로 표시된다.

기기 내를 공기가 흐를 때, 상류 쪽과 하류 쪽의 압력에 따라 유량이 달라진다. 즉, 최소 단면부의 유속이 음속이 되어 있든지 또는 그 이하인가에 따라 달라진다.

유속이 음속이 되었을 경우의 흐름을 음속 흐름이라 하고, 음속 이하의 경우를 아음속 흐름이라고 한다.

$\dfrac{P_H}{P_L} > 1.893$ 일 때 (음속 흐름)

$Q = 11.1 S P_H \sqrt{\dfrac{273}{T}}$

$\dfrac{P_H}{P_L} < 1.893$ 일 때 (아음속 흐름)

$Q = 22.2 S \sqrt{(P_H - P_L) \cdot P_H} \sqrt{\dfrac{273}{T}}$

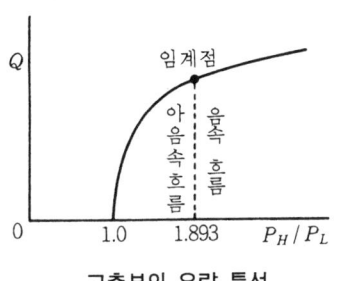

교축부의 유량 특성

여기서, Q : 기준 상태에서의 체적유량 (l/min)
P_H : 상류 쪽의 절대압력 (kg$_f$/cm^2)
P_L : 하류 쪽의 절대압력 (kg$_f$/cm^2), S : 기기의 유효면적 (mm^2)
T : 공기의 절대온도 (°K)

(2) 초크 (choke)

면적을 줄인 부분의 길이가 단면 치수에 비하여 비교적 긴 경우 흐름의 교축을 초크라 한다.

아래의 식은 관 내 압력손실의 계산에도 사용되나 층류의 경우에만 적용된다.

$Q = \dfrac{\pi d^2 \cdot g (P_1 - P_2)}{128 \cdot \gamma \cdot v \cdot l}$

여기서, Q : 유량 (cm^3/sec^2), d : 구멍의 지름 (cm)
$P_1 - P_2$: 압력차, γ : 비중량 (kg$_f$/cm^3)
V : 이동 점성계수 (cm^2/sec), l : 구멍의 길이
g : 중력 가속도 (980 cm/sec^2)

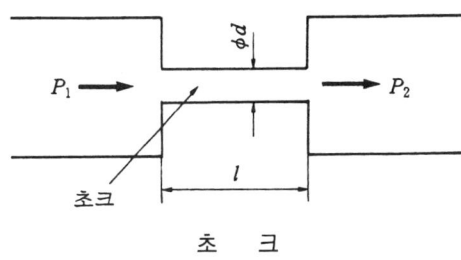

초 크

3-8 공기 중의 수분과 공기의 질

(1) 공기 중의 수증기

여러 종류의 기체가 혼합하여 서로 화학반응을 일으키지 않는 경우에 각각의 기체는

서로 간섭하지 않고 단독으로 움직인다. 따라서, 혼합 기체의 압력(전압력)은 각 기체의 분압의 합과 같게 된다. 이것을 돌턴의 법칙(Law of Dalton)이라 하고, 공기나 공기 중의 수증기도 이 법칙에 따른다.

그러나 수증기의 경우는 다른 기체와 달리 일정한 온도에 있어서는 어느 일정의 분압(수증기압) 이상으로 될 수 없게 되어 응축하여 물방울이 된다. 이 한계의 분압을 포화 수증기압이라고 한다. 따라서, 공기 중의 수분이 수증기로서 존재할 수 있는 양은 그 공기의 온도에 따라 한계가 지어지는데 이 양을 포화 수증기량이라 하고, $1\,m^3$의 공기 중의 수증기량을 g 으로 표시한다.

포화 수증기량 (상대습도 100%)

구 분		1℃ 단위에서의 온도 (℃)									
		0	1	2	3	4	5	6	7	8	9
10℃ 단위에서의 온도 (℃)	90	420.1	433.6	448.5	464.3	480.8	496.6	514.3	532.0	550.3	569.7
	80	290.8	301.7	313.3	325.3	337.2	349.9	362.5	375.9	389.7	404.9
	70	197.0	204.9	213.4	222.01	231.1	240.2	249.6	259.4	269.7	280.0
	60	129.8	135.6	141.5	147.6	153.9	160.5	167.3	174.2	181.6	189.0
	50	82.9	86.9	90.9	95.2	99.6	104.2	108.9	114.0	119.1	124.4
	40	51.0	53.6	56.4	59.2	62.2	65.3	68.5	71.8	75.3	78.9
	30	30.3	32.0	33.8	35.6	37.5	39.5	41.6	43.8	46.1	48.5
	20	17.3	18.3	19.4	20.6	21.8	23.0	24.3	25.7	27.2	28.7
	10	9.40	10.0	10.6	11.3	12.1	12.8	13.6	14.5	15.4	16.3
	0	4.85	5.19	5.56	5.95	6.35	6.80	7.26	7.75	8.27	8.82
	−0	4.85	4.52	4.22	3.93	3.66	3.40	3.16	2.94	2.73	2.54
	−10	2.25	2.18	2.02	1.87	1.73	1.60	1.48	1.36	1.26	1.16
	−20	1.067	0.982	0.903	0.829	0.761	0.698	0.640	0.586	0.536	0.490
	−30	0.448	0.409	0.373	0.340	0.309	0.281	0.255	0.232	0.210	0.190
	−40	0.172	0.156	0.141	0.127	0.114	0.103	0.093	0.083	0.075	0.067
	−50	0.060	0.054	0.049	0.043	0.038	0.034	0.030	0.027	0.024	0.021
	−60	0.019	0.017	0.015	0.013	0.011	0.0099	0.0087	0.0076	0.0067	0.0058
	−70	0.0051									

수분을 포함하지 않는 공기를 건조 공기, 수분을 포함하는 공기를 습공기라 하고, 습공기 중에 수분(수증기량)이 어느 정도 포함되어 있는가를 습도로 표시한다.

습도의 표시에는 절대습도와 상대습도가 사용되며, 일반적으로 사용되는 것은 상대습도를 의미한다.

$$절대습도 = \frac{습공기 중의 수증기의 중량(g_f)}{습공기 중의 건조공기의 중량(g_f)} \times 100\%$$

$$= \frac{습공기 중의 비중량(g_f/m^3)}{포화 증기의 비중량(g_f/m^3)} \times 100\%$$

(2) 노점 (영점)

일정한 압력하의 공기의 온도가 내려가면 공기 중에 포함되어 있는 수증기는 포화상태가 되고, 응축하여 물방울이 생기기 시작하여 포화상태(saturated state)에 이르게 된다. 이 때의 온도를 노점이라 한다.

이 온도는 수증기의 분압에 상당하는 포화온도와 같으며, 대기압 노점과 압력하 노점이 있다. 대기압 노점은 대기압하에서의 수분의 응축 온도이고, 압력하 노점은 어떤 압력하에서의 수분의 응축온도이다.

(3) 응축수 (drain) 의 발생

응축수는 압축공기를 만들 때 발생되는 액체상의 불순물이다. 일정한 체적의 공기에 포함되는 수증기량은 공기를 압축하면 단위 체적당의 수증기량이 증가된다. 냉각의 경우는 공기가 냉각되면 온도가 내려가고 동시에 공기의 포화 수증기량이 감소되므로, 그 공기가 포함하는 수증기량이 이 포화 수증기량을 넘으면 그 분량만큼이 물방울로 된다.

이 냉각에 의한 현상을 이용하여 압축공기 중의 수분을 강제적으로 제거하는 것이 바로 건조기(air dryer)이다. 압축 직후의 공기는 온도와 압력이 매우 높아 습도 100% 이하에도 대량의 수분이 포함되어 있다. 이 공기가 점차로 냉각되는 과정에서 대량의 응축수가 발생하게 된다. 이 때 발생되는 응축수량은 다음의 식에 따라 구해진다.

$$D_r = \gamma_s \cdot \frac{\varphi}{100} - \gamma'_s \cdot \frac{P}{P'} \cdot \frac{T'}{T} \; [g/m^3]$$

$$= \left(\gamma_s - \frac{T'}{T} \cdot \frac{P}{P'} \cdot \gamma_s\right) V \; [g]$$

$$V' = \frac{T'}{T} \cdot \frac{P}{P'} \cdot V$$

여기서, D_r : 발생된 응축수량 (g/m^3), φ : 초기상태의 상대습도 (%)
P : 초기상태의 절대압력 (kg_f/cm^2), P : 압축냉각 후의 절대압력 (kg_f/cm^2)
T : 초기상태의 절대온도 (°K), T' : 압축냉각 후의 절대온도 (°K)
V : 최초상태의 체적 (압력하) (m^3), V' : 압축냉각 후의 체적 (압력하) (m^3)
γ_s : 초기상태의 포화 수증기량 (g_f/m^3), γ_s' : 압축냉각 후의 포화 수증기량 (g_f/m^3)

보통 초기상태의 압력은 대기압이므로 $P = 1.033 \text{ kgf/cm}^2$ 로 하고, 온도차가 크지 않을 때에는 온도의 항은 무시하고 계산한다.

예제 4. 공기온도 32℃, 상대습도 80 % 의 공기를 압축기로 7 kgf/cm² 까지 압축한 다음, 냉각기로 40℃까지 냉각하였을 때 냉각기에서 분리 제거되는 응축수량을 구하여라. (단, 32℃ 에서의 포화 수증기량은 33.8 gf/m³, 7 kgf/cm² 로 압축한 다음 40℃로 냉각하였을 때의 포화 수증기량을 51 gf/m³ 로 한다.)

[해설] 온도 32℃, 상대습도 80 % 의 공기 속에 포함되는 수증기량은

$$\gamma_s \cdot \frac{\phi}{100} = 33.8 \times \frac{80}{100} = 27 \text{ g}_f/\text{m}^3$$

7 kgf/cm² 로 압축한 다음 40℃로 냉각하였을 때의 포화 수증기량 51 gf/m² 을 대기압 상태로 환산하면

$$r_s' \cdot \frac{P}{P'} \cdot \frac{T'}{T} = 51 \times \frac{1.033}{7 + 1.033} \times \frac{273 + 40}{273 + 32} \fallingdotseq 6.8 \text{ g}_f/\text{m}^3$$

따라서, 발생된 응축수량은 $D_\gamma = 27 - 6.8 = 20.2 \text{ g}_f/\text{m}^3$

예제 5. 예제 4.에서 압축공기의 습도는 100 % 이고, 포함되어 있는 수증기량은 6.8 gf/m³ 일 때 응축수량은 얼마인가 ?

[해설] $D_\gamma = 6.8 - 4.3 = 2.5 \text{ g}_f/\text{m}^3$

(4) 압축 공기의 질

공기의 질이라고 하는 것은 불순물이 어느 정도 제거되어 있는가로 구분되어진다.
오염물질 혼입경로는 다음과 같다.

① 시스템 외부에서의 혼입경로
  (가) 먼지(분진, 매연, 모래먼지, 금속미분, 시멘트분, 섬유조각 등)
  (나) 유해가스 (황화수소, 아황산가스, 용제가스, 오존 등)
  (다) 유해물질(습기, 염분, 기타)

② 시스템 내부에서의 혼입경로
  (가) 수분 (드레인)
  (나) 압축기 윤활유 및 산화성 타르상 물질
  (다) 파이프의 부식물, 고무 또는 수지 튜브 내의 잔류 먼지, 열화 박리물

- 미끄럼에서 발생되는 금속 가루, 실재 미분 또는 파손 조각
- 필터 엘리먼트의 부스러기 등

③ 기기 제작시, 설치시 또는 수리시의 혼입경로
　㈎ 부품 가공시의 금속분 (절삭분, 플래시, 나사부의 젖혀짐)
　㈏ 기계가공, 래핑 등의 보조재 잔류물
　㈐ 주물 부품의 잔류 모래, 용접 등의 스케일
　㈑ 웨이스 등의 잔류 섬유
　㈒ 실재 또는 그 파손 조각 등

④ 압축공기 내 오염물질의 영향
　㈎ 필터, 윤활기 등의 합성수지 파손
　㈏ 필터 엘리먼트의 눈막힘 및 드레인 밸브의 배수기능 저하
　㈐ 녹의 발생에 의한 작동 불량 및 스프링의 절손
　㈑ 냉각시 수분 동결에 의한 기기의 작동 불량
　㈒ 먼지의 퇴적에 의한 관로 면적 감소 및 가동부의 작동 불량
　㈓ 슬라이딩부 등의 흠집이나 부식 발생
　㈔ 드레인에 의해 막힌 윤활제를 세척
　㈕ 실재나 다이어프램의 팽윤 이상 마모 또는 파손

연습문제

1. 공·유압의 장단점에 대하여 설명하여라.

2. 공·유압 장치로 구성하는 기본요소와 그 특성을 설명하여라.

3. 파스칼의 원리와 베르누이의 원리를 이용한 장치를 예를 들어 설명하여라.

4. 유체의 체적 탄성계수와 점성계수에 대하여 설명하여라.

5. 동력은 무엇이며, 어떻게 계산되는가를 알아보아라.

6. 위치 에너지, 운동 에너지 및 압력 에너지에 대하여 설명하여라.

7. 공·유압 회로 내의 손실에는 어떤 것이 있는가?

8. 오리피스로부터의 공기의 흐름에 대하여 설명하여라.

9. 스로틀부를 흐르는 공기의 유량에 대하여 설명하여라.

10. 오리피스와 초크의 교축기구에 대하여 차이점을 설명하여라.

11. 습도와 노점에 대하여 설명하여라.

12. 공압장치 내의 공기를 좋은 질로 유지하려면 어떻게 하여야 하는가?

2장 공기압 기기

공·유압 기기에는 작동 유체를 저장하는 탱크와 압축 공기 또는 오일을 공·유압 장치 내로 보내는 공기 압축기나 유압 펌프, 그리고 작동 유체의 방향, 압력, 유량 등을 조절하는 각종의 제어 밸브 및 유체 에너지를 기계적인 일로 변화시키는 공·유압 실린더와 공·유압 모터 등으로 구성되어 있다.

1. 공압 발생 장치

공압 발생장치는 공기를 압축하는 공기 압축기, 압축된 공기를 냉각하여 수분을 제거하는 냉각기, 압축 공기를 저장하는 공기 탱크, 압축 공기를 건조시키는 공기 건조기 등으로 구성되어 있다.

1-1 공기 압축기 (air compressor)

공압 에너지를 만드는 기계로서 공압장치는 이 압축기를 출발점으로 하여 구성된다. 공기 압축기는 대기압의 공기를 흡입, 압축하여 $1\,\mathrm{kg_f/cm^2}$ 이상의 압력을 발생시키는 것을 말한다.

$0.1\,\mathrm{kg_f/cm^2}$ 이상 $1\,\mathrm{kg_f/cm^2}$ 미만의 것은 송풍기(blower), $0.1\,\mathrm{kg_f/cm^2}$ 미만의 것은 팬(fan)이라 하며, 보통의 공압장치에는 공기 압축기가 사용된다.

왕복형 공기 압축기의 실린더에 체적변화와 공기 압력과의 관계 선도를 $P-V$ 선도라 부른다.

이 선도를 보면 급속한 압축작용으로 열이 외부로 전달될 틈이 없는 경우는 $1 \to 2$ 의 단열압축에 가까운 상태로 되고, 압축행정에서 냉각을 병용하거나 저속으로 압축하는 경우에는 $1 \to 2'$ 의 등온압축에 가까운 압축선도로 되나, 실제로는 단열에 가까운 폴리트로픽 압축으로 된다.

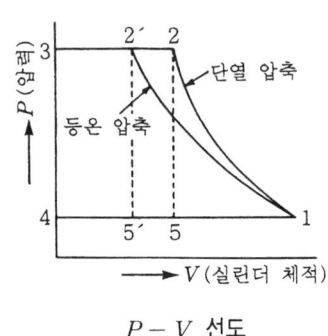

$P-V$ 선도

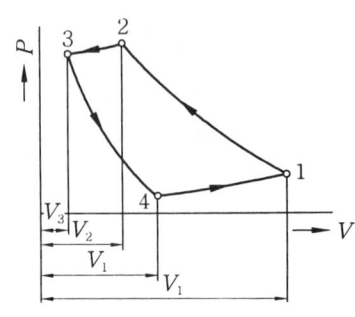

왕복형 공기 압축기의 일반적 사이클 선도

여기서, 실린더 전 체적을 V_1, 간극체적(체적이 최소로 되었을 때의 최적) V_2, 피스톤 배출량 $V_1 - V_3$, V_3이 팽창하였을 때의 체적을 V_4로 하면, 유효 흡입체적 V_e 와 이론 체적효율 η_v 는 다음으로 표시된다.

$$V_e = V_1 - V_4, \quad \eta_v = \frac{Ve}{V_3} = \frac{V_1 - V_4}{V_3}$$

이것은 간극체적 V_4 는 배출압력이 높아질수록 커지기 때문에 흡입체적 V_e 가 작게 되어 체적효율이 좋지 않게 되는 것을 의미한다. 압축행정이 1개인 것을 1단 압축이라고 부르는데, 1단 압축으로는 압축에 의한 발열 등 때문에 최고 공기압력에 한계가 있다. 따라서, 고압력을 얻기 위해서는 2단, 3단 등으로 다단압축을 한다.

(1) 공기 압축기의 분류

① 압축 원리, 구조상의 분류

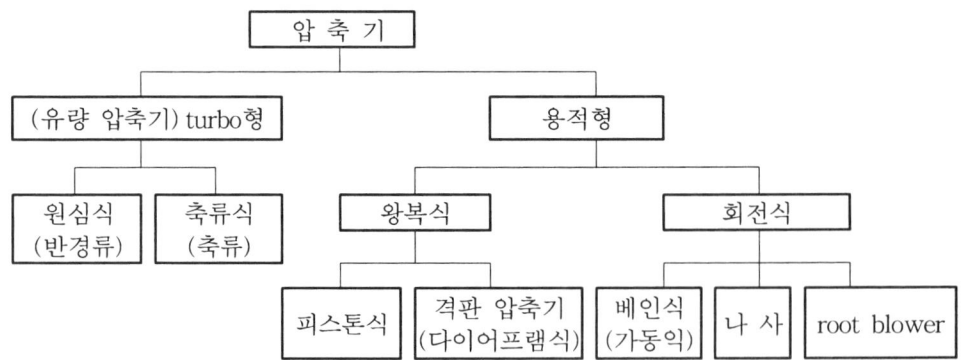

② 출력에 의한 분류 : 0.2~14 kW 의 것을 소형, 15~75 kW 의 것을 중형, 75 kW 를 초과하는 것을 대형으로 분류한다.
③ 토출압력에 의한 분류 : 7~8 kgf/cm² 의 것을 저압, 10~15 kgf/cm² 의 것을 중압, 15 kgf/cm² 이상의 것을 고압으로 분류한다.

(2) 공기 압축기의 특징

① 터보형 공기 압축기 : 날개를 회전시키는 것에 의해 공기에 에너지를 주어 압력으로 변환하여 사용하는 것을 말한다.

㈎ 축류식 : 공기의 흐름이 날개의 회전축과 평행한다.

㈏ 원심식 : 회전축에 대해 방사상으로 흐른다.

㈐ 터보형 공기 압축기의 특징
- 날개 바퀴를 고속 회전시켜 기체의 운동량을 증가시켜 압력, 속도를 높인다.
- 진동이 적고 고속회전 가능하며 토출공기 압력의 맥동이 없다.
- 압축부에 윤활유를 필요치 않으므로 무급유 제작이 가능하다.
- 각종 플랜트, 고로(高爐) 등의 대용량, 대형에 적합하다.
- 공기압 시스템의 공기압원으로 사용되는 일은 적다.

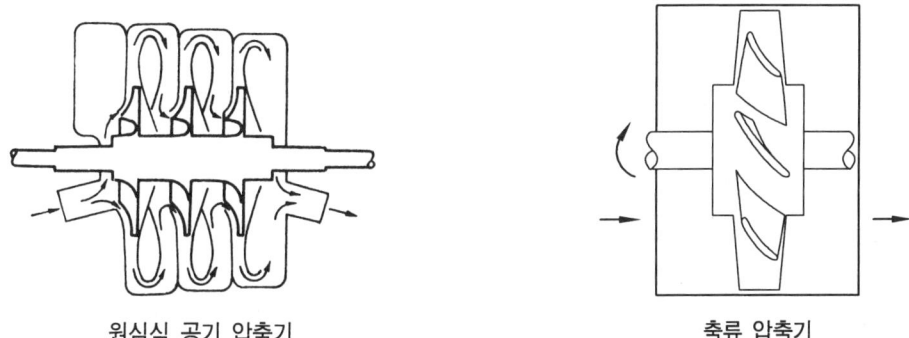

원심식 공기 압축기   축류 압축기

② 용적형 공기 압축기 : 밀폐된 용기 속의 공기를 압축하여 압력을 사용하는 것인데, 압축을 왕복운동에 의하는 왕복식과 회전운동에 의하는 회전식으로 나누어진다.

㈎ 왕복형 공기 압축기 : 피스톤에 의해 공기를 흡입한 다음, 압축하여 배출밸브로부터 압축공기를 배출시킨다.

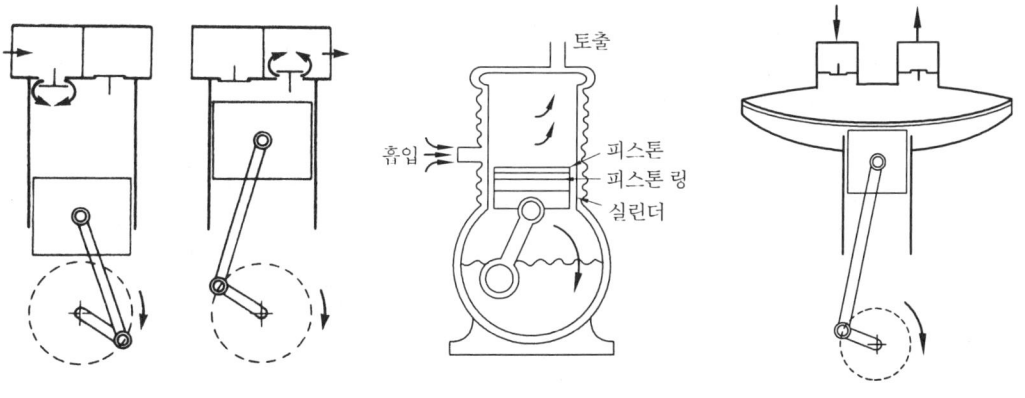

왕복형 피스톤 공기 압축기   격판 압축기

일반적으로 실린더와 피스톤 사이의 윤활에 윤활유를 사용하는 급유형과 피스톤 부분을 다이어프램 등으로 한 무급유형이 있다.
- 왕복운동을 하는 피스톤, 다이어프램에 의해 실린더의 내용적을 증가하는 행정에서 흡입밸브로부터 대기를 흡입
- 감소하는 행정에서 압축하여 압력이 토출공기 압력에 달한 점에서 토출밸브로 배기
- 냉 각
  - 공랭식 : 플라이휠 풀리에 날개를 붙여 그 회전에 의해 냉각
  - 수냉식 : 실린더, 실린더 헤드 등의 외주에 워터 재킷 설치

(내) 회전식 공기 압축기

㉠ 스크루형 공기 압축기 : 스크루형의 로터를 맞물려서 케이싱으로 싸여진 공간에 공기를 흡입한 다음, 계속되는 회전으로 공간의 체적이 작아짐에 따라 압축되어 배출하게 되어 있다. 스크루의 수와 그 형상에 따라 여러 가지로 분류된다.

- 트윈 스크루(twin screw)형 공기 압축기
  - 수 회전자, 암 회전자가 서로 맞물려 공간에 밀실을 형성한다.
  - 회전자의 회전으로 밀실의 용적이 감소되어 압축한다.
  - 토출공기의 맥동은 없다.
- 싱글 스크루(single screw)형 공기 압축기
  - 회전자 1개와 2매의 게이트 회전자로 구성된다.
  - 나사 회전자의 회전이 진행됨에 따라 회전자 홈의 틈 용적이 축소해 공기가 압축된다.
- 나사 공기 압축기의 특징
  - 회전부가 평행되어 있기 때문에 고속회전이 가능하고 진동이 적다.
  - 저주파 소음이 없고 소음대책을 세우기 쉽다.
  - 연속적으로 압축공기가 토출되므로 맥동이 없고 큰 탱크가 필요 없다.
  - 압축실 내의 접동부가 적으므로 무급유 제작 및 사용이 가능하다.

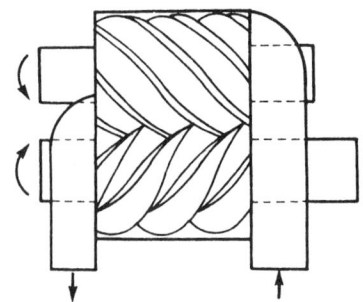 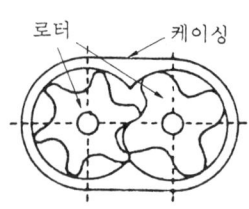

스크루형 공기 압축기

[**무급유식 공기 압축기의 특징**]
1. 청정한 압축공기를 얻는다.
2. 고온, 고압에서 유분이 탄화 퇴적되는 일이 없으므로 점검기간이 길다.
3. 내부 윤활이 필요 없다.
4. 드레인은 수분 뿐이므로 자동배수 밸브가 막히는 일은 적다.
5. 급유식에 비해 가격이 고가이고, 수명이 떨어진다.

ⓒ 베인(vane)형 공기 압축기 : 가동익형이라고도 불리며, 로터와 홈 속을 가동하는 베인과 케이싱으로 둘러싸인 공간에 공기를 흡입하고, 계속되는 회전으로 압축, 배출하게 되어 있다.
- 실린더 내에 축과 편심한 회전자를 설치하고, 이 회전자 홈에 베인을 삽입한다.
- 인접한 베인간 회전과 함께 용적 변화에 의한 압축이다.
- 흡입밸브, 토출밸브가 필요 없다.
- 베인의 수는 6~12매가 보통이다.
- 토출공기의 압력 맥동이 적고 연속적으로 사용되므로 공기탱크를 사용하지 않아도 된다.

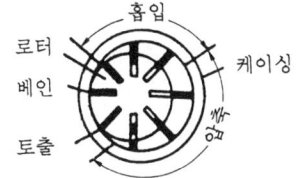

베인형 공기 압축기

ⓒ 루트 블로어(root blower)
- 2개의 고리형 회전자를 90° 위상으로 설치하고, 미소한 틈을 유지하며 역방향으로 회전한다.
- 비접촉형이므로 무급유 소형, 고압송풍 등에 사용된다.
- 토크 변동이 크고 소음이 큰 단점이 있다.

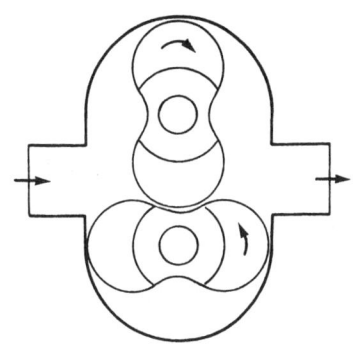

루트 블로어

공기 압축기의 특성

특징 \ 종류	왕복식	나사식	터보식
진 동	비교적 크다	작 다	작 다
소 음	크 다	작 다	크 다
맥 동	크 다	비교적 작다	작 다

토출 압력	높 다	낮 다	낮 다
비 용	작 다	높 다	높 다
이물질	먼지, 수분, 유분, 탄소	유분, 먼지, 수분	먼지, 수분
정기수리시간	3000~5000	12000~20000	8000~15000

(3) 공기 압축기의 선정

① 공기 압력과 토출 공기량에서의 기종 선정 : 프레스 기계용, 도장 및 계장용은 $7\,kg_f/cm^2$, 공기압 실린더는 $5\,kg_f/cm^2$, 일반적 공기압 시스템은 $7\sim9\,kg_f/cm^2$ (왕복식, 회전식 적합) 으로 한다.

② 공기 압축기의 용량 : 공기 압축기의 피스톤 배제량

$$V = Q\frac{(P+1.033)}{1.033\,\alpha}\,[m^3/min]$$

여기서, V : 왕복공기 압축기의 피스톤 배제량, α : 체적 효율
Q : 사용공기 압력 P 에서의 사용 공기량 (m^3/min)
P : 사용공기 압력 (kg_f/cm^2)

③ 공기 압축기의 사용 대수
  (가) 고장시 작업 중지에 의한 손해 방지
  (나) 부하 변동에 의한 대처
  (다) 보전과 사용 효율면에 대한 고려
  ※ 일반적 방식으로는 2대가 최량의 방법

④ 소 음
  (가) 소음은 법 규제가 수반되므로 설치장소 선정 및 방음대책 수립
  (나) 가급적 저소음 압축기 선정(왕복 공기 압축기는 특유의 저주파 진동, 소음이 발생하나 회전 압축공기는 소음 낮음)

⑤ 압축기의 환경관리
  (가) 압축기의 설치조건
    • 저온, 저습 장소에 설치하여 드레인 발생 억제
    • 지반이 견고한 장소에 설치(하중 $5\,ton/m^2$을 받을 수 있어야 되고, 접지 설치)
    • 유해물질이 적은 곳에 설치
    • 압축기 운전시 진동 고려(방음, 방진벽 설치)
    • 우수, 염풍, 일광의 직접 노출을 피하고 흡입 필터 부착
  (나) 압축기 주위의 처리
    • 윤활유 산화오일 제거 필터 부착하고 애프터 쿨러 설치

- 공기탱크 설치(압력 변동 피하고 온도 안정유지)
- 수평관로의 배관은 드레인 배출 용이하게 1/100의 구배 부과

(대) 압축기의 보수
- 공기의 흡입상태, 흡입필터 점검
- 윤활유 및 냉각수 점검
- 정기적으로 점검

(4) 압축기의 용량 제어

① 무부하 제어 (no-load regulation)

(가) 배기 제어 : 가장 간단한 제어방법으로 압력 안전밸브(pressure relief v/v)로 압축기를 제어한다. 탱크 내의 설정된 압력이 도달되면 안전밸브가 열려 압축공기를 대기 중으로 방출시키는 것이며, 체크밸브는 탱크의 압력이 규정값 이하로 되는 것을 방지한다.

(나) 차단 제어(shut-off regulation) : 피스톤 압축기에서 널리 사용되는 제어로서 흡입쪽을 차단하여 공기를 빨아들이지 못하게 하며, 대기압 보다 낮은 압력(진공압)에서 계속 운전된다.

(다) 그립-암 (grip-arm) 제어 : 피톤 압축기에서 사용되는 것으로, 흡입밸브를 열어 압축공기를 생산하지 않도록 하는 방법이다.

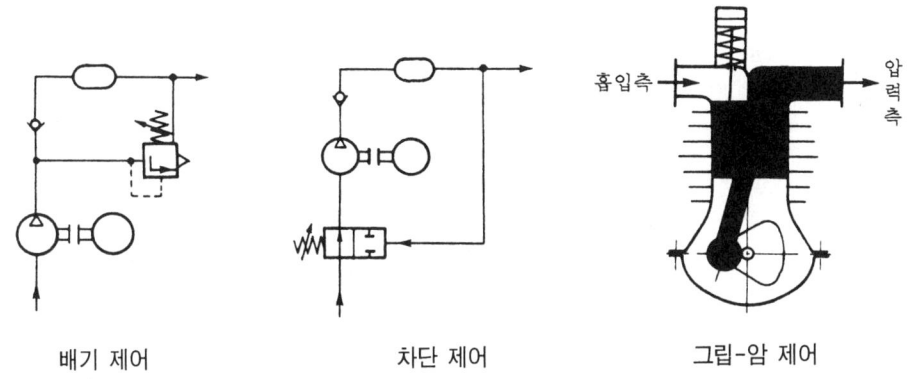

배기 제어　　　　　차단 제어　　　　　그립-암 제어

② 저속 제어 (low speed regulation)

(가) 속도 조정 : 수동, 자동 모두 가능하며, 작업압력에 따라 조정되는 방법으로 엔진의 속도를 조정하여 압축량을 조절하는 것이다.

(나) 흡입량 조정 : 흡입공기 입구를 줄임으로써 공기 압축량을 줄이는 방법으로 터보 압축기 등에 사용된다.

③ ON-OFF 제어 : 압력 스위치의 작동에 의해 최대 압력이 되면 모터가 정지하고, 최소 압력이 되면 다시 작동하게 되는 것으로 스위치의 작동횟수를 적게 하기 위해 가급적 대용량의 탱크가 필수적으로 요구된다.

1-2 공기 탱크 (air tank)

압축공기를 저장하는 기기로서 압축기 뒤에 설치되어 다음과 같은 기능을 한다.

- 압축기로부터 배출된 공기 압력의 맥동을 방지하거나 평준화한다.
- 일시적으로 다량의 공기가 소비되는 경우의 급격한 압력 강하를 방지한다.
- 정전시 등 비상시에도 일정 시간 공기를 공급하여 운전이 가능하게 한다.
- 주위의 외기에 의해 냉각되어 응축수를 분리시킨다. 또, 공기 탱크는 압력 용기이므로 법적 규제를 받는다.
- 긴급 안전대책을 고려한 용적 $V_{r1} = \dfrac{Q_c T_e}{P_c - P_e}$ [m³]

- 맥동을 없애기 위한 용적 $V_{r2} = \dfrac{200 V_s}{r}$ [m³]

여기서, Q_c : 공압기기의 공기 소비량(Nm³/min)
T_e : 최소 필요 지속시간(min)
P_c : 압축기의 통상 운전시 하한 압력(kgf/cm²)
P_e : 공압계통의 최소 필요 압력(kgf/cm²)
V_s : 맨 끝 피스톤 한쪽 행정 용적(m³)
r : 말단의 압력비

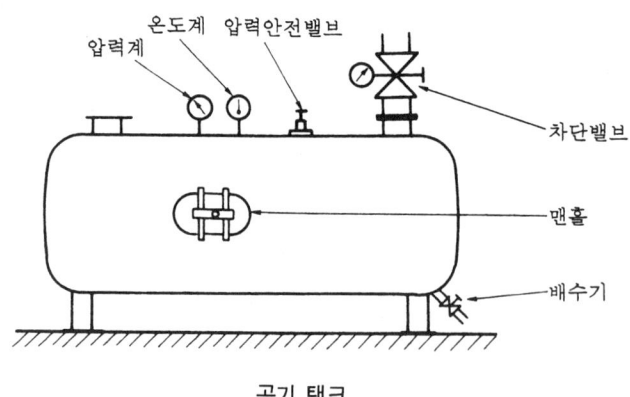

공기 탱크

1-3 공기 정화 시스템

공기 정화장치는 압축공기 중에 함유된 먼지, 기름, 수분 등의 오염물질을 요구 정도의 기준값 이내로 제거하여 최적 상태의 압축공기로 정화하는 기기이다.

오염물질에 대한 공기압 기기의 영향

오염 물질	공기압 기기 등에 주는 영향
수 분	솔레노이드 밸브 코일의 절연불량, 스풀의 녹 유발로 인하여 밸브 몸체와 스풀의 고착 및 강으로 제작된 기기의 부식에 따른 성능 저하, 동결
유 분	고무계 밸브의 부풀음, 기기 수명 저하, 오염, 도장 불량, 미소량의 오일로 면적의 변화 스풀의 고착
카 본	스풀과 포핏의 고착, 실 불량, 화재, 폭발, 기기 수명 저하, 오염, 도장 불량, 미소량의 오일로 면적의 변화, 스풀의 고착
타르 형태의 카본	밸브 고착, 기기 수명 저하, 오염, 도장 불량, 미소량의 오일로 면적의 폐쇄, 스풀의 고착
녹	밸브 고착, 실 불량, 기기 수명 저하, 오염, 미소량의 오일로 면적의 변화
먼 지	필터 눈 메꿈, 실 불량

(1) 냉각기 (after cooler)

압축기로부터 배출된 압축 공기는 고온으로 다량의 수증기를 포함하고 있으며, 냉각되면 응축수로 되어 공압장치의 기기에 여러 가지의 좋지 않은 영향을 주므로 압축기로부터 토출되는 고온의 압축공기를 건조기로 공급하기 전 건조기의 입구 온도조건(35~40℃)에 알맞도록 1차 냉각시키고 수분을 제거해야 한다. 이 때 사용되는 것이 냉각기이며 공랭식과 수냉식 두 가지가 있다.

① 공랭식

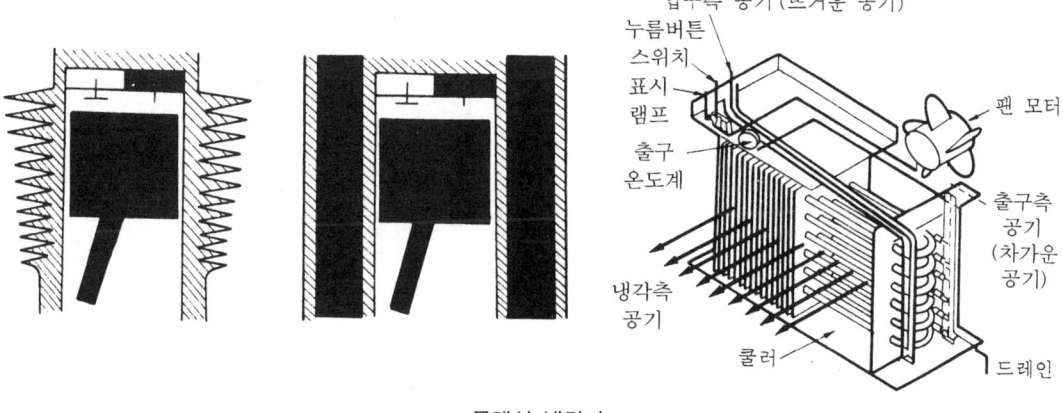

공랭식 냉각기

공기 배관에 방열용의 냉각 핀(fin)을 붙이고, 팬으로 송풍하여 냉각하게 되어 있으며, 공기가 잘 통하도록 벽으로부터 어느 정도 떨어지게 설치해야 한다. 냉각수의 설비가 필요 없으므로 단수나 동결의 염려가 없고 보수가 쉬우며, 유지비가 적게 드는 장점이 있다.

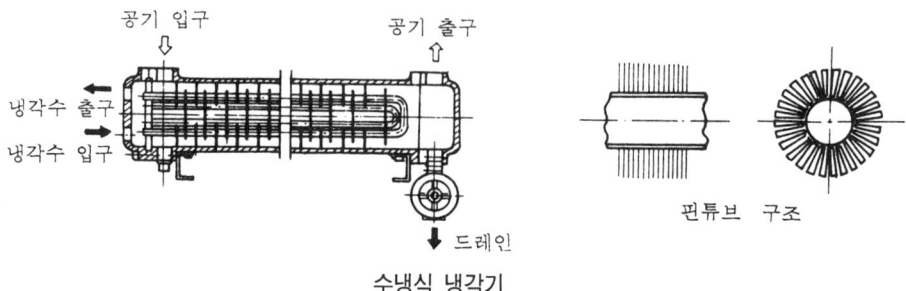

수냉식 냉각기

② 수냉식 : 30 kW 이상의 압축기에서 사용되며 고온다습하고 먼지가 많은 악조건에서 안정된 성능을 얻을 수 있어 냉각효율이 좋아 공기 소비량이 많을 때 사용되며, 공기가 통과하는 용기 안에 냉각용 수도관을 두고, 냉각수를 순환시켜 냉각하게 되어 있으며, 냉각수관의 입구쪽에 여과기와 단수 경보장치를 설치하는 등 냉각수 관리에 주의해야 한다.

(2) 공기 건조기 (air dryer)

① 냉동식 건조기 : 압축공기를 냉동기로 강제적으로 냉각하여 수분을 응축 저지하게 되어 있다. 입구로부터 들어간 압축공기는 공기 온도 평형기에서 제습된 공기로 예냉된 다음, 냉각실로 들어가 냉매에 의해 2~5℃까지 냉각되어 제습된다.

㈎ 사용시 주의사항
- 공기 건조기의 콘덴서에 냉각용 공기가 공급이 잘 될 수 있는 실내에 설치하여야 한다.
- 공기 건조기의 입구온도가 40℃를 넘지 않도록 애프터쿨러와 주라인 필터 다음에 설치한다.
- 공기 건조기에서 배출된 공기는 다시 공기 건조기에 순환되지 않도록 주의해야 한다.
- 파이프가 응력에 견딜 수 있도록 엘보를 충분히 사용한다.
- 바이패스관을 설치하여 수리시에도 압축공기를 사용할 수 있도록 한다.

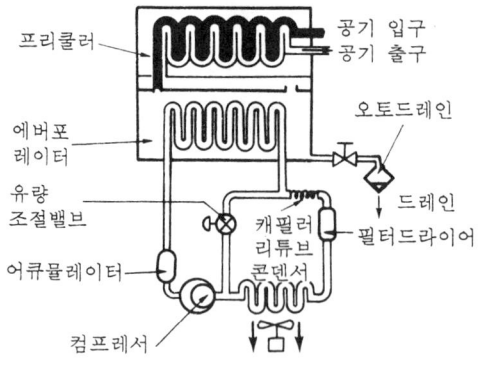

냉동식 공기 건조기의 원리도

② 흡착식 공기 건조기 : 습기에 대하여 강력한 친화력을 갖는 실리카 켈, 활성 알루미나 등의 고체 흡착 건조제를 두 개의 타워 속에 가득 채워 습기와 미립자를 제거하여 초 건조공기를 토출하며 건조제를 재생(제습 청정)시키는 방식이며, 최대 −70℃ 정도까지의 저노점을 얻을 수 있다.

㈎ 사용시 주의사항
- 공기입구는 비방폭형 계기의 설치가 안정되고, 심한 진동이 없는 장소에 설치한다.
- 공기출구는 온도가 급격히 변화하지 않으며 0~70℃의 범위를 넘지 않고, 상대 습도가 90% 이하인 장소에 설치한다.
- 바이패스 밸브는 가능한 한 주배관에 설치한다.
- 흡착제는 1년에 1회 정도 교환한다.
- 공기 건조기 앞에는 반드시 유분제거 필터와 프리 필터를 설치하여야 한다.
- 프리필터는 월 1회 정도 정기점검을 하거나 차압계를 설치하고, 압력차가 1 kg/cm² 이상이 되면 필터를 교환하여야 한다.

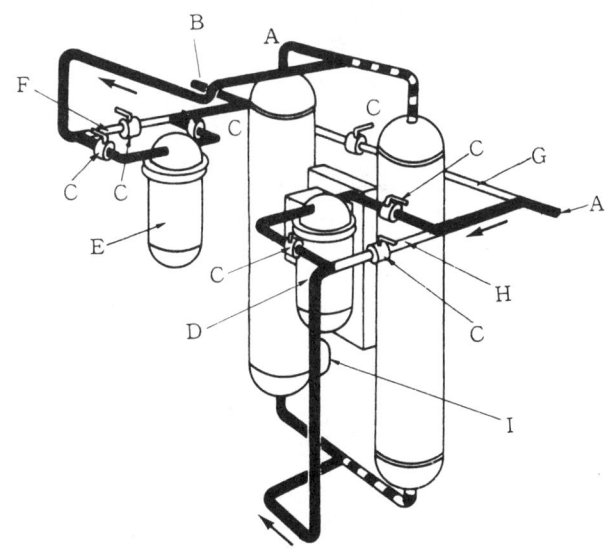

A : 에어 입구,   B : 에어 출구,   C : 바이패스 밸브
D : 프리필터,   E : 애프터 필터,   F : 바이패스 (애프터 필터)
G : 바이패스 (공기 건조기), H : 바이패스 (프리 필터), I : 자동 배출기

흡착식 공기 건조기

㈏ 건조제 : 포화상태가 되면 건조시켜 재생하여야 하며, 보통 2개의 용기를 서로 바꾸어 사용하여 재생시킨다. 재생방법에는 가열기가 부착된 히트형(heat type)과 건조 공기의 일부를 사용하는 히트리스형(heatless type)이 있다.

③ 흡수식 공기 건조기 : 일명 메뉴얼 공기 건조기라고도 하며, 화학적 건조방법으로서 압축공기가 건조제를 통과하여 압축공기 중의 수분이 건조제에 닿으면 화합물이 형성되어 물이 혼합물로 용해되어 공기는 건조된다. 보통 연 2~4회 정도 건조제를 교체해야 하며 공기량이 적은 경우에 사용하며, 특징은 다음과 같다.

• 장비설치가 간단하다.
• 건조기 내에 이동물질이 없어 마모가 적다.
• 외부 공급 에너지가 불필요하다.

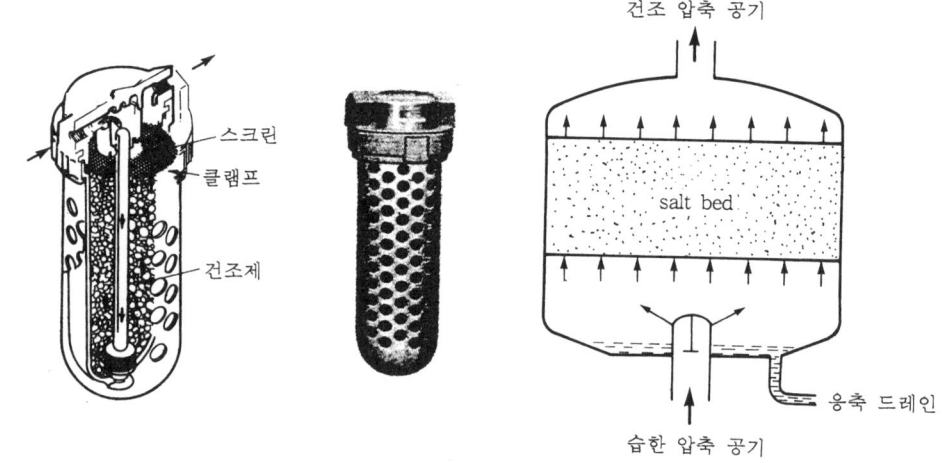

흡수식 공기 건조기

(3) 공기 여과기 (air filter)

공압 발생장치로부터 보내진 공기 속에는 수분, 먼지 등이 포함되어 있다. 공압 제어 회로 속에 이들 이물질이 들어가지 못하도록 하기 위해 입구부에 공기 여과기를 설치하며, 여과 방식에는 다음과 같은 것이 있다.

• 원심력을 이용하여 분리하는 방식
• 충돌판에 닿게 하여 분리하는 방식
• 흡습제를 사용하여 분리하는 방식
• 냉각하여 분리하여 방식

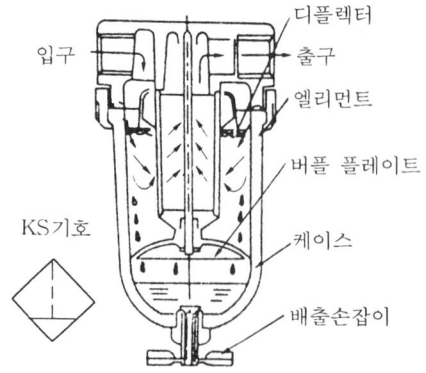

수동형 원심 분리식 여과기

일반적으로 사용되는 것은 원심력을 이용하는 것으로, 40~70 µm의 통기 틈새를 가진 것이 가장 많이 사용되고 있다.

공기 여과기는 사용목적에 따라 고체 물질 제거용, 유리 수분의 제거용, 카본, 타르의 제거용, 오일 제거용, 냄새 제거용 등으로 나누어진다.

여과 엘리먼트 통기 틈새와 사용기기의 관계

여과 엘리먼트 (틈새 : µm)	사 용 기 기	비 고
70~40	실린더, 로터리 엑추에이터, 그 밖의 것	일반용
40~10	공기 터빈, 공기 모터, 그 밖의 것	고속용
10~5	공기 마이크로미터, 그 밖의 것	정밀용
5 이하	순 유체 소자, 그 밖의 것	특수용

① 필터 엘리먼트: 메시의 크기에 따라 0.01~0.1 µm, 0.1~1 µm, 5~20 µm, 44 µm, 74 µm로 분류되며, 5~20 µm 의 것이 많이 사용되고 있다. 경우에 따라서 메시가 서로 다른 필터를 2단으로 사용하는 것도 좋다.

② 필터 통 : 투명의 수지(폴리카보네트, 나일론)로 되어 있지만, 일부 화공약품에 약하고 특수 용도로 사용할 때에는 주의해야 하며, 케이스를 청소할 때에는 화공약품을 절대 사용하지 말고 가정용 중성세제를 사용해야 한다. 원칙적으로 안전을 위하여 금속제 보호 케이스가 부착되어야 한다.

③ 드레인 배출방법
 ㈎ 수동식 : 수동으로 밸브나 콕을 열어 드레인을 배출시킨다.
 ㈏ 자동식(auto drain) : 공압회로 중에 쌓인 드레인을 밖으로 자동배출시키는 기기로 보통 필터의 드레인 밸브 밑에 설치한다. 드레인의 배출불량 등을 점검할 때는 케이스 안의 공기를 빼고 한다.
  • 부구식(float type) : 드레인이 일정량 이상으로 모이면 플로트(float)가 밀려 올려짐에 따라 밸브가 밀려 올려져 밸브가 열려 자동적으로 배출밸브가 열려 응축수가 배출된다.
  • 차압식(pilot type) : 공기에 의한 파일럿 신호가 들어와 밸브 열리게 되어 있으며, 드레인의 양에 관계없이 압력변화를 이용해서 배출한다.
  • 전동식 구동식(moter drive type) : 전동기에 의해 일정시간마다 밸브가 열려 응축수를 배출하게 되어 있다.

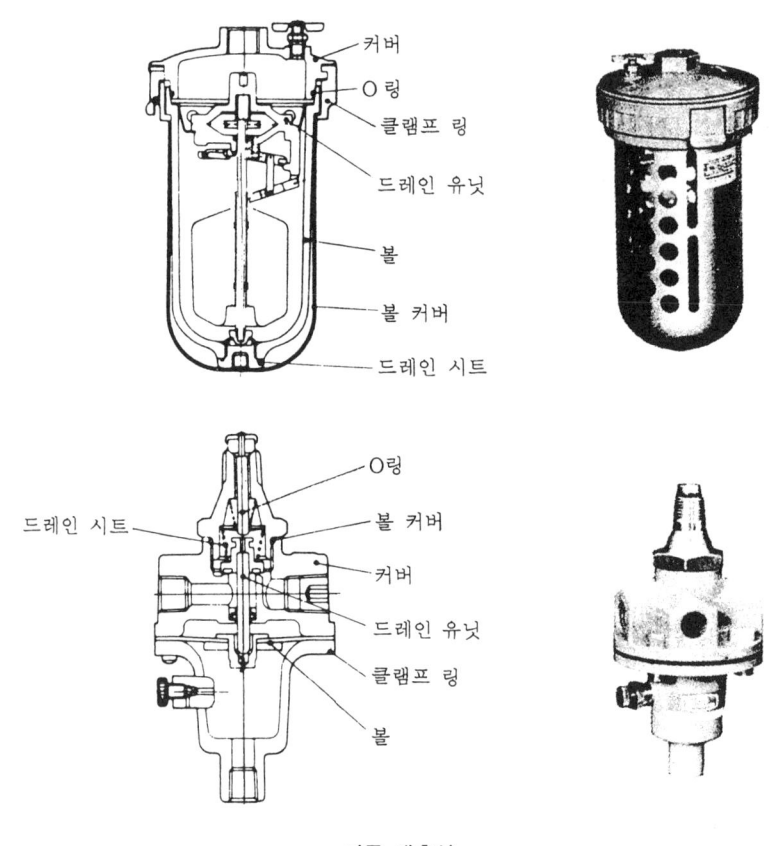

자동 배출식

④ 미세 필터(borosilicate) : 보통 필터로는 제거할 수 없는 미량의 물이나 미세한 오물을 제거하기 위한 것으로 식품공업, 제약회사, 정밀 화학공장 또는 저압용 기구를 가진 장치 등에서 많이 사용된다. 이 때 거의 모든 물방울이나 오물이 정화율 99.999 % 까지 되어 매우 우수하다.

일반 필터와의 차이점은 압축공기가 필터의 안쪽에서부터 바깥쪽으로 통과된다는 점인데 압축공기가 입구를 통해 유입되면 미세 필터를 통해 밖으로 통과하게 되며, 이렇게 걸러진 공기는 출구를 통해 나간다.

필터 구멍의 미세도가 대단히 높아 제거할 수 있는 오물의 최소 크기는 0.01 μm 까지 이른다.

사용시 주의할 사항은 필터를 수직으로 놓아야 하며, 출입구의 위치를 변경하여서는 안되며, 보통 필터로 일단 정화시킨 다음 사용하는 것이 원칙이다.

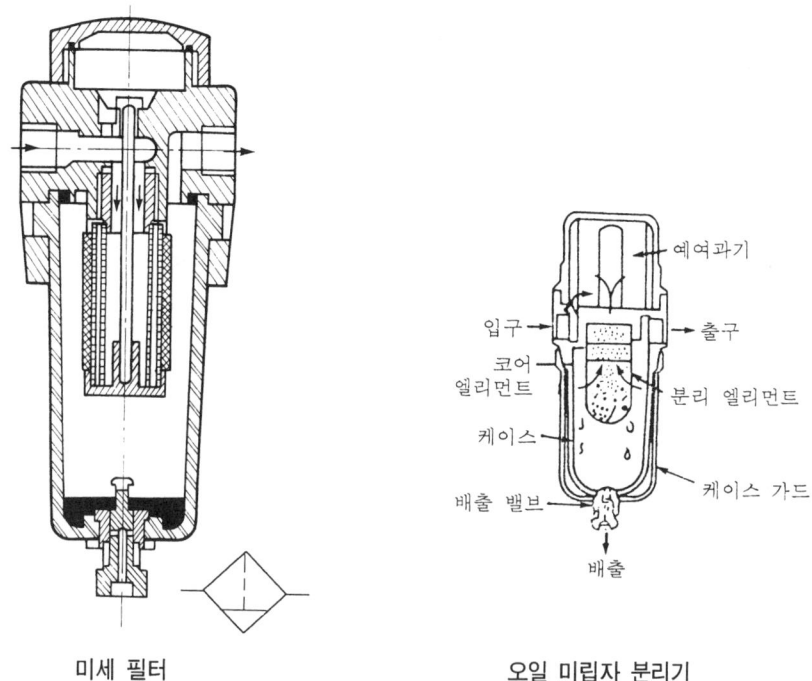

미세 필터   오일 미립자 분리기

⑤ 오일 미립자 분리기(oil mist-separator) : 오일 제거용으로는 제어 밸브로부터의 오일을 제거하거나 분리기 앞에 설치하여 마이크로 엘리먼트의 수명을 연장시키기 위한 목적 등으로 사용되며, 여과도 $0.3\,\mu m$의 것으로 $0.1 \sim 2\,\mu m$ 오일 입자의 99 %가 제거된다.

⑥ 타르 제거용 필터 : 압축공기 중에 들어 있는 $0.3\,\mu m$ 이상의 타르나 카본 등의 고형 물질을 효과적으로 제거해 주는 에어 필터로, 타르나 카본이 많은 공압회로에 설치하면 비싼 가격의 공기 압축기를 보호하고 수명을 연장시킨다.

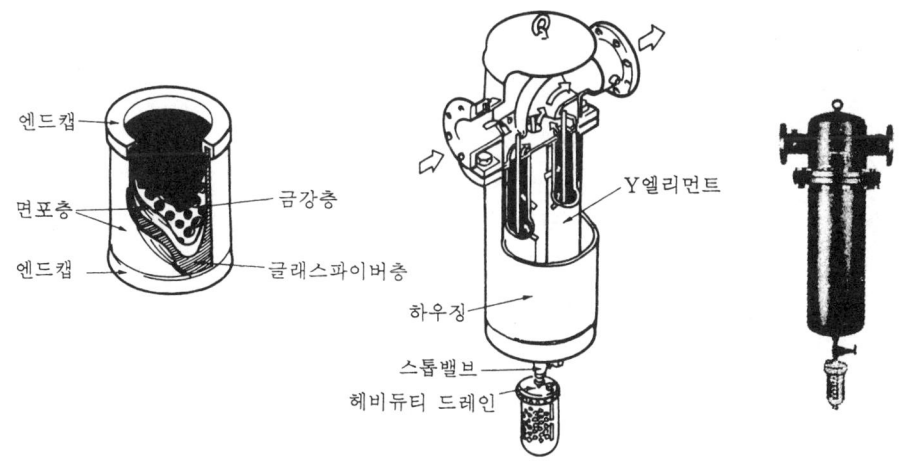

타르 제거용 필터

※ 사용시 주의사항
- 필터의 수명은 압력강하가 0.7 kgf/cm² 에 이르렀을 때이며, 이 때에는 필터를 교환해야 한다.
- 필터의 압력강하를 측정하기 위해 차압계를 설치하는 것이 좋다.

⑦ 유분 제거용 필터 : 압축공기 중에 들어 있는 기름입자를 0.1 ppm 이하까지 제거하는 것으로 계장이나 계측, 고급도장 등 기름이 있어서는 안되는 공압회로에 사용한다.

※ 사용시 주의사항
- 압력강하가 0.7 kgf/cm²에 이르렀을 때 필터를 교환해야 한다.
- 유분 제거용 필터 앞에는 반드시 타르 제거용 필터나 5 μm 의 프리필터를 사용하는 것이 좋다.
- 배관시 절삭유나 방청유를 반드시 제거하여 필터의 성능단축 및 공기압 압축기에 영향이 없도록 한다.
- 입구온도가 30℃ 이상이 되면 유분 제거율이 낮아지므로 온도를 그 이하로 해야 한다.

⑧ 냄새 제거용 필터 : 압축공기 중에 포함되어 있는 냄새를 제거하는 필터로 냄새는 가스분자 크기의 입자이기 때문에 물리적인 흡착이나 화학물질의 흡착에 의해 제거하며 보통 활성탄에 공기를 통과시켜 냄새를 제거한다.

※ 사용시 주의사항
- 압력강하가 0.7 kgf/cm²에 이르렀을 때 필터를 교환해야 한다.
- 냄새 제거용 필터 앞에는 반드시 유분 제거용 필터를 설치한다.
- 메탄이나 일산화탄소 제거에 사용해서는 안된다.

(4) 윤활기 및 윤활유

공기 실린더, 제어 밸브 등의 작동을 원활하게 하고, 내구성을 향상시키기 위해 급유를 필요로 한다.

① 윤활기 : 항상 흐르는 공기를 사용하여 윤활유를 분무 급유하는 것으로 유입된 압축공기는 확대부와 줄임부의 압력차를 만드는 벤투리를 거쳐 흐른다. 이 때 발생되는 차압으로 케이스 내의 윤활유가 도관을 통하여 올라와 적하관으로부터 벤투리 노즐부에 안개와 같이 되어 뿌려진다. 이 뿌려진 윤활유는 공기의 흐름과 함께 흐르며 확산되어 각 기기로 보내어진다. 윤활기는 전량식과 선택식 등이 있고, 전량식에는 고정 벤투리식, 가변 벤투리식이 있다.

㈎ 전량식
- 일반적으로 볼의 재질은 PVC 계통이므로 화공약품이나 페인팅을 하는 장소에서

의 사용은 금하고, 볼의 세척은 중성세제로 한다.
- 볼 안의 오일 레벨은 항상 적정 수준을 유지한다.
- 윤활기는 각종 밸브 또는 액추에이터 등에 가능한 가깝게 설치한다.
- 분무식은 대상물의 근처에 설치하되 5 m를 넘지 않도록 한다.
- 윤활기는 기름을 보급하기 쉬운 곳에 설치하며, 이것이 곤란할 경우 집중 급유식으로 해야 한다.
- 입구측에는 공압 필터를 설치한다.
  - 고정 벤투리식 : 발생된 윤활유 분무량 전부를 송출하고, 윤활유 분무의 입도도 공기 유량에 따라 변화하게 되어 있다.
  - 가변 벤투리식 : 가변 공기 유량에 따라 변화되면 벤투리부가 가변되어 항상 알맞는 공기 유속이 유지되도록 하고 있다. 이에 따라 항상 알맞은 양의 윤활유가 공급되게 된다.

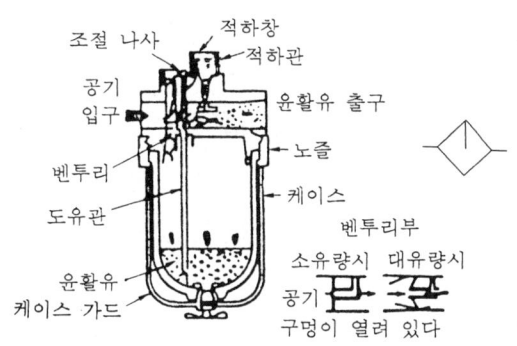

가변 벤투리식 윤활기

(나) 윤활유 입자 선별식 : 적하된 윤활유가 공기의 흐름 속에 직접 혼입되지 않고, 노즐부로 도입된 다음 무화된다.

여기에서 큰 입자의 윤활유는 케이스 아랫쪽의 윤활유 속으로 떨어지고, 미립자의 것만이 부유하여 공기의 흐름과 함께 흘러 나간다.

일반적인 공압 기기에는 가변 벤투리식 윤활기가 사용되고, 공압공구 (공압 모터, 공기 드라이버 등) 의 경우와 같이 배관 등이 길어서 윤활유의 비산이 어려울 경우에는 윤활유 입자 선별식 윤활기가 사용된다.

※ 사용시 주의사항
- 볼에 기름을 넣을 때에는 1차 압력을 중단하고, 볼 안이 가압되지 않은 것을 확인한 후 주유한다.
- 볼은 알맞은 환경에서 사용하여야 하며, 세척은 가정용 중성세제로 하여야 한다.
- 볼 안의 기름 양은 적정량을 유지한다.

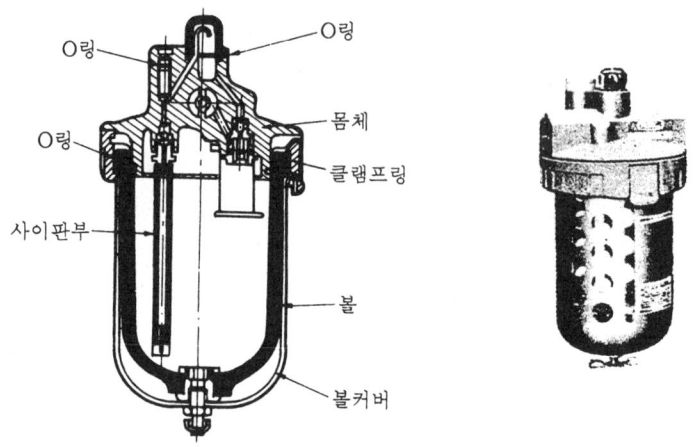

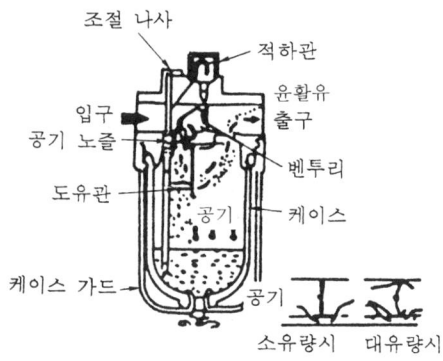

윤활유 입자 선별식 윤활기

(다) 오일 회수기 : 공압회로 중에서 밖으로 배출되는 윤활유를 회수하여 재생시키는 장치로 자원과 인력을 절약할 수 있으며, 조정이 쉽고 청결 등의 효과도 얻을 수 있다.

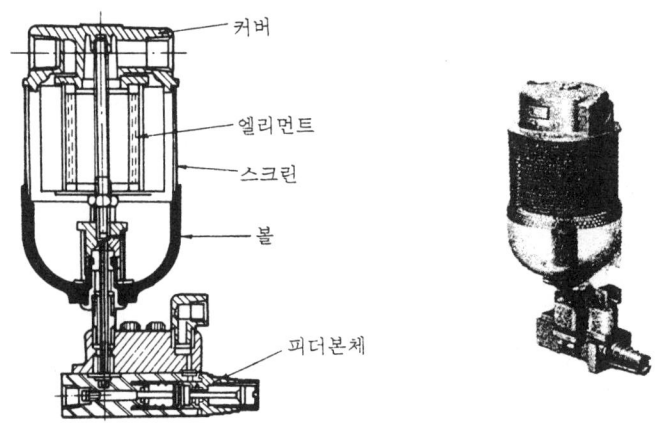

오일 회수기

㈑ 자동 급유기 : 윤활기에 오일의 공급을 자동으로 해 주는 것으로, 오일탱크를 설치하면 급유 부위의 개수에 관계없이 자동급유가 가능하여 인력의 절감효과를 얻을 수 있다.

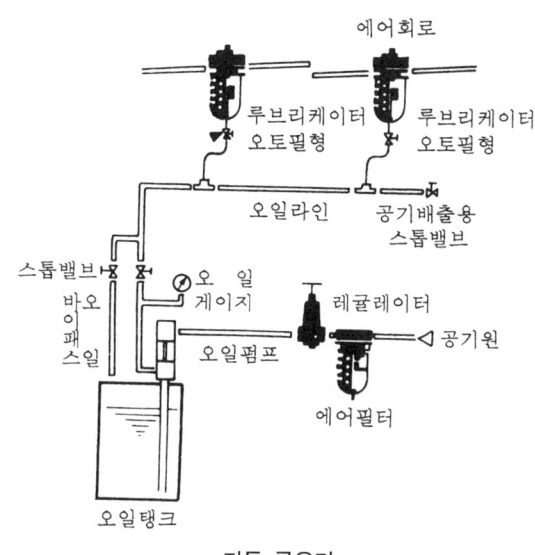

자동 급유기

② 윤활유 : 윤활유는 마찰계수가 적고 윤활성이 있으며, 마멸, 발열화의 정도가 적을 것 등을 필요로 한다. 그러나 공압기기 내에 실(seal) 등을 침식시켜서도 안된다. 즉, 공압장치를 구성하는 모든 기기에 좋지 않은 영향을 끼치지 않는 것도 중요하며, 윤활유로는 터빈 오일 1종(무첨가) ISO VG 32와 터빈 오일 2종(첨가) ISO VG 32를 권장하고 있다.

공기압 기기에 따른 윤활유의 적합성

종 류	특 징	용 도	평가
기계유	가장 용도가 넓고 값이 싸다. 파라핀이 함유되어 응고가 쉽다. 정제가 불충분한 것은 교착하여 마모를 유발한다.	일반기계의 윤활용	×
기어유	지방이나 활성 유황이 함유된 첨가제는 합성고무 등의 실재를 침식한다.	자동차, 일반기계의 기어용	×
스핀들유	경질의 윤활유로서 저아닐린점을 나타내어 합성고무 등의 실재를 팽창시킨다.	저하중, 고속 베어링, 정밀기계에 적합	×
터빈유	파라핀계의 용제 정제유이며, 고급품으로서 내산화, 내유화성이 우수하다. 첨가 터빈유는 산화 안정성이 좋다.	각종 터빈, 기타 고속 베어링용	○

유압 작동유	유압 기기용으로 개발한 것으로 각종 첨가제를 함유하여 필요한 특성을 거의 갖추고 터빈유계의 일종이다.	일반 유압기기용	○
다용도유 (R & O 유)	유압 작동유와 같은 기름으로서 공업용 다목적용으로 개발한 것이다.	일반 유압기기 및 다목적 공업용	○

(5) 공기 조정 유닛 (air control unit, service unit)

 공기필터, 압축공기 조정기, 윤활기, 압력계가 한 조로 이루어진 것으로 기기 작동시 선단부에 설치하여 기기의 윤활과 이물질 제거, 압력조정, 드레인 제거를 행할 수 있도록 제작된 것이다.

※ 사용시 주의사항
- 정기적인 점검이 필요하며, 필터에 드레인이 있으면 즉시 배출시킨다.
- 윤활기에는 적정한 오일을 유지한다.
- 기구 세척시에는 가정용 중성세제 또는 광물성 기름 (mineral oil)을 사용한다.

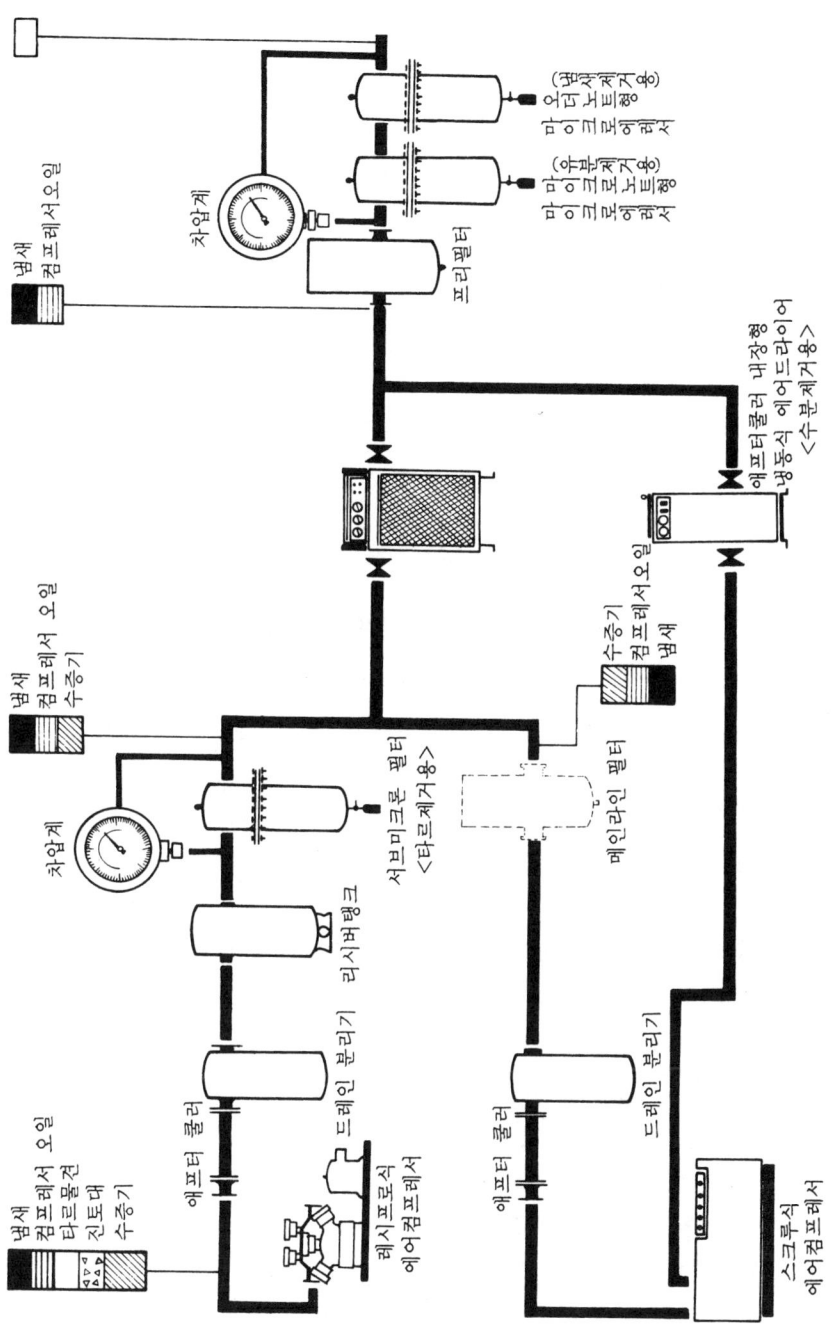

압축공기의 청정화 계통

2. 공압 밸브

공압 제어 시스템은 동력원, 신호감지 요소, 제어요소, 작업요소 등으로 구성되어 있다. 이 중 신호감지 요소와 제어요소는 작업 요소들의 작동순서에 영향을 미치며, 이들을 밸브라 한다.

밸브들은 시작과 정지, 방향제어, 유량과 압력을 제어 및 조절해 주는 장치이다. 슬라이드 밸브, 볼 밸브, 디스크 밸브, 콕 등은 국제적으로 통용되는 명칭이며, 모든 설계에 일반적으로 적용된다.

밸브들은 기능에 따라 다음의 3개 그룹으로 구분된다.

- 압력 제어 밸브(pressure control valve)
- 유량 제어 밸브(flow control valve)
- 방향 제어 밸브(directional valve, way valve)

2-1 압력 제어 밸브(pressure control valve)

공기 실린더의 피스톤의 면적에 압력을 작용시키면 피스톤 로드에 힘이 발생되며, 이 힘은 압력을 바꾸어 조절할 수 있다. 이 압력을 제어하는데 사용되는 것이 압력제어 밸브이다.

기능으로는 감압 밸브, 안전 밸브(릴리프 밸브), 압력 스위치, 시퀀스 밸브(sequence valve), 언로드 밸브(unload valve) 등이 있으며, 공압장치에서 압력제어 밸브의 대부분은 감압 밸브로 되어 있다.

압력제어 밸브의 종류에는 직동형과 파일럿형이 있고, 직동형에는 릴리프식, 논브리드식, 브리드식 등이 있다. 파일럿형에는 정밀형과 대용량형 또는 내부 파일럿과 외부 파일럿이 있다.

압력제어 밸브의 특징은 다음과 같다.
- 적정한 공압을 사용하여 압축공기의 소모를 방지한다.
- 공압 라인의 말단에서 공기 사용량의 변동에 따라 변화하는 공압을 일정한 압력값으로 제어해서 안정한 공기압력을 공급한다.
- 적정한 압력을 사용함에 따라 공압기기의 인내성, 신뢰성을 확보한다.
- 장치가 소정 이상의 압력으로 될 때에 공기를 빼내어 안전을 확보한다.
- 압력의 저, 고를 전기신호로 하여 공기압력을 감시 또는 전자밸브와 각종 기계의 압력제어를 한다.

(1) 압력제어 밸브의 분류

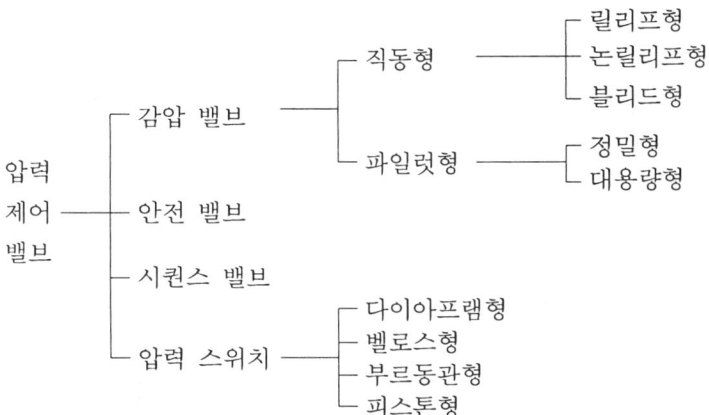

(2) 압력제어 밸브의 구조 및 특징

① 압력제어 밸브(감압밸브, reducing valve) : 압력을 일정하게 유지하는 기기로서, 배기공이 없는 압력조절 밸브가 많이 사용되며, 압축공기는 밖으로 배기되지 않는다.

㈎ 직동형 압력제어 밸브 : 공기의 통로를 스로틀하여 출구쪽의 공기량을 감소시켜 압력이 낮아지도록 하는 것으로, 스프링은 유량을 자동적으로 조정하는 역할을 시키기 위해 사용된다.

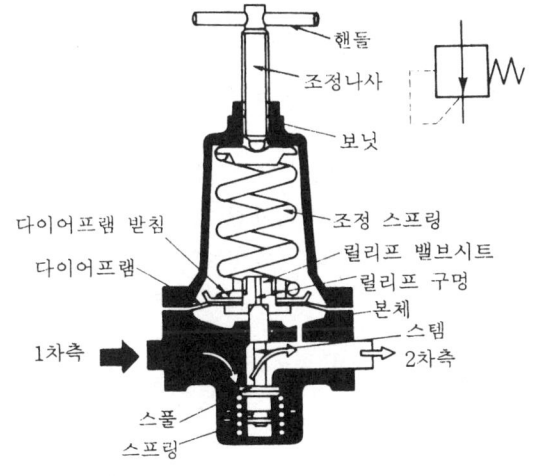

직동형 압력제어 밸브

② 안전밸브 : 회로 내의 압력이 설정압력 이상이 되면 자동으로 작동되도록 제작되었으며, 탱크 또는 회로의 최고 압력을 설정하여 공압기기의 안전을 위하여 사용된다. 이 밸브는 응답성이 중요하고, 압력이 상승한 경우 급속히 대기에 방출시키는 기능이 있다.

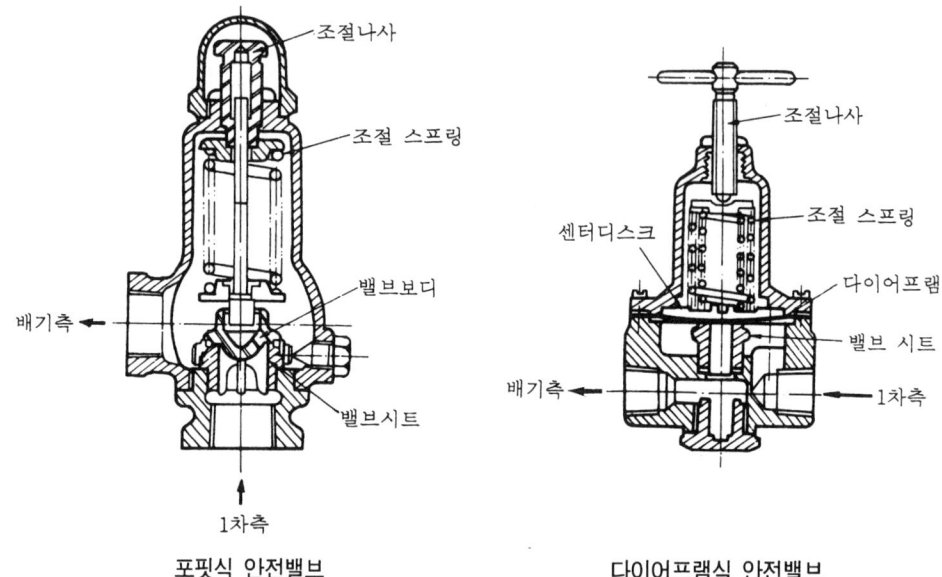

포핏식 안전밸브   다이어프램식 안전밸브

③ 릴리프 압력제어 밸브 : 직동형 압력제어 밸브에 보완 장치를 갖춘 것으로 시스템 내의 압력이 최대 허용압력을 초과하는 것을 방지해 주며, 교축 밸브의 아래쪽에는 압력이 작용하도록 하여 압력변동에 의한 오차를 감소시키며, 주로 안전밸브로 사용된다.

㈎ 직접 작동형 릴리프 밸브 : 포핏 한쪽이 공기압에 접하고 반대쪽은 스프링의 힘이 작용하고 있다. 그리고 공기압이 스프링의 힘을 이길 때까지 상승하면 스풀이 열려 공기를 방출한다. 이 밸브는 설정압력(파열압력)에 비하여 낮은 압력으로 릴리프 작용이 시작된다.

㈏ 간접(파일럿) 작동형 릴리프 밸브 : 직동형 압력조정 밸브보다 정밀도가 높은 압력 조절이 얻어지도록 할 목적으로 파일럿 기구를 추가한 구조로 주밸브와 보조밸브로 구성되어 있으며, 이 밸브는 설정압력의 90 % 이상에서 릴리프 작용이 일어난다. 따라서, 직접 작동형보다 성능은 양호하나 응답시간이 약간 늦어진다.

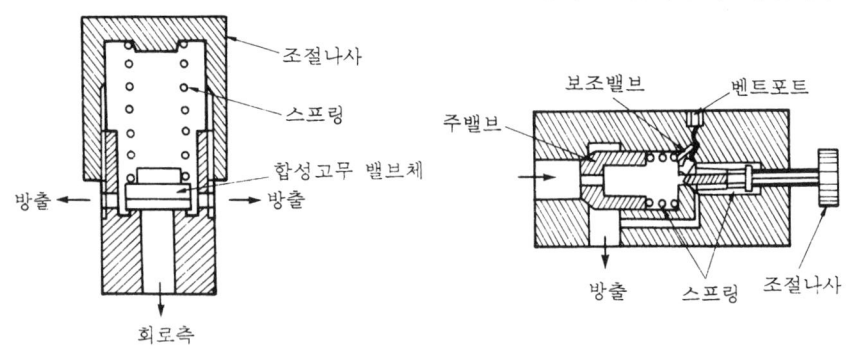

직접 작동형 릴리프 밸브   간접 작동형 릴리프 밸브

㈐ 논브리드식 압력조정 밸브 : 릴리프 밸브 시트에 릴리프 구멍이 없는 구조로 되어 있다.

㈑ 브리드식 압력조정 밸브 : 릴리프 밸브 시트로부터 항상 소량의 공기를 대기 중으로 내보내 조절을 신속하게 할 수 있는 구조로 되어 있다.

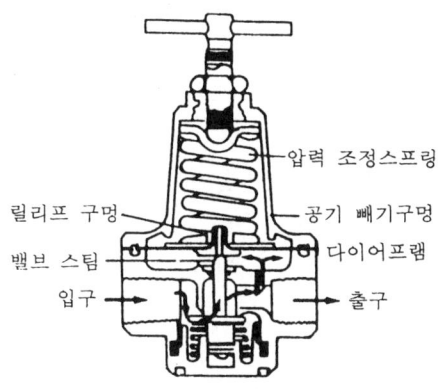

내부 파일럿 감압 밸브

④ 시퀀스 밸브 : 공기압 회로에 다수의 실린더나 액추에이터를 사용할 때 각 작동순서를 미리 정해 놓고 그 순서에 따라 움직이게 하는 경우에 캠 조작 밸브나 공기 타이머 또는 전기적 제어장치에 의해 그 작동순서를 자유로이 작동시킬 수 있으나, 이 밸브는 그 순서를 압력의 축압(蓄壓) 상태에 따라 순차로 작동을 전달해 가면서 작동한다.

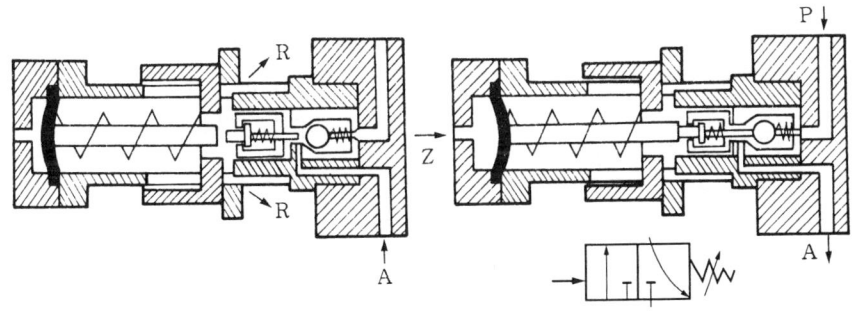

시퀀스 밸브

⑤ 언로드 밸브 : 압축기에서 탱크압력이 설정압력에 달하면 압축공기를 내지 않고, 단순히 공기가 실린더 안을 출입만 하는 무부하 운전에 사용되는 밸브이다.

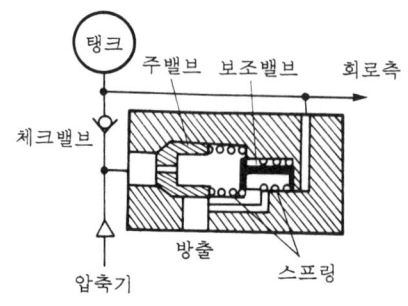

간접 작동형 언로드 밸브

⑥ 압력 스위치 : 일명 전공 변환기라고도 하며, 회로 중의 공기압력이 상승하거나 하강할 때 어느 압력이 되면 전기 스위치가 변환되어 압력변화를 전기신호로써 보내진다.

- 다이어프램형(diaphragm ; 고무나 금속의 다이어프램) : $1\,kg_f/cm^2$ 이하에 사용
- 벨로스(belleows)형 : $80\,kg_f/cm^2$ 이하까지 사용
- 부르동(bourdon)형 : $80\,kg_f/cm^2$ 이하까지 사용
- 피스톤(piston)형 : $1000\,kg_f/cm^2$ 이하까지 사용
- 차동기구를 가진 개방형과 방적형

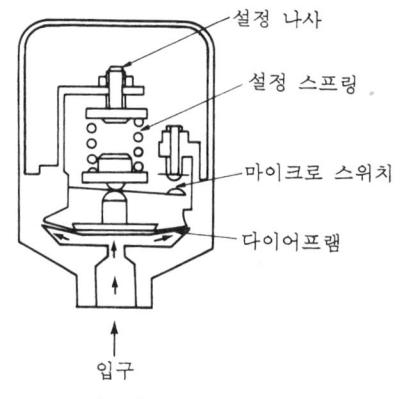

다이어프램형 압력 스위치

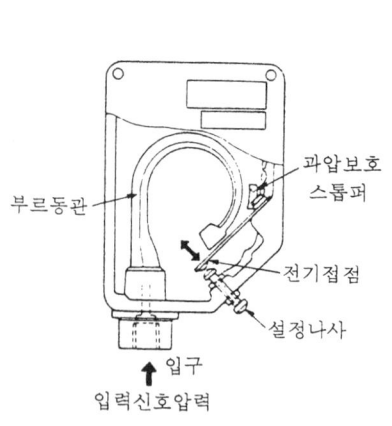

부르동형 압력 스위치

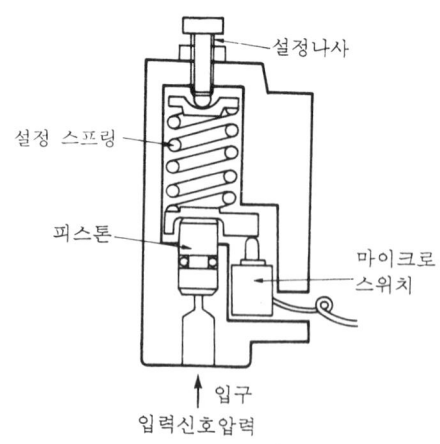

피스톤형 압력 스위치

(3) 압력 제어 밸브의 특성

① 유량 특성: 2차 압력의 조정은 일반적으로 공기가 흐르지 않는 상태에서 한다. 압력을 설정한 후에 2차 쪽을 천천히 개방하여 유량을 증가시켜 가면, 이에 따라 2차 압력은 점차로 저하된다. 이 압력저하의 정도가 작을수록 유량 특성이 좋은 압력조정(감압) 밸브라고 할 수 있으며, 파일럿형이 우수하다. 직동형의 것은 일정한 유량 이상에서 극단적으로 2차 압력이 저하하므로 주의를 요한다. 압력강하와 관련해서는 목표로 하는 설정압력에 대하여 $0.8\,\mathrm{kg_f/cm^2}$ 이내가 되는 범위 내에서 사용하는 것이 바람직하다.

② 압력 특성: 1차 압력이 변동되면 2차 압력도 따라서 변동하는 특성을 가지고 있다.

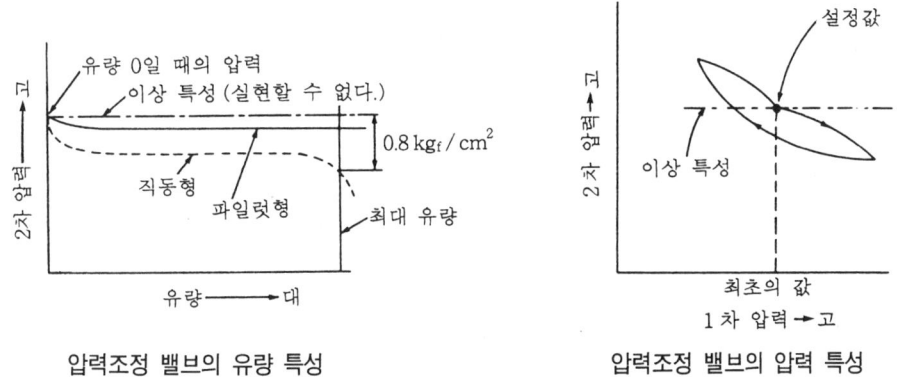

압력조정 밸브의 유량 특성   압력조정 밸브의 압력 특성

③ 압력조정 밸브의 사용시 주의사항

  (개) 2차 쪽의 부하에 의하는 압력 상승을 릴리프하는 목적이 있는 경우는 감압밸브의 릴리프 능력을 검토해야 하며, 때에 따라서는 특수 제 원품을 사용하거나 회로 구성에서 대처하도록 하여야 한다.

  (내) 배관 도중에 사용되고 있는 압력조절 밸브나 그 밖의 각종 공압밸브, 배관의 안지름이 작기 때문에 공기 소비량을 보충하는데 충분한 공급능력이 없거나 본래 공기공급원이 작기 때문에 일시적 압력부족 현상이 일어나므로 기기를 크게 하거나 압축기를 크게 한다.

  (대) 사용목적에 알맞는 것을 선정하도록 하고, 회로 구성상 여러 개의 감압밸브를 배치하여 장치의 정상을 유지하도록 할 경우도 있다.

  (라) 감압밸브 앞에 반드시 필터를 사용하여 공기 중의 먼지나 물방울이 밸브 내에 들어가지 못하도록 한다.

  (마) 압력조절 후에 고정용 너트로서 조절 스프링을 고정해 두어야 한다.

2-2 유량제어 밸브 (flow control valve)

공기의 의해 작동되는 액추에이터 속도는 배관 내의 공기 유량에 따라 제어된다. 공기의 유량은 관로의 저항의 대소에 따라 정해지는데, 이 저항을 가지게 하는 기구를 교축 (throttle)이라 하고, 이 교축을 목적으로 하여 만든 밸브를 스로틀 밸브 (throttle valve) 라고 부른다. 이 스로틀 밸브는 유량의 제어를 목적으로 하고 있으므로 유량제어 밸브라고도 부른다.

(1) 유량제어 밸브의 구조 및 특징

① 교축 밸브 (throttle valve, needle valve) : 나사 손잡이를 돌려 그 끝의 니들 (또는 콕, 원추형 등)을 상하로 이동시키면 유로의 단면적을 바꾸어 스로틀의 정도를 조정하게 되어 있는 간단한 구조로 되어 있다.

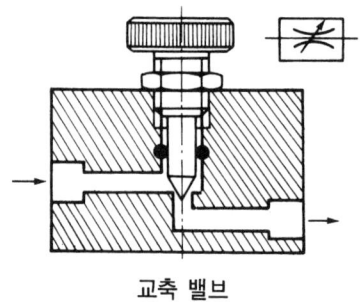

교축 밸브

② 속도제어 밸브 (speed control valve) : 스로틀 밸브와 체크 밸브를 조합한 것으로 흐름의 방향에 따라 상이한 제어를 할 수 있다. 즉, 유량을 교축하는 동시에 흐름의 방향에 따라서 교축 작용이 있기도 하고 없기도 하는 밸브로서 어느 방향으로는 교축 밸브의 교축 정도에 따른 유량이 흐르지만, 그 반대 방향으로는 전혀 교축되지 않고 자유로이 흐른다.

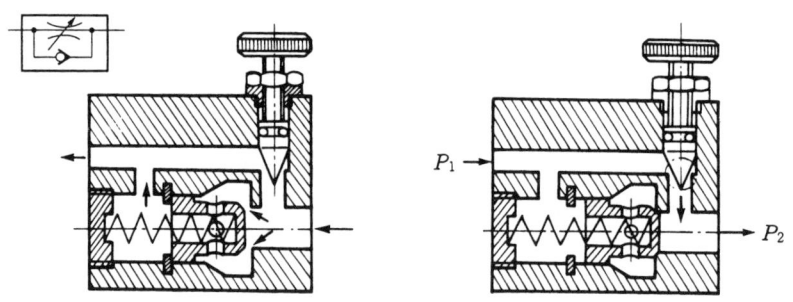

속도 제어 밸브

오른쪽 구멍으로부터 왼쪽 구멍으로의 흐름에서는 체크 밸브를 통한 흐름은 저지되고 스로틀 밸브를 통한 흐름만으로 되는데, 이 방향의 흐름을 제어 흐름이라 한다. 역으로, 왼쪽에서 오른쪽의 흐름에서는 스로틀 밸브를 통한 흐름과 함께 압력의 작용으로 체크 밸브가 밀어 열려져 스로틀 되는 일이 없이 대량으로 흐르게 되며, 이 방향의 흐름을 자유 흐름이라 한다.

실린더에 유입되는 공기량을 조절하는 제어방식을 미터 인 회로라 하며, 공압 실린더의 배출 공기량을 조절하는 제어방식을 미터 아웃 회로라 한다.

(2) 유량제어 흐름의 유량 특성

스로틀 나사 손잡이의 회전각도(회전수)에 대한 스로틀 간극의 정도가 유량제어의 용이성과 관계된다. 곡선 I 는 대유량 변화에, 곡선 II 는 미소 유량의 조절에 적합한 제어 밸브라 할 수 있다.

이에 따라 피스톤의 이동 도중에서 부하가 증가되어도 속도에의 영향이 적다. 또, 배출 쪽의 압력이 필요 이상으로 저하되지 않아 안정된 압력이 얻어지고, 이에 따라 이동 도중에 부하가 감소되어도 속도에의 영향이 적게 된다.

이와 같이 미터 아웃 회로에서는 부하의 변동이 있어도 비교적 안정된 속도가 얻어진다.

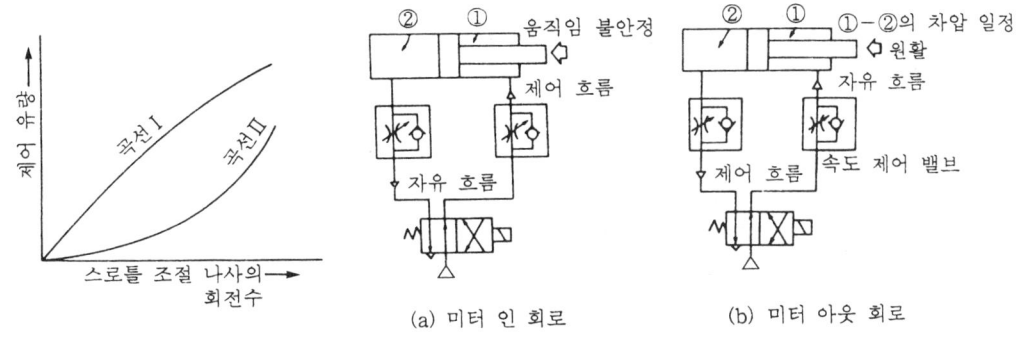

유량제어 흐름의 유량 특성   유량제어 밸브의 사용 예

(3) 유량제어 밸브의 사용시 주의사항

① 유량제어 밸브는 되도록 제어 대상에 가깝게 설치하는 것이 제어성의 면에서 바람직하다.
② 크기의 선정도 중요하다.
③ 공압 실린더의 속도 제어에는 공기의 압축성을 고려하여 비교적 원활한 움직임이 얻어지는 미터 아웃 방식을 사용한다.
④ 조절이 끝나면 고정용 나사를 꼭 고정하는 것을 잊지 않도록 한다. 또, 고정할 때 너트로 고정하는 경우에는 스로틀 조절나사가 함께 회전하지 않도록 유의한다.
⑤ 공기유량을 교축시킨 후의 공기유속은 음속 이상으로 올라가지 않도록 한다. 즉, 출구 압력을 입구 압력의 1/2 이하로 하지 않는다.

2-3 방향제어 밸브 (directional valve or way valve)

방향제어 밸브는 실린더나 액추에이터로 공급하는 공기의 흐름 방향을 변환시키는 밸브이다.

(1) 방향제어 밸브의 분류

- 밸브의 기능에 의한 분류
- 포트의 크기에 의한 분류
- 기타
- 밸브의 구조에 의한 분류
- 밸브의 조작방식에 의한 분류

방향제어 밸브의 분류

기 능		밸브의 조작방식	밸브의 구조	포트의 크기
포트의 수	위치의 수			
2포트	2위치	인력 : 수동, 족답 밸브	포핏(볼시트, 디스크 시트 밸브)	PT 1/8 (6 A)
3포트	3위치	공기압 : 파일럿 조작		PT 1/4 (8 A)
4포트	(4위치)	전기 : 솔레노이드 밸브	슬라이드(세로, 세로평, 판 또는 나비 슬라이드 밸브)	: :
5포트		기계 : 기계조작 밸브		

① 기능에 의한 분류

㈎ 포트수 : 방향제어 밸브의 사용목적에서 변환통로의 수가 기본 기능이고 이것을 나타내는 것이 접속구의 수, 즉 밸브 주 관로를 연결하는 접속구의 수를 포트 수라 하며, 밸브에 뚫려 있는 공기 통로의 개구부를 포트(port)라 한다.

포트에는 보통 IN 또는 P(흡기구) 또는 A, B(액추에이터와의 접속구), R 또는 S(배출구)의 문자가 표시되어 있으며, 포트 수는 표준의 방향전환 밸브인 경우 2, 3, 4, 5의 것이 있다.

㈏ 위치의 수 : 방향제어 밸브가 공기압의 흐름을 변환한다는 것은 제어밸브의 복수 상태가 있어서 이 변환상태를 위치라고 하는 두 종류의 변환상태의 것을 2 위치 밸브라고 한다.

여기서, 위치(position)라고 하는 것은 밸브의 전환상태의 위치를 말하는데, 일반적인 밸브에서는 2 위치 및 3 위치가 대부분이고 4 위치, 5 위치로 다위치 등의 특수 밸브도 있다.

㈐ 방향전환 밸브의 기호 : 그 밸브가 가지고 있는 위치 수만큼 정방형을 옆으로 나란히 하고 표시하게 되어 있다. 이 정방형 속에 흐름의 방향을 표시한 선을 그린 것을 방향전환 밸브의 기본 표시라고 한다.

화살표는 밸브 내의 흐름의 방향을 표시하고, T자표 또는 역 T자표는 밸브 내의 통로가 닫혀 있는 것을 나타낸다. 기호로 표시한 경우의 접속 관로는 밸브의 정상위치 또는 중립위치를 표시하는 것으로 되어 있다.

2. 공압 밸브

방향제어 밸브의 구멍 수 및 위치 수

종류		KS 기호	유로의 기로		
포트의 수	절환위치의 수		1	2	3
2포트	2위치	(A, P)			
3포트	2위치	(A, P, R)			
3포트	3위치 (올포트 블록)	(A, P, R)			
4포트	2위치	(A B, P R)			
4포트	3위치 (올포트 블록)	(A B, P R)			
4포트	3위치 (ABR 접속)	(A B, P R)			
4포트	3위치 (PAB 접속)	(A B, P R)			
5포트	2위치	(A B, R₁ R₂)	기능은 4포트 밸브와 같다.		
5포트	3위치 (올포트 블록)		A, B의 전용 R 포트가 있다.		

② 조작방식에 의한 분류

방향전환 밸브에서 위치를 전환하는 것을 전환조작이라 하고, 또 위치를 전환함에 따라 접속관로가 바뀐다. 유체의 흐름을 변환하기 위해서는 조작력이 필요하고 이 조작력의 종류에 따라 분류되며, 이들의 기본 조작방식을 조합하여 사용하는 것이 대부분이다. 또한, 제어밸브를 조작하여 변환시킨 후 복귀하는 조작도 필요하며 이런 조작에는 단동조작과 복동조작이 있다.

방향제어 밸브의 조작방식

조작 방법	종류	KS 기호	비고
인력 조작 방식	누름 버튼 방식 레버 방식 페달 방식		기본 기호
기계 방식	플런저 방식 롤러 방식 스프링 방식		기본 기호
전자 방식	직접 작동 방식		・직동식
	간접 작동 방식		・파일럿식
공압 방식	직접 파일럿	① ②	・압력을 가해서 조작하는 방식
	간접 파일럿	① ②	・압력을 빼고 조작하는 방식
보조 방식	디텐트		일정 이상의 힘을 주지 않으면 움직이지 않는다

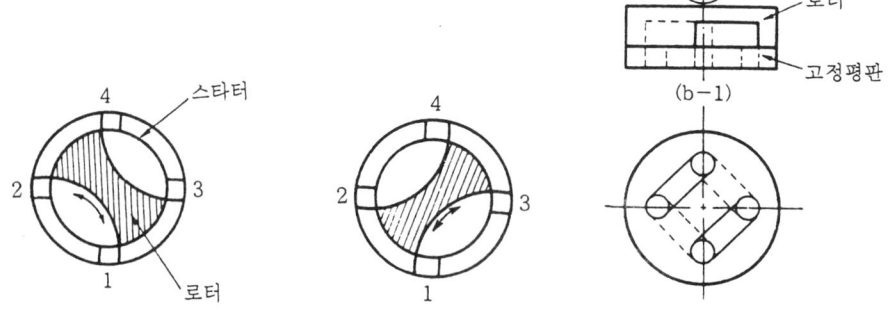

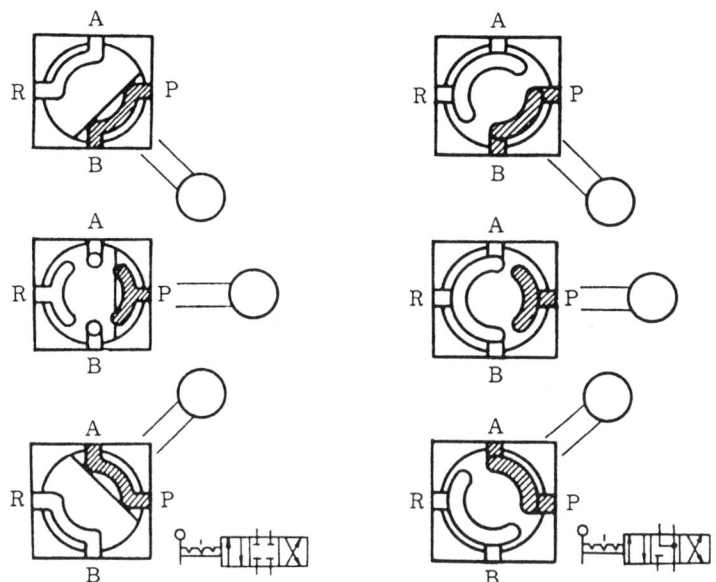

판 슬라이드 밸브

③ 구조에 의한 분류

㈎ 포펫식 밸브(poppet valve) : 이 밸브의 연결구는 볼, 디스크, 평판(plate) 또는 원추에 의해 열리거나 닫히게 되는 것으로 소형의 제어 밸브나 솔레노이드 밸브의 파일럿 밸브에 많이 사용되며, 공기 통로를 그것보다 큰 원판으로 뚜껑을 닫는 구조로 된 것이다.

※ 장 점
- 구조가 간단하여 이물질의 영향을 잘 받지 않는다.
- 짧은 거리에서 밸브의 개폐를 할 수 있다.
- 시트(seat)는 탄성이 있는 실에 의해 밀봉되기 때문에 공기가 새어나가기 어렵다.
- 활동부가 없어 윤활이 불필요하고 수명이 길다.

※ 단 점
- 공급압력이 밸브에 작용하기 때문에 큰 변환조작이 필요하다.
- 다방향 밸브로 되면 구조가 복잡하게 된다.

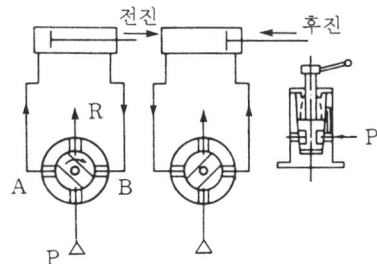

회전 및 평면 미끄럼식 방향제어 밸브의 작동원리

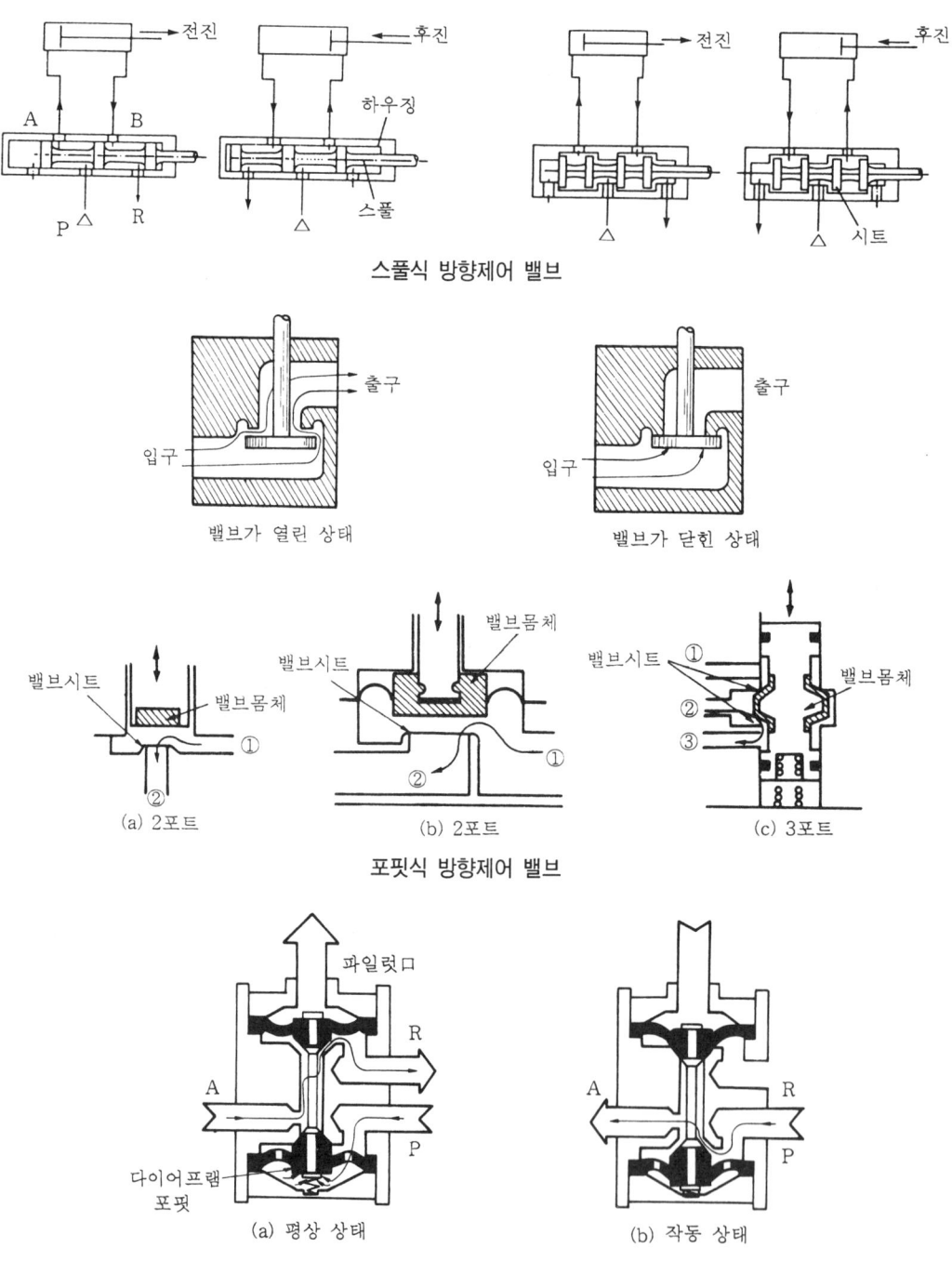

스풀식 방향제어 밸브

포핏식 방향제어 밸브

포핏형 다이어프램 공기 작동형 밸브

- 볼 시트 밸브(ball seat valve) : 구조가 간단하여 가격이 저렴하고 크기가 작다. 특징은 플런저에 작용하는 힘은 스프링의 반력과 압축공기가 볼을 밀어올리는

힘을 이길 수 있어야 한다. 2/2-way 밸브나 플런저를 통해 배출공이 있는 3/2-way 밸브로서 수동이나 기계적으로 작동된다.

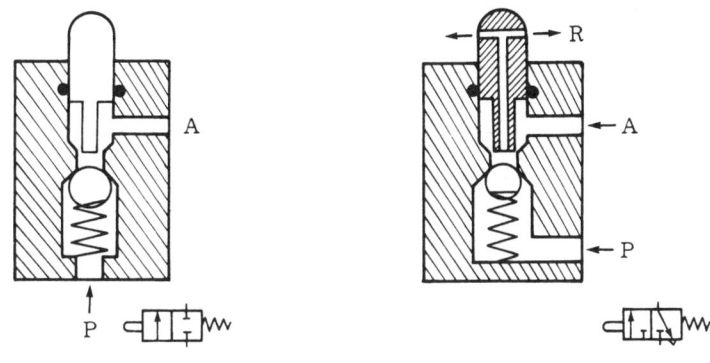

볼 시트 밸브

- 디스크 시트 밸브(disc seat valve) : 밀봉이 우수하며 간단한 구조로 되어 있고 작은 거리만 움직여도 공기가 통하기에 충분한 단면적을 얻을 수 있어 반응시간이 짧고 먼지에 민감하지 않기 때문에 내구성이 좋으며, 배출 오버랩(exhaust over lap) 형태이나 디스크 시트가 하나인 밸브는 배출 오버랩이 일어나지 않는다.

  운동속도가 작은 경우에도 공기손실이 일어나지 않으며, 다이어프램 공기 작동형에서의 작동압력은 사용 공기압력이 6 kgf/cm²일 때 1.2 kgf/cm² 정도이며, 사용압력 범위는 1.2~8 kgf/cm²이고, 유량은 100 l/min 정도이다.

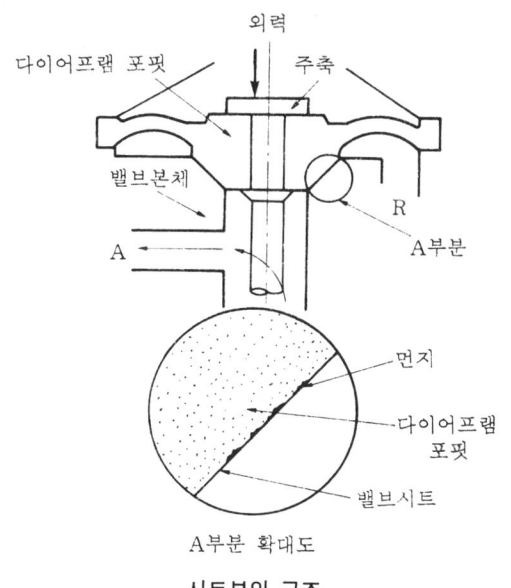

시트부의 구조

제 2 장 공기압 기기

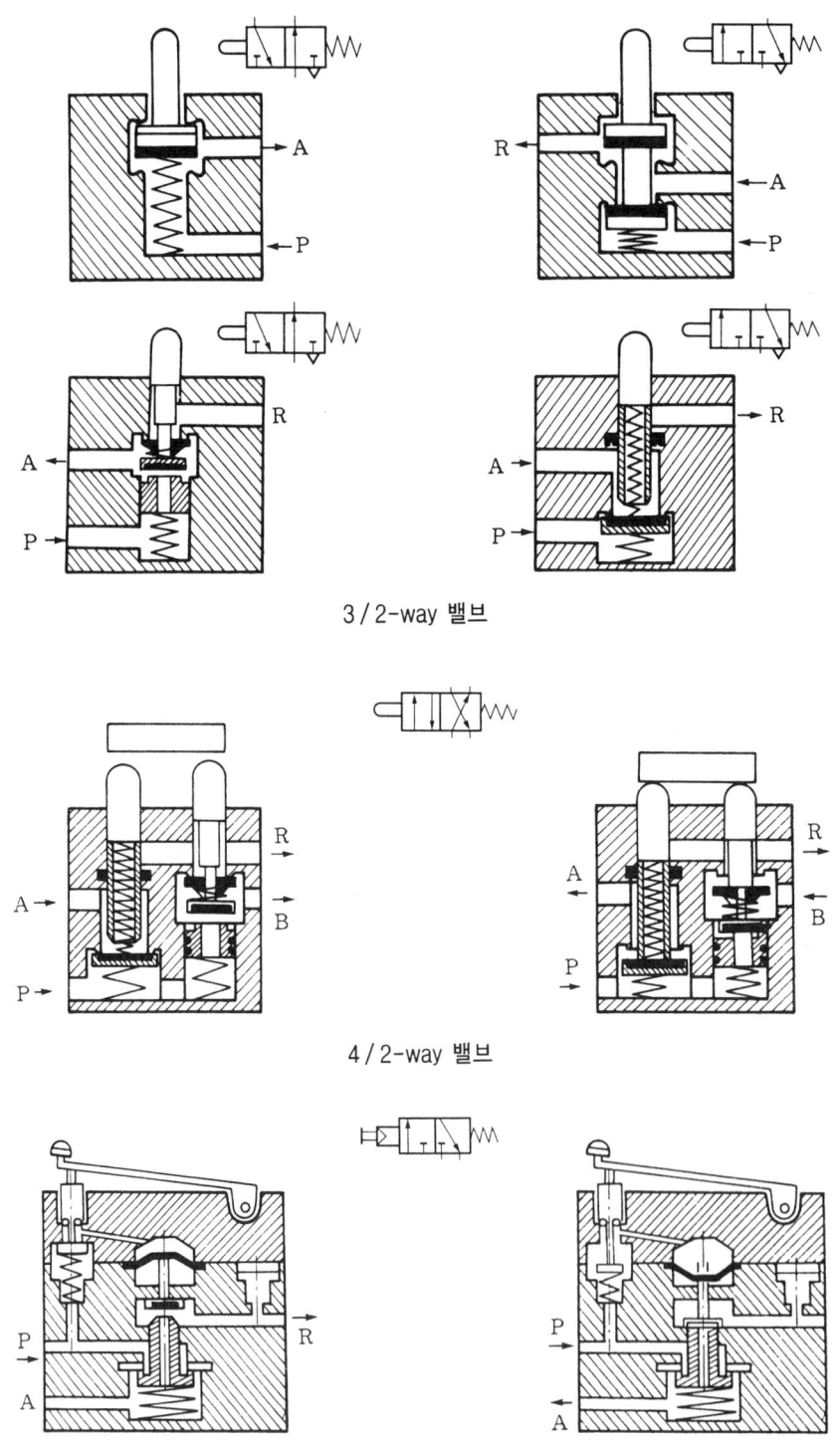

3/2-way 밸브

4/2-way 밸브

3/2-way 파일럿 제어 밸브

2. 공압 밸브 **73**

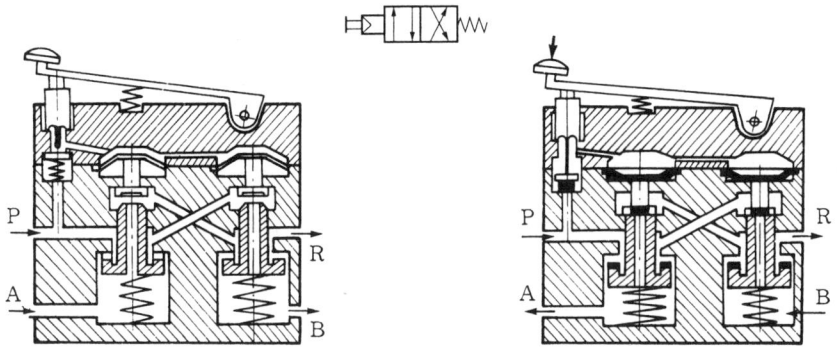

4/2-way 파일럿 제어 밸브

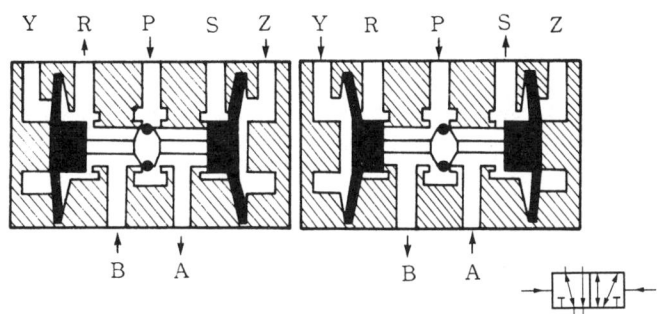

공기작동형 5/2-way 디스크 시트 밸브

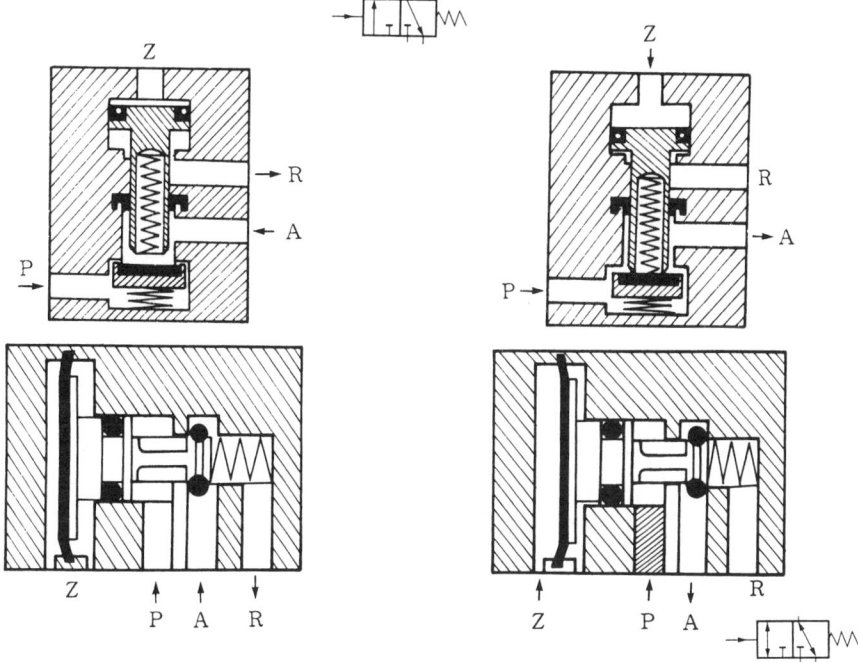

공기작동형 3/2-way 디스크 시트 밸브

(나) 슬라이드 밸브, 스풀형(slide valve, spool type) : 실린더 모양의 하우징 속에 끼워져 있는 스풀 밸브가 축 방향으로 이동하여 공기 통로를 개폐하여 제어하게 되어 있다. 이 밸브는 압력에 따른 힘을 거의 받지 않기 때문에 작은 힘으로 밸브를 변환할 수 있고, 스풀의 형상에 따라 복잡한 변환기능을 비교적 간단하게 할 수 있어 솔레노이드나 자동 밸브에 많이 이용된다.

그러나 메탈실의 경우 미끄럼면에 작은 틈새가 있어 소량의 공기 누출이 있으며, 미끄럼면이 정밀한 치수로 가공되어 있어 이물질의 침입을 최대한 방지하여야 하고, 윤활유의 관리가 필요하다. 패킹실의 경우 공기 누출은 거의 없지만 패킹의 재질에 따라 급유가 필요하다.

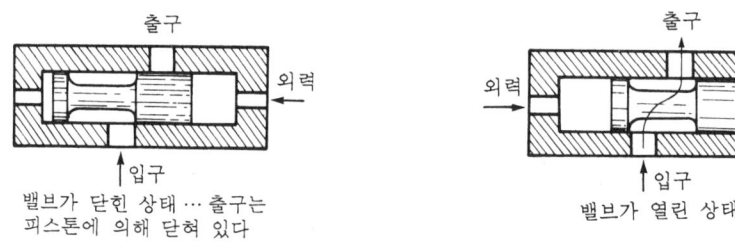

스풀형 밸브

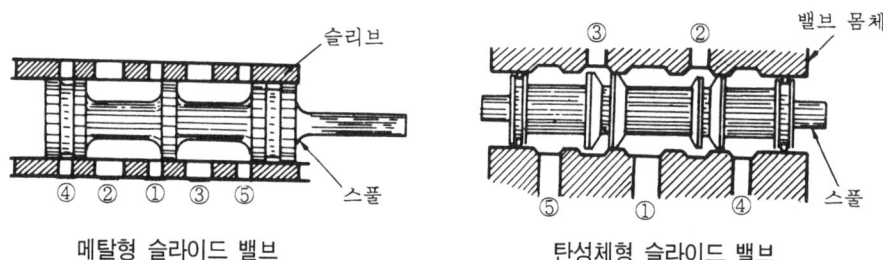

메탈형 슬라이드 밸브   탄성체형 슬라이드 밸브

· 세로 슬라이드 밸브 : 간단한 구조로 되어 있으며 작동에 요구되는 힘도 작고, 수동, 기계적, 전기적 및 공압 등과 같은 모든 형태의 밸브 작동방법을 택할 수 있다. 그러나 작동거리는 크며 스풀과 틀의 안지름이 0.002~0.004 mm를 초과하면 누출손실이 크게 되므로 밀봉장치에 문제가 있다.

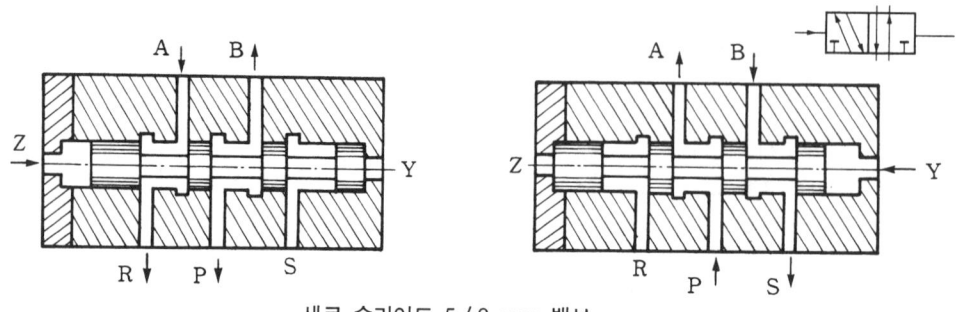

세로 슬라이드 5/2-way 밸브

- 세로 평 슬라이드 밸브 : 밸브를 전환하기 위한 파일럿 스풀을 갖고 있으나, 각 선들은 별도의 평 슬라이드에 의해 연결되거나 분리된다. 평 슬라이드가 압축공기와 내장된 스프링에 의해 자기 조절이 되므로 마모가 일어나도 밀봉은 유효하게 되고 파일럿 스풀 자체는 O링에 의해 밀봉된다.

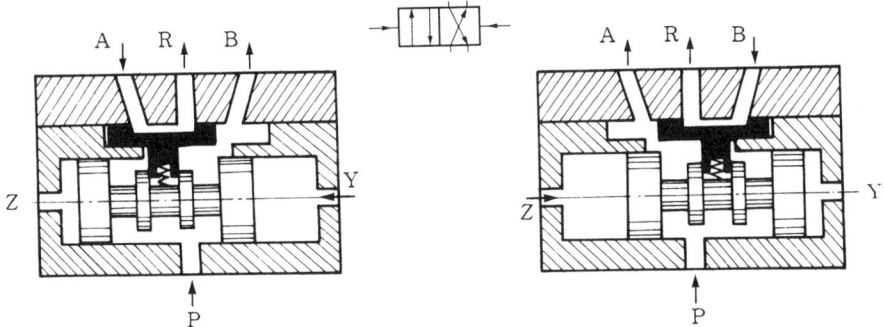

압력을 이용한 세로 평 슬라이드 밸브

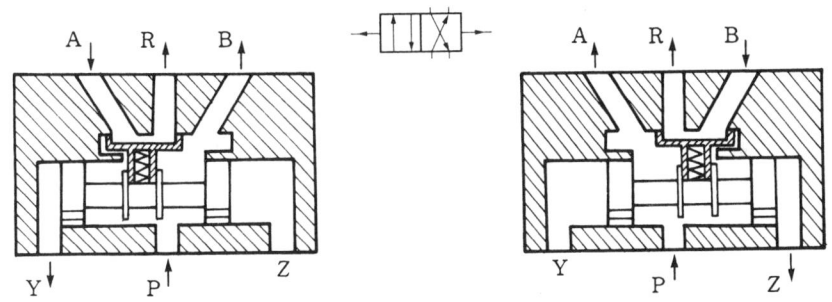

압력 감소에 의한 밸브제어의 세로 평 슬라이드 밸브

- 판 슬라이드 밸브(plate sliding valve) : 일반적으로 손이나 발로만 작동시킬 수 있고, 3/3-way 밸브나 4/3-way 밸브로 제작되고 있으며, 두 개의 디스크를 비틈으로써 각 선들이 서로 연결되거나 분리된다.

④ 포트 크기 : 접속구의 입구지름으로 결정하는 것으로 밸브의 호칭지름이라 한다.

배관 접속구 나사의 크기에 의한 분류

인 치 계	1/8	1/4	3/8	1/2	3/4	1	1¼ ···
미 터 계	6 A	8 A	10 A	15 A	20 A	25 A	32 A ···

(2) 방향전환 밸브의 특성

① 유량 특성 : 전환 밸브의 저항, 유체의 유통 능력을 나타내는 척도가 되는 것으로, 입구 압력을 변화시켰을 때의 출구 압력과 유량의 관계를 표시하는 것이 많다. 이

관계는 밸브 고유의 용량값을 사용하여 산출한 이론값과 잘 일치됨으로 그 밸브의 유량 특성을 나타내는 것으로 이용되는데, 그 값으로는 C_v 값 또는 유효 단면적 등의 용량값으로 사용되고 있다. 최근에는 C_v 값보다 유효 단면적 S가 더 많이 사용되고 있다.

일반적으로 유효 단면적의 크기는 밸브의 호칭의 치수를 기초로 하고 있으나, 치수가 같아도 그 값이 다른 것이 있으므로 주의를 요한다.

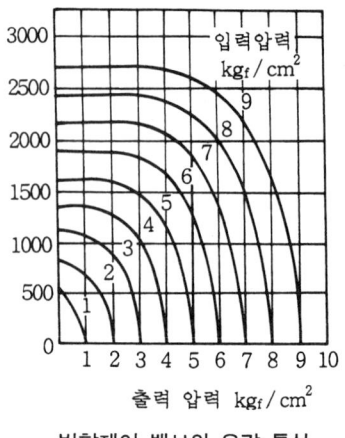

방향제어 밸브의 유량 특성

② 작동압력: 최고 사용압력은 7 kgf/cm²이며, 최저 사용압력은 대기압이고, 파일럿식에서는 2포트인 경우 1 kgf/cm² 이상이며, 3 이상의 포트에서는 2 kgf/cm² 이상이 된다.

③ 응답시간 특성: 응답시간이란 밸브에 입력신호가 가해진 시간부터 출력이 어느 규정의 값에 이를 때까지의 시간을 말한다. 일반적으로 응답속도는 직동식이 파일럿식보다 빠르나 큰 차이는 없다. 직류와 교류에 있어서는 직류쪽이 느리고 교류쪽이 빠르다. 응답시간의 불균일성은 직류쪽이 적으며, 교류에서는 통전시의 위상각의 영향으로 비교적 크다.

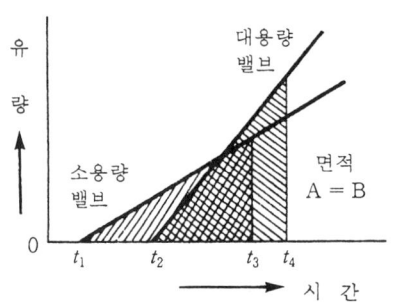

t_1 : 작은 밸브의 응답시간
t_2 : 큰 밸브의 응답시간
t_3 : 작은 밸브에서 필요로 하는 일정 공기량이 유출하기까지의 시간
t_4 : 큰 밸브에서 필요로 하는 일정 공기량이 유출하기까지의 시간

밸브의 응답시간과 유량

(3) 솔레노이드 밸브 (solenoid valve)

전기 신호에 의해 전자석의 힘을 이용하여 밸브를 움직이게 하는 전환밸브로 솔레노이드부와 밸브부의 두 부분으로 되어 있고, 솔레노이드의 힘으로 직접 밸브를 움직이는 직동식과 소형의 솔레노이드로 파일럿 밸브를 움직여 그 출력 압력에 의하는 힘을 이용하여 밸브를 움직이는 파일럿식이 있다.

- 직접 제어밸브 (직동식) : 일반적으로 자력이 충분하지 못하기 때문에 밸브의 공칭치수가 커지면 솔레노이드가 너무 커지기 때문에 작은 곳에서만 사용하며, 스위칭 시

간이 느리다.
- 서보 제어밸브(간접 작동) : 파일럿 솔레노이드 밸브(작은 치수의 3/2-way 밸브)와 공기로 작동되는 주(main) 밸브로 구성되어 있으며, 오버랩이 일어나지 않고 솔레노이드의 전원이 차단되면 파일럿 밸브의 플런저와 주 밸브의 파일럿 스풀은 스프링에 의해 원위치로 돌아간다.

① 솔레노이드의 구조 : 교류용과 직류용이 있으며, 일반적으로 교류용이 많이 사용되고 있다. 또한, 비교적 행정이 큰 경우에 사용되어 규소 강판을 수십 장 겹친 구조인 T형 플런저와 행정이 작은 경우에 사용되는 F형과 I형 플런저가 있다.

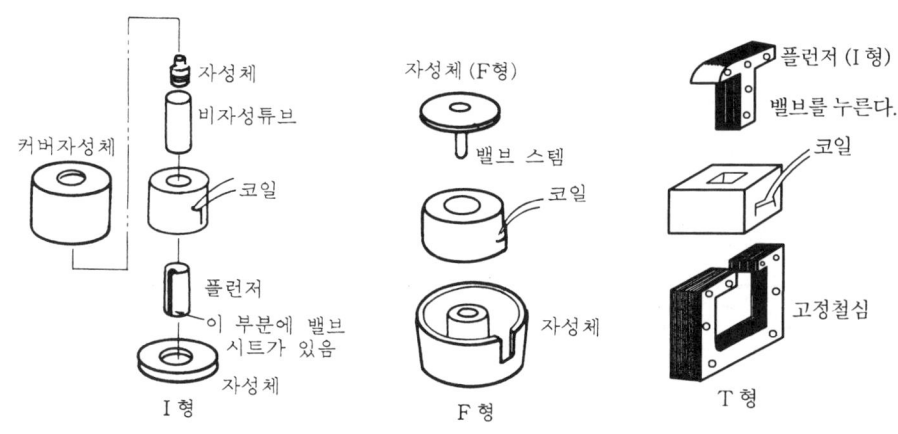

솔레노이드의 구조

② 전자석

㈎ 직류 전자석
- 직류는 전류값이 항상 일정하여 솔레노이드가 안정되고 소음이 없다.
- 흡인력에 맥동이 없고 플런저가 흡착할 때에 흡입력이 매우 강하다.
- 전압은 24 V가 가장 많이 사용되고 6, 12, 48 V 등 다양하게 사용되고 있다.
- 전자석에 간단한 정류기를 부착하여 직류화를 시키면 소손을 방지할 수 있다.
- 히스테리시스, 와전류에 의한 손실이 없고 온도 상승도 작아 특수 재료를 사용할 필요가 없다.
- 여자 전류는 코일 저항으로 결정되며, 전 스크로크를 통하여 일정하여 과전류에 의한 소손이 없다.
- 소요 전력이 시동할 때의 조건으로 정해지므로 흡입 후에도 여분 전력이 소비된다.
- 시동할 때에 자기 유도 기전력 때문에 정격 전류에 도달할 때까지 시간이 걸린다.

㈏ 교류 전자석
- 교류-직류 변환기가 필요없고 응답성이 좋으며, 이동거리도 길게 할 수 있다.
- 전압, 전류가 시간적으로 변화하기 때문에 소음이 나므로 가동편과 고정 철심이

접촉면에서 완화 코일을 장착한다.
- 전원회로 구성부품을 쉽게 얻을 수 있고, 가격도 저렴하다.
- 흡수할 때의 전력은 커지나 흡입 후에는 작아져 소비전력이 절감된다.
- 반 사이클마다 자속이 변화하므로 가동 철심의 작동 속도가 빠르다.

③ 솔레노이드의 흡인력 특성 및 전류 특성 : 흡인력과 행정(stroke), 전류와 행정 사이에는 흡인력은 가동 철심이 떨어져 있을수록 작고, 반대로 전력은 많이 소비된다. 일반적으로 전류가 솔레노이드로 흐르는 순간에는 밀착되어 있을 때의 전류(유지 전류)의 4~8배가 흐른다. 따라서, 밸브에 먼지 등이 붙어 있으면 작동되지 않고, 솔레노이드의 가동 철심이 흡착되지 않은 경우에는 커다란 순간 전류가 계속 흘러 솔레노이드 코일이 소손을 일으키게 된다. 또, 밸브의 전환 빈도가 많으면 그 때마다 순간 전류가 흐르게 되어 코일의 온도가 상승된다. 일반적으로 전환 빈도는 매초 1회 이하로 규정하고 있다.

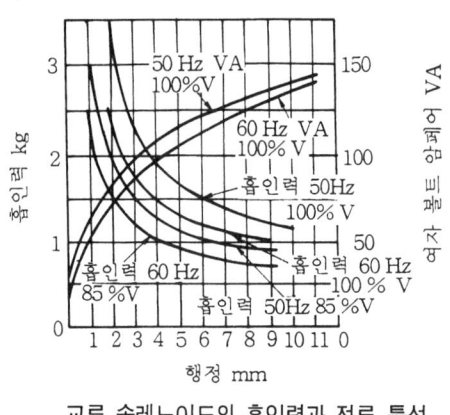

교류 솔레노이드의 흡인력과 전류 특성

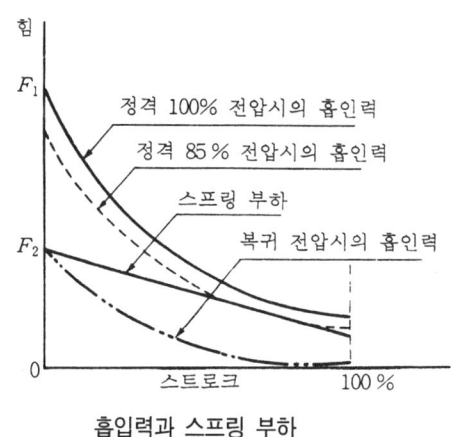

흡입력과 스프링 부하

④ 세이딩 코일 : 교류 전원인 경우 주파수 60 Hz 로 전류가 맥동하여 흡인력이 120 Hz 로 맥동하게 되는 떨림을 방지하기 위한 고정 철심을 흡착면에 압입시키는 둥근 모양의 구리링을 말한다.

⑤ 절연의 종류와 온도 상승값 : 전자밸브는 보통 E종이나 B종이 사용되며, 특수용으로 F종도 사용된다(증기용 2포트 밸브는 보통 H종이 사용된다).

절연의 종류와 온도 상승값

절연의 종류	온도 상승값 (℃)	절연의 종류	온도 상승값 (℃)
A	65 이하	F	115 이하
E	80 이하	H	140 이하
B	90 이하		

⑥ 기본 특성

(개) 응답시간 : 밸브의 입구에 $5\,kg_f/cm^2$의 압력을 가하여 출구에 설치한 압력 검출장치에 압력이 검출될 때까지의 시간으로서 밸브의 동작성능을 나타낸다.

(내) 절연저항 : 500 V 의 절연저항계로 여자권선 단자와 금속 부분 사이의 절연저항을 측정하여 1 MΩ 이상이 되어야 한다.

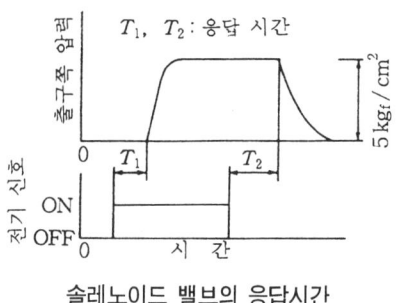

솔레노이드 밸브의 응답시간

(대) 내전압 : 여자권선 단자와 금속부분 사이에 60 Hz 의 정현파에 가까운 1500 V 의 전압을 1분간 가해도 파괴나 균열, 기타 이 부분에 해를 끼치는 결함이 없어야 한다.

(래) 복귀전압 : 힘 F_2 보다 작게 되는 전압까지 낮아지지 않으면 플런저는 복귀하지 않게 되며, 복귀할 때 전자석에 흐르는 전압을 복귀전압이라 한다.

⑦ 솔레노이드 밸브의 종류에 따른 특징

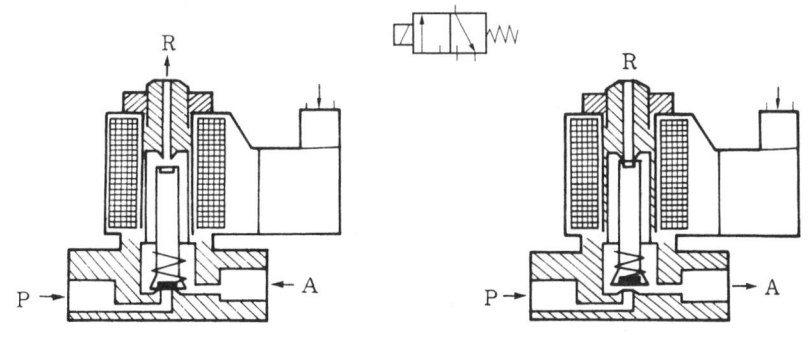

3/2-way 직접 작동 솔레노이드 밸브

(개) 싱글 솔레노이드 밸브 : 밸브를 조작한 후 조작력을 제거하면 원래의 상태, 즉 초기상태로 복귀하는 것을 말하며 스프링, 공급압력에 의한 힘 또는 이들을 병용해서 사용하고, 스프링 리턴 방식이라고도 부른다.

(내) 더블 솔레노이드 밸브 : 조작측과 복귀측의 구별이 없이 각각 별도로 조작하여 공기흐름의 방향을 변환시키면 그 조작력을 제거하여도 변환된 상태로 유지되어 복귀하지 않고 반대측을 조작해야만 복귀되는 것이며, 이 방식을 유지형(有持形)이라고도 한다. 제어 밸브의 조작에는 조작력 단독으로 직접 밸브를 변환하는 직동식과

조작력과 밸브간에 다른 구동력을 주어 변환 조작력을 행하는 파일럿식이 있다.

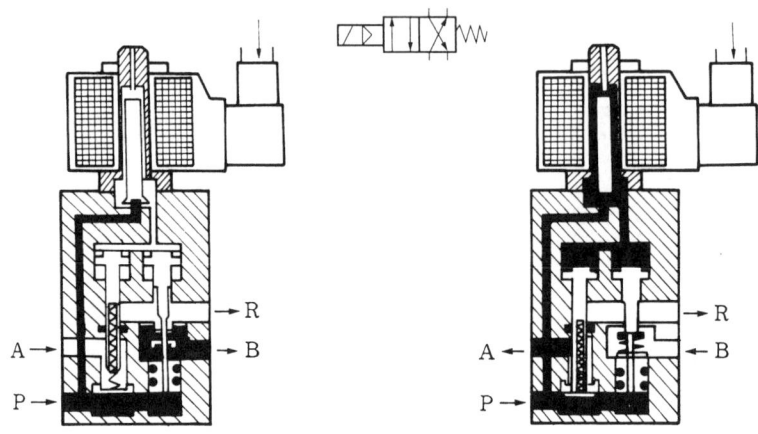

파일럿 내장 4/2-way 파일럿 솔레노이드 밸브

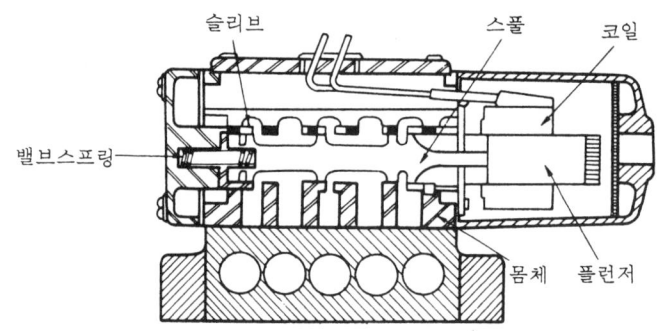

5포트 솔레노이드 밸브

솔레노이드 밸브의 구조에 의한 비교

구 분		메 탈 실		탄성체 실	
		직 동 형	파일럿형	직 동 형	파일럿형
크 기		소, 중	소, 중	소	중, 대
공기의 질	드레인	약하다	약하다	강한 편이다	약하다
	유분 포함	약하다	약한 편이다	강하다	강하다
	청정 공기	아주 강하다	강하다	약한 편이다	약한 편이다
	청정 공기구 윤활	아주 강하다	아주 강하다	강하다	강하다
	비교적 큰 먼지	아주 약하다	약하다	약하다	약하다
	윤활유	불필요	불필요 & 필요	불필요 & 필요	필 요
	건조 공기	강하다	강하다	약한 편이다	약하다

윤활유의 종류	불필요	터빈유	터빈유	터빈유
압력 변동	강하다	약하다	강하다	약하다
누 설 량	많 다	많 다	적 다	적 다
구 조	아주 단순하다	단순하다	복잡한 편이다	복잡하다
소비 전력	크 다	작 다	크 다	작 다
코일 소손	많 다	적 다	적 다	적 다
높은 빈도의 사용	아주 강하다	강하다	강하다	강하다
낮은 빈도의 사용	약하다	강한 편이다	약하다	약하다
응 답 성	빠르다	느리다	빠르다	느리다
내 한 성	강하다	강한 편이다	약하다	약하다
수 명	같 다	같 다	같 다	짧 다

(4) 방향전환 밸브의 취급시 주의사항

① 공통사항

㈎ 방향전환 밸브로 보내는 공급 공압 회로에는 반드시 여과기를 사용하여 먼지, 응축수 등을 확실하게 제거한다. 금속실 방식의 전환 밸브일 때에는 $5\mu m$ 이하의 것으로 하는 것이 바람직하다.

㈏ 무급유가 아닌 전환 밸브에는 반드시 윤활기를 사용한다. 이 경우 윤활유는 터빈 오일 1종 또는 2종을 사용한다. 이 밖에 오일은 패킹 등을 팽윤시켜 고장의 원인이 되므로 사용하지 않는다.

㈐ 전환 밸브의 회로에서 급격하게 압력이 내려가면 공기의 단열 팽창으로 온도가 내려가 압축공기 속의 수증기가 응축되어 수분이 생기게 된다. 겨울철에는 이 수분이 동결하는 일이 있으므로 주의를 요한다.

㈑ 전원 밸브의 부착에 있어서는 정비를 고려하여 여유 공간을 두도록 하고, 무리한 부착은 하지 않는다.

㈒ 사용 온도는 통상 5~60℃이며, 5℃ 이하에서는 팽창에 의해 온도가 내려가 공기 중의 수분이 동결될 염려가 있으며, 60℃ 이상일 경우에는 패킹재에 손상이 발생될 수 있다.

② 솔레노이드 밸브

㈎ 전 압

- 조작전압은 솔레노이드 ±10 % 의 범위 내에 있어야 한다. 전압이 낮으면 작동이 불량하게 되고, 높으면 코일이 소손되는 일이 있으므로 주의를 요한다. 특히, 직류의 경우에는 배선에서의 전압 강하가 일어나기 쉬우므로 배선의 굵기나 길이

에 주의할 필요가 있다.
- 솔레노이드에의 통전을 차단하면 높은 서지 전압이 발생되며, 이 전압은 전기회로에 악영향을 주므로 코일과 병렬로 서지 앱소버(serge absorber)를 접속하는 등의 보호 대책을 수립해야 한다.
- 직동식 더블 솔레노이드형 밸브를 사용하는 경우에는 인터록을 두는 등의 방법으로 양쪽의 솔레노이드가 동시에 통전되어 코일이 소손되지 않도록 한다.

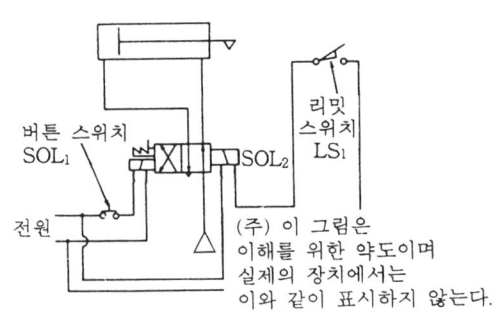

솔레노이드 밸브와
리밋 스위치에 의한 회로

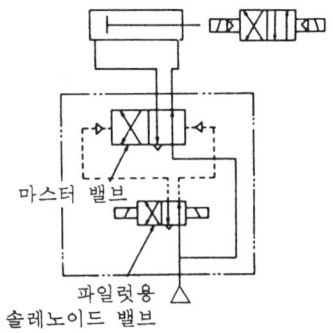

파일럿 작동식 솔레노이드
밸브의 조합 원리

(나) 주의온도 : 통전시간이 긴 경우에는 코일이 소손되거나 패킹류의 경화가 진행되기 쉬우므로 주의를 요한다.

(5) 그 밖의 밸브

① 체크 밸브(check valve) : 유체를 한쪽 방향으로만 흐르게 하고, 다른 한쪽 방향으로 흐르지 않게 하는 기능을 가진 밸브로서 밸브가 스프링 힘으로 밸브 시트에 밀착되어 있다. 공기를 작동 방향으로 흐르게 하려면 스프링의 힘보다 큰 압력을 공급해야 밸브가 열리며, 이 때의 압력을 최저 작동압력이라 하고, 대략 $0.2 \sim 0.5\,\text{kg}/\text{cm}^2$으로 설정되어 있다.

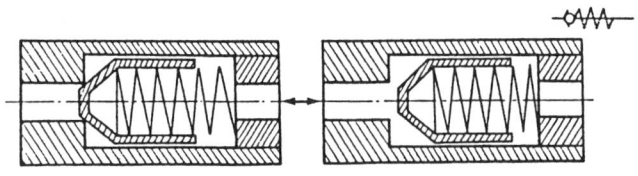

체크 밸브

② 셔틀 밸브(shuttle valve, OR valve) : 3방향 체크 밸브라고도 하는데, 체크 밸브를 2개 조합한 구조로 되어 있어 1개의 출구 A와 2개의 입구 X, Y가 있고, 공압회로에서 그 종류의 공압신호를 선택하여 마스터 밸브에 전달하는 것과 같은 경우에 사용

된다.

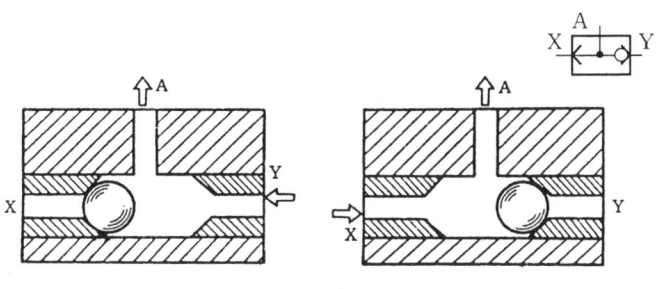

셔틀 밸브

③ 2압 밸브(two pressure valve) : AND 요소로서 두 개의 입구 X와 Y 두 곳에 동시에 공압이 공급되어야 하나의 출구 A에 압축공기가 흐르고, 압력 신호가 동시에 작용하지 않으면 늦게 들어온 신호가 A 출구로 나가며, 두 개의 신호가 다른 압력일 경우 작은 압력쪽의 공기가 출구 A로 나가게 되어 안전제어, 검사 등에 사용된다.

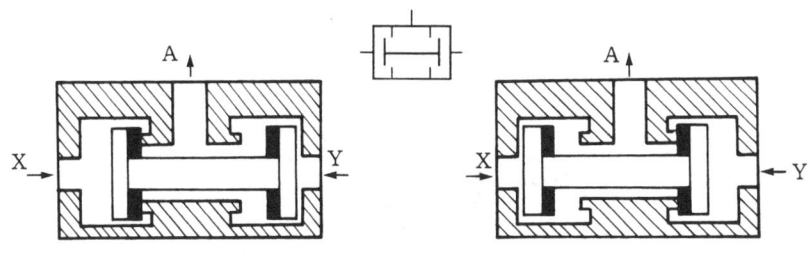

2압 밸브

④ 급속배기 밸브(quick release valve or quick exhaust valve) : 액추에이터의 배출저항을 적게 하여 속도를 빠르게 하는 밸브로 가능한 액추에이터 가까이에 설치하며, 충격 방출기는 급속 배기밸브를 이용한 것이다.

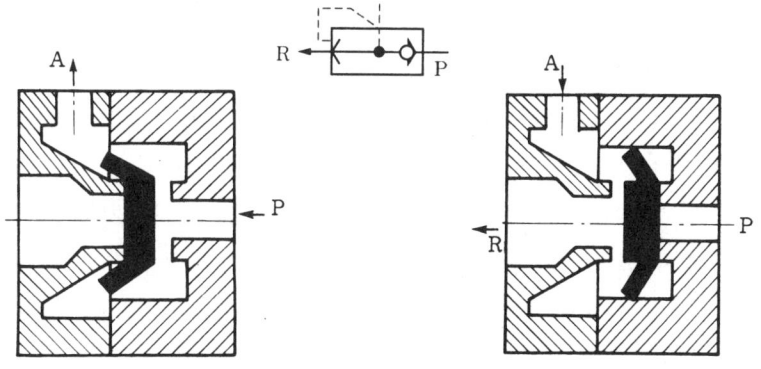

급속배기 밸브

- 급속배기 밸브와 실린더 사이의 관로 저항을 적게 하여 배기되기 쉽도록 한다.
- 대용량의 급속배기 밸브를 사용하여도 실린더의 최대 속도는 급속배기 밸브를 설치하지 않을 때의 약 1.4배의 속도이며, 이는 공급량이 배기량($l/\min$)을 초과하지 못하기 때문이나, 공기 탱크 내의 공기를 배기할 때는 제한이 없다.

⑤ 조합 밸브

㈎ 공기 제어 블록(air control block) : 3/2-way 밸브를 기계적으로 작동시키거나 셔틀 밸브에 압력을 작용시켜 작동시킬 수도 있고, 단속 또는 연속 왕복운동을 할 수 있어 공압·유압 이송기구에도 사용되며, 구성은 다음과 같다.
- 1개의 5/2-way 밸브 (양쪽에 압력 작용)
- 2개의 3/2-way 밸브 (기계적 작동)
- 2개의 셔틀 밸브
- 2개의 교축 밸브

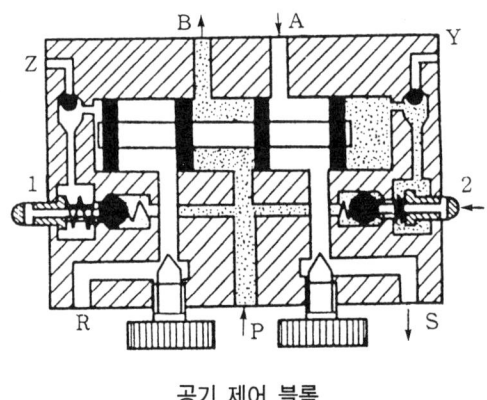

공기 제어 블록

㈏ 시간 지연 밸브
- 한시 작동 시간 지연 밸브 : 제어신호가 입력된 후 일정 시간이 경과한 다음 작동되는 밸브이다.
  - 정상상태 닫힘 시간 지연 밸브 : 이 밸브는 압축공기로 작동되는 3/2-way 밸브, 속도 제어 밸브 및 공기탱크로 구성되어 있다. 3/2-way 밸브가 정상 상태에서 닫혀 있고 제어 시간 지연은 약 30초 이내로 속도 제어 밸브의 교축량을 조절하여 제어 시간을 제어한다.

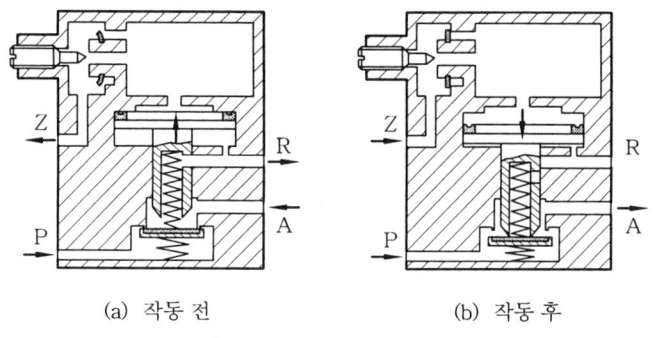

(a) 작동 전　　　　　(b) 작동 후

한시 작동 시간 지연 밸브의 구조

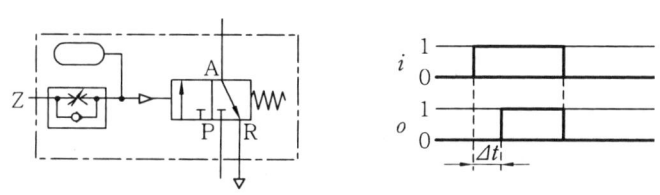

한시 작동 시간 지연 밸브의 기호 및 동작 상태

- 정상상태 열림 시간 지연 밸브 : 이 밸브는 3/2-way 밸브가 정상 상태에서 열려 있는 밸브이다.

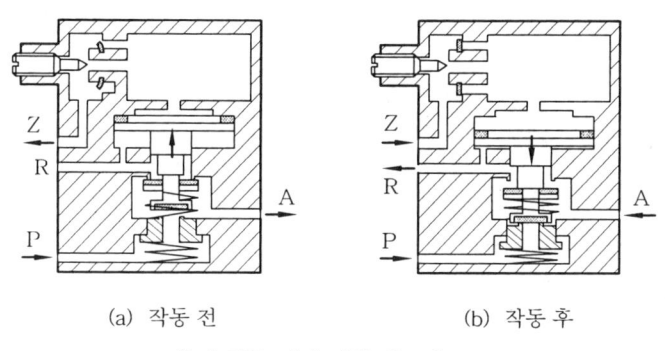

(a) 작동 전　　　　　(b) 작동 후

한시 작동 시간 지연 밸브의 구조

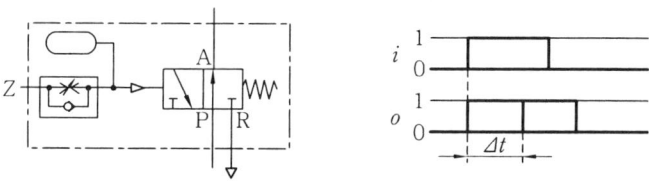

한시 작동 시간 지연 밸브의 기호 및 동작 상태

- 한시 복귀 시간 지연 밸브 : 제어신호가 없어진 후 일정 시간이 경과한 다음 복귀되어 작동되는 밸브로 한시 작동 시간 지연 밸브와 같으나 속도 조절 밸브의 체크 밸브의 방향이 반대로 되어 있는 것이 다르다. 이 밸브는 정상상태 닫힘은 제어신호가 입력되면 즉시 출력 신호가 존재하고, 정상상태 열림은 제어신호가 입력되면 즉시 출력 신호가 없어진다.

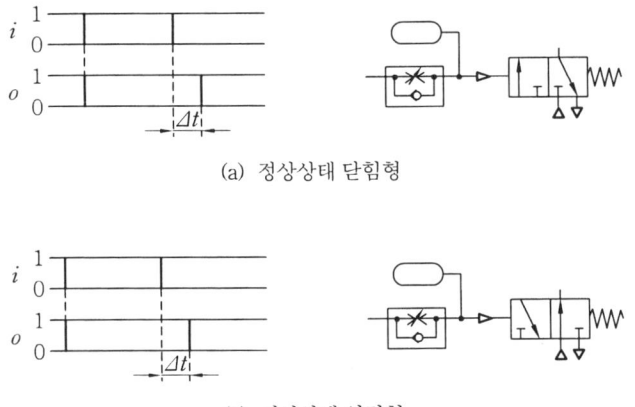

(a) 정상상태 닫힘형

(b) 정상상태 열림형

한시 복귀 시간 지연 밸브의 기호 및 동작 상태

㈐ 가변 진동 발생기 : 두 개의 속도제어 밸브를 조정함에 따라 여러 가지의 사이클 시간을 얻을 수 있으며, 진동수는 압력과 하중에 따라 달라지는 조합 밸브로 실린더의 빠른 왕복운동이 요구될 때에 사용된다.
- 1개의 정상상태에서 닫힌 3/2-way 밸브
- 1개의 정상상태에서 열린 3/2-way 밸브
- 2개의 속도 제어 밸브

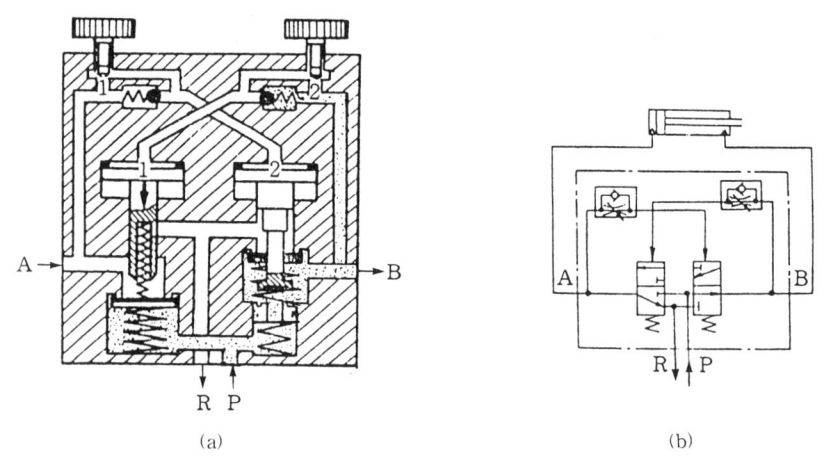

진동 발생기와 그 회로도

⑥ 압력 증폭기: 공기 배리어나 반향 근접 감지기와 같이 신호압력이 낮기 때문에 증폭해야 할 경우에 사용한다.
  ㈎ 1단 압력 증폭기 : 제어 피스톤의 격판이 큰 단면적을 갖는 3/2-way 밸브로서 신호 압력이 $0.1 \sim 0.5\,\text{kgf}/\text{cm}^2$ 정도일 때에 사용한다.
  ㈏ 2단 압력 증폭기 : 아주 낮은 압력을 증폭하는데 사용된다.

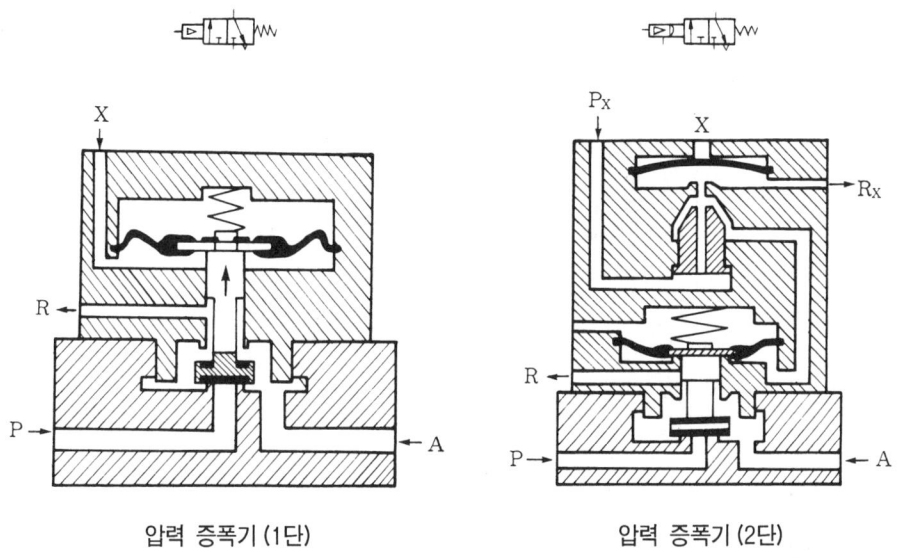

압력 증폭기 (1단)   압력 증폭기 (2단)

⑦ 공압 근접 감지센서 (pneumatic proximity-sensing device) : 비접촉식 감지장치를 공압에서는 근접 감지장치라 하고, 이의 원리에는 자유 분사 원리(free-jet principle)와 배압 감지(back-pressure sensor) 원리의 두 가지가 있다.
  ㈎ 공기 배리어(air barrier) : 분사노즐과 수신노즐로 구성되어 있으며, 두 개의 노즐에는 모두 $0.1 \sim 0.2\,\text{bar}$의 공기가 공급되며, 공기의 소모량은 $0.5 \sim 0.8\,\text{m}^3/\text{hr}$ 정도이다. 물체 감지거리는 100 mm를 초과해서는 안된다. 용도는 주로 계수(counting)나 물체 유무에 대한 검사 등에 사용된다.
  ㈏ 반향 감지기(reflex sensor) : 배압의 원리에 의해 작동되며, 분사노즐과 수신노즐이 한데 합쳐져 있어 구조가 간단하다. 감지거리는 $1 \sim 6\,\text{mm}$ 정도이며, 특수용은 20 mm 정도이다.
    이 감지기는 먼지, 충격파, 어둠, 투명함 또는 내자성 물체의 영향을 받지 않기 때문에 프레스나 펀칭 작업에서의 검사장치, 섬유기계, 포장기계에서의 검사나 계수, 목공산업에서의 나무판의 감지, 매거진 검사 등에 이용된다.

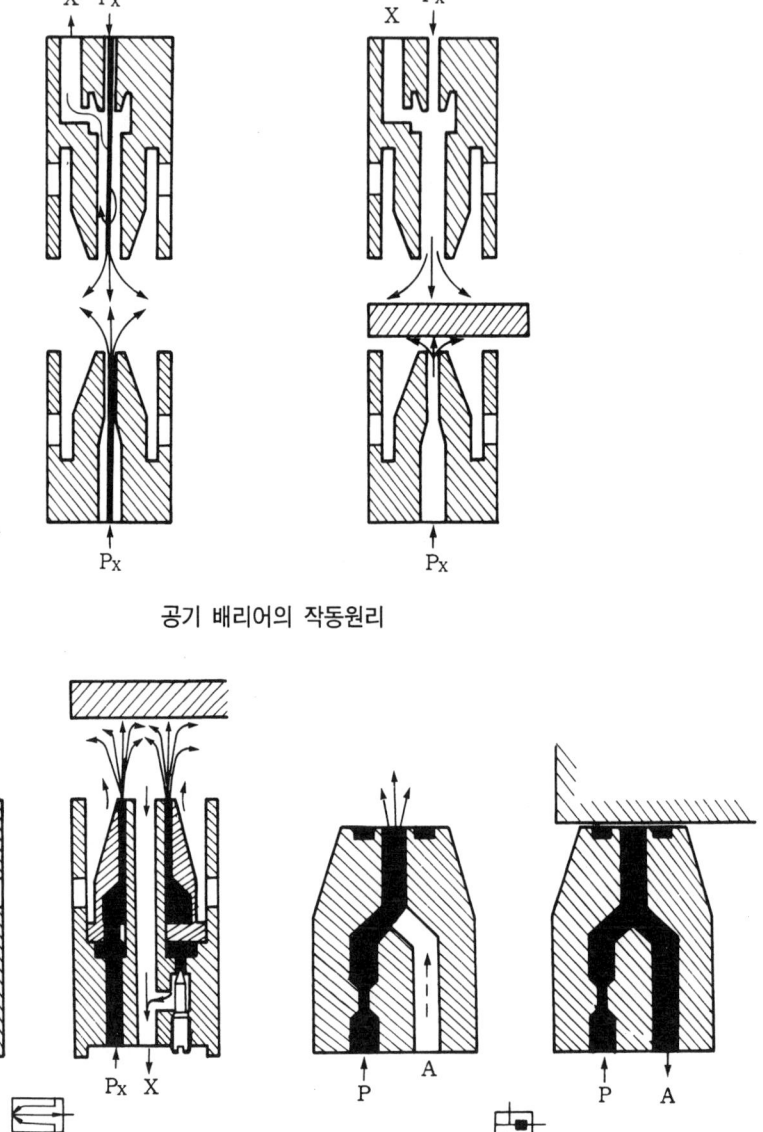

공기 배리어의 작동원리

반향 감지기   배압 감지기

㈐ 배압 감지기(back-pressure sensor) : 사용압력은 0.1~8 bar 정도이며, 공기의 손실을 줄이기 위하여 속에 교축 밸브가 장치되어 있으며, 위치제어와 마지막 위치 감지에 적당하다.

㈑ 공압 근접 스위치(pneumatic proximity switch) : 공기 배리어와 같은 원리로 작동되며, A의 신호압력은 저압이기 때문에 압력 증폭기를 사용해야만 한다.

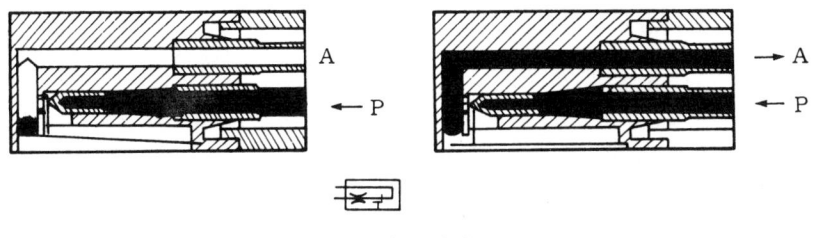

공압 근접 스위치

3. 공압 액추에이터

3-1 공압 실린더

실린더란 액추에이터 가운데에서 가장 많이 사용되는 것으로 압력 에너지를 직선운동으로 변화하는 기기이다. 공압에서는 작동유체의 압축성 때문에 정확한 속도제어와 위치제어하기 등이 약간 어렵고, 부하의 크기에 영향을 받기 쉬운 등의 결점이 있다.

(1) 공압 실린더의 구조

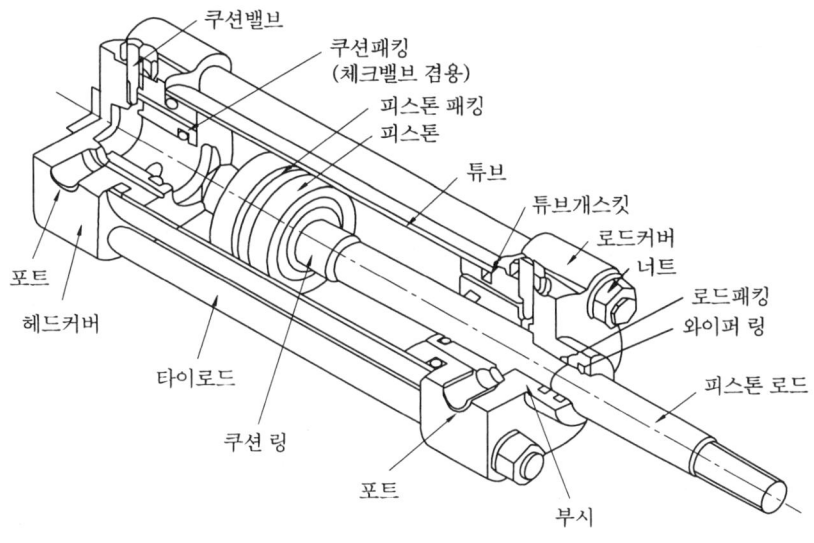

피스톤형 복동 실린더

① 피스톤(piston) : 공기압력을 받는 실린더 튜브 안에서 미끄럼 운동을 하는 것으로 충분한 강도와 내마모성이 필요하며, 피스톤과 튜브 사이를 실링하는 패킹이 압입되어 있다. 패킹의 구조에 따라 분할 구조로 된 것도 있지만 단일체가 주로 사용되며, 재질은 회주철, 강, 플라스틱, 알루미늄 합금 등이 사용된다.

② 실린더 튜브(cylinder tube) : 실린더 내부에서 피스톤이 왕복운동할 때에 안내하는 것으로 내마모성과 내압성이 요구되어 경질 크롬도금과 1.6S 이하의 표면거칠기로 가공하고, 탄소강, 주철, 포금, 황동, 알루미늄 합금, 스테인리스 및 플라스틱 튜브 등의 재료를 사용한다.

③ 헤드 커버(head cover) : 실린더 튜브의 양단에 설치되어 피스톤의 행정위치를 결정하는 것으로 급속 배기구멍이 내장되어 있으며 완충기구가 내장된 것도 있다. 재질은 중부하(中負荷)는 아연, 알루미늄 합금, 주철, 황동, 청동 등이고, 중부하(重負荷)의 경우는 합금강이 주로 사용된다.

④ 피스톤 로드(piston rod) : 로드 커버와 피스톤에 연결되어 피스톤 출력, 변위를 외부에 전달하는 것으로 압축, 인장, 진동 등의 하중에 견딜 수 있어야 하고, 응력 집중이 발생치 않도록 해야 한다. 행정거리가 긴 경우 좌굴이 발생되므로 설계상 설치면에서 고려해야 하며, 재질로는 표면에 경질 크롬도금을 하고 표면거칠기 1.6S 이하로 하여 내마모성 부여, 부식 방지, 패킹 마모를 줄인 합금강과 특수강, 스테인리스강을 사용한다.

⑤ 타이 로드(tie rod) : 커버를 실린더 튜브에 부착시키는데 사용되는 것으로 주로 합금강이 사용된다.

⑥ 로드 부싱(rod bushing) : 왕복운동을 하는 피스톤 로드를 안내하는 것으로 커버가 베어링 역할을 하므로 베어링 재료로 사용한다. 피스톤 로드가 전진할 때의 운동방향 하중을 로드 부싱으로 지지하므로, 하중은 실린더 출력의 1/20로 규정하고 있다.

⑦ 각종 개스킷 및 패킹 : 압축공기의 누설을 방지하고 이물질의 흡입방지 목적으로 각종 형상의 개스킷 및 패킹이 사용되고 있으며, 개스킷은 고정용(주로 O링)과 운동용 패킹으로 구별된다.

공기의 누출을 막기 위해서는 로드 패킹과 피스톤 패킹을 사용하는데 특징은 다음과 같다.

㈎ 립 패킹 : U. L. J 패킹으로 방향성이 있어 복동 실린더의 피스톤 패킹으로 사용할 때에는 반드시 2개가 필요하며, 마찰저항은 작으나 수명이 짧은 단점을 가지고 있다.

㈏ 압착 패킹 : O링, X링, NLP 패킹으로 고압에서 적당히 변형되어 실에 필요한 접촉저항을 발생시키고, 저압에서는 스스로의 탄성에 의하여 기밀이 유지된다. 일반적으로 저압 작동시 양호하진 않으나, NLP 패킹은 기밀이 양호하고 무급유도 가능하다.

패킹의 종류

종류	O 링	V 패킹	U 패킹
재 질	니트릴 고무	니트릴 고무	니트릴 고무
저 항	대	소	소
누 설	없 다	거의 없다	거의 없다
수 명	짧 다	보 통	보 통
가 격	싸 다	보 통	보 통

링 패킹과 압착 패킹

구 분	명 칭	형 상	표준설계의 예
립 패킹 (lip packing)	U 패킹		
	L 패킹		
	J 패킹		
압착 패킹 (squeeze packing)	O 링		
	X 링		
	NLP		

(2) 공압 실린더의 종류

공압 실린더는 구조 및 작동방식, 쿠션의 유무, 지지형식, 크기 등에 따라 분류할 수 있다.

공기압 실린더의 분류

분류		기 호	기 능
피스톤 형식	피스톤 실린더		가장 일반적인 실린더로 단동, 복동, 차동형이 있다.
	램형 실린더		피스톤 지름과 로드 지름 차가 없는 수압 가동부분을 갖는 것으로 좌굴 등 강성을 요할 때 사용한다.
	다이어프램형 실린더		수압 가동부분에 피스톤 대신 다이어프램을 사용한다. 스트로크는 작으나 저항으로 큰 출력을 얻을 수 있다.
	벨로스형 실린더		피스톤 대신 벨로스를 사용한 실린더로 섭동부 마찰 저항이 적고 내부 누출이 없다.
작동 방식	단동 실린더		한쪽 방향만의 공기압에 의해 운동하는 것을 단동 실린더라 하며, 보통 자중 또는 스프링에 의해 복귀한다.
	복동 실린더		공기압을 피스톤 양쪽에 다 공급하여 피스톤의 왕복 운동이 모두 공기압에 의해 행해지는 것으로서 가장 일반적인 실린더이다.
	차압 작동 실린더		지름이 다른 두 개의 피스톤을 갖는 실린더로서 피스톤과 피스톤 단면적이 회로 기능상 매우 중요하다.

복합실린더	텔레스코프 실린더		긴 행정을 지탱할 수 있는 다단 튜브형 로드를 갖췄으며, 튜브형의 실린더가 2개 이상 서로 맞물려 있는 것으로서 높이에 제한이 있는 경우에 사용한다.
	텐덤 실린더		꼬치 모양으로 연결된 복수의 피스톤을 n개 연결시켜 n배의 출력을 얻을 수 있도록 한 것이다.
	듀얼 스트로크 실린더		2개의 스트로크를 가진 실린더, 즉 다른 2개의 실린더를 직결로 조합한 것과 같은 기능을 갖고 있어, 여러 방향의 위치를 결정한다.
피스톤 로드식	편 로드 형		피스톤 한쪽만 피스톤 로드가 있다.
	양 로드 형		피스톤 양쪽 모두에 피스톤 로드가 있다.
쿠션의 유무	쿠션 없음		쿠션 장치가 없다.
	한쪽 쿠션		한쪽에만 쿠션 장치가 있다.
	양쪽 쿠션		양쪽 모두에 쿠션 장치가 있다.
위치결정형식	2 위치형		전후진 2위치의 일반 실린더이다.
	다위치형		복수의 실린더를 직결, 여러 방향의 위치를 결정한다.

위치결정형식	브레이크 붙이		브레이크로 임의의 위치에서 정지시킬 수 있다.
	포지셔너		임의의 입력신호에 대해 일정한 함수가 되도록 위치를 결정할 수 있다.
기 타	가변 스트로크 실린더		스트로크를 제한하는 가변 스토퍼가 있다.
	임팩트형 실린더		급속 작동이 가능하다.
	플라스틱형 실린더		플라스틱 재료로 구성되어 있다.
	와이어형 실린더 (로드리스 실린더)		피스톤 로드 대신에 와이어를 사용한 것으로 케이블 실린더라고도 한다.
	플렉스블 튜브형 실린더 (로드리스 실린더)		실린더 튜브 대신 변형 가능한 튜브, 피스톤 대신 2개의 롤러를 사용한 실린더이다.

① 구조와 작동방식에 의한 분류 : 공기 압력과 힘을 전달하는 피스톤부 및 피스톤 로드부의 형태와 공압의 공급방법에 따라 분류한다.

 ㈎ 구조 (피스톤 형식) 에 의한 분류
  - 피스톤형 : 일반적인 것으로 피스톤과 피스톤 로드를 갖춘 실린더이다.
  - 램형 : 피스톤 지름과 로드 지름의 차가 없는 가동부를 갖는 구조로서 복귀는 자중이나 외력에 의해 이루어지나 공압용으로는 사용빈도가 적다.
  - 비피스톤형 : 가동부에 다이어프램이나 벨로스를 사용한 것으로 미끄럼 저항이 적고, 최저 작동압력이 약 $0.1\,\mathrm{kg_f/cm^2}$ 정도로 낮은 압력에서 고감도가 요구되는 곳에 사용된다.

 ㈏ 작동방식에 의한 분류
  - 단동 실린더 : 한 방향 운동에만 공압이 사용되고, 반대 방향의 운동은 스프링이나 자중 또는 외력으로 복귀된다. 일반적으로 100 mm 미만의 행정거리로 클램

핑, 프레싱, 이젝팅, 이송 등에 사용되며, 이 실린더는 공기압의 특징을 반만 이용할 수 있으나, 공기 소비량이 적고 3포트 밸브 한 개로 제어가 가능하고, 실린더와 밸브 사이의 배관이 하나로 족하다. 단동 실린더에는 피스톤 실린더가 대표적이다.

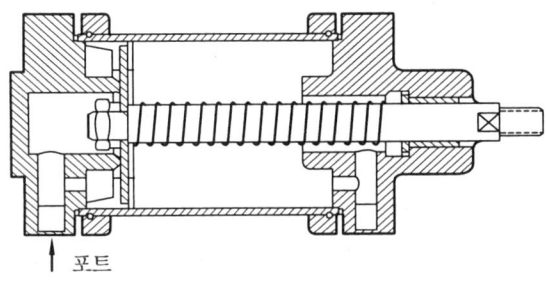

단동 실린더

- 격판 실린더 : 클램핑 실린더라 부르는 격판 실린더(diaphragm cylinder)는 고무나 플라스틱 또는 금속으로 만들어진 격판이 내장되어 있어 피스톤 기능을 대신하여 피스톤 로드가 격판의 중앙에 부착되어 있으며, 미끄럼 밀봉이 필요 없다.

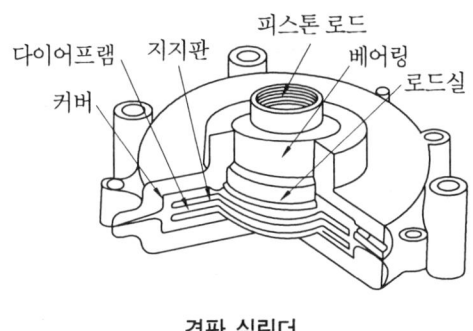

격판 실린더

- 롤링 격판 실린더(rolling diaphragm cylinder) : 격판이 실린더 내벽을 따라 부풀어서 피스톤 로드를 바깥쪽으로 밀게 되는 것으로 약 50~80 cm의 행정거리를 갖고, 마찰도 적은 실린더이다.

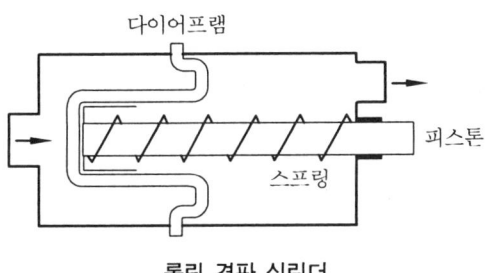

롤링 격판 실린더

- 복동 실린더 : 압축공기를 양쪽에 교대로 공급하여 피스톤을 전·후진시키는 것으로 가장 많이 사용한다.
- 차동 실린더 : 실린더 면적과 로드측의 면적비가 1 : 2로 일정하며, 전·후진시 실린더 면적차를 이용하여 출력을 사용하는 실린더이다.
- 편로드형
- 양로드형 : 행정이 긴 실린더가 요구될 경우, 양쪽 로드가 필요한 경우에 사용된다. 이 실린더는 왕복 모두 피스톤 면적이 같기 때문에 왕복 모두 같은 운동상태를 얻기 쉽다.

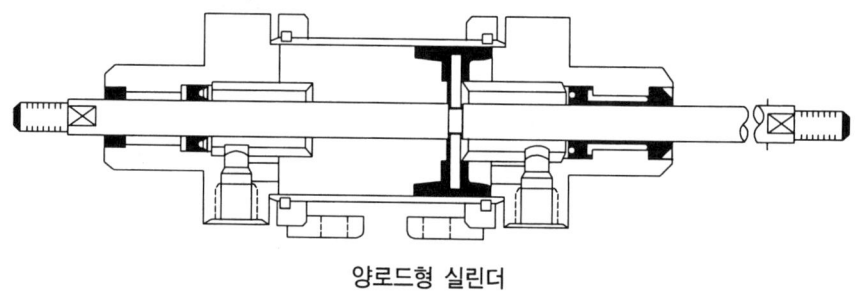

양로드형 실린더

② 쿠션 장치의 유무에 따른 분류 : 쿠션 장치에는 공기의 압축성을 이용한 가변식과 탄성을 이용한 고정식, 쿠션의 수에 따라 한쪽 쿠션과 양쪽 쿠션형으로 나누어진다. 쿠션은 피스톤 행정의 끝 수 cm 앞에서 배출구가 쿠션 보스에 의해서 막혀지면, 공기는 쿠션용 니들 밸브를 통해 대기 중으로 배출되어 실린더 내 배출구 쪽의 압력(배압)이 높게 되어 피스톤의 속도가 감속되는 원리로 되어 있다.

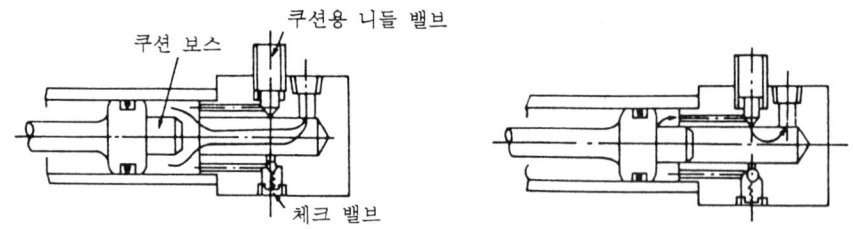

쿠션의 구조

③ 복합 실린더

㈎ 텔레스코프형 공압 실린더 : 다단 튜브형으로 단동과 복동이 있으며 전체 길이에 비하여 긴 행정이 얻어진다. 그러나 속도제어가 곤란하고, 전진 끝단에서 출력이 저하되는 단점이 있다.

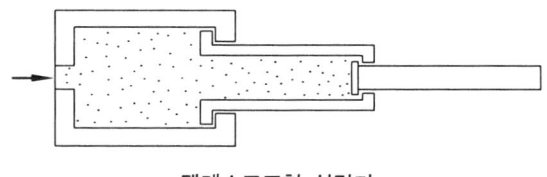

텔레스코프형 실린더

㈏ 텐덤형 공압 실린더 : 길이 방향으로 연결된 복수의 복동 실린더를 조합시킨 것으로, 2개의 피스톤에 압축공기가 공급되기 때문에 실린더의 출력은 실린더 출력의 합이 되므로 큰 힘이 얻어진다. 또, 단계적 출력의 제어도 할 수 있어 지름은 한정되고 큰 힘이 필요한 곳에 사용된다.

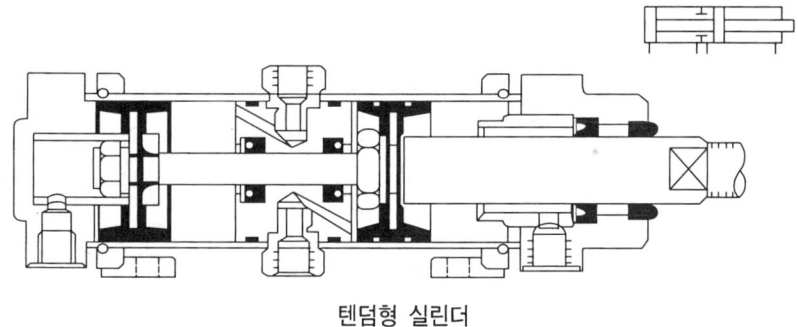

텐덤형 실린더

㈐ 다위치형 공압 실린더 : 복수의 실린더를 동일축선상 직렬로 연결하여 각각의 실린더를 제어하여 몇 개의 정지 위치를 선정하게 되어 있으며, 위치 정밀도가 높은 다위치 제어에 사용된다.

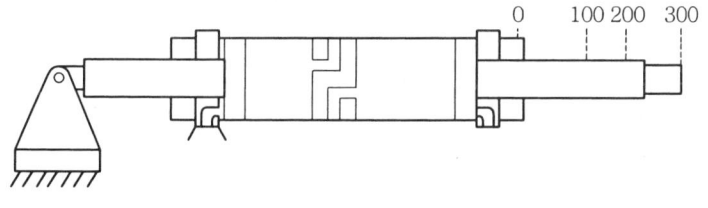

다위치 제어 실린더

④ 위치 결정에 따른 분류
  ㈎ 브레이크 붙이 실린더 : 브레이크 기구를 내장하여 임의 위치에서 0.1~1 mm 정도의 위치제어가 가능하다.

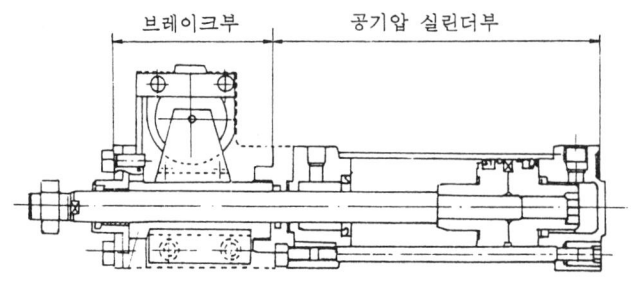

(a) 브레이크 붙이 실린더의 구조   (b) 브레이크 작동원리

브레이크 붙이 실린더

(나) 포지셔너 실린더 : 서보 실린더 등이 있다.

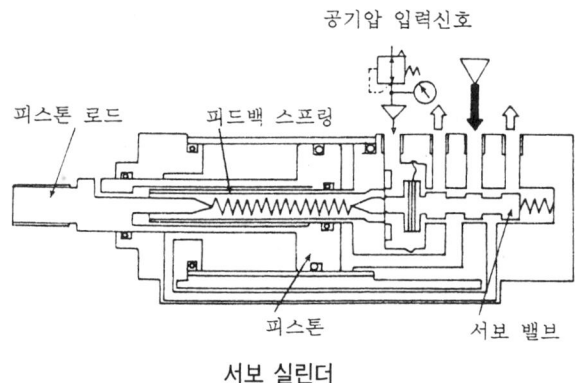

서보 실린더

⑤ 지지 형식에 따른 분류 : 실린더 본체를 설치하는 방식에 따라 고정방식과 요동방식으로 크게 나누어지고, 다시 설치부의 형상에 따라 풋형, 플랜지형, 트러니언형 등으로 분류된다.

실린더 지지 형식의 종류

구 분	분 류		기 호
축심 고정형	파일럿형		
	플랜지형	로드쪽 플랜지 (FA)	
		헤드쪽 플랜지 (FB)	

축심 고정형	풋 형	축직각 풋형 (LA)	
		축방향 풋형 (LB)	
축심 요동형	트래니언형	로드쪽 트래니언형 (TA)	
		중간 트래니언형 (TC)	
		헤드쪽 트래니언형 (TB)	
	크레비스형	1산 크레비스형 (CA)	
		2산 크레비스형 (CB)	
축심 요동형	볼 형		

⑥ 크기에 의한 분류 : 실린더의 크기는 실린더 안지름, 피스톤 행정의 길이, 로드의 지름, 로드의 나사 호칭에 따라 분류된다.

⑦ 기타 실린더

(개) 가변 행정 공압 실린더(adjustable stroke cylinder) : 행정거리를 조절하기 위해 헤드 커버부에 나사를 삽입하여 스토퍼 역할을 하는 행정조정 기구를 비치한 실린더이다.

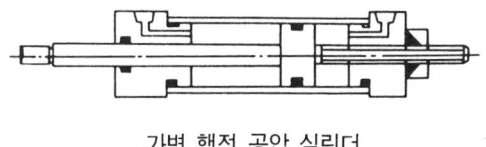

가변 행정 공압 실린더

㈏ 충격 실린더(impact cylinder) : 충격 실린더는 공기 탱크에서 피스톤에 공기 압력을 급격하게 작용시켜 피스톤에 충격 힘을 고속으로 움직여 속도 에너지를 이용하게 된 실린더로 프레스에 이용된다.

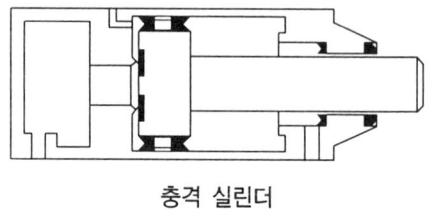

충격 실린더

㈐ 솔레노이드 밸브붙이 실린더 : 실린더와 솔레노이드 밸브를 일체로 한 실린더이다.

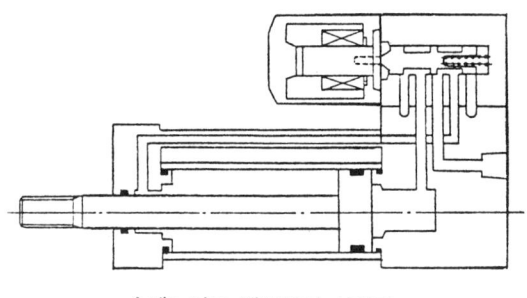

솔레노이드 밸브붙이 실린더

㈑ 로드레스 실린더 : 실린더의 설치면적을 최소화하기 위해 로드 없이 영구자석을 이용한 것으로 케이블 실린더 등이 있다.

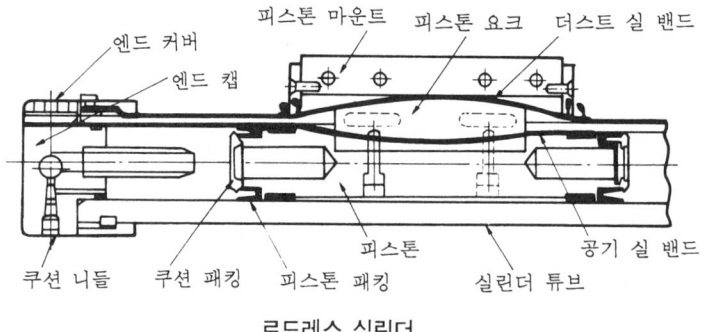

로드레스 실린더

㈒ 하이드로 체커(hydro checker) 실린더 : 공압 실린더와 유압 실린더를 직렬 또는 병렬로 조합시킨 것으로, 공압 실린더는 압축성 유체가 동력원이므로 저속에서는 스틱 슬립(stick-slip) 현상이 발생하여 원활한 운동과 행정거리 중간에서의 정확한 정지가 곤란하다.

따라서, 작동신호는 공압 실린더에서, 속도제어는 유량제어 밸브를 사용하여 폐회로로 구성된 유압 실린더로 제어하는 것이다.

이 실린더는 정밀 저속 작동이나 중간 정지의 정밀도가 요구되는 드릴의 정밀 이송이나 소형 밀링 머신에서 테이블 이송기구 등에 사용된다.

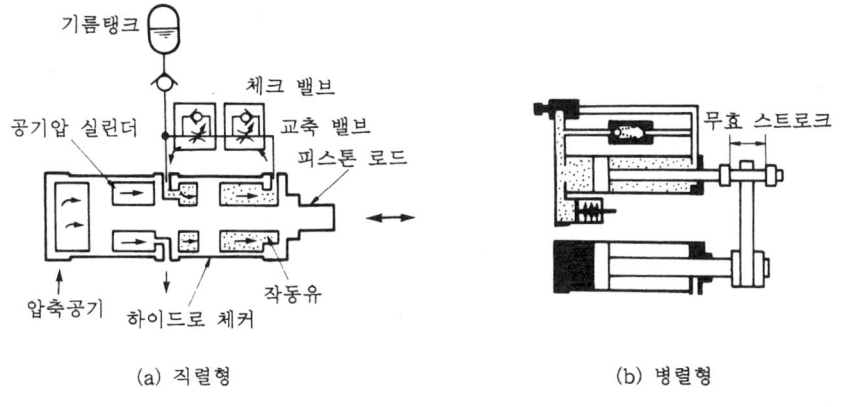

하이드로 체커 실린더

(바) 밸브붙이 실린더 : 실린더에 밸브를 직결시켜 실린더와 밸브 사이의 배관을 생략한 실린더로 배관 공수(工數)를 생략할 수 있고 콤팩트로 취급할 수 있는 이점이 있으나, 밸브만을 집중하여 고정시킬 수 없기 때문에 보수 점검이 곤란하다.

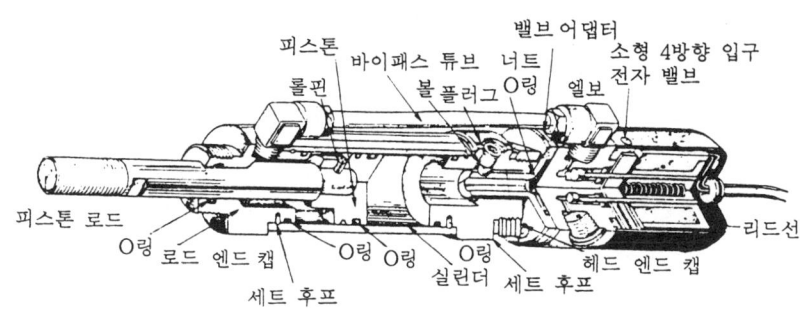

밸브붙이 실린더

(사) 케이블 실린더 : 피스톤 양쪽에 케이블 또는 로프가 부착되어 있는 복동 실린더로 케이블에 장력을 발생시킨다. 문의 개폐, 작은 크기로 긴 행정거리가 요구되는 곳에 사용된다.

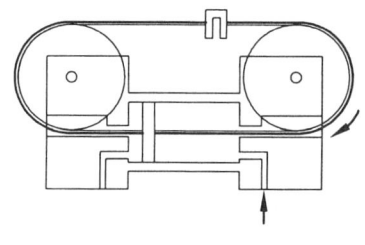

케이블 실린더

(3) 공압 실린더의 특성

① 출력 : 공압 실린더의 출력은 실린더 안지름, 로드지름 및 공기 압력에 의해 결정되며, 정지에 가까운 상태에 있어서는 다음과 같이 표시된다.

$$F_1 = \frac{\mu_1 \cdot p \cdot \pi \cdot D_1^2}{4}, \quad F_2 = \frac{\mu_2 \cdot p \cdot \pi \cdot (D_1^2 - D_2^2)}{4}$$

여기서, F_1 : 밀 때의 실린더 출력 (kgf), F_2 : 당길 때의 출력 (kgf)
ρ : 사용 공기압력 (kgf/cm²), D_1 : 실린더 안지름 (cm), D_2 : 로드 지름 (cm)
μ_1 : 미는 쪽의 추력효율, μ_2 : 당기는 쪽의 추력효율

② 온도 : 5~60℃ 정도를 사용하여야 한다.

③ 공기 소비량 : 공압 실린더를 작동시키는데 소비되는 공기량은 피스톤이 밀어내는 체적과 배관 내 체적으로부터 구해지며, 한쪽 로드형 공압 실린더 공기 소비량은 다음과 같이 구해진다.

$$Q_1 = \left[\frac{\pi}{4}\left(D_1^2 L \frac{p+1.033}{1.033} + d^2 l \frac{p}{1.033}\right)\right] n \times \frac{1}{1000}$$

$$Q_2 = \left[\frac{\pi}{4}(D_1^2 - D_2^2) L \frac{p+1.033}{1.033} + d^2 l \frac{p}{1.033}\right] n \times \frac{1}{1000}$$

$$Q_m = \frac{(A_1 + A_2) L (p+1.033) n}{1000} \alpha$$

여기서, Q_1 : 로드가 나올 때의 공기 소비량 (l/min)
Q_2 : 로드가 되돌아갈 때의 공기 소비량 (l/min)
Q_m : 평균 공기 소비량 (l/min)
D_1 : 실린더 안지름 (cm), D_2 : 로드 지름 (cm), d : 배관 안지름 (cm)
l : 배관 길이(cm), n : 1분당 피스톤 왕복횟수 (회/분)
p : 공급 압력 (kgf/cm²), L : 행정의 길이(cm)
A_1 : 피스톤의 단면적 (cm²), A_2 : 피스톤 로드측 단면적 (cm²)
α : 계수 (1.3~1.5)

따라서, $Q = Q_1 + Q_2$ 는 매분당의 공기 소비량이 된다.

④ 피스톤 속도와 시간 : 실린더의 이동속도 산출은 전제 조건이 필요하고, 비실용적일 수가 많고, 밸브의 응답시간, 배관저항, 쿠션 정도에 따른 시간까지 포함하여 계산해야 되므로, 변환 밸브나 실린더의 각종 크기와 그 밖의 속도에 영향을 주는 벡터를 여러 가지로 바꾸어 실험한 데이터를 이용한다. 조건이 일치하지 않아도 전후 조건으로 유추하여 산출한다.

(개) 실험 조건
- 회로 중의 통로 단면적은 변환 밸브의 오리피스보다 교축되어 있지 않을 것
- 무부하
- 양끝 쿠션부를 이동할 때의 시간과 밸브의 응답시간은 포함되어 있지 않다.
- 공급압력은 $4\,\mathrm{kgf/cm^2}$ 이상 ($4\,\mathrm{kgf/cm^2}$ 이상에서는 압력이 속도에 거의 영향을 주지 않는다.)

(내) 주의사항
- 압력이 $3\,\mathrm{kgf/cm^2}$ 이하, 하중이 실린더가 낼 수 있는 출력의 약 1/3 이상일 때는 이 값을 수정해야 된다.
- 변환 밸브에 신호가 들어가고 나서 행정이 완전히 종료되기까지 시간은 변환 밸브의 응답시간, 쿠션부의 감속에 의한 시간 연장 등을 가감하여 계산해야 한다.
- 실린더의 이동속도는 사용하는 기기와 그 사용조건에 따라 결정된다. 실린더의 이동속도의 불균일은 실린더 추력과 하중 관계로 발생되며, 미터 아웃 회로쪽이 적다. 예를 들면, 미터 아웃 회로로 하중이 가벼워졌다고 하면 추력(F)과 하중과의 차이가 커져서 가속이 된다.

$$F = P \cdot A - (P'A' + R)$$

KS 규격에는 공압 실린더의 사용속도는 $50\sim500\,\mathrm{mm/s}$ 범위 내로 사용속도가 규정되어 있으며, 최저속도 $50\,\mathrm{mm/s}$ 는 스틱-스립 현상이 일어나지 않는 한계 속도이다.

⑤ 사용공기 압력범위 : KS 에서는 압력범위를 $1\sim7\,\mathrm{kgf/cm^2}$ 로 규정하고 있다. 최저 사용공기 압력은 패킹의 섭동저항으로 결정하며, 최고 사용공기 압력범위는 안전면에서 결정되고 내압력은 최고 사용압력의 1.5배 정도로 한다.

⑥ 실린더의 행정거리 : 공압 실린더의 사용이 가능한 최대 행정거리는 설치방법, 피스톤 로드 지름, 피스톤 로드 끝에 걸리는 부하의 종류, 가이드의 유무 및 부하의 운동방향 조건 등에 의해 결정된다. 피스톤 로드에 축방향 압축하중이 작용할 경우 피스톤 로드 길이가 지름의 10배 이상이 되면 좌굴이 일어나므로 좌굴강도 계산을 고려해야 한다.

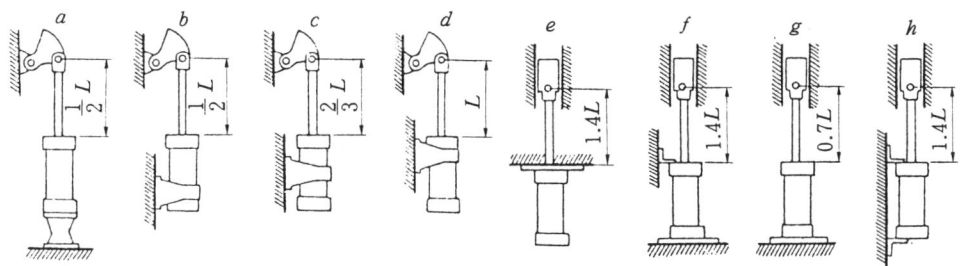

(a) 실린더 고정, 로드회전의 경우

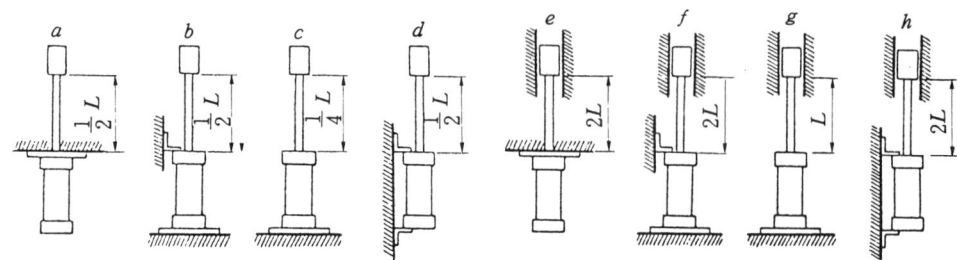

(b) 실린더 고정, 로드 자유상태의 경우

지지 형식에 따른 최대 행정거리의 관계

⑦ 피스톤 로드에 작용하는 횡하중 : 피스톤 로드에 작용하는 횡하중은 로드 부싱의 미끄럼면에서 실린더의 최대 이론 출력의 1/20 이내로 한다. 따라서, 피스톤 로드 선단에 걸린 최대 하중은 이론적으로 다음과 같으나, 거리가 긴 경우는 작은 값이 되므로 횡하중의 작용이 예상될 때는 안내면을 설치해야 한다.

$$F_x = \frac{1}{20} \times \frac{L}{L+L_1} \times \frac{\pi}{4D^2P}$$

여기서, F_x : 최대 하중 (kgf), D : 실린더 안지름 (cm), P : 공기압력 (kgf/cm^2)
L : 부싱 중심에서 피스톤 중심까지의 거리(mm)
L_1 : 부싱 중심에서 피스톤 선단까지의 거리(mm)

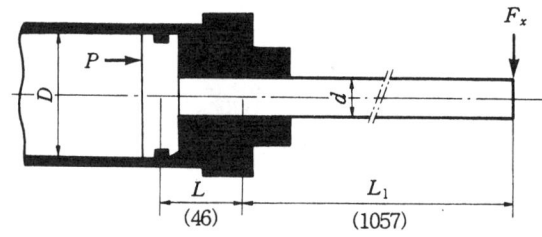

피스톤 로드 선단의 횡하중

(4) 공압 실린더의 취급시 주의사항

공압 실린더를 효과적으로 사용하기 위해서는 그것의 선정, 부착, 보수 관리방법 등에 주의해야 한다.

① 선정시 주의사항

㈎ 실린더의 출력

- 정지 직전의 실린더 출력은 실린더의 추력계수를 고려하여 계산하고, 실린더 안지름을 선정한다.
- 공압 실린더의 작동속도는 부하율에 따라 변화하므로, 저속일 때는 60~70%의 부하율이 되도록 실린더 안지름과 공기압력을 결정한다. 고속으로 작동시킬 때

에 부하율이 높으면 부하변동이나 압력변동 발생시 작동속도가 변한다.
• 방향제어 밸브가 작동한 후 실린더가 작동하기 시작할 때까지의 데드 타임(dead time)은 부하율이 높을수록 길어지므로 재현성이 좋고 작동이 안정되며, 데드 타임이 적어야 할 때에는 부하율이 50% 이하가 되도록 실린더 안지름과 공기압력을 결정한다.

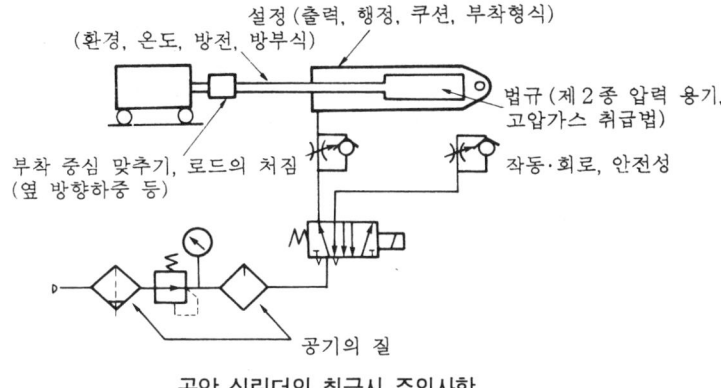

공압 실린더의 취급시 주의사항

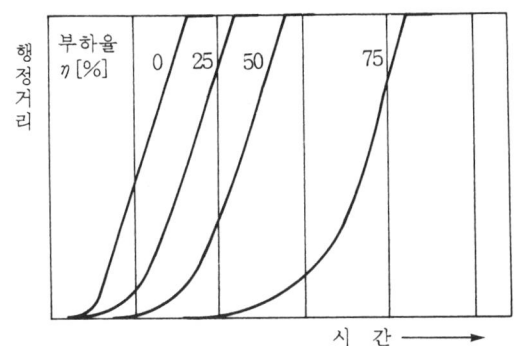

공압 실린더의 부하율과 데드 타임의 관계

(나) 완충장치
 • 공기 압축을 이용한 완충장치는 부하의 중량 및 작동속도를 검토한다.
 • 완충조건으로부터 완충장치의 내구성 등을 확인한다.
 • 필요에 따라 외부 쿠션 장치도 검토한다.
(다) 실린더의 작동속도
 • 실린더의 작동속도는 50~500 mm/s가 이상적이며, 고속 운전시 다음 사항을 검토해야 한다.
  - 패킹의 재질, 형상 등이 고속작동에 대한 적당 여부와 수명을 확인한다.
  - 부하율을 50% 이하로 적게 하여 부하변동이나 사용 공기압력 변화에 의한 작동속도 변동을 피한다.
  - 고속 작동시 압력강하가 작도록 배관하고, 공압기기는 유효 단면적이 큰 것을

사용하며, 실린더의 포트 등도 크게 한다.
- 실린더 내의 배압을 빠르게 제거시키기 위하여 급속배기 밸브를 함께 사용하며, 공기 압축기의 용량이 큰 것을 사용하거나 관로 중간에 공기탱크를 설치하여 압력강하를 방지한다.
- 속도가 제대로 나오지 않을 때는 파이프 안지름을 크게 한다.
- 충격흡수기구 병용을 검토하여 외부 완충장치를 설치한다.
- 작동시 사고를 방지할 수 있는 조치를 한다.
• 저속 운전시 검토사항은 다음과 같다.
- 저속정밀 이송시에는 공기-유압 유닛을 사용한다.
- 피스톤의 속도가 느리고 배관의 지름이 작아도 될 경우에는 실린더 포트에 리듀서를 사용하여 배관지름을 줄인다.
- 속도가 50 mm/sec 이하의 경우에는 스틱-슬립 현상을 일으키는 최저 속도를 확인한다.
- 속도제어나 윤활이 잘 이루어지도록 각 기기의 성능을 확인한 후 사용한다.

② 설치시 주의사항 : 실린더를 설치할 때는 부하의 운동방향으로 실린더의 작동방향이 추종하도록 하고, 로드 선단과 부하의 연결부에 자유도를 가지게 하는 방법이나, 스트로크가 길 경우의 로드지지 방법을 고려해야 한다. 또, 로드 슬라이딩부 그랜드에 걸리는 횡하중은 최대 실린더 힘의 1/20 이하로 하여 가급적 횡하중이 걸리지 않도록 하고, 스트로크가 길고 로드의 처짐량이 많을 경우에는 안내를 고려해야 하며, 쿠션 조정을 포함한 보수점검이 되는 방향으로 부착하는 등에 충분히 주의해야 한다.

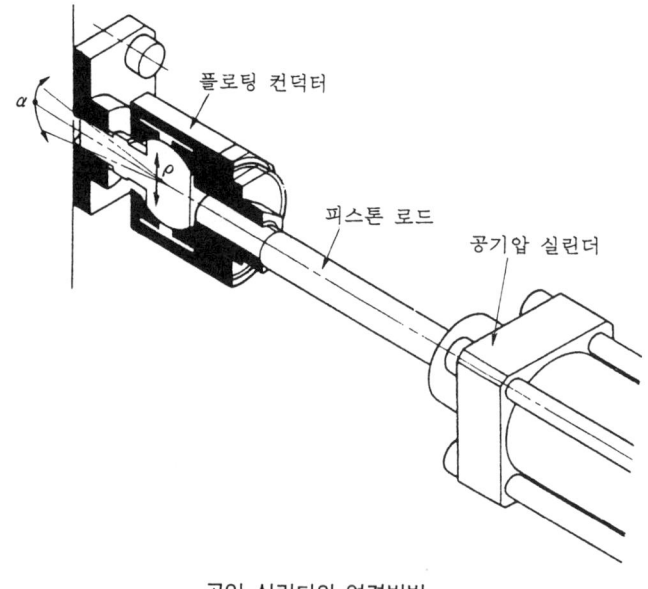

공압 실린더의 연결방법

(가) 고정형 실린더
- 부하의 운동방향은 피스톤 로드의 운동방향 축심과 일치시킨다. 일치할 수 없을 때는 로드나 튜브에 뒤틀림이 발생되고, 마찰에 의한 마모, 파손시킬 염려가 있으므로 연결부에 유격을 주거나 구면 부시 등을 설치한다.
- 실린더가 큰 힘을 낼 수 있도록 설치대의 강성을 높인다.
- 실린더 본체를 고정한 경우 체결 볼트 이외에 로크 핀, 스토퍼 등을 설치해야 한다.

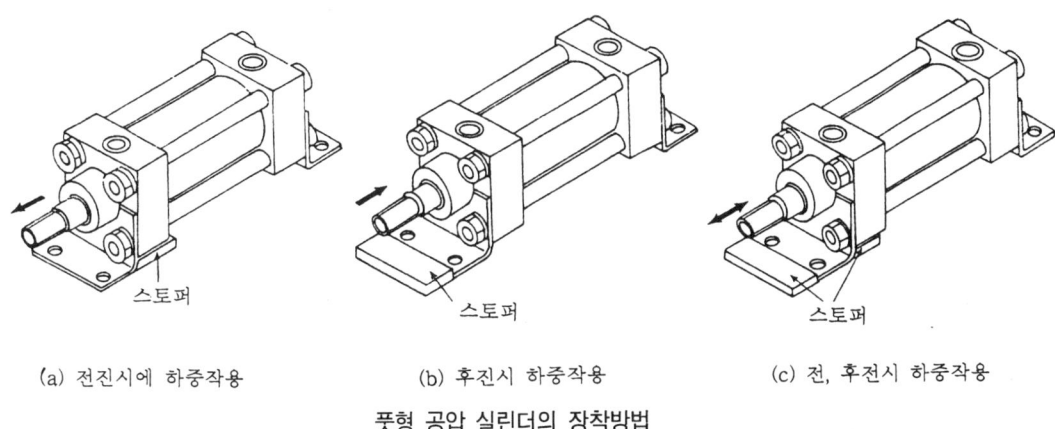

(a) 전진시에 하중작용   (b) 후진시 하중작용   (c) 전, 후전시 하중작용

풋형 공압 실린더의 장착방법

- 부하의 하중방법을 고려하여 설치한다.

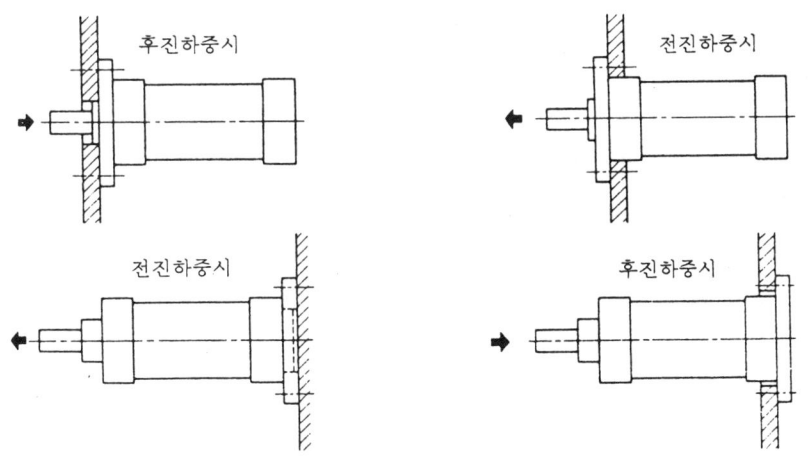

플랜지형 공압 실린더의 장착방법

- 고정형 실린더가 원호 운동하는 경우 암(arm)과 연결을 피하고, 부득이한 경우 타원형 구멍을 가공하여 로드에 횡하중이 걸리지 않도록 한다. 필요에 따라서 적당한 가이드 부싱을 해 준다.

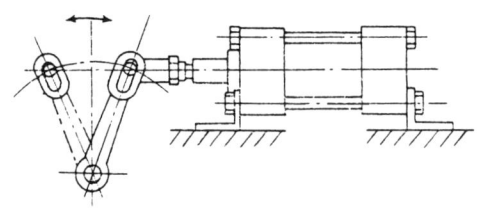

고정형 실린더의 연결방법

㈏ 요동형 실린더
- 이 실린더는 부하의 운동방향에 따라 움직이므로 피스톤 로드의 연결기구는 실린더 본체의 운동방향과 동일방향으로 운동하도록 설치한다. 필요에 따라서 구면부싱을 사용한다.
- 크레비스 또는 트래니언과 상대 베어링의 틈새가 크면 핀에 굽힘 모멘트가 발생되므로 공간을 가능한 한 적게 해야 하며, 베어링과 핀 사이에 센터링을 해야 한다. 행정거리가 길 때에는 마찰이 커지게 되므로 실린더 앞쪽으로 지지구를 이동시킨다.
- 베어링 하우징 설치면에서 축까지의 높이가 높은 경우 실린더 출력에 의해 하우징 설치부에 큰 힘이 발생되어 볼트를 파손시킬 수 있으므로 베어링 하우징 형상에 주의한다.

③ 사용시 주의사항
㈎ 방진 : 주위 환경이 나쁘고 먼지가 많은 장소에서는 섭동부에 플렉시블 커버를 부착시켜 먼지 등의 침입을 방지해야 하며, 이 커버를 사용할 수 없는 곳에는 먼지를 긁어낼 수 있는 장치(scraper)를 부착한 실린더를 사용해야 한다.
㈏ 실린더 방식 : 사용장소에 따라 부식이나 패킹의 부풀음 현상이 있는 곳에는 특수 실린더를 사용하여야 한다.
㈐ 압축공기 : 압축공기는 충분히 청정된 깨끗한 공기를 사용함은 물론, 에어필터를 이용하여 청결한 압축공기를 사용한다.
㈑ 사용 윤활유 및 적정 공급량 : 윤활기를 사용하여 적당량(압축공기 10 l 에 한 방울 정도)의 터빈유 1종(150 VG 32와 같은 종류) 윤활유를 실린더에 주유한다.
㈒ 배기 : 배기음을 줄이기 위하여 배기구에 소음기(silencer)를 설치해야 하며, 이 때에는 배압을 주의하여야 한다.
㈓ 배관 : 주배관은 강관으로 하고, 휨 등이 필요한 곳에는 고무 호스를 사용한다.
㈔ 압력 조정기 : 공기는 필요한 양과 적당한 압력으로 조정하며 적합한 규격의 것을 사용한다.
㈕ 온도 : 사용온도 범위는 5~60℃로 하며, 5℃ 이하일 때는 공기 건조기를 설치한다.

④ 공기압 실린더의 보수점검 : 실린더를 최적 상태로 사용하기 위해서는 사용조건에 따라서 정기적으로 점검이 필요하다. 정기점검의 체크 포인트는 다음 항목에 의한다.
 ㈀ 실린더 부착용 볼트 및 너트의 이완
 ㈁ 실린더 부착 프레임의 이완 또는 이상처짐
 ㈂ 작동상태가 부드러운가의 여부
 ㈃ 피스톤 속도, 사이클 타임의 변화
 ㈄ 외부 누설
 ㈅ 로드 선단 쇠장식, 타이로드, 볼트류의 이완
 ㈆ 스트로크에 이상유무의 여부
 ㈇ 로드의 홈

 이상의 곳을 체크하며, 이상이 있으면 다음의 표에 개소를 체크하여 처리한다 (단, 실은 모두 교환하는 것이 바람직하다).

실린더의 정기 점검표

점 검 개 소	이 상 상 태	처 치
튜브 내면	얕은 슬라이딩 홈	사용상 지장없다 (단, 페이퍼 등으로 가볍게 문지른다).
	깊은 슬라이딩 홈	수리 불가능한 경우 신품과 교환
	눌어붙음 홈	신품과 교환한다.
	도금의 박리	신품과 교환한다.
로드 슬라이딩 면	튜브로 준비	
부시 내면	얕은 슬라이딩 홈	사용상 문제는 없다. 페이퍼로 가볍게 문지른다.
	편마모가 0.2 mm 이상	신품과 바꾼다. 그리고 횡하중이 비정상으로 걸려있지 않은지를 확인한다.
	부시의 균열	신품과 교환한다.
피스톤 표면	얕은 슬라이딩 홈	사용상 문제는 없다. 페이퍼로 가볍게 문지른다.
	깊은 홈 또는 긁힌 홈	수정 불가능하면 신품과 교환한다. 실린더 내부나 배관 내에 이물질이 들어 있지 않은지를 조사한다.
	피스톤의 균열	신품과 교환한다.
	피스톤의 이상마모	피스톤 로드에 비정상적인 횡하중이 걸려 있지 않은지를 확인한다.
피스톤과 로드의 결합	이완	다시 죔과 동시에 회전방지 상태를 확인한다.
	크랙의 유무	큰 관성력이 걸려 있지 않은지를 확인하고 신품과 교환한다.
기 타		프레임, 부착부와 용접 크랙, 이상마모, 나사 등을 체크한다.

3-2 공압 모터 및 요동 액추에이터

(1) 공압 모터

공압 모터는 공기 압력 에너지를 기계적인 연속 회전 에너지로 변환시키는 액추에이터이며, 시동, 정지, 역회전 등은 방향제어 밸브에 의해 제어된다. 이것은 광산, 화학공장, 선박 등 폭발성 가스가 존재하는 곳에 전동기 대신에 사용되고 있지만, 최근에는 가변속도 모터, 저속 고토크 모터 등의 사용으로 방폭(防爆)이 요구되는 장치 이외에 호이스트, 컨베이어, 교반기, 부품 장착 등 일반 산업기계에도 널리 사용되고 있다.

① 공압 모터의 특징
  (가) 장점
   - 값이 싼 제어 밸브만으로 속도, 토크를 자유롭게 조절할 수 있다.
   - 과부하시에도 아무런 위험이 없고, 폭발성도 없다.
   - 시동, 정지, 역전 등에서 어떤 충격도 일어나지 않고 원활하게 이루어진다.
   - 에너지를 축적할 수 있어 정전시 비상용으로 유효하다.
  (나) 단점
   - 에너지의 변환 효율이 낮고, 배출음이 크다.
   - 공기의 압축성 때문에 제어성이 그다지 좋지 않다.
   - 부하에 의한 회전 때문에 변동이 크고, 일정 속도를 높은 정확도로 유지하기가 어렵다.

② 공압 모터의 종류: 공압 모터에는 피스톤형, 베인형, 기어형, 터빈형 등이 있으며, 주로 피스톤형과 베인형이 사용되고 있다. 피스톤형은 반경류(radial)와 축류(axial)로 구분된다.
  (가) 반경류: 크랭크 축은 왕복운동을 하는 피스톤과 커넥팅 로드에 의해 회전되며, 3~6개의 피스톤으로 되어 있고, 출력은 공기압과 피스톤의 개수, 피스톤의 면적, 행정거리와 속도에 의해 결정된다.
  (나) 축류: 5개의 축방향으로 나열된 피스톤에서 나오는 힘은 회전사판에 의해 회전운동으로 바뀌고, 압축공기는 두 개의 피스톤에 동시에 공급되며 토크의 균형에 의해 정숙한 운전을 하게 된다.

공기압 모터의 특징

종류	구조	특징
베인형 모터 (vane type motor)		① 원리: 베인 압축기와는 반대의 구조로 간단하고 경량이다. 케이싱에서 편심하여 부착된 로터에 베인(날개)이 꽂아져 있고, 베인의 2장 사이에 생기는 수압 면적차에 공기압이 작용하여 회전력이 발생한다. ② 특징: 고속회전(400~1000 rpm), 저토크형, 500 rpm 이하일 경우 감속기와 병용해서 사용한다. 최대 출력은 500~15000 rpm, 보통 출력은 0.075~7.5 kW이다. ③ 용도: 도료 교반, 그라인더나 드릴용 모터, 원치 등

피스톤형 모터 (piston type motor)		① 원리 : 압축공기를 순차적으로 실린더 피스톤 단면에 공급하여 피스톤 사판이나 캠, 크랭크축 등을 회전시켜 왕복운동을 기계적으로 회전운동으로 변환함으로써 회전력을 얻는 것이다. 변환 방식은 크랭크를 사용한 것(레이디얼 피스톤형), 경사판을 이용한 것(액셀 피스톤형), 캠의 반력을 이용한 것(멀티 스트로크, 레이디얼 피스톤형) 등이 있다. ② 특징 : 중저속회전 대용량(20~400 rpm) 고토크형으로 최고 회전속도는 3000 rpm, 출력은 1.5~2.6 kW 이다. ③ 용도 : 각종 반송장치에 이용된다.
기어형 모터(gear type motor)		① 원리 : 2개의 맞물린 기어 접촉부에 공기압을 공급하여 회전력을 얻는 것이다. ② 특징 : 10000 rpm의 고속회전에 60마력의 대 출력형(60 ps)이며, 역회전도 가능하다. ③ 용도 : 광산기계 등에 이용된다.
터빈형 (turbine type motor)		① 원리 : 터빈에 공기를 불어 속도와 압력 에너지를 회전 에너지로 변환시켜 회전력을 얻는 것이다. ② 특징 : 낮은 출력과 2000~5000 rpm 정도의 초고속회전 미소 토크형이다. ③ 용도 : 연삭기, 치과 치료기, 공기압 공구 등에 이용된다.

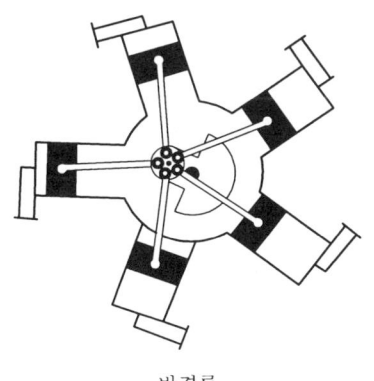
반경류

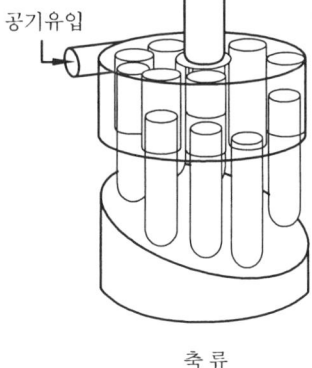
축류

피스톤형 공기 모터

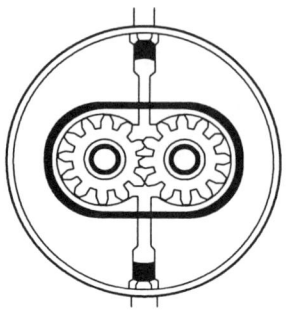

기어형 공압 모터

베인형 공기 모터   터빈형 공기 모터

③ 공압 모터의 특성 : 공기 모터에 발생 토크는 회전속도에 정비례하며, 시동토크와 연속 구동토크가 다른 경우에는 큰 양의 토크로부터 모터의 크기를 결정한다. 출력은 무부하 회전속도의 약 1/2에서 최대로 되며, 감속기가 부착되어 있는 경우는 출력을 산출한 후 성능곡선과 비교하여 용량을 결정한다.

$$출력 = \frac{nT}{716.2} \; [\text{ps}]$$

여기서, n : 회전수(rpm), T : 토크($\text{kg}_f \cdot \text{m}$)

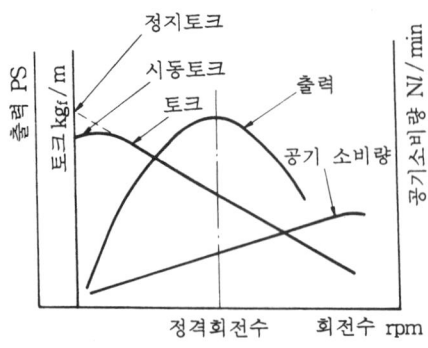

공압 모터의 특성

④ 선정 : 공기압 모터의 선정은 전동모터, 유압모터와 거의 같은 기준에 의해 선정할 수 있으며, 일반적으로 토크, 회전수, 출력이 기준으로 된다. 그리고 반송 등에 응용할 경우는 관성 모멘트를 구하는 것도 필요해진다. 또, 공급측 및 배기측의 압력 손실, 배압 등을 충분히 고려해서 모터의 효율을 제작사의 기준 수치의 50~70%로 보고, 충분한 여유를 잡는 것이 좋다.

⑤ 공압 모터의 사용시 주의사항

(가) 배관과 밸브는 되도록 유효 단면적이 큰 것을 사용하고, 밸브는 공압모터 가까이에 설치한다.

(나) 루브리케이터를 반드시 사용하고, 윤활유 부족 등으로 토크 저하, 융착, 내구성 저하, 소결 등을 일으키지 않도록 한다.

(다) 공압 모터의 내부는 압축공기의 단열팽창으로 냉각되므로 빙결에 주의하고, 공기 건조기를 사용하도록 한다.

(라) 실제 사용공압의 70~80%의 토크 출력, 공기 소비율은 최대 출력의 70~80% 정도로 하며, 회전수 영역도 같은 방법으로 용량을 선정한다.

(마) 공압 모터에 사용되는 소음기는 연속 배기이므로 큰 유효 단면적을 가진 것을 사용하며, 브레이크를 같이 사용하여 로킹이 되도록 한다.

(바) 공기 압축기는 이론 토출량에 효율을 곱한 실토출량으로 선정하고, 장시간 무부하 운전시 수명이 단축되므로 가급적 피한다.

(사) 공압 모터의 출력축에 발생된 하중은 허용 용량값 이내로 사용하며, 필요에 따라 적당한 커플링을 사용한다.

(아) 관로 내부를 깨끗이 청소한 후 배관하고, 필터를 반드시 사용하며, 저속 사용시 스틱-슬립 현상으로 최소 사용 회전수가 제한되어 있으므로 확인을 한 후 사용한다.

(자) 베인형 공기 모터는 시동할 때나 저속 회전시에 공기누설로 인한 토크 저하를 시동 특성에 비교하여 확인한 후 설치하여 사용한다.

⑥ 공기 모터의 응용

(가) 에어 드릴 : 일정 토크이기 때문에 드릴에 무리가 없고, 하이드로 체커가 붙어 있기 때문에 스텝 이송, 빠른 이송, 절삭 이송이 가능하다. 또한, 에어 드릴 유닛을 복수로 고정시켜 다축 드릴 머신으로도 사용되고, 구조가 간단해지고 제작 단가가 저렴한 기계를 손쉽게 완성시켜 사용할 수 있다.

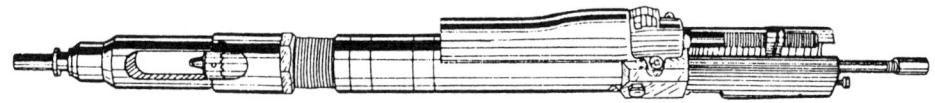

에어 드릴 유닛

(나) 에어 그라인더 : 고속 회전을 얻을 수 있어 연삭작업에 좋다.
(다) 너트 런치 : 일정 토크로 너트를 죌 수가 있다.
(라) 에어 윈치 : 과부하라도 안전하고 시동 토크가 크며, 정·역회전도 용이하다.

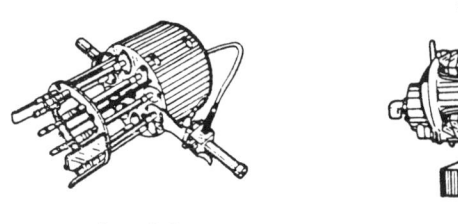

너트 런치　　　　　　　에어 윈치

(2) 요동 액추에이터 (oscillating actuator, oscillating motor)

① 요동 액추에이터의 특징 : 한정된 각도 내에서 반복 회전운동을 하는 기구로 공압 실린더와 링크를 조합한 것에 비해 훨씬 부피가 적게 든다.
② 요동 액추에이터의 종류

요동형 액추에이터의 종류

구분	구　　조	원리 및 특징
베인형	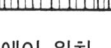 싱글 베인형 / 더블 베인형	① 원리 : 공기모터와 같은 구조로 회전각도는 싱글 270~300°, 더블 90~120°, 3중은 60° 이내이며, 출력은 베인의 수압면적과 사용공기 압력으로 결정되고, 베인의 수는 1~3장이며, 수가 많을수록 요동각도는 작지만 토크는 크게 된다. ② 특징 : 공기를 완전히 밀봉하는 것이 곤란하며 공기의 누설도 있게 되나, 매우 콤팩트하고 제작비도 저렴하다. ③ 용도 : 밸브의 개폐와 이송기구 등에 쓰인다.
피스톤형 래크·피니언형		① 원리 : 2개의 피스톤 왕복운동을 래크와 피니언을 사용하여 회전운동으로 변환하며 공기쿠션을 이용할 수 있다. ② 특징 : 외형이 크고 복잡하지만 80~90%의 고효율, 수명과 감도는 다른 방식보다 우수하다.

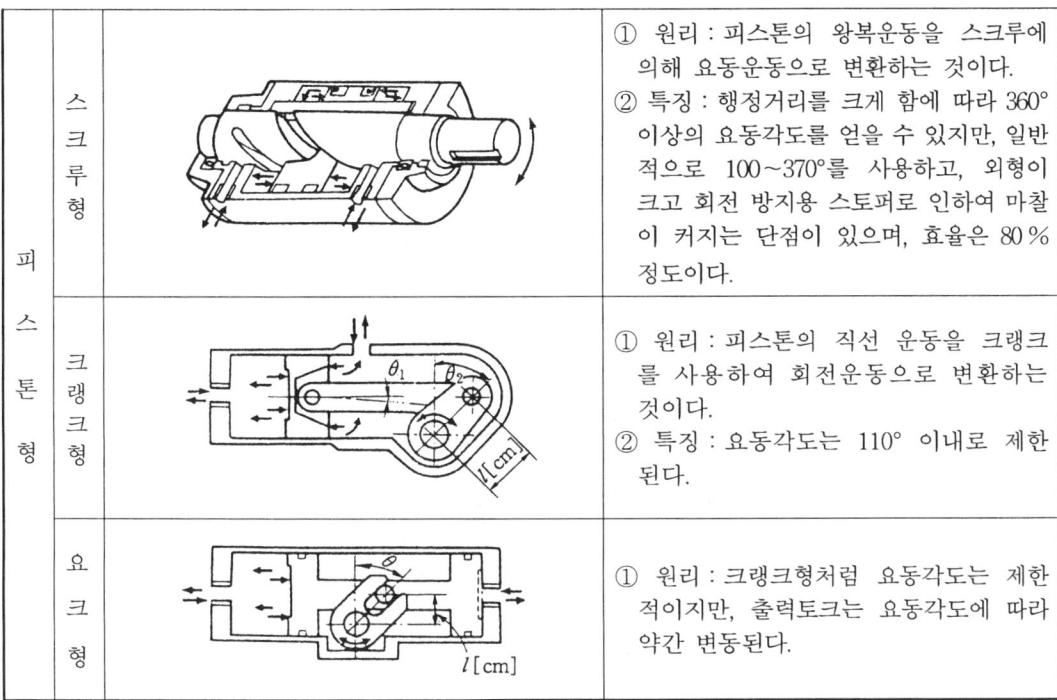

피스톤형	스크루형	① 원리 : 피스톤의 왕복운동을 스크루에 의해 요동운동으로 변환하는 것이다. ② 특징 : 행정거리를 크게 함에 따라 360° 이상의 요동각도를 얻을 수 있지만, 일반적으로 100~370°를 사용하고, 외형이 크고 회전 방지용 스토퍼로 인하여 마찰이 커지는 단점이 있으며, 효율은 80% 정도이다.
	크랭크형	① 원리 : 피스톤의 직선 운동을 크랭크를 사용하여 회전운동으로 변환하는 것이다. ② 특징 : 요동각도는 110° 이내로 제한된다.
	요크형	① 원리 : 크랭크형처럼 요동각도는 제한 적이지만, 출력토크는 요동각도에 따라 약간 변동된다.

③ 요동형 액추에이터의 선정과 보수유지

㈎ 요동형 액추에이터의 선정
- 클램프 등 단순한 힘을 필요로 하는 정부하의 경우 사용압력, 필요 토크를 검토한다.
- 중력 방향에 대해서는 수평 또는 수직으로 동작하는 관성 부하의 경우 부하의 형상, 중량에서 부하의 관성 모멘트를 구하여 기기의 허용 운동 에너지를 고려한 다음 사용압력, 요동각도, 요동시간을 검토한다.

㈏ 사용시 주의사항
- 속도 조정 : 속도 조정은 속도제어 밸브를 미터 아웃 회로에 접속하여야 한다. 다만, 저속(10도/초)의 경우나 부하 변동이 있는 경우는 유압으로 변환하여 사용한다.
- 외부 완충장치(외부 스토퍼) : 부하의 운동 에너지가 기기의 허용 운동 에너지보다 클 때에나 요동각도의 정밀도가 높아야 할 때에는 부하쪽의 지름의 큰 곳에 외부 완충기구를 설치하여, 내구성의 향상과 정지 정밀도를 확보할 수 있게 된다.
- 축하중 : 과대 부하를 직접 액추에이터 축에 부착시키면 축과 베어링에 과부하가 작용되므로, 축에 부하가 적게 작용하는 방법으로 부하를 부착한다.

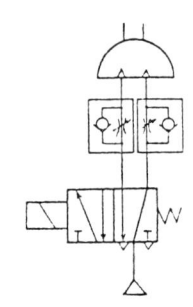 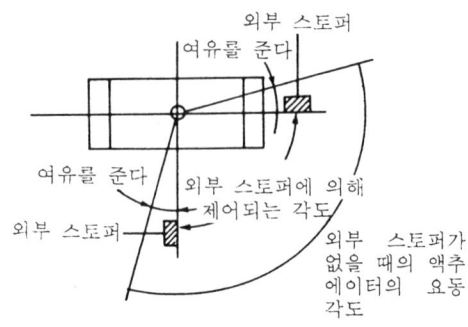

요동형 액추에이터의 속도제어회로   외부 스토퍼의 부착방식

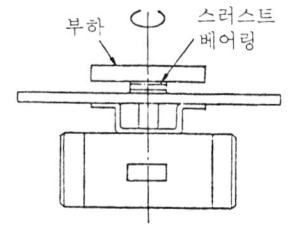 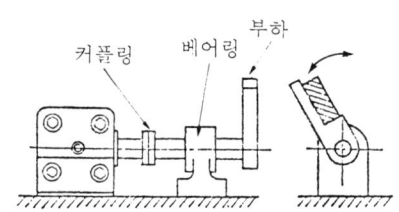

(a) 축 방향으로 하중이 걸릴 때   (b) 축의 직각 방향으로 하중이 걸릴 때

부하의 부착방법

(다) 보수 점검
- 액추에이터의 부착용 볼트의 이완
- 액추에이터 부착 프레임의 이완
- 작동상태 및 외부 누설
- 요동시간, 사이클 타임의 변화, 이상의 개소를 점검하여 조임 및 분해조립 실시

(라) 요동 액추에이터의 사용

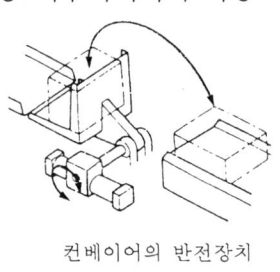 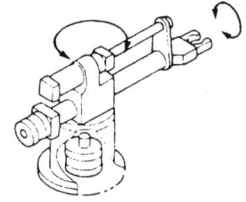 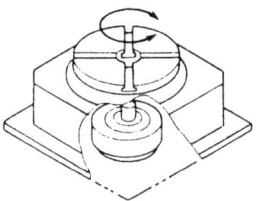

컨베이어의 반전장치   산업용 로봇의 구동   인덱스 테이블의 구동

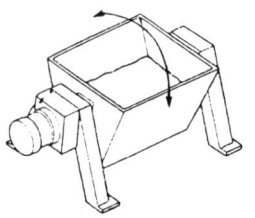 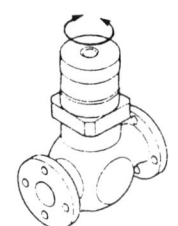 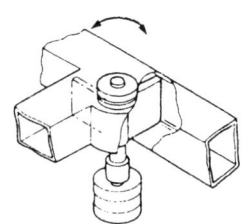

노의 반전장치   밸브의 개폐   공기유동의 방향변환

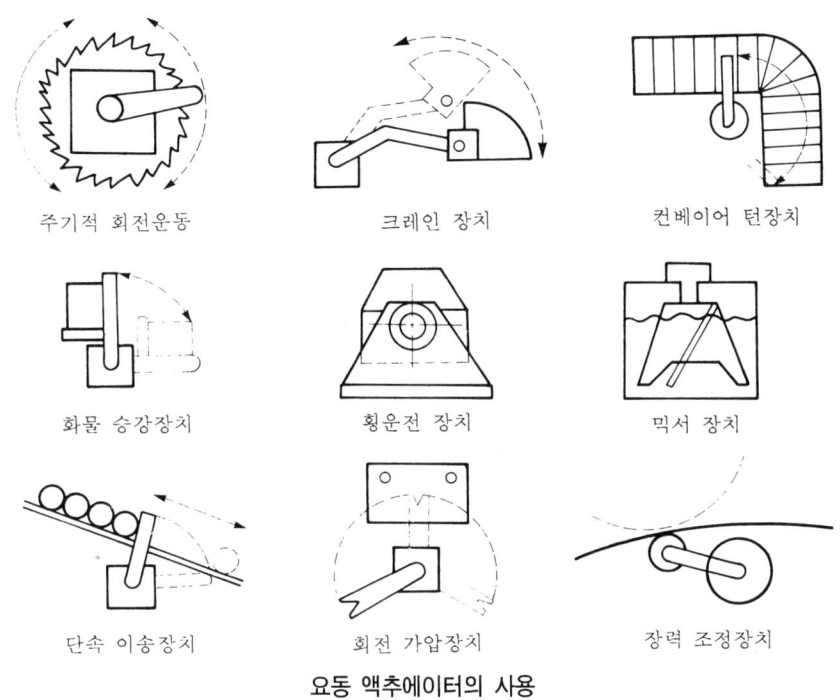

요동 액추에이터의 사용

4. 공 · 유압 조합기기

공 · 유압 조합기기는 공압기구의 단점인 공기의 압축성에 의한 문제를 해소하고 시동의 경우나 부하 변동에도 같은 속도의 구동, 저속에서의 고착현상을 방지, 실린더의 정밀 정숙 이송, 중간 정지, 스킵(skip) 이송 및 모터의 저속 구동에도 적합하며, 공 · 유압 변환기, 하이드로릭 체크 유닛, 증압기 등이 있다.

4-1 공 · 유압 변환기 (pneumatic hydraulic converter)

(1) 공 · 유압 변환기의 특징

공압을 유압으로 변환하는 것으로 비가동형, 블래더형, 피스톤형이 있다.

① 비가동형: 10 bar 미만의 저압 회로에 사용되며, 유압 탱크에 압축공기를 직접 공급하여 유면을 가압, 동력을 전달한다.

② 블래더형: 다이어프램 등에 의해 유압유와 공압이 분리되어 있고, 압축 공기가 팽창하여 작동유를 가압하여 동력을 전달한다.

③ 피스톤형 : 피스톤이 압축공기와 유압유를 분리시키는 구조로 고압 회로에 사용된다.

(2) 공유압 변환기의 구조

기본적으로 공기 출입구에 설치되어 있는 위 커버와 오일 출입구가 설치되어 있는 아래 커버 및 실린더로 구성되어 있다.

① 위쪽 버플(upper buffle) : 결로에 의한 응축수의 발생을 억제한다.

② 아래쪽 버플(lower buffle) : 공기 유입에 의해 생기는 기포의 발생을 억제하고, 액추에이터의 속도와 정밀도를 향상시키는 역할을 한다.

③ 플롯(float) : 공기와의 접촉을 막아서 공기와 오일이 혼합되지 않도록 하는 기능을 한다.

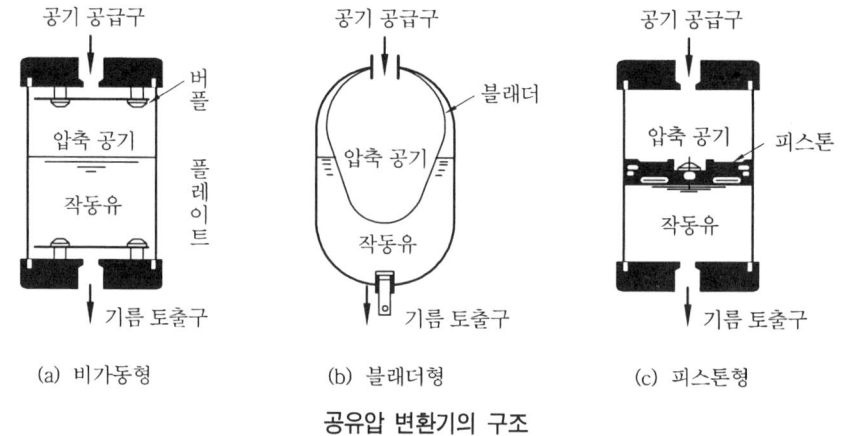

공유압 변환기의 구조

(3) 공유압 변환기의 용도

공압 실린더를 저속으로 작동시키면 공기의 압축성 때문에 스틱 슬립현상이 생겨 속도가 안정되지 않으므로, 공유압 변환기를 사용하여 오일이 가지는 비압축성을 이용해 저유압 실린더에 대한 안정된 속도를 얻도록 한다.

예를 들면 한쪽은 저유압으로 하고 다른 한쪽은 공압으로 하거나, 저유압 실린더와 공유압 변화기를 2개 사용하여 전진, 후진의 양방향 제어를 할 수 있다.

(4) 공유압 변환기의 사용상 주의점

① 공유압 변환기는 액추에이터보다 높은 위치에 수직 방향으로 설치한다.

② 액추에이터 및 배관 내의 공기를 충분히 뺀다.

③ 유압유는 적당한 양이 채워 있어야 하며, 밀봉을 철저히 한다.

④ 열원의 가까이에서 사용하지 않는다.

4-2 하이드로릭 체크 유닛 (hydraulic check unit)

(1) 하이드로릭 체크 유닛의 기능

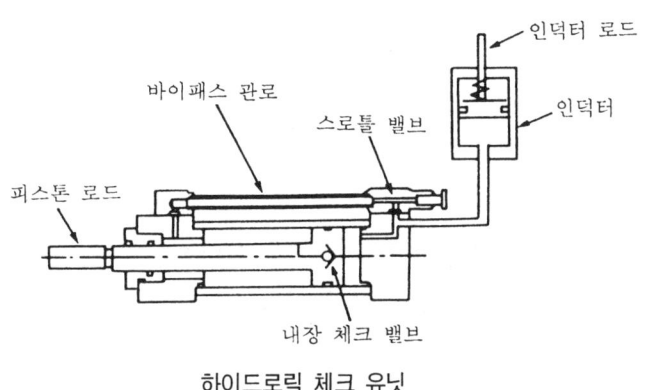

하이드로릭 체크 유닛

보통 공압 실린더와 연결되어 스로틀 밸브를 조정하여 공압 실린더의 밸브를 조정하여 공압 실린더의 속도를 제어하는데 사용된다. 또, 바이패스 밸브를 설치하면 중간 정지도 가능하게 되나 자력에 의한 작동기능은 없으며, 외부로부터의 피스톤 로드를 전진시키려는 힘이 작용되었을 때에 작동된다.

(2) 하이드로릭 체크 유닛의 구조

유압 실린더의 양쪽 체임버를 바이패스 관에 접속하고, 그 관로의 도중에 스로틀 밸브를 둔 구조로 되어 있고, 또 작동할 때 피스톤 로드의 움직임에 의한 내부 유량의 변화를 흡수하기 위해 인덕터(inductor)라고 부르는 일종의 축압기를 두고 있다.

4-3 증압기 (intensifier)

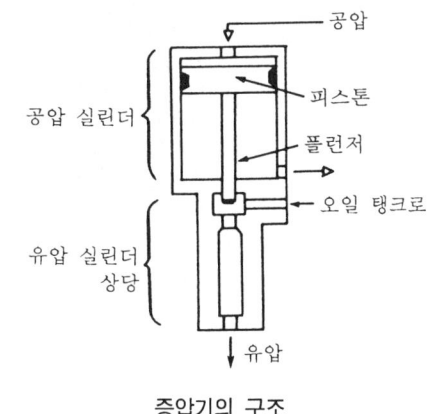

증압기의 구조

보통의 공압 회로에서 얻을 수 없는 고압을 발생시키는데 사용하는 기기로, 공작물의 지지나 용접 전의 이송 등에 사용된다. 단면적의 비에 따라서 증압의 크기가 정해지며, 직압식과 예압식의 두 종류가 있다.

① 직압식 : 공압 실린더부와 유압 실린더부가 있고, 그 속에 공압 피스톤부와 유압 피스톤부(플랜저부)를 가지는 증압 로드

가 내장되어 있으며, 오일을 자동적으로 보충하기 위한 오일 탱크를 두고 있다.

② 예압식 : 기본적으로는 직압식의 구조와 같으나, 오일 탱크 대신 공·유압 변환기가 접속되어 있다.

5. 부속 기기

5-1 진공용 기기

대기압보다 높은 압력, 즉 정압으로 사용되는 일반적인 공기 압축기에 대해서 부압에서 사용되는 공기압 기기를 진공용 기기라 한다.

(1) 진공 펌프

진공펌프는 압축공기를 뿜어낼 수도 있고 공기를 흡인하는 것도 가능하며, 압축공기를 만들 때와 마찬가지로 흡인하는 공기량과 진공도에 따라 진공펌프를 선정한다.

고진공을 필요로 할 때는 유회전식 진공펌프를 사용하면 가능하나 흡인 공기량은 적다.

물체를 흡반에서 흡착시켜 운반하는 진공 흡착 반송장치인 이젝트는 진공 발생부에 가동부가 없는 장점이 있으며, 안전을 위해 비교적 고진공을 발생하는 진공 펌프를 사용하고, 특히 흡반이나 배관 도중에서 누출이 없는 상태로 사용하도록 한다.

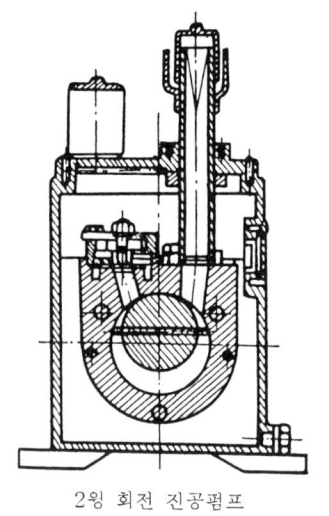

2윙 회전 진공펌프

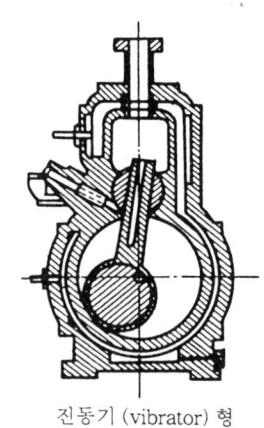

진동기(vibrator)형
회전 진공펌프

유회전 진공펌프

(2) 진공 패드

진공에 의해 소재를 흡착하는 역할을 하는 것으로 니트릴 고무를 많이 사용하고, 우레탄, 실리콘 등도 사용하며 150℃ 정도의 고온일 때에는 불소 고무를 사용한다.

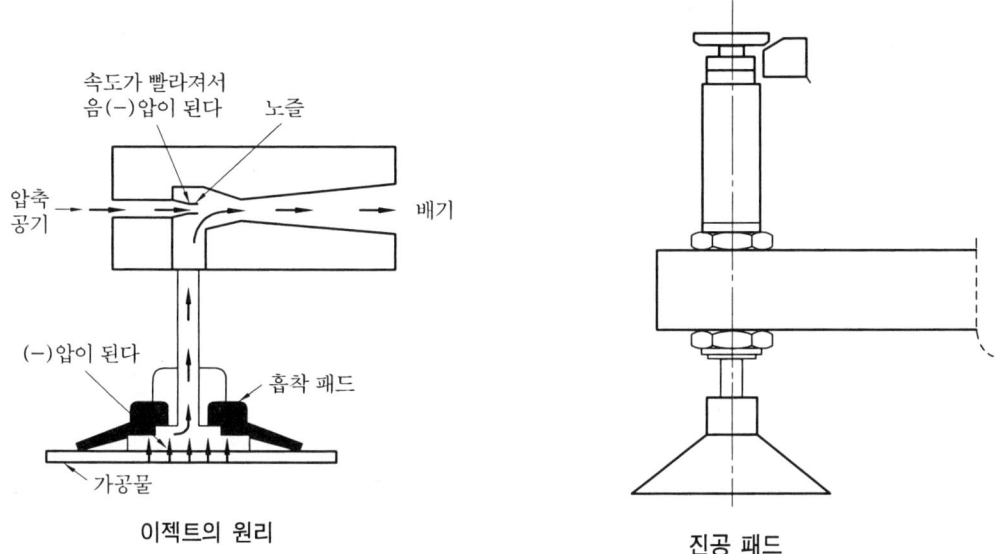

이젝트의 원리   진공 패드

5-2 소음기

소음기는 일반적으로 배기 속도를 줄이고 배기음을 저감하기 위하여 사용되고 있으나, 소음기로 인한 공기의 흐름에 저항이 부여되고 배압이 생기기 때문에 공기압 기기의 효율면에서는 좋지 않다.

이것은 자동차의 머플러를 제거하면 마력이 증가하는 것으로도 알 수 있다. 그러나 배기음이 높아지므로 부득이 소음기를 설치해야 한다.

소음기의 종류에는 팽창형, 흡수형, 간접형 등이 있다.

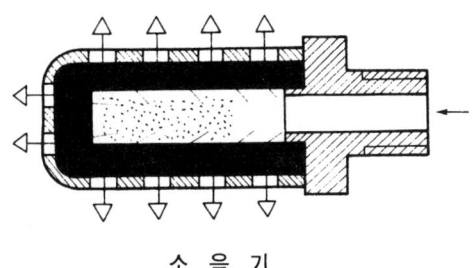

소 음 기

5-3 완충기

충격은 운동 물체의 에너지가 크고 정지 시간이 짧을수록 큰 충격력이 발생하여 장치와 기계에 영향을 준다.

완충기의 종류에는 마찰 완충기, 탄성 변형 완충기, 소성 변형 완충기, 점성 저항 완충기, 동압 저항 완충기가 있다.

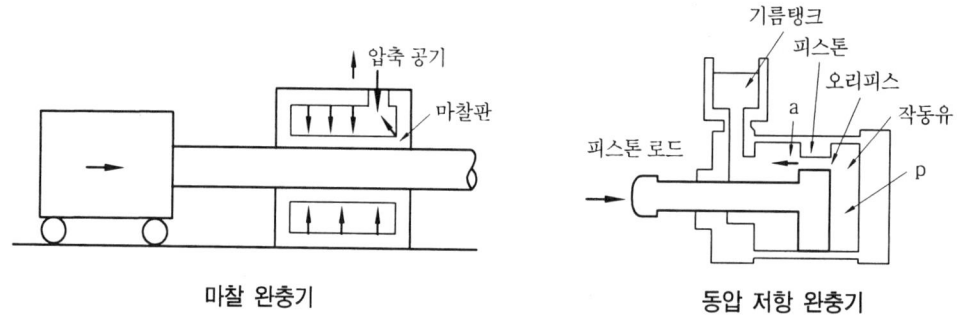

마찰 완충기   동압 저항 완충기

연습문제

1. 압축공기 조정 유닛의 간략 기호를 그려라.

2. 공압 장치 및 유압 장치의 기본적 구성에 대하여 간략하게 설명하여라.

3. 공기 압축기의 기능과 종류에 대하여 간단하게 설명하여라.

4. 공압 장치에서 밸브의 역할은 무엇인가?

5. 공압 밸브를 3가지로 대별하고, 각각의 종류와 용도 및 특징을 설명하여라.

6. 4/2-way 밸브와 5/2-way 밸브의 목적은 무엇이며, 그 기호를 그려라.

7. 정상상태 열림 및 파일럿 작동 정상상태 닫힘 3/2-way 밸브(스프링 리턴)의 기호를 그려라.

8. 스프링 부착 체크 밸브를 그려라.

9. 급속 배기 밸브의 목적은 무엇인가?

10. 셔틀 밸브의 기호를 그리고, 셔틀 밸브를 OR 밸브라고 부르는 이유를 설명하여라.

11. 2압 밸브의 기호를 그리고, 2압 밸브를 AND 밸브라고 부르는 이유를 설명하여라.

12. 공압 실린더의 일반적인 기능과 구조에 대하여 설명하여라.

13. 공압 실린더의 출력 특성에 대해서 설명하여라.

14. 공압 모터의 종류와 그 특징을 설명하여라.

15. 공압 모터의 일반적인 기능과 구조에 대하여 설명하여라.

16. 공압 장치에서 사용되는 요동 모터의 기능과 구조에 대하여 설명하여라.

17. 공·유압 변환기의 기능과 구조에 대하여 설명하여라.

18. 증압기의 기능과 구조에 대하여 설명하여라.

3장 유압 기기

1. 유압 펌프 (hydraulic oil pump)

 기계적 에너지를 유압 에너지로 바꾸는 유압 기기로서, 크게 강제식 펌프와 비강제식 펌프로 나누어지며, 비강제식 펌프는 원심식 펌프와 같이 회전하면서 일정한 유량을 일정한 압력 사이에서 흐르게 한다.
 이 펌프는 유체가 흐르지 않는 상태에서도 회전할 수 있어, 압력이 낮고 유량이 많은 경우에 적합하다. 그러나 유압장치에서는 높은 압력이 요구되기 때문에 강제식 펌프가 주로 사용된다.
 강제식 펌프는 체적형 펌프라고도 하며, 비강제식 펌프에 비하여 다음과 같은 장점이 있다.

- 높은 압력($70\,kg/cm^2$ 이상)을 낼 수 있다.
- 크기가 작고, 체적 효율이 높다.
- 작동조건에 따라 효율의 변화가 적다.
- 여러 가지 압력 및 유량에서 원활히 작동한다.

 체적형 펌프에는 고정형과 가변형의 두 가지가 있다. 고정형은 펌프의 배출 유량이 일정하며, 펌프의 회전속도를 변경하면 유량이 변화되며, 가변형은 작동 중 펌프를 조절하여 속도를 바꾸지 않아도 유량을 변화시킬 수 있다.
 유압장치 내의 압력이 일정한 수준 이상은 넘지 못하도록 릴리프 밸브를 사용하나, 특수한 경우에는 압력이 증가될 때 배출량이 조절되도록 하는 가변 체적형 펌프를 사용하기도 한다.
 체적형 펌프의 축이 1회전 할 때 배출되는 유량은 유압장치 내의 압력에 관계없이 거의 일정하다.
 내부 요소와 움직이는 형태에 따라 다음과 같이 나눈다.

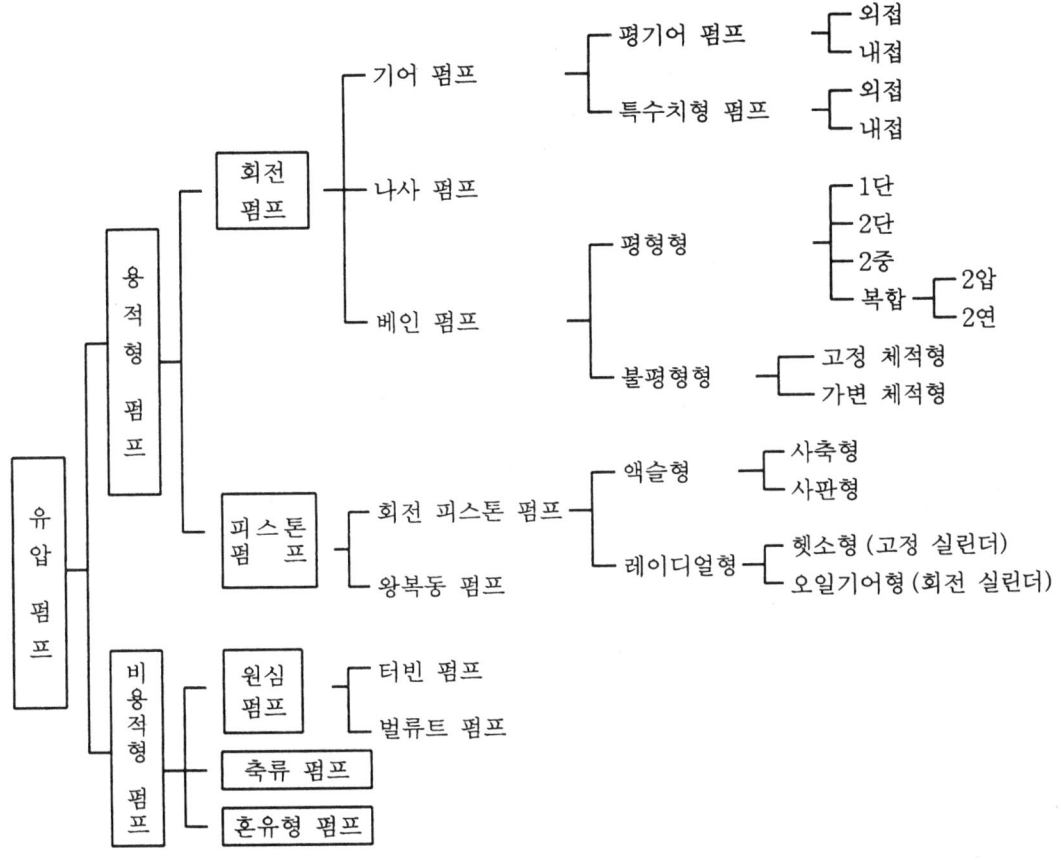

유압 펌프의 분류

1-1 펌프의 성능 및 선택

(1) 펌프의 이론동력

펌프 내의 손실이 전혀 없을 때의 동력을 말하며, 손실이 없는 압력효율 ($\eta=1$) 일 때는 펌프의 유체동력은 축동력과 같이 되지만 실제의 경우에는 $\eta \neq 1$이 된다.

$$1\,\text{PS} = 75\,\text{kg}_f \cdot \text{m/s}, \quad 1\,\text{kW} = 102\,\text{kg}_f \cdot \text{m/s}$$

$$F = PA, \quad Q = AV$$

$$L = 일량/시간 = FS/t = FV$$

$$\therefore L = PAV = PQ \; [\text{kg}_f/\text{cm}^2 \times \text{m}^3/\text{s}] = 10^4 PQ_{th} \, [\text{kg}_f \cdot \text{m/s}]$$

여기서, P : 압력(kg_f/cm^2), $\quad Q_{th}$: 유량(m^3/s)
$\quad\quad\quad\; V$: 속도(m/s), $\quad\quad\quad A$: 관의 단면적(m^2)

(2) 펌프의 유체동력 (L_p)

① 실제 토출량 (Q)

$$Q = 이론적\ 토출량\,(Q_{th}) - \Delta Q\,(누설량)$$

② 유체동력 (펌프동력=기름에 유효하게 전동되는 동력)(L_p)

유체동력=펌프의 축동력−[누설손실(용적손실)+저항손실+기계손실]

$$L_p = P \times 10^4 \times Q_o\,[\text{kgf} \cdot \text{m/s}]$$

$$= \frac{P \times Q}{7500}\,[\text{PS}] = \frac{P \times Q}{10200}\,[\text{kW}]$$

예제 1. 펌프의 송출압력 70 kgf/cm², 송출량 40 l/min 인 유압 펌프의 펌프 동력은 몇 PS 인가?

[해설] $L_p = \dfrac{PQ}{450} = \dfrac{2800}{450} = 6.2\,\text{PS}$

(3) 펌프의 축동력 (L_s)

원동기로부터 펌프축에 전달되는 동력

펌프의 축동력=펌프의 유체동력/효율

$$L_s = \frac{PQ}{450 \times \eta}\,[\text{PS}] = \frac{PQ}{612 \times \eta}\,[\text{kW}]$$

(4) 효 율

펌프의 효율은 펌프에 공급된 동력과 펌프에 의하여 얻어진 동력의 비로 나타낸다.

① 체적 효율(volumetric efficiency)(η_v) : 이론적 배출 유량과 실제 배출 유량의 비율로서 이론적 배출유량, 즉 토출량(Q_{th}) 은 무부하시 토출량과 같은 값으로 이를 이용하여 구할 수 있다.

(가) $\eta_v = \dfrac{실제\ 유량}{이론적\ 유량} = \dfrac{Q}{Q_{th}} \times 100\,\% = \dfrac{L_p}{L_{th}} \times 100\,\%$

(나) $\Delta Q\,(누설\ 손실) = Q_{th} - Q = \dfrac{Q}{\eta_v} - Q$

- 기어 펌프의 경우 : 80~90 %
- 베인 펌프의 경우 : 82~92 %
- 피스톤 펌프의 경우 : 90~98 %

② 기계 효율 (mechanical efficiency) (η_m) : 베어링 또는 기계 부품의 마찰에 의한 손실로서 패킹, 기어, 피스톤, 베인 등의 접촉 마찰손실이며 체적, 기계 효율 외에 저항손실(압력손실)이 있으나 $\eta_p=1$ 로 취급한다.

$$\eta_m = \frac{\text{이론적 펌프 출력}(L_{th})}{\text{펌프에 가해진 동력}(L_s)} = \frac{P \cdot Q_{th}}{2 \cdot \pi \cdot n \cdot T} \times 100\%$$

여기서, Q_{th} : 이론적 유량 (m³/min), P : 배출 압력(kgf/cm²)
T : 측정된 펌프축의 토크 (kgf·m), n : 측정된 회전수 (rpm)

③ 전체 효율 (overall efficiency) (η) : 펌프의 축동력 L_s 가 펌프 내부에서 일 만큼 유용한 펌프 동력 L_p 로 변환되었는가를 나타내는 비율로 모든 에너지 손실을 고려한 전체 효율 η_0 은 다음과 같다.

전체 효율 = 체적 효율 × 기계 효율 = $\eta_v \cdot \eta_m \times 100\%$

$$\eta = \frac{\text{펌프가 실제로 한 일}}{\text{펌프에 공급된 동력}} \times 100\%$$

$$= \frac{L_p}{L_{th}} \times \frac{L_{th}}{L_s} \times 100\% = \frac{L_p}{L_s} \times 100\%$$

$$= \frac{Q \cdot P \cdot Q_{th}}{Q_{th} \cdot 2\pi nT} = \frac{PQ}{2\pi nT} \times 100\%$$

펌프의 여러 가지 성능

펌프의 형식	압력 (kg/cm²)	회전 속도 (rpm)	전체 효율 (%)	kg당 마력	유량 (l/min)	가격
외접 기어	136~204	1200~2500	80~90	4.4	3.8~568	4~8
내접 기어	34~136	1200~2500	70~85	4.4	3.8~757	4~8
베 인	68~136	1200~1800	80~95	4.4	3.8~303	6~30
축 방향 피스톤	136~816	1200~3000	90~98	8.8	3.8~757	6~50
반지름 방향 피스톤	204~816	1200~1800	85~95	6.6	3.8~757	5~35

예제 2. 송출압력이 40 kgf/cm² 이고, 송출량이 40 l/min, 회전수가 1200 rpm 인 체적형 펌프가 있다. 소비동력이 3.9 kW 라면 펌프의 전효율은 얼마인가?

[해설] $L_p = \dfrac{PQ}{612} = \dfrac{1600}{612} = 2.6 \text{ kW}$

$\eta = \dfrac{L_p}{L_s} = \dfrac{2.6}{3.9} = 0.67 = 67\%$

예제 3. 배출압력 70 kgf/cm² 인 40 PS 의 전동기로 전효율 90 % 의 유압 펌프를 구동할 때 펌프의 송출량은 몇 cm³/sec 인가 ?

[해설] $\eta = \dfrac{L_p}{L_s}$, $L_p = 40 \times 0.9 = 36\,\text{PS}$

$L_p = \dfrac{P \times Q}{7500}\,\text{PS}$

$Q = \dfrac{7500 L_p}{60 P} = \dfrac{7500 \times 36}{60 \times 70} = 64.285\,\text{cm}^3/\text{sec}$

예제 4. 펌프의 송출압 70 kgf/cm², 송출량 30 l/m² 인 유압펌프의 펌프동력은 몇 PS 인가 ? 또, 이 펌프의 전체효율을 80 % 로 하면 운전에 필요한 전동기는 최소한 몇 PS 인가 ?

[해설] $L_p = \dfrac{PQ}{450} = 4.67\,\text{PS}$

$L_s = \dfrac{4.67}{0.8} = 5.84\,\text{PS}$

1-2 펌프의 종류와 특징

(1) 기어 펌프

① 기어 펌프의 특징
  (개) 구조가 간단하며, 다루기가 쉽고 가격이 저렴하다.
  (내) 기름의 오염에 비교적 강한 편이며, 흡입능력이 가장 크다.
  (대) 피스톤 펌프에 비해 효율이 떨어지고, 가변 용량형으로 만들기가 곤란하다.

② 외접 기어 펌프 (external gear pump) : 기어가 회전하면 흡입구 쪽에는 체적이 증가되어 압력이 낮아지므로 유체가 빨려 들어오고, 반대쪽 배출구는 체적이 감소되므로 유체가 밀려 나가게 된다. 기어의 이 끝원 지름을 D_o, 이 뿌리원 지름을 D_i 라 하고, 기어의 나비를 L, 회전수를 N[rpm]이라 하면 유체가 밀려 나가는 이상적인 유량은 다음과 같이 된다.

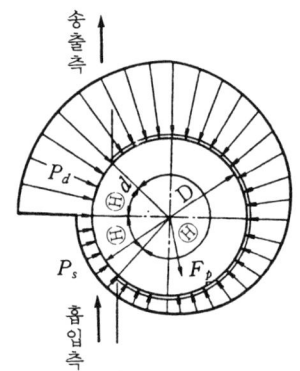

압력 불평형식 기어 펌프의 압력 분포

$$Q = \frac{\pi}{4}(D_o{}^2 - D_i{}^2)LN \ [\mathrm{m^3/min}]$$

따라서, 펌프 및 기어의 크기가 결정되면 유량은 기어의 회전수에 따라 증가된다.

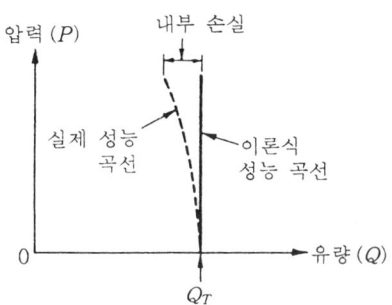

일정한 펌프 선도에서 유량 Q와 압력 P의 관계

보통 체적효율은 90 % 이상이나 배출구의 압력이 증가하면 누출량도 점차 증가하여 체적효율이 감소하며, 압력이 지나치게 높아지면 기어가 힘을 너무 많이 받아 펌프가 손상되므로 압력이 지나치게 증가되지 않도록 해야 한다.

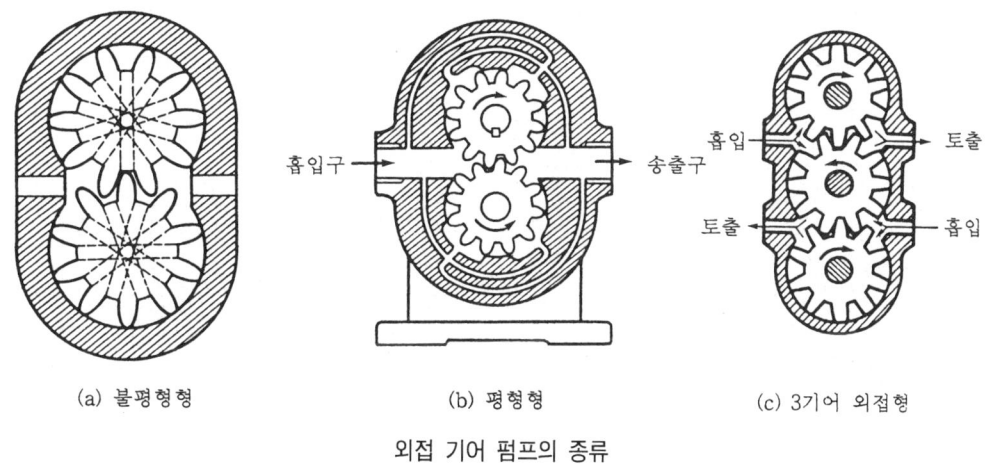

(a) 불평형형 (b) 평형형 (c) 3기어 외접형

외접 기어 펌프의 종류

③ 내접 기어 펌프 (internal gear pump) : 안쪽 기어가 바깥쪽 기어의 한곳에서 맞물리고, 반달같이 생긴 내부 실로 분리되어 있으며, 전동기 등에 의해 안쪽 기어가 구동된다. 기본적인 작동원리는 외접 기어 펌프와 같으나 두 기어가 같은 방향으로 회전하는 것이 다른 점이다.

④ 로브 펌프 : 작동원리는 외접 기어 펌프와 같으나 연속적으로 접촉하여 회전하므로 소음이 적고, 기어 펌프보다 1회전당의 배출량은 많으나 배출량의 변동이 다소 크다.

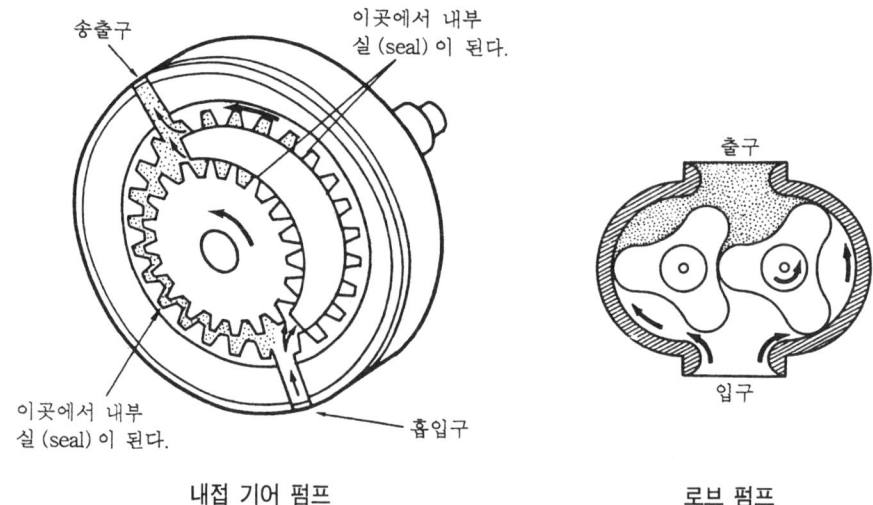

내접 기어 펌프   로브 펌프

⑤ 트로코이드 펌프 (trochoid pump) : 내접 기어 펌프와 비슷한 모양으로 안쪽 기어 로터가 전동기에 의하여 회전하면 바깥쪽 로터도 따라서 회전하며, 안쪽 로터의 잇수가 바깥쪽 로터보다 1개가 적으므로 바깥쪽 로터의 모양에 따라 배출량이 결정된다.

⑥ 스크루 펌프 : 3개의 정밀한 스크루가 꼭 맞는 하우징 내에서 회전하며 매우 조용하고 효율적으로 유체를 배출한다. 안쪽 스크루가 회전하면 바깥쪽 로터는 같이 회전하면서 유체를 밀어내게 된다.

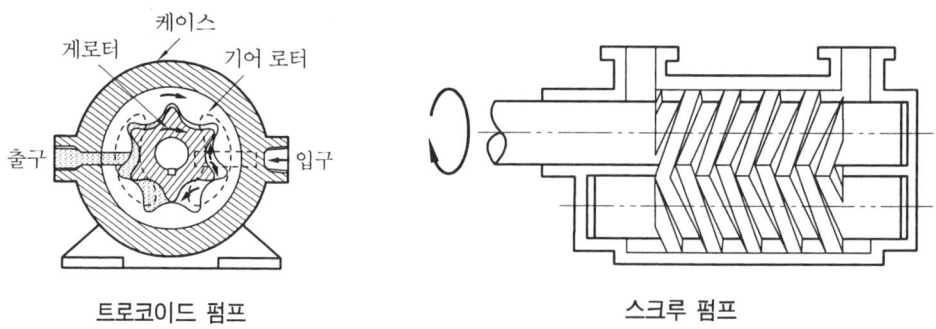

트로코이드 펌프   스크루 펌프

⑦ 폐입 현상 : 유압유가 입력측까지 도달되면 유압유의 일부가 기어의 두 치형 사이의 틈새에 있게 된다. 틈새에 있는 유압유는 기어가 회전함에 따라 밀봉된 상태로 그 용적이 좁아지기도 하고 넓어지기도 하여 유압유의 압축, 팽창이 반복된다. 이 현상을 기어 펌프의 폐입 현상 또는 밀폐 현상이라 하며, 이 현상이 생기면 유압유는 고압측에서 온도 상승이 되고, 캐비테이션 때문에 기화하여 공동현상이 발생하고 축동력의

증가, 기어의 진동, 소음의 원인이 된다. 방지책은 기어 측판에 도출 홈을 파서 밀폐 용적이 중앙 위치로부터 팽창하는 과정에서는 유압유를 흡입측과 통하도록 한다.

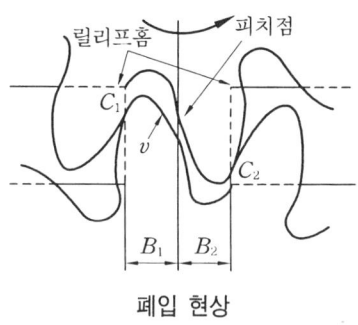

폐입 현상

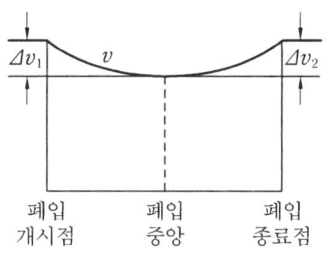

폐입 용적의 변화

(2) 베인 펌프(vane pump)

구조가 간단하고 성능이 좋아 많은 양의 기름을 수송하는데 적합한 펌프로 원통형 케이싱 안에 편심된 로터에 홈이 있고, 그 홈 속에 판 모양의 베인이 삽입되어 자유로이 출입하게 되어 있으며, 로터의 회전에 의한 원심 작용으로 베인은 케이싱의 내벽과 밀착된 상태가 되므로 기밀이 유지되며, 로터를 회전시켜 로터와 케이싱 사이의 공간에 의해 흡입 및 배출을 하게 된다.

베인 펌프의 주요 구성요소로는 입·출구 포트, 로터(rotor), 베인, 캠링(camring) 등이 카트리지(cartridge)로 되어 있다.

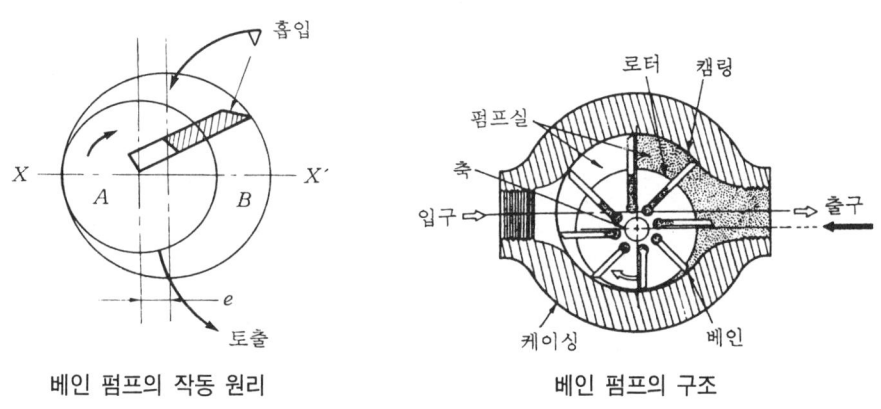

베인 펌프의 작동 원리   베인 펌프의 구조

① 보통형 : 베인의 밑부분에 토출압력을 도입하여 캠면에 밀어붙인다.
② 특수형 : 흡입 스트로크 중 베인의 밀어붙이는 힘을 경감하여 고압시 캠링이나 베인의 마모를 방지하며, 체적 효율과 기계적 효율이 우수하다.
  ㈎ 인트라 베인식(intra vane design) : 로터 홈에 뚫린 통로를 통하여 계속적으로 토출압력이 공급되고, 베인 및 인서트 밑부분 로터에 뚫린 압력 평형 구멍을 통

하여 압력이 작용한다.
(나) 듀얼 베인식 : 로터의 각 홈 안에 2장의 모따기로 된 베인이 삽입되어 있는 것으로 베인의 모따기 부분이 베인의 밑부분에서 선단으로 통하는 유로를 형성한다. 이 방식은 캠링과 베인의 접촉선이 다른 방식에 곱이 되므로 체적효율은 양호하나 기계적 효율이 저하되며, 소음도 조금 많은 편이다.

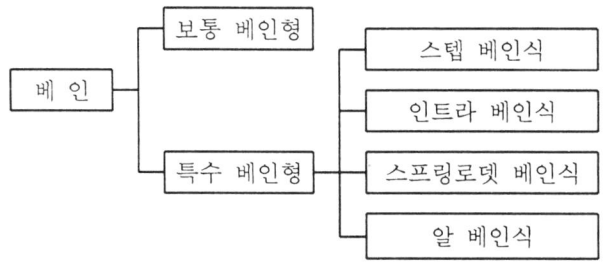

베인의 구조에 따른 베인 펌프의 분류

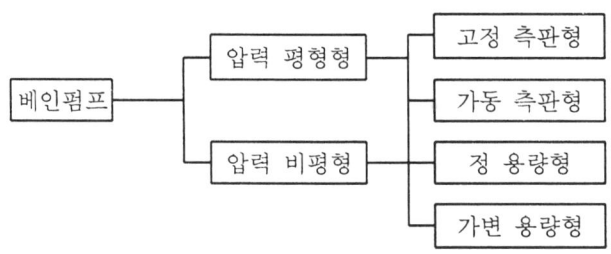

압력 성질에 따른 베인 펌프의 분류

- 고정 체적형 베인 펌프(fixed delivery vane pump) : 로터가 처음 반회전하는 동안 체적이 증가하면 압력이 낮아져 유체가 흡입되고, 나머지 반회전하는 동안은 캠링의 표면이 베인을 슬롯 안으로 들어가게 하여 체적이 감소되므로 유체가 배출된다.

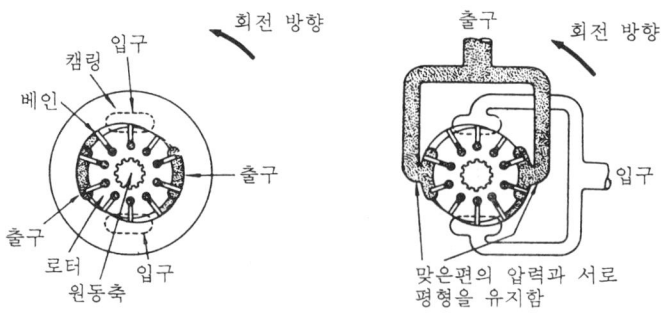

평형 상태의 베인 펌프

- 단단 베인 펌프(single type vane pump) : 로터 주위의 압력은 평형상태가 아니기 때문에 로터가 추력을 받게 되어 베어링에 많은 힘이 작용하게 되며, 유압 평형을 유지하는 구조로 되어 있다.

 축 및 베어링에 편심하중이 걸리지 않아 수명이 길고, 운전이 정숙하고, 맥동이 적고, 성능이 좋으며, 베인의 선단이 마모되어도 원심력과 토출압에 의해 캠링과 베인이 접촉되어 펌프의 수명이 다할 때까지 체적효율이 좋으나, 토출량을 바꿀 수 없는 단점이 있다.

- 2연(連) 베인 펌프(double vane pump) : 단단 소용량 펌프와 대용량 펌프를 동일 축선상에 조합시킨 것으로 흡입구가 1구형과 2구형인 것이 있고, 토출구는 2개가 있어 각각 다른 유압원이 필요한 경우나, 서로 다른 펌프를 조합시켜 동일 축으로 구동하고 베어링의 수도 줄일 수 있어 설치비가 매우 경제적이다.

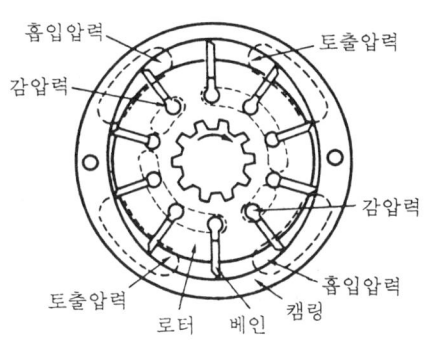

단단 베인 펌프의 카트리지 압력 분포도

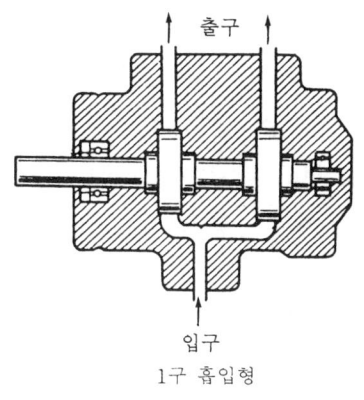

2연 베인 펌프

- 2단 베인 펌프(two stage vane pump) : 베인 펌프의 단점인 고압을 가능하게 하기 위해 용량이 같은 단단 펌프 2개를 1개의 본체 내에 직렬로 연결시킨 것으로 고압, 대출력이 필요한 곳에 사용하나 소음이 발생한다. 정지 압력은 $140\,kg/cm^2$, 최대 압력은 $210\,kg/cm^2$까지도 발생할 수 있으며, 회전수는 600~1500 rpm 정도이다.

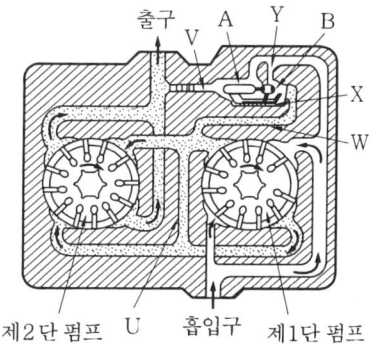

2단 베인 펌프

- 복합 베인 펌프(combination vane pump) : 고압 소용량 펌프로 저압 대용량 펌프와 릴리프 밸브, 언로드 밸브, 체크 밸브를 1개의 본체에 조합시킨 펌프이다. 압력제어가 자유롭고 온도 상승을 방지할 수 있으나 가격이 비싸고, 체적이 크다.

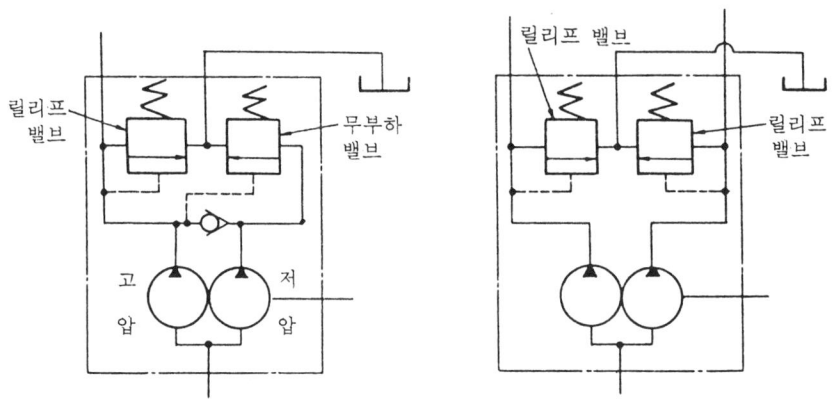

복합 펌프의 기호

- 가변 체적형 베인 펌프(variable delivery vane pump) : 로터의 중심과 캠링의 중심이 편심되어 있어 기계적으로 편심량을 바꿈으로써 토출량을 변화시킬 수 있는 비평형 펌프로, 유압 회로에 필요한 유량만 토출하고 회로 내의 효율을 증가시킬 수 있고, 오일의 온도 상승이 억제되어 전체 에너지를 유효한 일량으로 변화시킬 수 있는 펌프이나 수명이 짧고 소음이 많다.

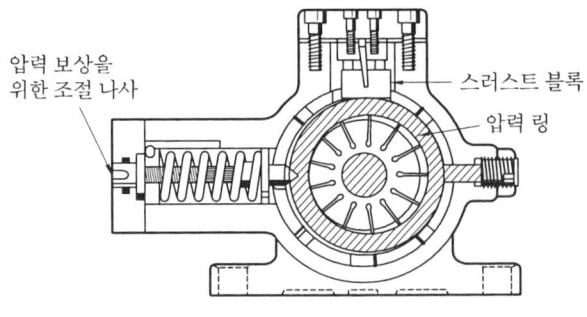

가변 용량 압력 보상형 베인 펌프

- 단단 베인 펌프 : 압력 상승에 따라 자동적으로 토출량이 감소되며, 토출량과 압력은 무단계로 제어가 가능하며, 릴리프 유량을 조절하여 오일의 온도 상승을 방지하므로 소비 전력을 절감할 수 있다.

- 2연 베인 펌프 : 가변 체적형 단단 베인 펌프 2개를 동일 축선상에 조합시킨 것으로, 서로 다른 유압원이나 동일 회로에서의 서로 다른 토출량을 필요로 할 경우에 사용된다.

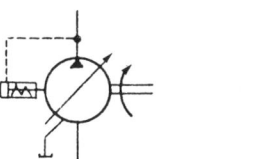

가변 체적형 단단 베인 펌프 기호 　　가변 체적형 2연 베인 펌프 기호

- 압력 보상형 베인 펌프의 특성 곡선 : 출구의 압력이 지나치게 증가되지 않도록 자체적으로 조정되는 것을 나타내는 것으로, 출구압력이 한계압력에 도달하면 스프링에 밀려 유량이 감소하게 된다. 따라서, 동력손실이 적고 과열이 방지된다.

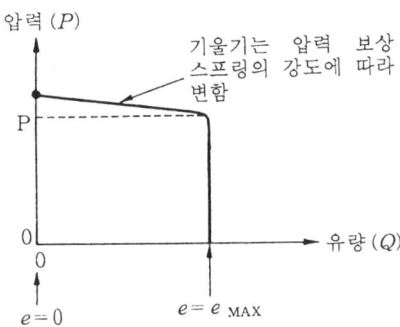

압력 보상형 베인 펌프의 특성 곡선

- 베인 펌프의 성능
  - 이론 토출량(Q_{th}) : 펌프가 1회전하는 동안의 토출량

  평형형 　$Q_{th} = 2\pi b \left[R_2{}^2 - R_1{}^2 - \dfrac{Zt_1}{\pi}(R_2 - R_1)\sec\beta \right]$

  비평형형 　$Q_{th} = 2be(2\pi R - Zt)$

  여기서, R : 캠링의 안쪽 반지름 (mm), 　　b : 로터의 폭 (mm)
  　　　　R_1 : 캠링의 소원호 반지름 (mm), 　β : 베인의 경사각 (°)
  　　　　R_2 : 캠링의 대원호 반지름 (mm), 　t : 베인의 두께 (mm)
  　　　　Z : 베인의 수 (개), 　　　　　　　e : 편심량 (mm)

  - 실제 토출량(Q_p)

  $$Q_p = Q_{th} - \left(\dfrac{C_s \cdot D \cdot \Delta P}{2\pi\mu} + Q_R \right) = nQ_{th} - \left(\dfrac{C_s \cdot D \cdot \Delta P}{2\pi\mu} + Q_R \right)$$

여기서, C_s : 내부 누설계수,　　ΔP : 토출과 흡입 사이의 압력차
　　　　　μ : 점성계수,　　　　　n : 회전수

- 특성
  - 토출압력의 맥동과 소음이 적다.
  - 스타트 토크가 작아 급속 스타트가 가능하다.
  - 단일 무게당 용량이 커 형상치수가 최소이다.
  - 베인의 마모로 인한 압력저하가 적어 수명이 길다.

(3) 피스톤 펌프 (piston pump, plunger pump)

피스톤을 실린더 내에서 왕복시켜 흡입 및 토출하는 것으로 고속, 고압에 적합하나 복잡하여 수리가 곤란하며, 값이 비싸다.

이 펌프는 고정 체적형이나 가변 체적형 모두 할 수 있으며, 효율이 매우 좋고 높은 압력과 균일한 흐름을 얻을 수 있어서 성능이 우수하다.

① 축방향 피스톤 펌프

(가) 사축식 : 구동축과 실린더 블록의 축이 경사진 방식이다.

(나) 사판식 : 구동축과 실린더 블록의 축을 동일 축선상에 놓고, 그 축선상에 대해 기울어져 고정 경사판이 부착되어 있는 방식이다.

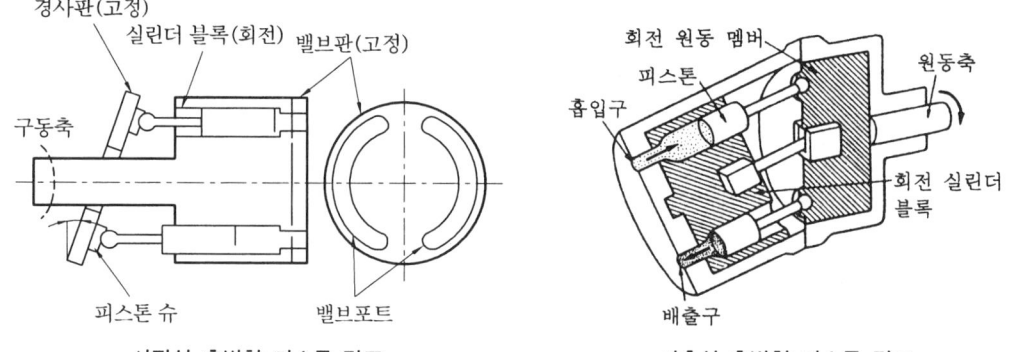

사판식 축방향 피스톤 펌프　　　　사축식 축방향 피스톤 펌프

② 반지름 방향 피스톤 펌프 : 구조가 가장 복잡한 펌프로 고압, 대용량, 가변형에 적합하다. 기본 작동은 간단하나 다양한 유압장치에 대한 적응성이 우수하다.

(가) 회전 캠형 : 보통 4~8개의 피스톤이 고정된 몸체에 부착되어 있으며 편심된 캠이 회전하면서 피스톤의 왕복운동을 일으키고, 캠에 의해 밖으로 움직일 때 오일을 배출하고, 스프링의 힘에 의해 안으로 움직일 때 오일을 흡입한다.

(나) 회전 피스톤형 : 회전 실린더에 피스톤이 설치되어 있고, 바깥 하우징에 오프셋으로 설치되어 있는 편심된 실린더가 회전하면 바깥 하우징 안쪽의 피스톤이 회전하면서 왕복 운동을 하게 되어 펌프 작용을 하게 된다.

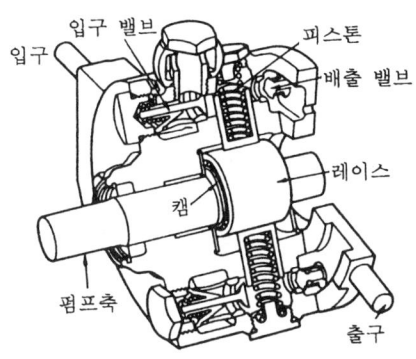
회전 캠형 반지름 방향 피스톤 펌프

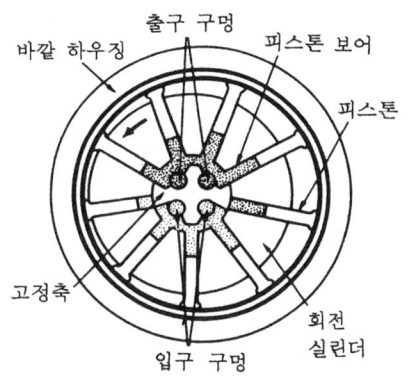
회전 피스톤형 반지름 방향 피스톤 펌프

1-3 펌프의 선택방법

유압 펌프를 선정할 때는 다음 사항에 주의하여야 한다.
① 펌프로 일정한 동력을 얻으려고 할 때는 압력상승과 동시에 토출량을 감소시켜 펌프를 작게 할 수 있다.
② 고압 작동유는 온도가 상승하여 밸브나 실 등에서 누유되기 쉽다.
③ 고압시 인화 또는 폭발하기 쉽다.
④ 필요 이상의 고압으로 작업할 경우 밸브나 유압 작동기의 강도를 높이기 위해 경량 소형이 어렵다.

유압 펌프의 성능 비교

성 능		베인 펌프	기어 펌프	피스톤 펌프
최 고 토출압력		평균해서 높다. 고성능 베인 펌프 max 175 kgf/cm²	평균해서 낮다. 단, 최근에 일부 고압화되어 있다. max 270 kgf/cm²	일반적으로 최고압이다.
운전효율	평균효율	평균적으로 높다.	평균적으로 낮다.	가장 높다.
	토출압력 과 효율	저압인 때는 낮고, 고압일 때는 별로 저하하지 않는다.	고압으로 될수록 상당히 낮아진다.	전압력 범위가 높다.
	점도와 효율	점도 변화에 의한 영향이 크지 않다.	점도가 저하하면 효율도 저하된다.	영향이 가장 적다.
	마모와 효율	마모되어도 저하하지 않는다.	마모하면 저하된다.	마모되면 매우 크게 저하되고, 동시에 내부 실린더 블록의 밸런스가 상실되어 급속히 파괴된다.

회전수		일반적으로 고압이다. max 2700 rpm min 600 rpm	평균적으로 낮다. max 4000 rpm min 베인 펌프보다 낮다.	저속이 많으나 항공기용은 최고속이다. max 5000 rpm min 베인 펌프보다 낮다.
수명	베어링	압력밸런스 방식이므로 수명이 길지만, 가변형은 부하가 걸려 짧아진다.	수명이 짧다.	보통 여러 개의 베어링을 사용한다.
	효율	마모 보상형이므로 거의 저하하지 않는다.	마모와 더불어 저하된다.	기어 펌프와 대략 같다.
먼지에 대한 예민성		클리어런스가 작아 작은 먼지에도 예민하고, 큰 먼지는 스틱을 일으켜 파괴하는 수도 있다.	클리어런스가 커서 비교적 영향을 받지 않는다.	보통 베인 펌프보다 클리어런스가 작아 먼지에 대하여 가장 예민하다.
보수	부품수와 구조	부품수가 많고 높은 가공 정도를 요하며, 구조가 비교적 복잡하다.	부품수가 적고 가장 간단한 구조로 되어 있다.	부품수가 많고, 구주가 비교적 복잡하며, 일반적으로 높은 가공 정도를 요한다.
	부품의 호환성, 필드 서비스에 대한 적응	일반적으로 부품의 호환성이 양호하며, 부품의 분해 조립도 용이하고, 특히 카트리지 방식은 가장 편리하다.	일반적으로 부품의 호환성이 나쁘며, 분해조립도 비교적 곤란하다.	일반적으로 부품의 호환성이 좋지 않으며, 필드 서비스가 곤란하다.
오일점도의 영향	전반적인 영향	비교적 예민하고 적용 범위가 좁다. 단, 효율에는 영향을 주지 않는다.	별로 예민하지 않아 적용 범위가 넓으나 효율에 대한 영향이 크다.	예민하고 적용 범위도 좁다. 단, 효율의 영향은 적다.
	한냉시의 스타트	고점도(400 ssu)에서도 스타트 토크가 비교적 작아 급속 스타트가 가능하다.	스타트 토크가 크며, 급속 스타트에 부적당하다.	기어 펌프와 비슷하다.
가격, 기타		기어 펌프보다 비싸지만 흡입, 토출구의 방향 선택이 자유롭다.	가격이 싸다.	매우 고가이다.

유압 펌프의 특성에서 본 사용구분

압력(kgf/cm²)	토출량 (l/min)		
	0~20	20~200	200 이상
0~20	기어 펌프 베인 펌프 회전 피스톤 펌프	베인 펌프 나사 펌프 기어 펌프	나사 펌프

20~70	기어 펌프 베인 펌프 회전 피스톤 펌프	베인 펌프 회전 피스톤 펌프 기어 펌프	베인 펌프 나사 펌프 왕복동 펌프
70~140	베인 2단 펌프 회전 피스톤 펌프	베인 2단 펌프 회전 피스톤 펌프	회전 피스톤 펌프 왕복동 펌프 베인 2단 펌프
140 이상	회전 피스톤 펌프	회전 피스톤 펌프	회전 피스톤 펌프

1-4 펌프 취급시 주의사항

(1) 펌프의 고정 및 중심 내기(centering) 작업
① 벨트, 기어, 체인에 의한 구동은 소음, 베어링 손상의 원인이 되므로 피한다.
② 펌프를 전동기 또는 구동축에 연결할 때는 양축의 중심선이 일직선상에 오도록 설치하여 베어링 및 오일 실의 파손 원인을 피한다.

(2) 배 관
① 배관은 흡입저항이 펌프의 흡입저항을 넘지 않고 되도록 작아야 한다.
② 공기흡입은 소음발생의 원인이 되므로 흡입쪽의 기밀에 주의한다.
③ 소음 발생 및 펌프 파손의 원인이 되므로 강관으로 배관할 때에는 펌프가 편하중을 받지 않도록 한다.
④ 드레인 배관의 환류구는 탱크의 유면보다 낮게 하되 흡입관에서 되도록 먼 위치에 설치한다.

(3) 유압 펌프를 처음으로 시동할 경우
① 차가운 펌프에 뜨거운 작동유를 사용하여 시동하지 않는다.
② 신품인 베인 펌프는 압력하여 최초 5분간 간헐 작동을 시킨다.
③ 시동 전 회전상태를 검사하여 플렉시블 캠링의 회전방향과 설치위치를 정확히 하고 필요한 곳에 주유한다.
④ 시동시 급격히 회전수를 높이지 말고 전동기의 전원 스위치를 여러 번 ON-OFF시켜 배관 내의 공기를 빼낸 후 연속운전을 하여 압력을 낮추거나 무부하 회로로 작동시킨다.
⑤ 릴리프 조절나사에 의한 압력을 변화시키지 말고 운전한 다음, 릴리프 밸브를 조절하여 최고 압력에서 사용한다.
⑥ 작동유는 맑고 깨끗하게 사용한다.

(4) 회전 방향의 변경

① 회전 방향은 펌프의 앞쪽(축이 있는 쪽)에서 볼 때 오른쪽으로 회전하는 것이 표준이다.
② 회전 방향을 변경할 때에는 커버를 떼고 카트리지를 세트한 채로 반대 방향으로 조립하며, 이 때 핀의 위치에 주의한다.

(5) 흡입 저항

① 허용 흡입저항이라고도 하며, 기기에 따라 100~200 mmHg 가 있다.
② 흡입 저항이 높으면 부품의 파손, 소음, 진동의 원인이 되며, 펌프의 수명도 짧아진다.

(6) 필 터

① 흡입쪽에 150메시의 석션 필터를 사용한다.
② 단단 고압 펌프일 경우에는 토출쪽에 15μ 이하의 라인 필터를 사용한다.

(7) 내화성 작동유를 사용할 경우의 유압 펌프

높은 온도의 물체를 다루는 기계 옆에서 유압장치를 사용한 경우에는 내화성 작동유를 사용해야 하며, 오일의 누설이나 파손에 의한 오일의 유출 때문에 화재가 발생하지 않도록 주의해야 한다. 석유계 작동유는 고온(인화점 118℃)에 노출되면 발화된다.

(8) 유압펌프의 흡입구에서 캐비테이션

유압펌프의 흡입저항이 크면 펌프의 용적 특성이 영향을 받아 유압기기가 불규칙적으로 운동하는 캐비테이션이 일어나기 쉽다.
이것은 오일이 증발하여 유압 펌프의 가압 행정에서 오일을 급격히 압축하므로 오일의 손상을 빠르게 하거나 고온으로 펌프를 파손시킬 위험이 있으므로 다음 사항에 주의해야 한다.
① 오일 탱크의 오일 점도는 800 cSt (4000 ssu)를 넘지 않도록 한다.
② 흡입구의 양정을 1 m 이하로 한다.
③ 흡입관의 굵기는 유압펌프 본체의 연결구의 크기와 같은 것을 사용한다.
④ 펌프의 회전속도에는 규정속도 이상으로 해서는 안 된다.

(9) 펌프 운전시 주의사항 (일일 점검)

① 배관의 연결부가 완전히 연결되고 있는지를 확인한다 (누유와 공기흡입 방지).
② 작동유의 온도는 유온계에 의해 점검하고, 일반 광유계는 10℃ 이하에서는 무부하로 20분 이상 펌프를 기동하여 적정온도인 30~55℃가 된 후 부하 운전을 해야 하며, 0℃ 이하에서의 운전은 위험하므로 피해야 한다.
③ 유면계를 통하여 탱크 유량을 점검한다.

1-5 펌프의 고장과 대책

(1) 펌프가 기름을 토출하지 않는다
① 펌프의 회전 방향 확인
② 흡입쪽 검사
  (가) 오일 탱크에 오일량의 적정량 여부
  (나) 석션 스트레이너의 막힘 여부
  (다) 흡입관으로 공기를 빨아들이지 않는가?
  (라) 점도의 적정 여부
③ 펌프의 정상상태 검사
  (가) 축의 파손 여부
  (나) 내부 부품의 파손 여부를 위한 분해·점검
  (다) 분해 조립시 부품의 누락 여부

(2) 압력이 상승하지 않는다
① 펌프로부터 기름이 토출되는지 여부
② 유압회로 점검
  (가) 유압배관의 적정 여부
  (나) 언로드 회로 점검 : 펌프의 압력은 부하로 인하여 상승하며, 무부하 상태에서는 압력이 상승하지 않는다.
③ 릴리프 밸브의 점검
  (가) 압력설정은 올바른가?
  (나) 릴리프 밸브의 고장 여부
④ 언로드 밸브의 점검
  (가) 밸브의 설정압력은 올바른가?
  (나) 밸브의 고장 여부
  (다) 솔레노이드 밸브를 사용할 때에는 전기신호의 확인 및 밸브의 작동 여부를 검사한다.
⑤ 펌프의 점검 : 축, 카트리지 등의 파손이나 헤드 커버 볼트의 조임상태 등을 분해하여 점검한다.

(3) 펌프의 소음
① 위의 현상과 관계가 있다
  (가) 석션 스트레이너의 밀봉 여부

　　　　㈏ 석션 스트레이너가 너무 적지 않은가?
　　② 공기의 흡입
　　　　㈎ 탱크 안 오일의 기포 등이 없는지 점검
　　　　㈏ 유면 및 석션 스트레이너의 위치 점검
　　　　㈐ 흡입관의 이완과 패킹의 안전 여부
　　　　㈑ 펌프의 헤드 커버 조임 볼트의 이완 여부
　　③ 환류관의 점검
　　　　㈎ 환류관의 출구와 흡입관의 입구와의 간격 적정 여부
　　　　㈏ 환류관의 출구가 유면 이하로 들어가 있는가?
　　④ 릴리프 밸브의 점검
　　　　㈎ 떨림현상이 발생하고 있지 않은가?
　　　　㈏ 유량의 적정 여부
　　⑤ 펌프의 점검
　　　　㈎ 전동기 축과 펌프 축의 중심 일치 여부
　　　　㈏ 파손 부품(특히 카트리지) 확인 및 분해 점검
　　⑥ 진 동
　　　　㈎ 설치면의 강도 충분 여부
　　　　㈏ 배관 등의 진동 여부
　　　　㈐ 설치 장소의 불량으로 진동이나 소음 여부

(4) 기름 누출
　① 조임부의 볼트 이완
　② 패킹, 오일 실, 오일링의 점검(오일 실 파손의 원인은 축 중심이 일치하지 않거나 드레인 압력이 너무 높을 때이다.)

(5) 펌프의 온도상승
　냉각기의 성능과 유량의 적정 여부

(6) 펌프가 회전하지 않는다
　펌프의 소손, 축의 절손(분해하여 소손 여부를 조사하고 신품과 교환한다.)

(7) 전동기의 과열
　① 전동기의 용량 적정 여부
　② 릴리프 밸브의 설정 압력 적정 여부

(8) 펌프의 이상 마모
　① 유압유의 적정 여부

② 점도가 너무 낮거나 온도가 너무 높다.
③ 유압유의 열화

2. 유압 제어 밸브

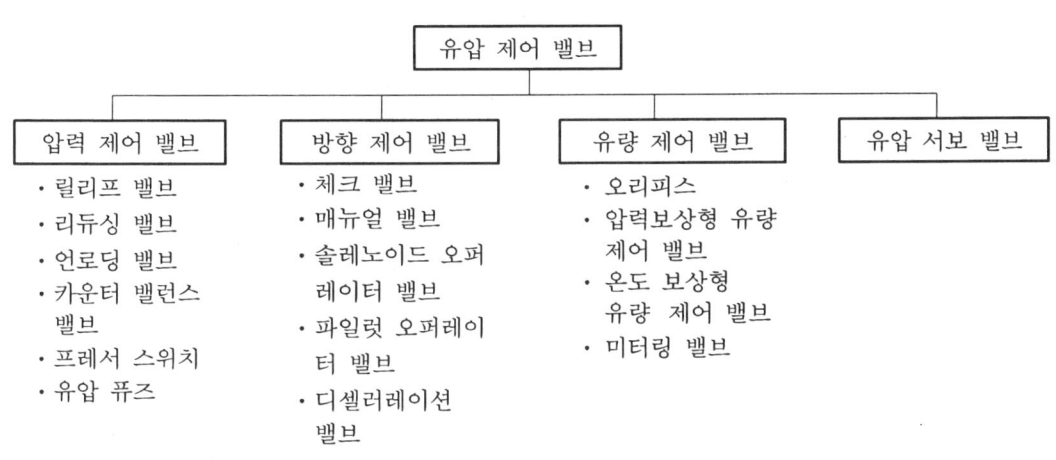

기능에 따른 유압 제어 밸브 분류

유압제어 밸브란 유압계통에 사용하여 압력의 조정, 방향의 전환, 흐름의 정지, 유량의 제어 등의 기능을 하는 제어기기를 말한다.

밸브를 선택할 때에는 형식, 구동장치, 크기, 제어능력 등을 고려하여야 한다. 제어 밸브는 방향제어 밸브, 압력제어 밸브 및 유량제어 밸브로 크게 나누어진다.

2-1 압력제어 밸브

회로 내의 유압을 제한하거나 감소시키는 경우, 펌프를 무부하 상태로 하는 경우, 회로 내의 오일을 일정한 압력으로 설정할 경우에 사용되고, 밸브를 갑자기 열고 닫을 때에 지나치게 높은 압력이 발생하기 쉬우므로, 이 때 유압장치를 보호하는 역할을 한다.

가장 많이 사용하는 릴리프 밸브와 감압 밸브, 압력 시퀀스 밸브 및 언로드 밸브 등이 이에 속한다. 압력 서지(surge)가 생기면 회로 내의 압력이 정상압력의 4배 이상 순간적으로 증가되는데, 이 때에는 충격 흡수 장치를 사용하여야 한다.

(1) 릴리프 밸브

이 밸브는 정상적인 압력에서는 닫혀 있으나 어느 제한압력에 도달하면 열려서 펌프에서 곧바로 탱크로 흘러서 회로 내의 압력상승을 제한한다.

펌프의 유량이 전부 흘러나오려면 밸브가 충분히 열려야 하며, 이 때 밸브 내의 압력은 밸브가 열리는 순간의 압력보다는 약간 높다.

펌프의 최대 유량에서 최대 압력이 릴리프 밸브의 지시압력이 되므로 이 밸브의 가장 중요한 기능인 실린더 내의 힘이나 토크를 제한하여 부품의 과부하(over load)를 방지하고, 최대 부하상태로 최대의 유량이 탱크로 방출되기 때문에 작동시 최대의 동력이 소요된다.

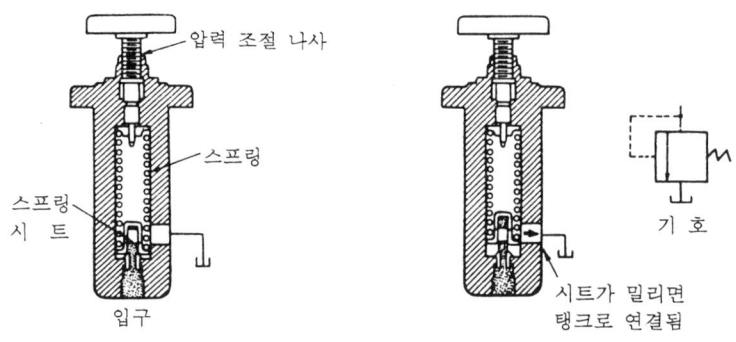

릴리프 밸브의 작동

① 직동형 릴리프 밸브 : 피스톤은 스프링 힘으로 밀어붙이게 되고, 스프링을 누르는 힘은 상부의 조절나사로 조절한다.

회로압력에 의하여 밸브 피스톤이 위로 밀어 올리는 힘이 스프링의 힘보다 작은 경우에는 피스톤은 스프링 힘으로 밀어붙이게 되어 배출구의 유로를 차단한다.

그러나 압력이 높아져 스프링이 누르는 힘보다 커지면 피스톤은 위로 밀려 작동유를 회로로부터 배출구를 거쳐 탱크로 귀환시키며, 이것을 릴리핑 한다고 한다. 이 때 압축 에너지가 열 에너지로 변하므로 고열을 발생시킨다.

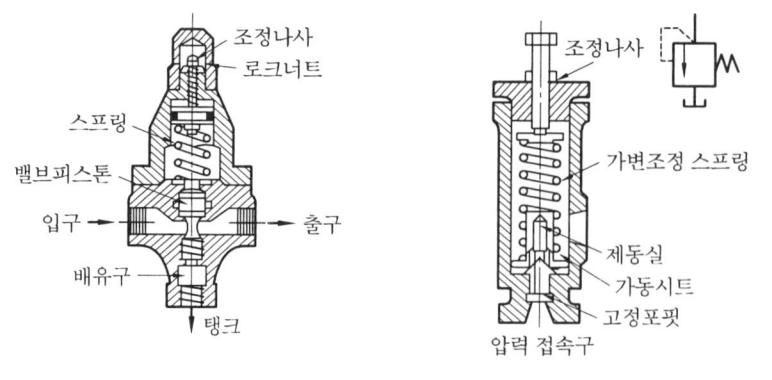

(a) 직동형 릴리프 밸브   (b) 제동실이 붙은 직동형 릴리프 밸브

직동형 릴리프 밸브의 구조도

배출구로부터 기름이 돌아올 때의 압력을 크래킹 압력(cracking pressre)이라 하고, 밸브의 피스톤이 유압에 의하여 위로 올라가는 순간 회로 압력이 급강하하므로 피스톤은 급속히 스프링 힘에 의하여 올라간다.

전유량 압력과 크래킹 압력과의 차압을 압력 오버라이드(pressre override)라고 하며, 직동형 릴리프 밸브는 압력 오버라이드가 비교적 커서 평형 피스톤형 릴리프 밸브에 의해 압력 오버라이드를 적게 한다.

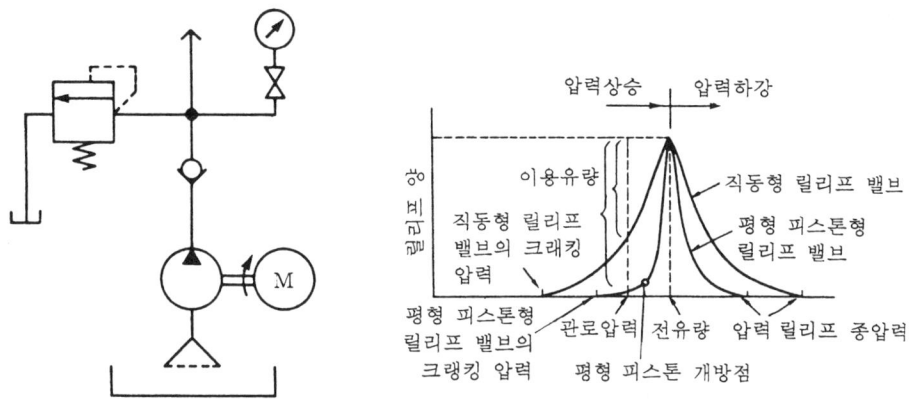

릴리프 밸브에 의한 압력제어 회로   릴리프 밸브의 특성 곡선

② **평형 피스톤형 릴리프 밸브**(balanced piston type relief valve) : 일명 파일롯 작동형 릴리프 밸브(pilot operated relief valve)라고 하는 이 밸브는 상하 양면의 압력을 받은 면적이 같은 평형 피스톤을 기본으로 해서 구성된 밸브로서 조절 감도가 좋고, 유량 변화에 따르는 압력 변동이 무시할 수 있는 정도로 적어 압력 오버라이드가 극히 적고 채터링이 거의 일어나지 않는다. 이 밸브는 하나는 평형 피스톤을 스프링의 힘으로 시트에 밀착시키는 부분을 포함한 본체 부분과 유압으로 평형 피스톤의 작동을 제어하는 파일럿 밸브의 역할을 하는 위 덮개 부분으로 나누어진다.

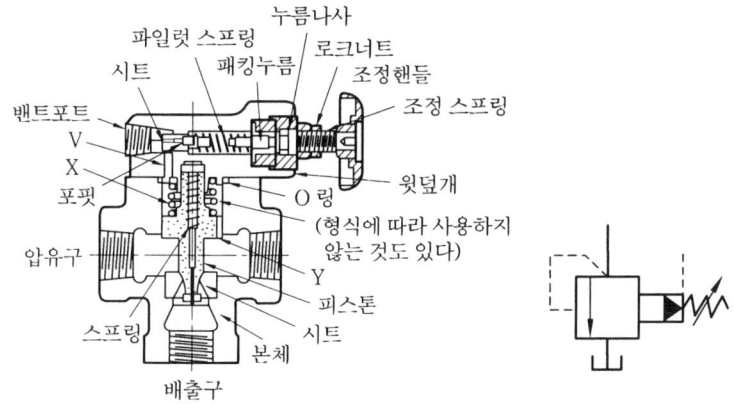

평형 피스톤형 릴리프 밸브의 원격 제어방법

평형 피스톤형과 직동형 릴리프 밸브의 비교

구 분	평형 피스톤형	직 동 형
구 조	메인 스풀과 파일럿 스풀이 있으며, 메인 스풀을 유압으로 밸런스시켜서 압력을 유지한다(압력조정은 파일럿부로 한다).	메인 스풀 밖에 없어 메인 스풀을 스프링으로 눌러 그 스프링의 힘으로 압력을 조정한다.
조 작	파일럿 부분의 작은 스프링을 조작하기 위해 핸들에 걸리는 힘이 작아서 쉽게 조정할 수 있다.	메인 스풀의 강력한 스프링을 조작하기 위하여 핸들에 걸리는 힘이 커서 압력 조절에는 큰 힘이 필요하다.
압력 조절 범위	하나의 스프링으로 광범위하게 조정할 수 있다.	스프링을 누르는 힘이 크기 때문에 작은 범위만 조정할 수 있다.
원격 조작	리모트 컨트롤 밸브로서 원격 압력 조정이 가능하며, 방향 전환 밸브로서 언로드가 가능하다.	원격 압력조작이 불가능하다.
응 답 성	메인 스풀의 작동이 다소 지체되어 서지압이 발생한다.	메인 스풀의 움직임이 빨라서 서지압이 적어도 된다.
압력 오버라이드 (유량-압력곡선)	압력변화가 적고 효율이 좋다.	압력변화가 커서 효율이 나쁘다.

릴리프 밸브의 고장원인과 대책

고 장	원 인	대 책
압력이 높거나 낮 다	설정압력이 맞지 않는다.	올바른 설정을 다시한다.
	압력계가 고장이다.	압력계를 점검 후 교체한다.
	포핏이 밸브 시트에 제대로 닿지 않았다.	포핏에 마모나 홈이 있으면 교환한다(신품이면 조절나사를 풀고 안에 있는 봉을 몇 번 밀어서 교정할 수 있다).
	스풀의 작동 불량	몸체 커버를 떼고 스풀 초크에 먼지가 끼웠는지 점검하고 몸체와 몸통 커버 구멍에 홈이 있는가, 손상되지 않았는지 스풀을 가볍게 움직여 본다.
	약한 스프링의 조립 (스프링의 간격이 적다.)	스프링을 교환한다.
	밸브 시트(大, 小) 부분이 파손되었거나 먼지가 끼어 있다.	시트를 교환 또는 세척한다.

압력의 불안정	피스톤의 작동 불량	전항 참조
	포핏의 이상마모	교환한 작동유의 오염을 점검한다 (흡입관의 접속부분 및 펌프의 공기 흡입을 점검한다).
	벤트 포트의 공기	포핏의 교환 (작동유의 오염을 점검한다.)
	기름을 허용량 이상으로 보낸다.	회로 중의 공기를 빼낸다.
	다른 밸브와의 공진	전항 참조
	펌프 불량	유면이 낮아서 환류관이나 스트레이너가 기름 속에 들어 있지 않다 (펌프 수리).
	유량이 아주 적다.	크기를 바꾼다.
압력계가 미세하게 변동하거나 이상음이 발생	피스톤의 작동 불량	특히 몸체와 커버의 중심내기에 주의한다.
	포핏의 이상마모	포핏의 교환
	벤트 포트의 공기	회로 중의 공기를 빼낸다.
	기름을 허용량 이상으로 보낸다.	큰 밸브로 교체한다.
	다른 밸브와의 공진	설정압을 조정한다 (설정값의 차가 $5\,kg/cm^2$ 이내에서 발생하기 쉽다).
	탱크의 설치 불량	일부를 바꾼다.
	탱크 배관에 배압이 생긴다.	밸브 근처에서 직각으로 굽히지 말 것 (밸브를 외부 드레인형으로 바꾼다.)
	벤트 라인과 포핏이 공진한다.	배관 속에 오리피스를 설치한다.
	점도가 낮다 (온도가 높다).	적당한 점도와 온도로 한다.

(2) 감압 밸브 (pressre reducing valve)

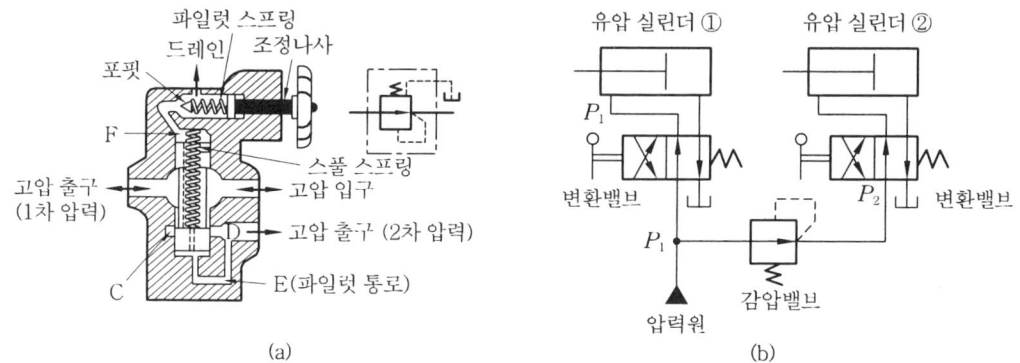

(a)   (b)

감압밸브의 구조와 사용예의 회로도

이 밸브는 유압회로에서 어떤 부분회로의 압력을 주회로의 압력보다 저압으로 해서 사용하고자 할 때 사용한다.

상부의 덮개 속에 내장되어 있는 파일럿 밸브는 포핏, 파일럿 스프링 및 조절나사로 구성되어 있다.

(3) 시퀀스 밸브 (sequence valve)

이 밸브는 주회로의 압력을 일정하게 유지하면서 유압회로에 순서적으로 유체를 흐르게 하는 역할을 하여 2개 이상의 실린더를 차례대로 동작시켜 한 동작이 끝나면 다른 동작을 하도록 하는 것으로, 밸브가 닫혀 있을 때에는 오일이 1차 회로에만 흐르게 하고, 열리면 2차 회로에 흐르게 한다.

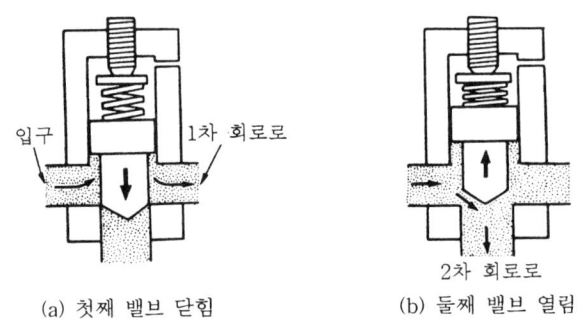

(a) 첫째 밸브 닫힘   (b) 둘째 밸브 열림

시퀀스 밸브의 작동

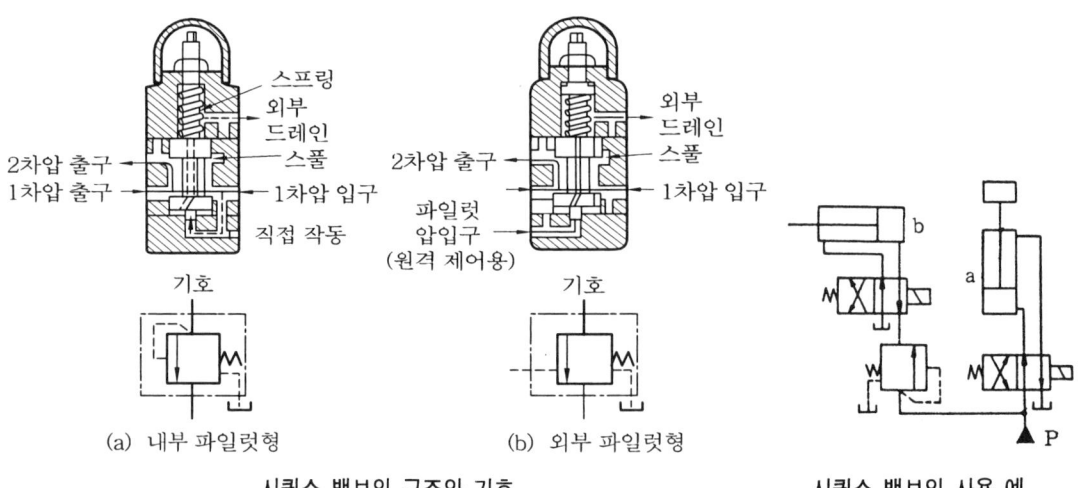

(a) 내부 파일럿형   (b) 외부 파일럿형

시퀀스 밸브의 구조와 기호   **시퀀스 밸브의 사용 예**

(4) 카운터 밸런스 밸브 (counter balance valve)

이 밸브는 회로의 일부에 배압을 발생시키고자 할 때 사용하는 밸브로, 조작중 부하가 급속하게 제거되어 연직 방향으로 작동하는 램이 중력에 의하여 낙하하는 것을 방지하고자 할 경우에 사용한다.

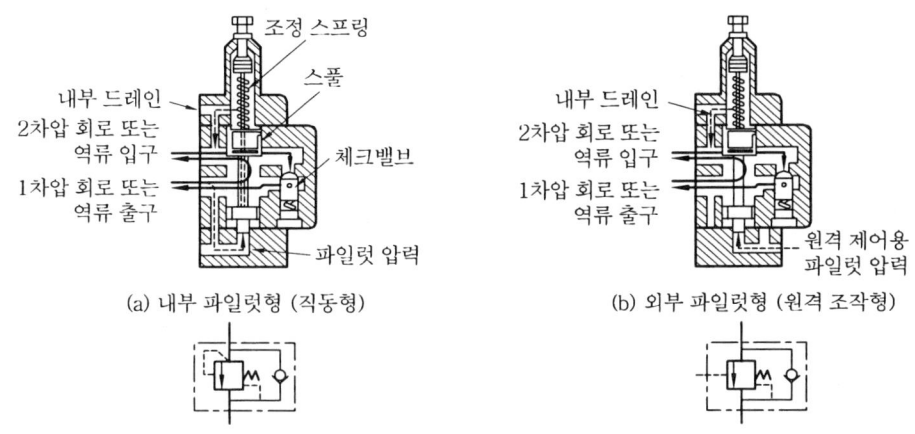

카운터 밸런스 밸브의 구조와 기호

(5) 무부하 밸브 (unloading valve)

이 밸브는 펌프의 송출 압력을 지시된 압력으로 조정되도록 한다. 따라서, 원격 조정되는 파일럿 압력이 작용하는 동안 펌프는 오일을 그대로 탱크로 방출하게 되어 펌프에 부하가 걸리지 않게 되므로 동력을 절약할 수 있다.

이 경우에는 흐름은 있으나 부하가 걸리지 않기 때문에 릴리프 밸브와는 다르다.

이 밸브는 통상 고압 소용량, 저압 대용량 펌프를 조합 운전하거나, 작동압이 규정 압력 이상으로 되었을 경우나, 저압 펌프를 무부하 운전시켜 동력 절감을 시도하고자 할 때 사용한다.

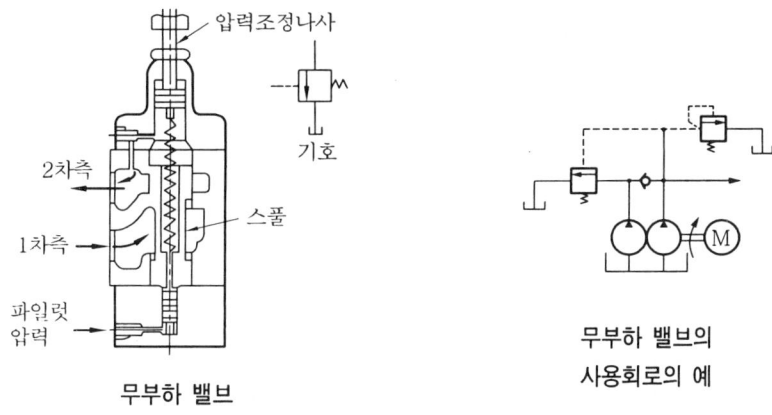

무부하 밸브   무부하 밸브의 사용회로의 예

(6) 압력 스위치 (pressure switch)

압력 스위치는 유압신호를 전기신호로 전환시키는 일종의 스위치로 전동기의 기동, 정지, 솔레노이드 조작밸브의 개폐 등의 목적에 사용하며, 작동원리는 다음과 같다.

① 소형 피스톤과 스프링과의 평형을 이용하는 것
② 부르동관(bourdon tube)을 사용하는 것
③ 벨로스(bellows)를 사용하는 것

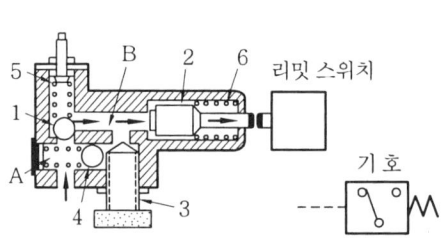
피스톤형 압력 스위치

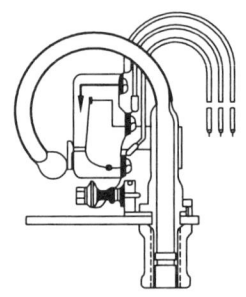
부르동관형 압력 스위치

(7) 유압 퓨즈 (fluid fuse)

유압 퓨즈는 전기 퓨즈와 같이 유압장치 내의 압력이 어느 한계 이상이 되는 것을 방지하는 것으로, 얇은 금속막을 장치하여 회로압이 설정압을 넘으면 막이 유체압에 의하여 파열되어 압유를 탱크로 귀환시킴과 동시에 압력 상승을 막아 기기를 보호하는 역할을 한다. 그러나 맥동이 큰 유압장치에서는 부적당하다.

2-2 방향제어 밸브 (directional control valve)

회로 내의 유체가 흐르는 방향을 조정하는 것으로, 유압 실린더나 유압 모터의 작동 방향을 바꾸는 데 사용된다. 대부분은 2~3개의 스풀(spool)의 위치에 따라 방향을 조절하여 흐름의 통로가 고정되며, 수동이나 파일럿 압력 또는 전기 솔레노이드에 의해 조정된다.

(1) 방향전환 밸브의 형식

전환 밸브에 사용되는 밸브의 기본 구조는 포핏 밸브식(poppet valve type), 로터리 밸브식(rotary valve type), 스풀 밸브식(spool valve type)으로 구별할 수 있다.

① 포핏형: 이 형식은 밸브의 추력을 평형시키는 방법이 곤란하고 조작의 자동화가 어려우므로 고압용 유압 방향전환 밸브로서는 널리 사용되지 않으나, 내부누설이 적고 조작이 확실해 공압용 전환 밸브로 많이 사용한다.

② 로터리형: 밸브 본체가 비교적 대형이고 고압 대용량은 불리하나, 구조가 간단하고

조작이 쉬우면서 확실하므로 유량이 적고 압력이 낮은 원격제어용 파일럿 밸브로 사용되는 경우가 많다.

③ 스풀형: 가장 널리 사용되고 있는 것으로 스풀 축방향의 정적 추력 평형이 얻어지며, 스풀의 원주에 가느다란 홈을 파 놓으면서 측압 평형도 쉽게 얻을 수 있고, 각종 유압 흐름의 형식을 쉽게 설계할 수 있으며, 각종 조작방식을 쉽게 적용시킬 수 있는 특징이 있다. 그러나 밸브 안을 스풀이 미끄러지며 운동하여야 하므로 약간의 간격을 필요로 하기 때문에 누유가 따르게 되는 결점이 있어 로크(lock) 회로에는 이 형식을 이용하지 않고 포핏 형식을 사용하여 장시간 확실한 로크를 하도록 한다.

(2) 방향전환 밸브의 위치수, 포트수, 방향수

① 위치수(number of positions): 방향조절 밸브 내에서 다양한 유로를 형성하기 위하여 밸브 기구가 작동되어야 할 위치를 밸브 위치라 한다. 양측 스프링 부착 3위치 밸브에서 밸브의 조작입력이 가해지지 않을 때의 위치를 중립위치라 말하며, 조작입력을 가해서 위치를 변화시킨 후 입력을 제거하면 스스로 원위치(중립위치)로 되돌아오는 현상을 스프링 복원력(spring off set type) 현상이라 한다. 3위치 전환밸브는 중앙위치가 중립위치이고 좌우의 양위치를 양단위치(extreme position)라 하고, 양단위치는 정(正), 역(逆)의 유로를 만드는 것이 보통이다.

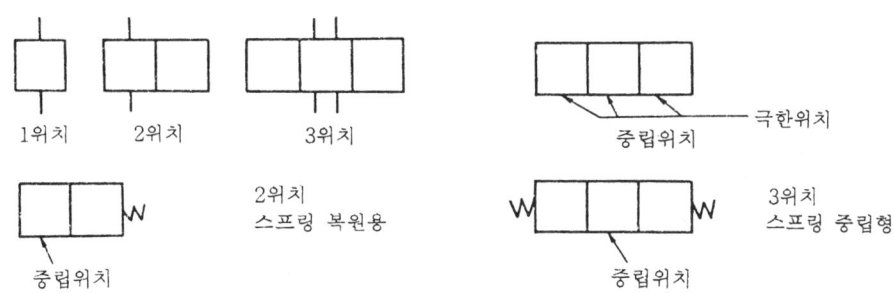

방향전환 밸브의 위치

② 포트수와 방향수(number of ports and way): 전환밸브에 있어서 밸브와 주관로(파일럿과 드레인 포트는 제외)와의 접속구수를 포트수 혹은 접속수라 하고, 이 포트의 조합에 따라 조작상의 운동을 정, 역 혹은 정지 등의 전환을 행할 수 있다.
- 2포트 밸브: 유로의 개(開), 폐(閉)만을 한정할 경우에 사용한다.
- 3포트 밸브: 1개의 유입 압유를 2개의 방향으로 전환하는 경우나 2개의 유입 압유 중 하나만을 통해서 유로를 만들고자 할 때에 사용한다.
- 4포트 밸브: 가장 널리 사용되는 형으로서 4개의 포트 중 2개가 조합되어 밸브 내에서 한 개의 유로가 만들어진다.

전환 밸브의 방향수는 밸브에서 생기는 유로수(3위치 밸브에서 중립위치는 제외)의 합계를 말한다.

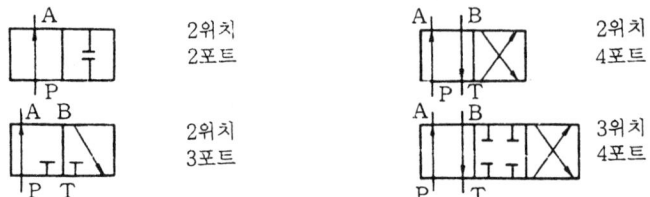

방향전환 밸브의 포트수와 방향수

㈎ 2방향 제어 밸브(2-way valve) : 이 밸브는 펌프에서 유체를 보내는 방향을 바꿀 때에 사용된다.
- 스풀 위치 1 : 펌프 P에서 파이프 B로, 파이프 A와 탱크 T는 차단된다.
- 스풀 위치 2 : 펌프 P에서 파이프 A로, 파이프 B와 탱크 T는 차단된다.

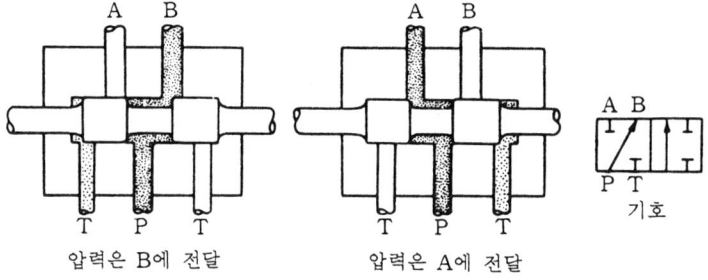

2방향 제어 밸브 내의 스풀

㉠ 2위치 2포트 밸브(two position two port connection valve) : 1개의 유로를 단순히 개폐작용만 하는 전환밸브로 밀폐부분에 압유가 들어가면 국부적으로 승압되어 측압이 걸리는 것을 막기 위하여 드레인 포트를 탱크에 연결시켜 사용한다. 이 밸브는 통상 열려진 것과 통상 닫아진 형식이 있고, 비교적 저압 소용량에 사용한다.

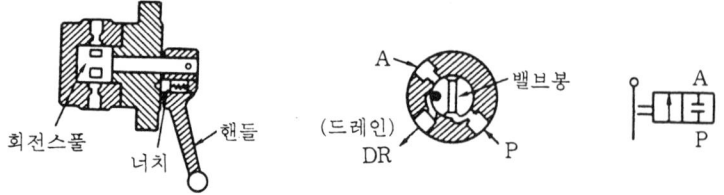

2위치 2포트 밸브(로터리형)

㉡ 2위치 3포트 밸브(two position three port connection valve) : 스풀 양쪽 끝에 스프링이 있어서 전환 조작부에 힘을 가하지 않으면 스풀은 항상 중립위치에 있

게 된다. 이 때에는 모든 유로가 차단된 상태이기 때문에 유압 실린더 등이 중간 위치에 머물러 있게 된다.

(나) 4방향 제어 밸브(4-way valve) : 스풀의 위치에 따라 흐름이 밸브 내에서 네 가지 방향으로 이루어지는 것으로 2방향 유압 실린더의 방향을 조정하는데 사용된다. 이 밸브는 P, T, A, B의 4개의 포트를 갖고, 회전스풀과 작동스풀이 있다.
  - 스풀 위치 1 : 펌프 P에서 파이프 A로, 파이프 B에서 탱크 T로
  - 스풀 위치 2 : 펌프 P에서 파이프 B로, 파이프 A에서 탱크 T로

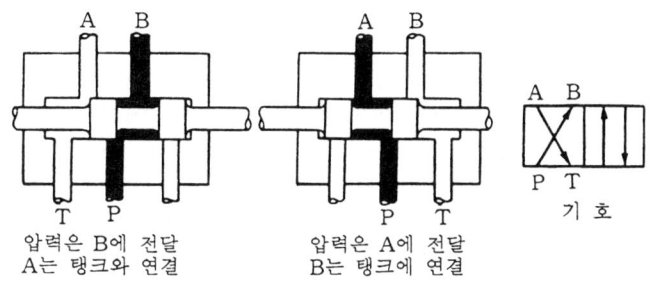

4방향 제어 밸브 내의 스풀

㉠ 2위치 4방향 밸브(two position four way valve)

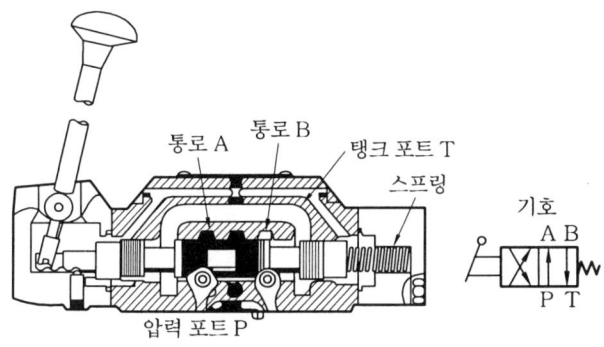

2위치 4방향 제어 밸브

회전 스풀형 로터리 밸브(rotary valve)와 직선 위를 미끄러져 운동하는 작동 스풀 밸브(slide spool valve)가 있다.

대부분의 방향제어 밸브는 스풀을 사용하는데, 밸브 내에 있는 회전 로터를 사용하는 경우도 있다.

회전 로터는 스풀과 같은 역할을 하며, 중립 위치에서는 모든 입·출구를 막는다. 밸브의 형태는 다르나 작동기능은 앞에서와 같다.

일반적으로 로터리 형식은 유속과 유량이 큰 경우에 적합하다.

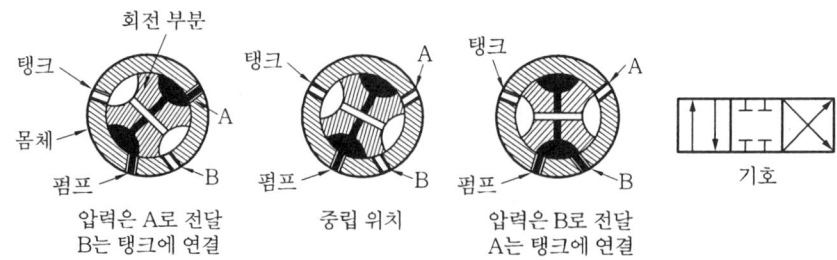

로터리 4방향 제어 밸브

- 로터리 밸브 : 이 밸브는 유압적 평형이 어렵고 측압을 받으므로 핸들을 작동하는데 많이 이용된다.
- 직동 스풀 밸브 : 이 밸브는 유압적 평형이 쉽게 이루어지므로 고압 대용량의 밸브에도 적합하여 가장 널리 사용되고 있는 밸브형이다. 2위치 4방향 밸브의 T 포트를 플러그로 막으면 2위치 2방향 밸브가 된다. 또, T 포트와 A, B 중 어느 한 포트를 막으면 1방향 밸브로도 사용할 수 있다.

ⓒ 3위치 4방향 밸브(three position four way valve) : 이 밸브는 직동 스풀 밸브로서 스풀의 전환위치가 3개이다. 그중 좌우 양단위치는 밸브와 동일한 기능을 가지나, 중립위치에서 밸브 특유의 유로를 형성시켜 여러 가지 기능을 갖는 밸브로도 된다. 중립위치의 형식 중 기본적인 것을 들면 다음과 같다.
- 오픈 센터형(open center type) : 이 형식은 중립위치에서 모든 포트가 서로 통하게 되어 있어 펌프 송출유는 탱크로 귀환되어 무부하 운전이 된다. 또, 전환시 충격도 적고 전환성능이 좋으나 실린더를 확실하게 정지시킬 수가 없다.
- 세미 오픈 센터형(semi open center type) : 이 형식의 밸브는 오픈 센터형의 밸브를 전환시 충격을 완충시킬 목적으로 스풀 랜드(spool land)에 테이퍼를 붙혀 포트 사이를 교축시킨 밸브로 대용량의 경우에 완충용으로 사용한다.
- 클로즈드 센터형(closed center type) : 이 밸브는 중립위치에서 모든 포트를 막는 형식으로 실린더를 임의 위치에서 고정시킬 수가 있으나, 밸브의 전환을 급격하게 작동하면 서지압이 발생하므로 주의를 요한다.
- 펌프 클로즈드 센터형(pump closed center type) : 이 형식은 중립위치에서 P 포트가 막히고 다른 포트들은 서로 통하게끔 되어 있는 밸브로 3위치 파일럿 조작 밸브로 많이 사용된다.
- 탠덤 센터형(tandem center type) : 일명 센터 바이패스형(center bypass type) 으로 중립위치에서 A, B 포트가 모두 닫히고 실린더는 임의의 위치에서 고정된다. 또, P 포트와 T 포트가 서로 통하게 되므로 펌프를 무부하시킬 수 있다.

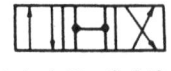 
(a) 오픈 센터형   (b) 세미 오픈 센터형

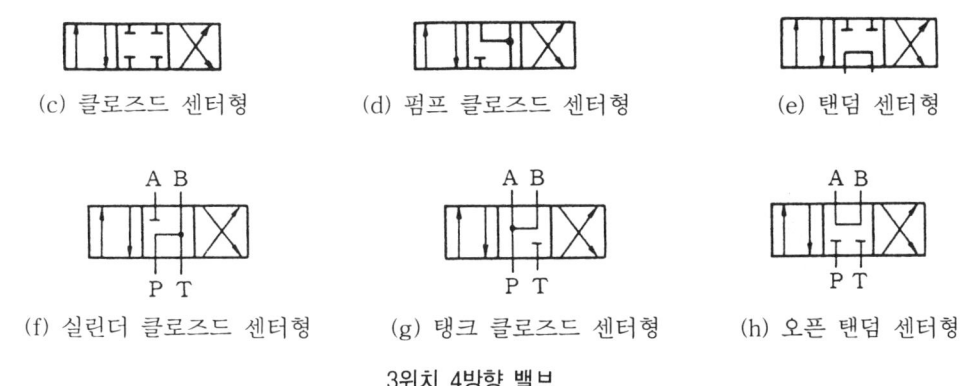

3위치 4방향 밸브

(3) 전환조작 방법

조작방식은 수동 조작(인력 조작), 기계적 조작, 솔레노이드 조작(電磁방식, solenoid), 파일럿 조작, 솔레노이드 제어 파일럿 조작방식이 사용되고 있으며, 그 기호들은 공압과 같다.

(4) 체크 밸브(check valve)

방향제어 밸브로 가장 간단한 것은 1방향 밸브로 한 방향으로만 허용되고 반대 방향으로는 흐르지 못한다. 밸브 본체, 포핏 또는 볼, 시트, 스프링 등의 부품으로 구성되어 있고, 포핏을 스프링이 밀고 있기 때문에 스프링 쪽에서 유체가 흘러오면 포핏을 밀게 되어 밸브가 계속 닫힌 상태를 유지하게 되므로 유체가 반대로 흐르면 그 유압이 스프링을 밀고 밸브를 열어 유체가 흐르게 된다. 형식에 따라 흡입형, 스프링 부하형, 유량 제한형, 파일럿 조작형으로 나눈다.

① 흡입형 체크 밸브 : 이 형의 밸브는 공동현상 발생을 방지할 목적으로 사용한다. 즉, 펌프 흡입구 또는 유압회로의 부(-)압 부분에 이 밸브를 사용하여 유압이 어느 정도 압력 이하로 내려가면 포핏이 열려 압유를 보충한다.

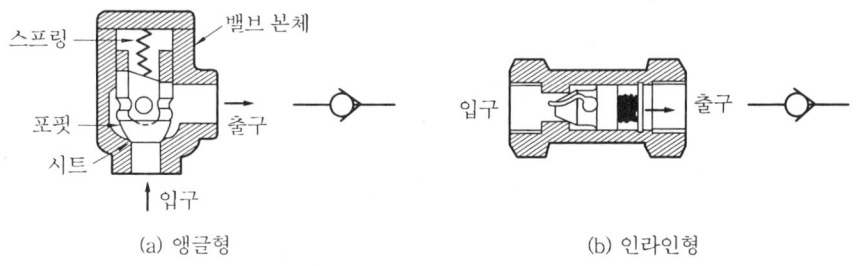

체크 밸브(스프링 부하형)의 구조와 기능

② 스프링 부하형 체크 밸브 : 앵글형과 인라인형이 있는 이 밸브는 관로 내에 항상 압류를 충만시켜 놓고자 할 경우나, 열교환기나 필터에 급격한 고압유가 흐르는 것을 막고 기기를 보호할 목적으로 사용하는 일종의 안전밸브이다.

③ 파일럿 조작 체크 밸브(pilot operated check valve) : 이 형식은 작동면에서 스프링 부하형과 같으나, 필요에 따라서는 파일럿 작동에 의하여 역류도 허용될 수 있는 밸브이다.

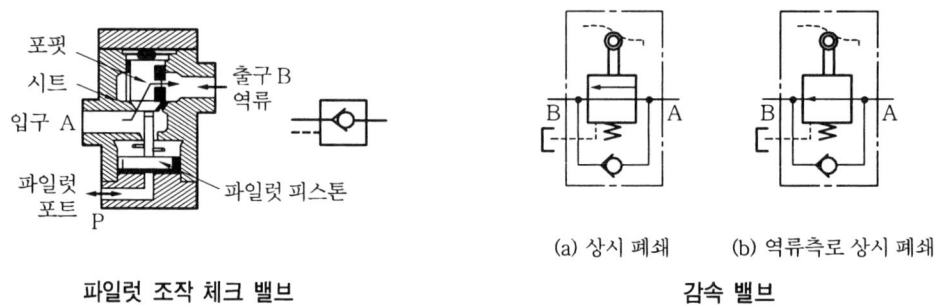

파일럿 조작 체크 밸브   감속 밸브

(5) 감속 밸브 (deceleration valve)

적당한 캠기구로 스풀을 이동시켜 유량의 증감 또는 개폐작용을 하는 밸브로서 상시 개방형과 상시 폐쇄형이 있다. 또, 귀환유동을 자유로이 하기 위하여 체크 밸브를 내장시킨 역류 측로형이 있다.

이들 감속 밸브의 스풀 끝에는 롤러 또는 캠이 붙여 있어 이것에 의하여 스풀을 작동시킨다.

(6) 셔틀 밸브 (shuttle valve)

이 밸브의 구조는 출구측 포트는 2개의 입구측 포트 관로 중 고압측과 자동적으로 접속되고, 동시에 저압측 포트를 막아 항상 고압측의 압유만을 통과시키는 전환 밸브이다.

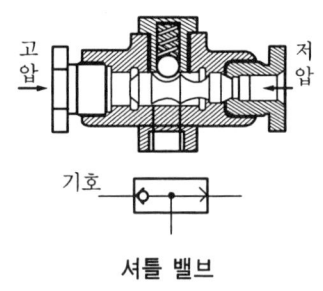

셔틀 밸브

2-3 유량제어 밸브 (flow control valve)

유압장치의 제어부로 작동유의 유량을 조절하는 밸브로서 오일의 유동량을 제어하는 기능을 하며, 보상 밸브 및 비보상 밸브, 분류 밸브가 이에 속한다.

회로 내에 독립적으로 서로 다른 속도로 작동하는 실린더가 있지 않을 경우 가변 체적형 펌프를 사용하여 유량을 제어하여도 가능하나, 개별적인 조정에는 유량제어 밸브를 사용하며, 밸브 전후의 유량은 압력에 따라 변화되므로 정확한 유량제어를 할 때에는 압력보상 유량제어 밸브를 사용하여야 한다.
 이 밸브는 액추에이터의 속도를 제어하기 위해 사용하는 것으로, 고정된 오리피스나 가변 니들 밸브가 이용된다.

(1) 교축 밸브 (flow metering valve)
 유량조정 밸브 중 구조가 가장 간단한 밸브로 바늘 모양의 니들 밸브에 의해 조절되며 작은 파이프 내의 유량 조절에 적합하다.
- 스톱 밸브 (stop valve)
- 스로틀 밸브 (throttle valve)
- 스로틀 체크 밸브 (throttle and check valve)

① 스톱 밸브 : 상수도용, 유압용 등의 다양한 용도에 사용되고 있는 교축 밸브로 조정 핸들을 조작함으로써 스로틀 부분의 단면적을 변경시켜 통과하는 유량을 조절하는 밸브로 작동유의 흐름을 완전히 멎게 하든가 또는 흐르게 하는 것을 목적으로 할 때 사용한다.

② 스로틀 밸브 : 유압구동에서 가장 많이 사용되고 있는 밸브로서 핸들을 조작하여 밸브 안의 스풀을 미소 유량으로부터 움직임으로써 대유량까지 조정할 수 있는 밸브로, 스로틀 부분은 완전한 테이퍼 부분과 V 자형의 홈으로 되어 있고, 교축 전후의 압력차가 증가해도 미소유량 조절이 용이하다.

③ 스로틀 체크 밸브 : 한쪽 방향으로의 흐름은 제어하고, 역방향의 흐름은 자유로 제어가 불가능한 것으로 한방향 유량제어 밸브로 사용한다.

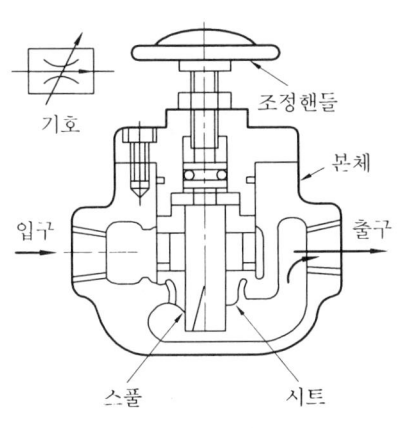

스로틀 밸브

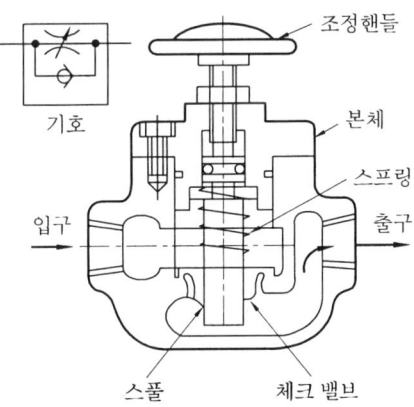

스로틀 체크 밸브

(2) 압력보상 유량제어 밸브 (pressure compensated valve)

이 밸브는 압력보상 기구를 내장하고 있으므로 압력의 변동에 의하여 유량이 변동되지 않도록 회로에 흐르는 유량을 항상 일정하게 자동적으로 유지시켜 주면서 유압 모터의 회전이나 유압 실린더의 이동속도 등을 제어한다.

또, 기능별 부분을 구분하면 압력 보상부와 유량 조정부, 체크 밸브로 이루어져 있다.

① 유량 조정부: 레버를 돌리면 유량 조정측의 교축 개도가 변화하고 유량이 증감한다.
② 압력 보상부: 압력보상 스풀과 스프링의 작용에 의하여 유량 조정측과 교축부의 전후의 압력차를 일정하게 유지시켜 준다.
③ 체크 밸브부: 유량 조정부가 전폐하여도 역류는 유량조정 범위와 압력 이하에서 흐른다.

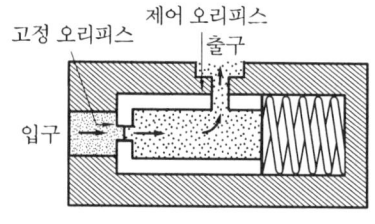 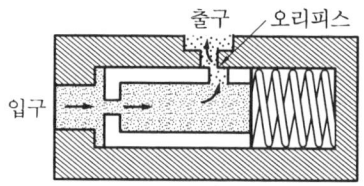

(a) 제어 오리피스가 완전히 열린다   (b) 제어 오리피스가 부분적으로 열린다

압력보상 유량제어 밸브

(3) 바이패스식 유량제어 밸브

이 밸브는 펌프의 전 유량을 한 가지 기능에 사용하는 경우, 다른 기능을 위해 보내야 하는 경우 등에 사용된다. 이 밸브는 오리피스와 스프링을 사용하여 유량을 제어하며, 유동량이 증가하면 바이패스로 오일을 방출하여 압력의 상승을 막고, 바이패스된 오일은 다른 작동에 사용되거나 탱크로 돌아가게 된다.

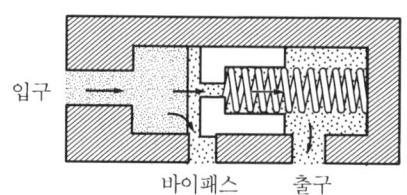 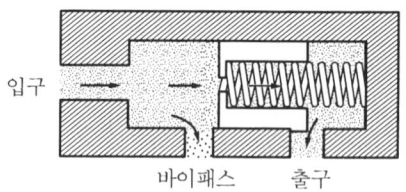

바이패스 유량제어 밸브

(4) 유량 분류 밸브

유량 분류 밸브는 유량을 제어하고 분배하는 기능을 하며, 작동상의 기능에 따라 유량 순위 분류 밸브, 유량 조정 순위 밸브 및 유량 비례 분류 밸브의 세 가지로 구분된다.

① 유량 순위 분류 밸브: 몇 개의 회로에 정해진 순서에 따라 오일을 공급하는 밸브로,

펌프로부터 어느 한 회로에 먼저 공급하여 완전히 채우고 나서 다음 회로에 오일을 공급한다. 작동상태를 보면 밸브가 왼쪽으로 움직임에 따라 1차 출구는 항상 오일이 풍부하고, 2차 출구의 구멍이 커져 항상 충분한 여분의 오일이 통과하게 된다.

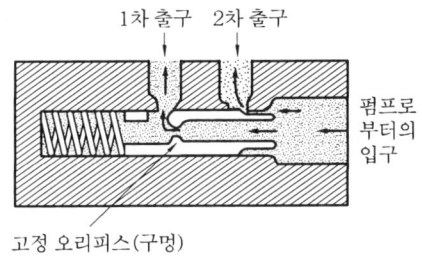

유량 순위 분류 밸브

② 유량 조정 순위 밸브 : 레버나 솔레노이드 등으로 스프링의 장력을 변화시켜 순위 구멍(1차 출구)을 통과하는 유량을 조정할 수 있다. 이 밸브는 2개 작동 회로에 오일을 공급하여 1개의 작동 회로에 오일을 공급하고, 나머지는 탱크로 되돌려 보내는 바이패스 유량 제어 밸브와는 다르다.

③ 유량 비례 분류 밸브 : 단순히 한 입구에서 오일을 받아 두 회로에 분배하며, 분배 비율은 1 : 1에서 9 : 1이며, 두 오리피스 입구의 압력과 스풀 양쪽의 압력이 같고, 오리피스를 통과하는 압력의 강하가 같기 때문에 작동에 관계없이 양쪽의 유량비가 같게 되고, 양쪽으로 흐르는 유량비를 다르게 하려면 오리피스의 크기를 다르게 하면 된다.

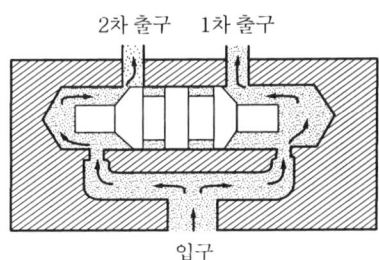

유량 비례 분류 밸브

(5) 압력 온도보상 유량조정 밸브
(pressure and temperature compensated flow control valve)

압력 보상형 밸브는 온도가 변화하면 오일의 점도가 변화하여 유량이 변하므로 유량 변화를 막기 위하여 열팽창률이 다른 금속봉을 이용하여 오리피스 개구 넓이를 작게 함으로써 유량 변화를 보정하는 것이 압력 온도보상 유량조정 밸브로 다음과 같은 구조로 되어 있다.

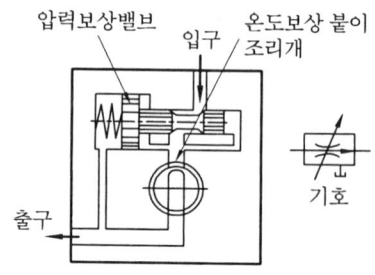

압력 온도 보상 유량 조절 밸브

① 유량조정 핸들부 : 핸들을 돌리면 유량조정 스풀이 상하로 개구 면적을 조정하여 유량이 증감하게 된다.
② 스로틀부 : 스프링으로 눌려지고 있는 유량조정 스풀은 다이얼을 조정함으로써 위아래로 움직인다.
③ 압력보상부 : 압력 온도보상부 스풀과 스프링의 작용에 의하여 스로틀부의 전후 압력차를 일정하게 유지해 준다. 또한, 이 부분의 구조와 가공 정도는 성능에 크게 영향을 미친다.

(6) 인라인형 (in line type) 유량조정 밸브

① 소형이며 경량이므로 취급이 편리하고, 특히 배관라인에 직결시켜 사용함으로써 공간을 적게 차지하며 조작이 간단하다.
② 압력 보상부는 슬리브를 움직여 오리피스부를 제어하고, 교축전후의 압력차를 보상하여 일정한 유량이 흐르게 하며, 공간을 줄이기 위하여 배관 도중에 부착한다.

2-4 서보 유압 밸브

이 밸브는 전기나 그 밖의 입력 신호에 따라서 비교적 높은 압력의 공급원으로부터 오일의 유량과 압력을 상당한 응답 속도로 제어하는 밸브를 말한다.
 유량이나 압력 중 어느 것을 주로 제어하느냐에 따라서 유량제어 서보 밸브, 압력제어 서보 밸브로 구별된다. 이중 가장 일반적인 것은 전기유압의 유량제어 서보 밸브이다.

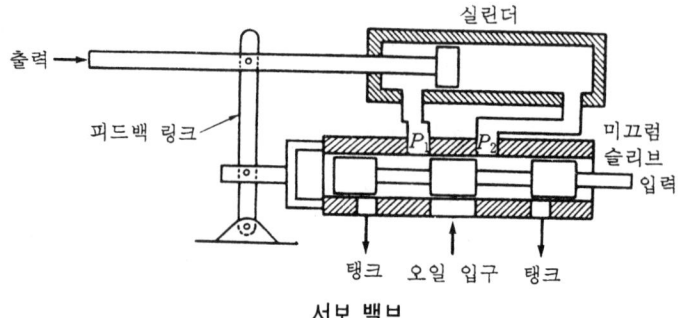

서보 밸브

(1) 서보 유압 밸브의 특징
① 유압 작동기는 단위 중량당의 출력이 크므로 소형으로써 대출력을 얻을 수 있다.
② 유압 작동기는 일반적으로 작은 관성체를 가지고 있으므로 빠른 응답성을 가진다.
③ 유압 회로에는 부하측의 기계적 충격파를 흡수하는 성질이 있기 때문에 작동기와 부하장치를 보호하는 효과가 있다.

(2) 서보 유압 밸브의 종류
① 1단 서보 밸브(single-stage servo valve) : 스풀은 토크 모터에 의해 직접 구동되며 구조가 간단하고 가격이 비교적 저렴하나, 스풀에 가해지는 유압을 토크 모터가 직접 지지해야 하기 때문에 행정거리를 크게 할 수 없으므로 유량이 제한되고 부하의 동특성에 따라 안정성이 크게 변하는 단점이 있다.

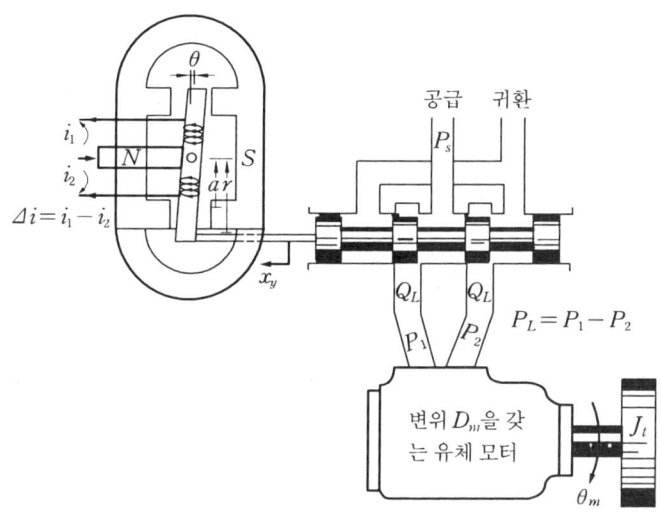

1단 서보 밸브

② 2단 서보 밸브(two-stage servo valve) : 전단 증폭기로서 노즐-플래퍼 기구를 가지며 대개 스풀 형식의 밸브가 사용되고, 피드백의 형식에 따라 위치 피드백, 부하 압력 피드백, 부하 유량 피드백으로 구분할 수 있다. 이 중에서 위치 피드백 2단 서보 밸브가 가장 일반적인 것이며, 이는 다시 스풀의 위치를 감지하는 방법에 따라 직접 피드백, 힘 피드백, 스프링 평형방식의 3가지로 구분할 수 있다.

3. 유압 액추에이터

3-1 유압 액추에이터의 종류

유압 액추에이터(hydraulic actuator)는 작동유의 압력 에너지를 기계적 에너지로 바꾸는 기기를 총칭하며, 직선운동을 유도시키는 것을 유압 실린더, 회전운동을 유도시키는 것을 유압 모터라 한다.

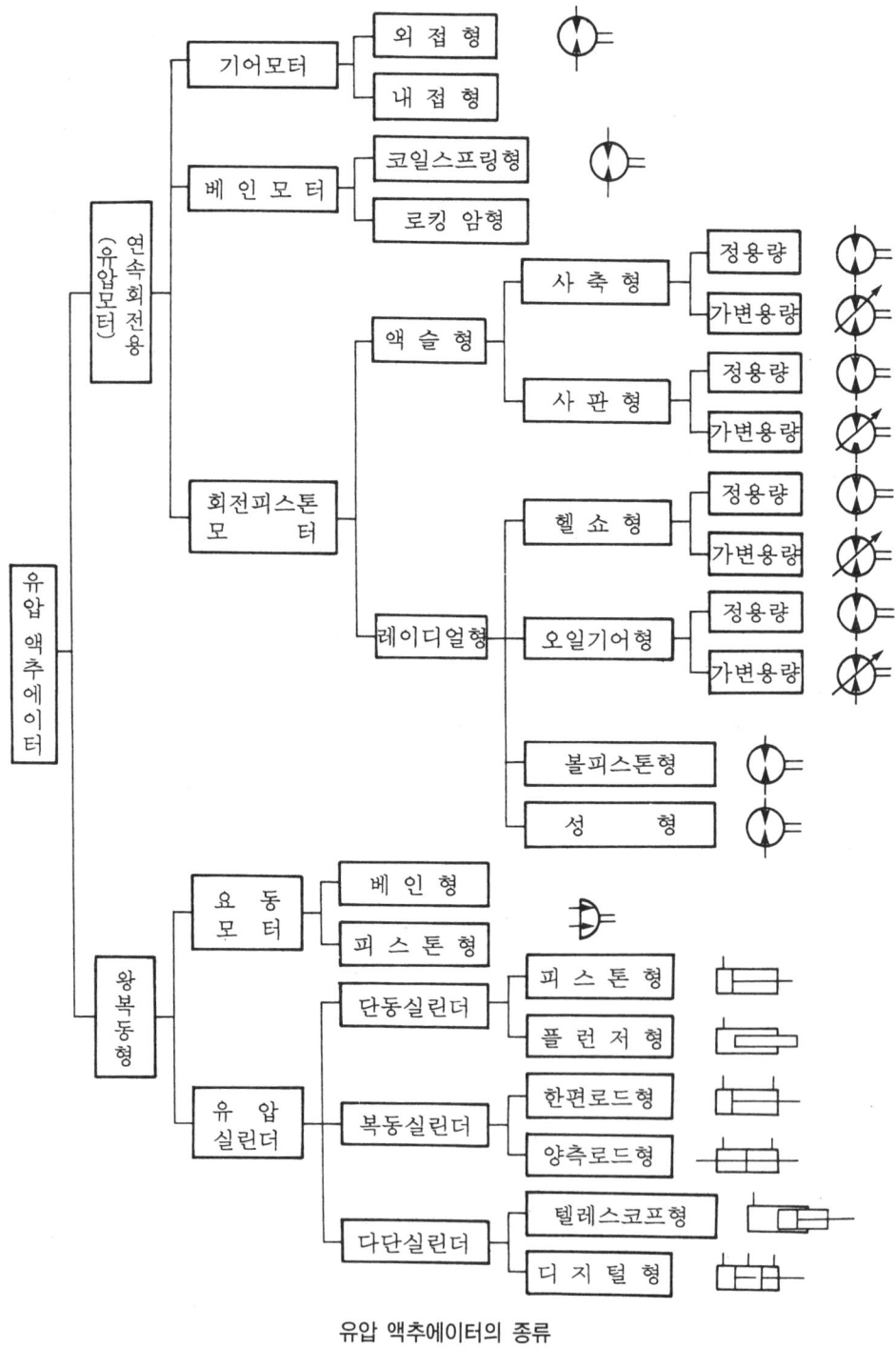

유압 액추에이터의 종류

유압 실린더는 한 사이클의 동작을 이루기 위해 왕복운동을 하며, 경우에 따라서는 피스톤이 실린더의 끝에 도달할 때 충격을 피하기 위해서 완충장치를 두기도 한다.

유압 모터는 연속적으로 회전하는 것과 제한된 각도 내에서 왕복 각운동을 하는 것이 있다. 제한운동을 하는 것을 진동유압 모터(vibration hydraulic oil motor)라 하고, 연속적으로 회전하는 경우를 보통 유압 모터라고 한다.

유압 모터는 피스톤 펌프, 베인 펌프, 기어 펌프와 그 모양이 흡사하다. 기어 모터는 기어 펌프와 같이 체적이 고정되어 있고, 피스톤 모터는 가변 체적이 가능하다.

3-2 유압 실린더 (hydraulic cylinder)

(1) 종류

유압 실린더는 유압 에너지를 직선 운동으로 변환하는 기기로서 여러 가지 형식에 따라 분류하면 다음과 같다.

① 조립 형식

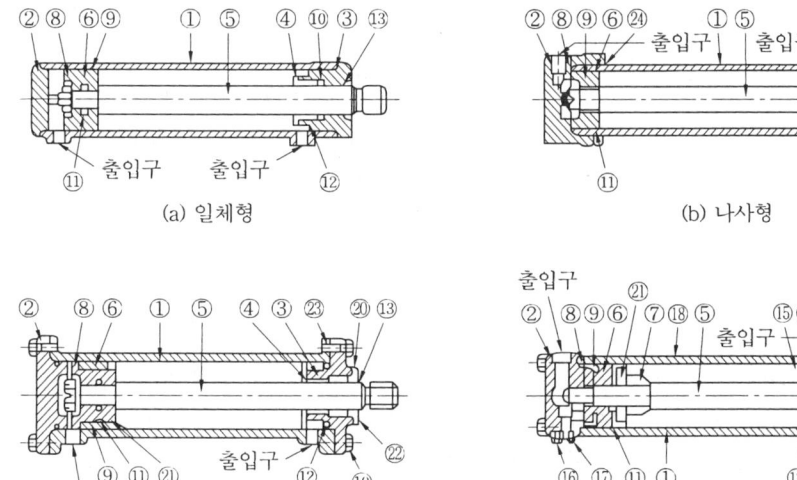

① 실린더 튜브, ② 헤드 커버, ③ 로드 커버, ④ 부시, ⑤ 피스톤 로드, ⑥ 피스톤, ⑦ 쿠션 U링, ⑧ 피스톤 로드, ⑨ 피스톤 패킹, ⑩ 로드 패킹, ⑪ 개스킷, ⑫ 개스킷, ⑬ 더스트 와이퍼, ⑭ 오일 와이퍼, ⑮ 공기구멍, ⑯ 체크 밸브, ⑰ 쿠션 밸브, ⑱ 타이로드, ⑲ 너트, ⑳ 누름판, ㉑ 페로링, ㉒ 그랜드 볼트, ㉓ 커버 볼트, ㉔ 로크 너트

조립 형식

② 작동 형식에 의한 분류 : 단동식과 복동식이 있다.

③ 최고 사용압력 (kg_f / cm^2)

호칭 기호	최고 사용압력	비 고	호칭 기호	최고 사용압력	비 고
35	35	저압용	140	140	고압용
70	70	중압용	210	210	초고압용

④ 지지 형식 : 공압과 동일하다.

⑤ 작동 형식에 따른 분류

 (가) 단동 실린더 : 공압 단동 실린더와 유사한 이 형식은 피스톤과 로드가 유압에 의하여 실린더 하우징 바깥쪽으로 밀려 나가면서 일을 하고, 유압이 풀리면 부하에 의해 하우징 안으로 돌아가게 된다.

  실린더 하우징의 왼쪽 끝에는 로드 와이퍼 실(wiper seal)이 있어 피스톤 로드를 깨끗하게 유지한다. 이 실린더는 주로 단순하게 들어올리는 기능이 필요하거나, 작업장치의 무게도 가벼워야 하는 차량장비에 사용된다.

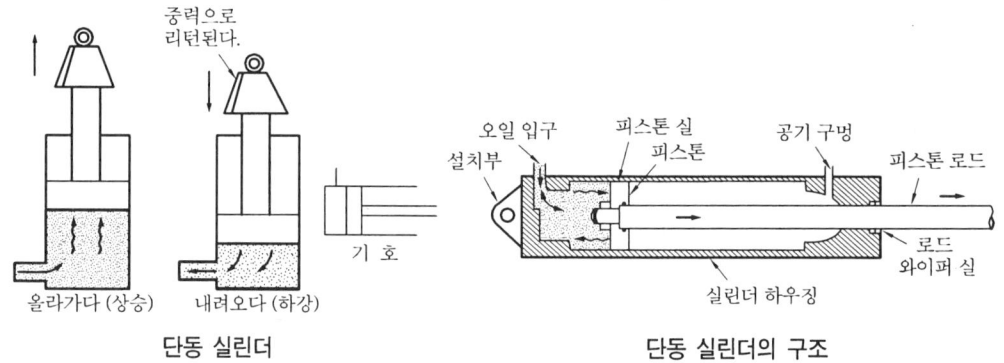

단동 실린더   단동 실린더의 구조

 램형 실린더(ram type cylinder)는 피스톤이 없이 로드 자체가 피스톤의 역할을 하게 된다. 로드는 피스톤보다 약간 작게 설계한다. 로드의 끝은 약간 턱이 지게 하거나 링을 끼워 로드가 빠져나가지 못하도록 한다.

 이 실린더는 피스톤형에 비하여 로드가 굵기 때문에 부하에 의해 휠 염려가 적으며, 패킹이 바깥쪽에 있기 때문에 실린더 안벽의 긁힘이 패킹을 손상시킬 우려가 없으며, 공기 구멍을 두지 않아도 된다.

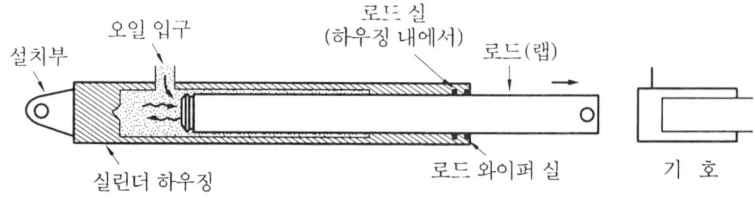

램형 실린더

(나) 복동 실린더

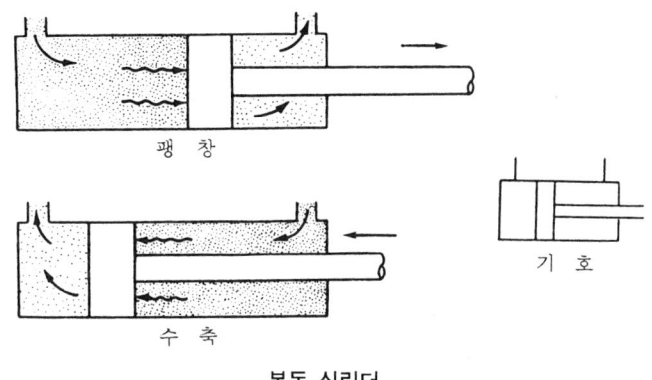

복동 실린더

복동 실린더는 한쪽 로드인 것과 양쪽 로드의 2가지 형식이 있다.

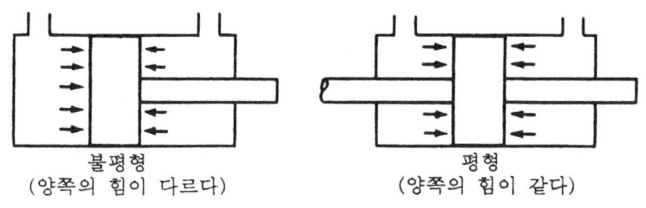

2가지 복동 실린더의 보기

피스톤의 양쪽에 포트(port)를 설치하여 흡입과 토출을 교대로 시키면 왕복운동을 시켜 실린더의 양쪽 방향에서 유효한 일을 하는 것으로, 복동식에는 불평형식과 평형식의 2가지가 있다. 불평형식은 피스톤 로드 때문에 피스톤의 양쪽 유효 면적이 서로 다르므로 팽창할 때에는 속도가 약간 느리나 많은 힘을 전달하고, 수축할 때에는 속도가 약간 빠르고 전달력은 작다. 평형식은 유압이 작용되는 면적이 같으므로 작동력의 크기가 같게 된다.

(다) 다단 실린더 : 텔레스코프(telescopic)형과 디지털(digital)형이 있다.

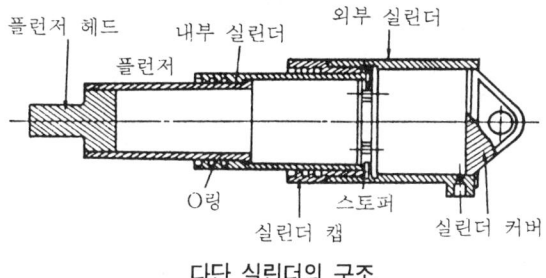

다단 실린더의 구조

• 텔레스코프형 : 유압 실린더의 내부에 또 하나의 다른 실린더를 내장하고 유압이

유입하면 순차적으로 실린더가 이동하도록 되어 있어, 실린더 길이에 비하여 큰 스트로크를 필요로 하는 경우에 사용된다. 이 경우에 포트가 하나이고, 중력에 의해서 돌아가는 것을 단동형이라 한다.

- 디지털형 : 하나의 실린더 튜브 속에 몇 개의 피스톤을 삽입하고, 각 피스톤 사이에는 솔레노이드 전자조작 3방면으로 유압을 걸거나 배유한다. (a)와 같이 구멍 C에 유압을 주고 구멍 A, B를 배유구에 인도하면 피스톤 로드는 ①의 위치에 놓인다. 또 구멍 A, C에 유압을 주고 구멍 B를 배유구에 인도하면 (b)와 같이 피스톤 로드는 ②의 위치에 놓인다. 또한 구멍 B에 유압을 주고 구멍 A, C를 배유구에 인도하면 (c)와 같이 피스톤 로드는 ③의 위치가 된다. 이와 같이 구멍 A, B, C에 적당한 조합으로 유압을 주거나 배유를 시키므로 피스톤 로드의 위치를 디지털적으로 확실히 조작시킬 수 있다.

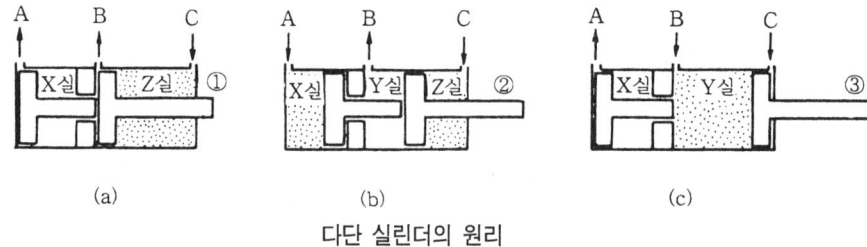

다단 실린더의 원리

(2) 실린더의 구조 및 설계

유압 실린더는 사용목적, 조건에 따라 여러 가지 구조가 있으나 이것을 구성하고 있는 기본적인 부품에는 실린더 튜브, 피스톤, 피스톤 로드, 커버, 패킹 등이 있다.

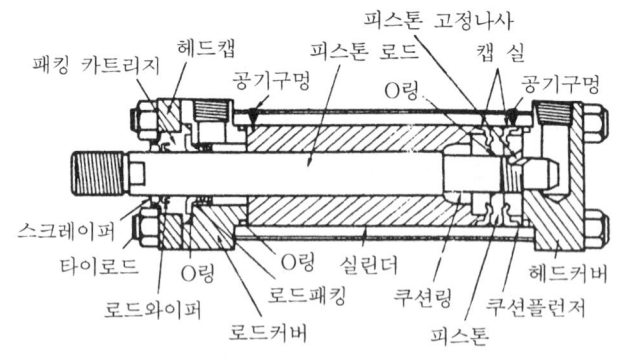

유압 실린더의 구조

① 팽창 과정

$$\text{힘(kg)} = \text{압력}(kg_f/cm^2) \times \text{피스톤 면적}(cm^2)$$

$$\text{속도}(m/s) = \frac{\text{유량}(m^3/s)}{\text{피스톤 면적}(m^2)}$$

② 수축 과정

$$\text{힘(kg)} = \text{압력}(kg_f/cm^2) \times [\text{피스톤 면적}(cm^2) - \text{로드 면적}(cm^2)]$$

$$\text{속도}(m/s) = \frac{\text{유량}(m^3/s)}{[\text{피스톤 면적}(m^2) - \text{로드 면적}(m^2)]}$$

실린더의 작동에 필요한 동력은 다음과 같이 된다.

$$\text{동력}(PS) = \text{피스톤 속도}(m/s) \times \frac{\text{힘}(kg_f)}{75}$$

실제 설계에서는 여러 가지 장치가 실린더에 추가되어 부착된다. 추가되는 장치에는 피스톤 행정 제한장치, 슬래이브 실린더(slave cylinder), 쿠션(cushion) 등이 있다.

③ 실린더 튜브 : 이것은 내압, 내마모성이 높은 항장력으로서 절삭성이 좋은 것이 필요 조건이며, 그 재료로는 미하나이트 주철, 압력배관용 탄소강관, 기계구조용 탄소강관, 스테인리스강, 알루미늄 합금, 청동 등이 사용되고 있다.

최근에는 유압전용으로 만들어진 인발강관을 사용하는 경우가 많이 있으며, 강관은 마모나 부식을 방지하기 위해서 두께 0.05 mm 정도의 경질크롬 도금을 하던가 방식(防食) 처리를 해야 한다.

유압 실린더의 미끄럼면의 다듬질 구분

다 듬 질 구 분		거 칠 기
피스톤 로드의 패킹 미끄럼면	고 무 포입고무 피 혁	1.5 S*, 3 S 3 S 6 S
실린더 튜브 내면의 패킹 미끄럼면	고 무 포입고무 피 혁 금 속	1.5 S*, 3 S 6 S 6 S 1.5 S
피스톤의 미끄럼면		3 S
부시의 미끄럼면		6 S

㈜ * : O링 또는 X링 사용의 경우

튜브 안지름의 진원도

튜브 안지름	피스톤 링		고무 포입고무 및 피혁
	진 원 도	원 통 도	진원 및 원통도
80 이하	0.019	0.030	0.074
80을 넘어 120 이하	0.022	0.035	0.087
120을 넘어 180 이하	0.025	0.040	0.100
180을 넘는 것	0.029	0.046	0.115

튜브와 피스톤의 미끄럼면의 끼움

튜브의 가공법	실의 종류	끼 움
선삭 또는 호닝 가공	피스톤 링	H7g7
	패 킹	H9f8
호 닝 만	패 킹	안지름이 H9를 벗어나는 것에는 H9f8의 틈새를 주어 사용해도 무방

실린더 튜브는 얇은 원통과 같이 생각할 수 있으므로 두께는 다음 식으로 구할 수 있다.

$$t \geq \frac{PD}{200\,\sigma_w}$$

여기서, t : 두께, P : 최대 압력(kg_f/cm^2)
D : 실린더 튜브의 안지름 (mm), σ_w : 실린더의 인장강도 (kg_f/cm^2)

④ 피스톤 : 피스톤은 실린더 튜브의 양면을 손상하는 일이 없이 원활하게 작동하고 압력, 휨, 진동 등의 하중에 견뎌야 된다. 또 마모, 부식 등에 대하여도 보증할 수 있는 것이라야 하며, 피스톤 외주 부분의 미끄럼 부분은 횡압 (피스톤의 횡압은 최대 추력의 1/200 정도로 한다)이나 피스톤의 자중에 견딜 수 있는 면적을 갖고 있어야 한다.

실린더 튜브와 피스톤의 틈새 (단위 : mm)

지 름	실린더 튜브 안지름의 공차	피스톤 바깥지름의 공차	틈 새
60φ 이하	+0.05~0.1	-0.05~0.1	0.1~0.2
60φ 이상	+0.075~0.125	-0.075~0.125	0.15~0.25

⑤ 피스톤 로드 (piston rod) : 피스톤 로드는 피스톤과 일체로 되어 있는 경우도 있으나 별개로 만들어지고, 볼트 또는 나사 장착을 하고 있는 것도 있다. 재료는 기계구조용 탄소강 또는 특수강 단조품을 열처리하여 사용하고 있다. 또, 손상되기 쉬운 것을 방지하기 위해서는 경질크롬 도금을 하고, 연삭가공 또는 초다듬질 가공을 하면 더욱 좋다.

⑥ 커버 : 커버에는 헤드 커버와 로드 커버가 있다. 커버는 내압에 대한 충분한 강도를 갖고 있어야 한다. 일반적으로 주철, 탄소강, 주강형 단조품 등을 사용하여 피스톤 봉의 마찰부에는 롱로드 베어링을 사용하고 있다. 그러나 피스톤 봉에 먼지가 붙을 염려가 있는 경우에는 로드 와이퍼를 장치하는 것이 좋다.

⑦ 패킹 : 패킹은 소모품이지만 내유, 내마모, 내열, 내압성 등이 좋은 재료를 써야 한다. 패킹의 형태와 재질의 선정에는 오일의 종류, 온도, 속도, 압력 등에 대하여 검토하여야 한다. 피스톤의 평균 수명은 특히 지정되지 않은 경우 30~200 mm/sec 정도로 억제하는 것이 좋고, 압력이 높아지면 패킹에 의한 저항이 증가하여 발열하

고 패킹의 마모가 심하게 되므로 특히 주의해야 한다.

　재료로는 합성고무인 O링, V링, 캠패킹, 피혁의 캠패킹 등이 사용되고 있다. 최근 합성고무 보다 훨씬 내마모성이 우수한 다이인라버라 부르는 울탄 고무가 패킹 재료로서 널리 사용되고 있으나, 이것은 고온 수증기에 닿으면 가수 분해를 일으킴으로 더스트 와이퍼에는 사용할 수 없다.

피스톤 패킹의 최저 작동압력

피스톤 패킹 (기호)	최저 작동압력	
	A	B
O, L, U, J, Y, X	$3\,\mathrm{kgf/cm^2}$	최고 사용압력 × 4%
V	$5\,\mathrm{kgf/cm^2}$	최고 사용압력 × 6%
P	$1.5\,\mathrm{kgf/cm^2}$	최고 사용압력 × 1.5%

패 킹 기 호

재 료	고 무	포입고무	피 혁	금 속	기 타		
기 호	H	L	F	M	T		
형 상	성 형 패 킹					O 링	피스톤링
	V 패킹	L 패킹	U 패킹	J 패킹	Y 패킹	X 링	
기 호	V	L	U	J	Y	X	O	P

⑧ 기타 : 유압 실린더에 쿠션장치를 장착하면 피스톤의 스트로크 끝에서 충격의 발생을 방지할 수 있다. 이런 경우 먼지 등이 끼지 않는 구조로 해야 한다. 무부하 상태에서의 유압 실린더의 최저 작동압력은 정격압력의 1.5% 또는 $1.5\,\mathrm{kgf/cm^2}$ 중 어느 쪽이나 큰 치수인 것을 넘지 않아야 한다.

　또, 정격압력의 1.5배의 압유를 공급해도 외부 누출, 헐거움, 영구변형, 부품의 파괴 등이 일어나서는 안 된다.

㉮ 쿠션링 : 로드엔드축에 흐르는 오일을 폐지한다.

㉯ 쿠션 플런저 : 헤드엔드축에 흐르는 오일을 폐지한다.

㉰ 쿠션 밸브 : 감속범위의 조정용

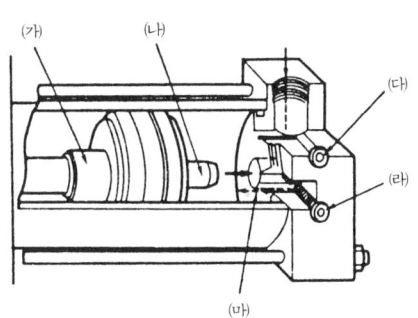

유압 쿠션 장치

㈑ 체크 밸브 : 복귀시동 속도를 촉진한다.
㈒ 굵은 화살 표시 : 피스톤이 복귀하기 시작할 때의 실린더에 들어가는 오일의 통로를 피한다.

(3) 유압 실린더의 호칭 및 선정방법

① 유압 실린더의 호칭

유압 실린더의 호칭은 규격번호 또는 규격명칭, 구조형식, 지지형식의 기호, 실린더 안지름, 로드경 기호, 최고 사용압력, 쿠션의 구분, 행정의 길이, 외부 누출의 구분 및 패킹의 종류에 따르고 있다.

② 유압 실린더의 선정방법

유압 실린더를 선정함에 있어서 우선 계산 도표를 사용하여 필요한 추력, 속도, 사용압력 및 실린더의 안지름을 구한다. 실린더 안지름과 소요 피스톤의 속도에서 소요 유량이 구해진다.

유량은 펌프나 밸브류의 크기를 구하는 경우에 실린더 패킹류의 선정에도 중요하다.

다음에는 유압 실린더의 결부방법, 최대 스트로크, 피스톤 로드 선단 붙임쇠 쿠션의 유무 등을 결정한다.

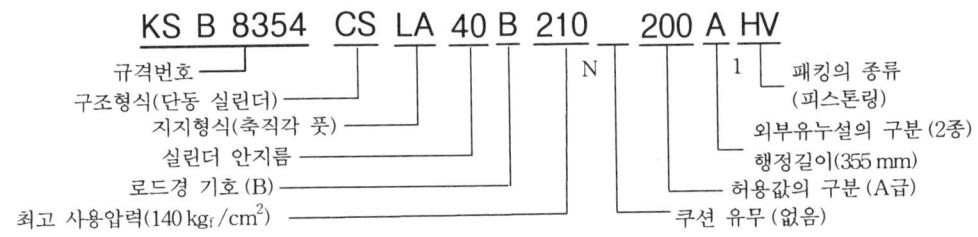

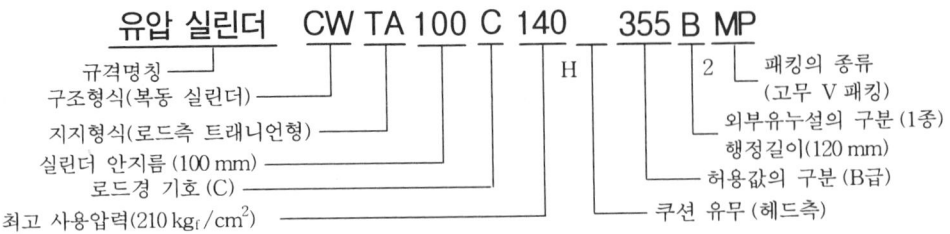

표준 유압 실린더의 표시 예

3. 유압 액추에이터

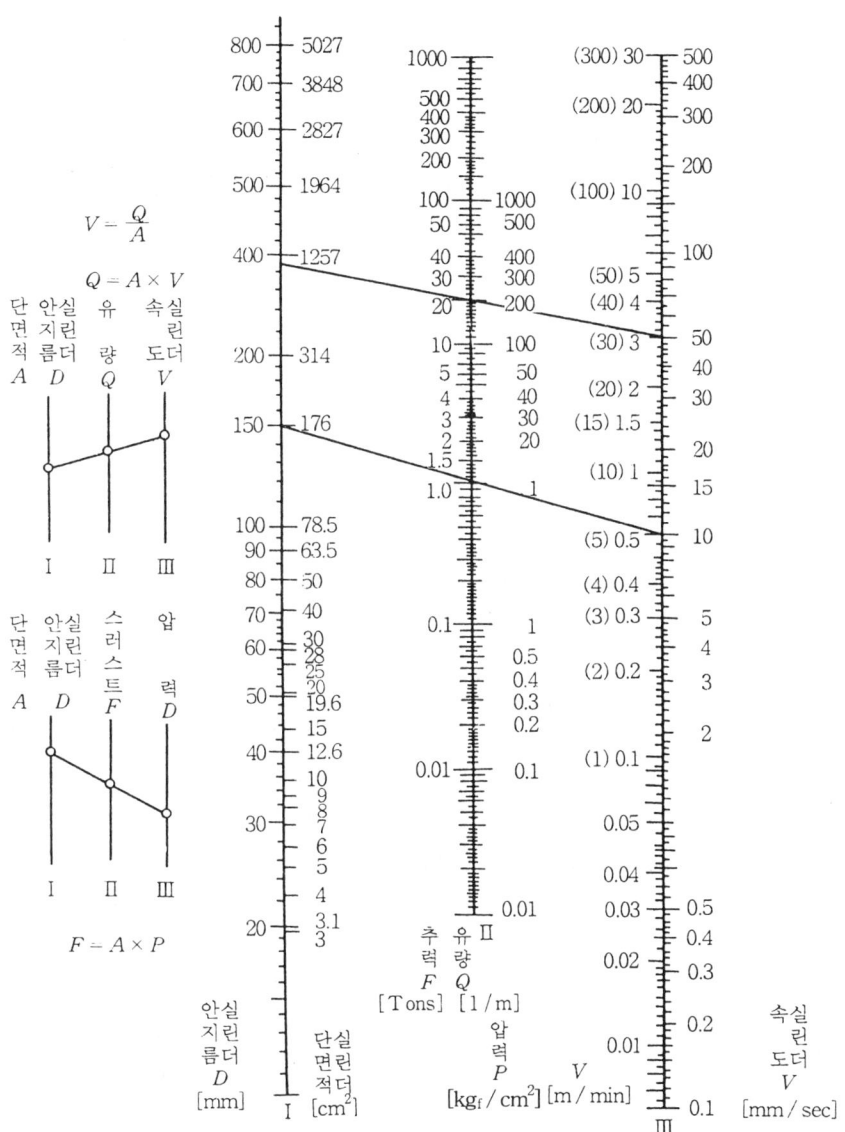

유압 실린더의 성능계산 도표

예제 5. 추력이 20 ton 이고, 압력이 30 kgf / cm² 일 경우 실린더의 안지름은 얼마인가?

[해설] 표에서 $\phi 385$ mm

예제 6. 실린더 속도가 10 mm/sec 이고, 실린더 안지름이 150 mm 일 경우 필요 유량은 얼마인가 ?

[해설] 표에서 1.1 *l*/ min 실린더의 스트로크 길이 계산도표

실린더 안지름 φ100, 최고압력 140 kgf/cm² (장치형식 FA형 로드측 플런저로서 부하 가이드가 불안정한 경우), 로드지름 φ60 이상일 때의 최대 스트로크를 구하는 방식

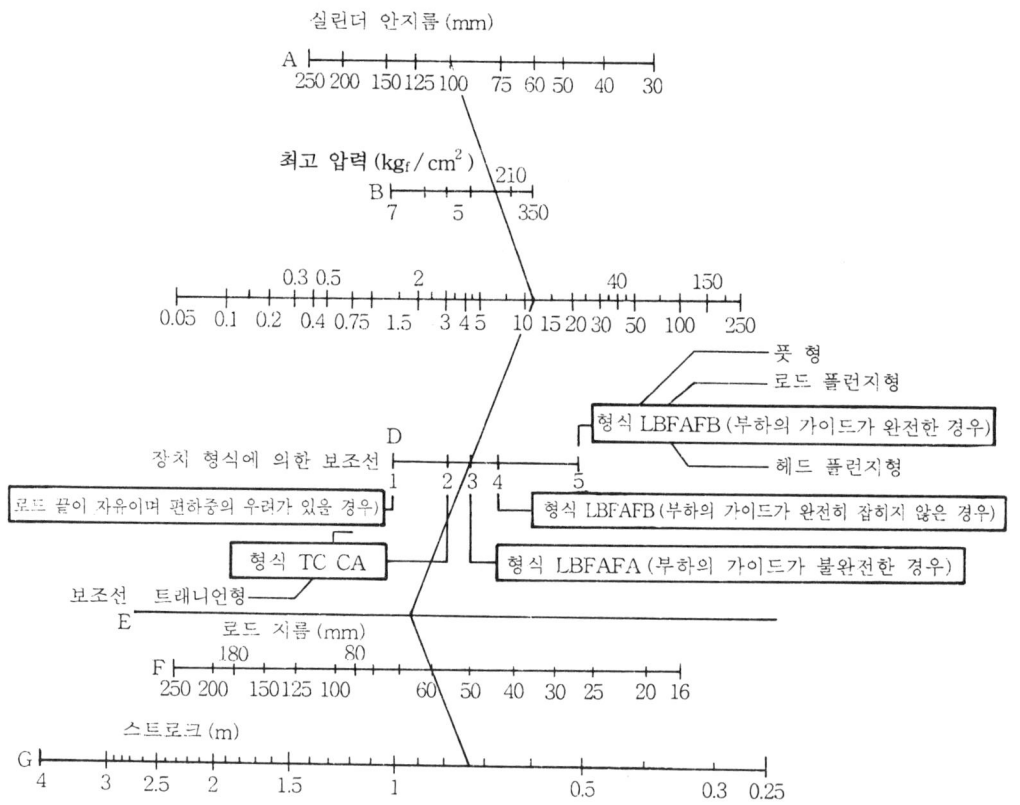

① 안지름 φ100 (A) 과 최고압력 140 kgf/cm² (B) 의 수치를 직선으로 잇고, 그 연장선이 출력축과 (C) 와 만나는 점을 잇는다. (11톤)

② 11톤의 점과 D 선의 3 의 점 (FA형 부하의 가이드가 불안정할 경우) 을 잇고, 그 연장선을 보조선 (E) 과 잇는다.

③ E 선 위에 구해진 점과 로드지름 φ60 (F) 의 점을 잇고 연장하여 G 선과의 교점을 읽으면, 구하는 최대 스트로크는 0.72 m (720 mm) 이다.

③ 유압 실린더의 취급시 주의사항
  ㈎ 피스톤이 실린더 양단부에 도달하여도 실린더 튜브 내에 유압이 걸리게 할 수 있고 피스톤의 구동에 지장이 없게 한다.

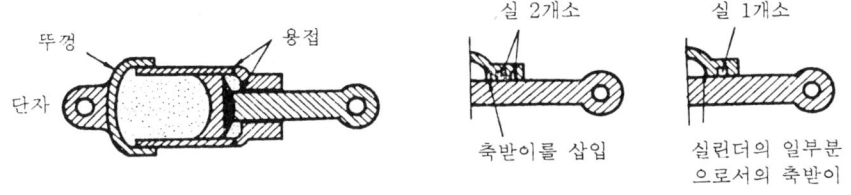

실린더 튜브 양단의 구조   실린더 튜브 축받이부

  ㈏ 실린더 튜브 양단은 단조한 둥근 뚜껑으로 하는 것이 좋다. 그리고 한쪽만을 분리할 수 없게 한다.
  ㈐ 유압 실린더를 가볍게 만들기 위해서는 강 대신에 양극 산화 알루미늄의 실린더와 피스톤 로드를 사용하면 좋다.
  ㈑ 실린더 튜브의 일부분에 피스톤 로드의 축받이를 장치하면 실을 1개 절약할 수 있다.
  ㈒ 하중이 주로 축방향에 걸리는 경우에는 축받이의 중복은 적어도 된다. 이 중복은 피스톤 로드 지름의 약 1.5배 정도가 적당한 것으로 되어 있다.

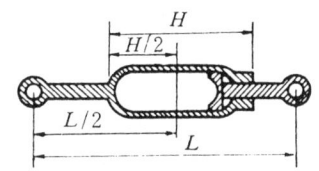

실린더 튜브와 피스톤 로드와의 관계

  ㈓ 유압 실린더를 끝까지 당겼을 때에 단자간의 길이가 일정하고, 지주를 안정시키고 싶을 때에는 실린더 튜브가 양단자간의 중간에 오도록 설계해야 한다.
  ㈔ 유압 실린더의 전 압축에서 전 인장 과정까지의 과정 중 작용압력이 크게 변화하고, 바깥지름 방향의 굽힘이 문제가 되지 않는 경우에는 압력변화에 따라서 실린더 튜브 외벽에 테이프를 붙이면 된다.
  ㈕ 실린더 안지름 및 로드 지름의 결정에 있어서는 규격화된 실린더 튜브재가 실을 사용할 수 있도록 배려하는 것이 좋다.
  ㈖ 유압 실린더는 적당한 위치에 공기 구멍을 장치한다.
  ㈗ 유압 실린더는 원칙적으로 더스트 와이퍼를 연결해야 한다.

실린더의 오일 출입구의 크기

튜브 안지름 (mm)	오일 출입구의 크기	
	나사 조인트의 호칭	플랜지 조인트의 호칭
3.15~40	PT 3/8	10
45~63	PT 1/2	15

71~112	PT	3/4	20
125~160	PT	1	25
170~190	PT	11/4	32
200~224	PT	11/2	40
250	PT	1	50

㈎ 유압 실린더를 사용함에 있어서 가장 문제가 되는 것은 오일의 누출이다 (틈새, 점도, 실 등의 영향에 유의 요망).

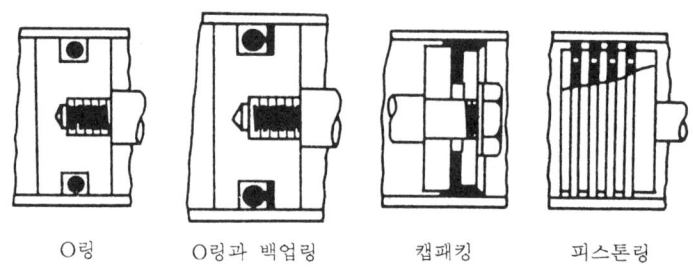

실린더 튜브와 피스톤간의 실 방법

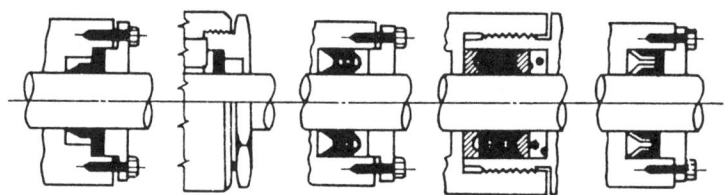

피스톤 로드 실 방법

3-3 유압 모터

 유압 펌프는 외력에 의해 유체를 구동시켜 그 토출구로부터 유압유가 토출되어 기계적 에너지를 유체의 운동 에너지로 바꾸는 데 반해, 유압 모터는 그 반대로 유체에 의해 구동되면서 토출구에 기름을 압입하면 회전력을 얻게 되어 유체의 운동 에너지를 기계적 에너지로 변환시킨다. 유압 모터는 형식에 따라 기어 모터, 베인 모터, 피스톤 모터의 세 가지로 구분된다.

(1) 기어 모터 (gear motor)

 유압 모터 중 구조면에서 가장 간단하며 유체압력이 기어의 이에 작용하여 토크가 일정하고, 또한 정회전과 유체의 흐름 방향을 반대로 하면 역회전이 가능하다. 그리고 기어 펌프의 경우와 같이 체적은 고정되며, 압력부하에 대한 보상장치가 없다.

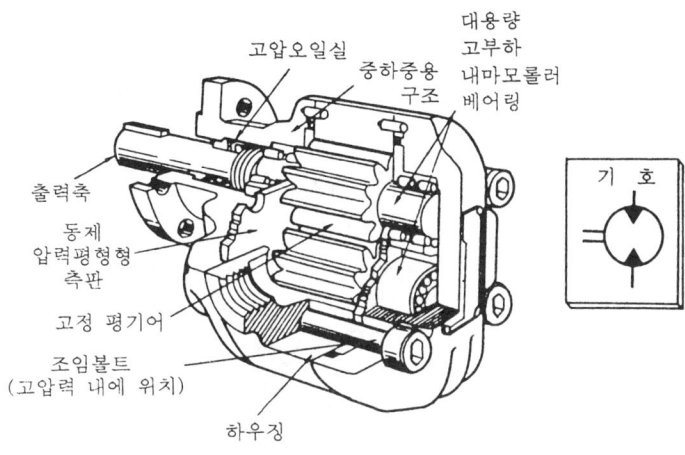

기어 모터의 구조

입구는 고압이고 출구는 저압이므로 기어와 베어링에 많은 추력을 받게 되므로 유체의 통로가 180° 떨어진 대칭으로 하여 압력에 의한 추력이 보상되도록 한 대칭형 기어 모터를 사용하기도 한다. 또, 기어 모터는 대략 $140\,\mathrm{kgf/cm^2}$ 이하의 압력에서 작동하며, 작동 회전수는 2400 rpm 정도이고, 최대 유량은 $600\,l/\mathrm{min}$ 정도로 되어 있다.

기어 모터의 장점은 설계가 간단하고 가격이 싸다. 펌프와 마찬가지로 내접 기어 형식도 있으며, 이 밖에 스크루 모터도 있다. 스크루 모터는 압력이 $200\,\mathrm{kgf/cm^2}$에서 작동되는 것도 있다. 그 구조는 2개의 기어가 하나의 하우징 속에서 서로 물고, 기어가 상호구동, 종동 구실을 하면서 회전하고 그 한쪽의 축에서 토크를 발생시킨다.

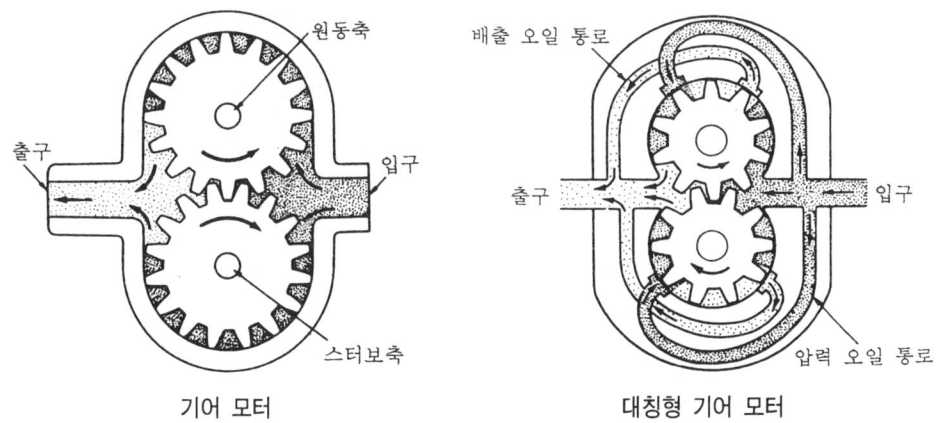

기어 모터   대칭형 기어 모터

이론토크의 순간값은 기어가 1회전하는 동안에 잇수와 같은 수만큼 포물선상의 맥동을 반복하지만, 그 맥동률은 잇수 14장으로 약 15 %, 그리고 잇수가 증가함에 따라서 감소한다. 유압 모터의 토크효율은 약 75~85 % 이며, 용적효율은 기어펌프 보다 약간 작은 94% 이하이다. 기어 모터가 원활하게 가동되는 최저 회전수는 150~500 rpm 정도이므로 정밀한 서보기구에는 적합하지 않다.

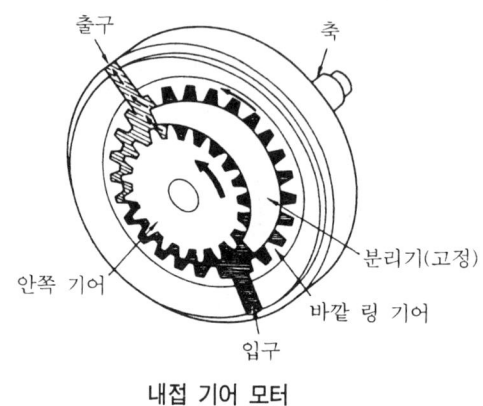

내접 기어 모터

(2) 베인 모터 (vane motor)

이 모터는 구조면에서 베인 펌프와 동일하며 공급압력이 일정할 때 출력토크가 일정, 역전가능, 무단 변속가능, 가혹한 운전가능 등의 장점이 있으며, 회전축과 함께 회전하는 로터에 있는 베인이 압력을 받아 토크를 발생시키게 되어 있다. 로터가 회전하면 베인은 바깥 케이스를 따라 운동하게 된다. 따라서, 원심력 이외에 베인이 케이스에 잘 접촉되어 회전하도록 하는 장치가 필요하며, 이를 위하여 스프링을 사용하는 경우도 있다.

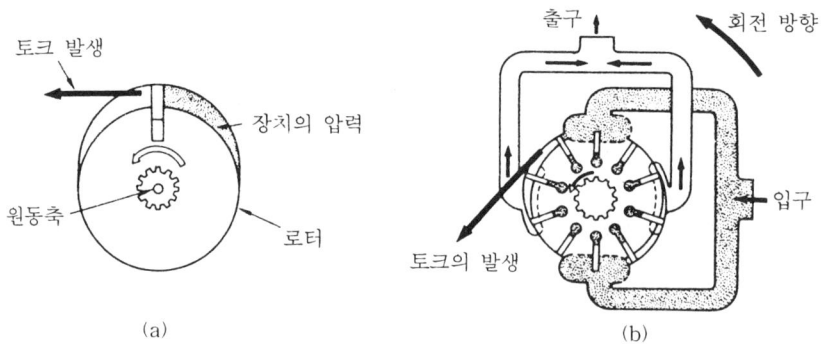

베인 모터의 작동과 구조

① 대칭형 베인 모터 : 이 모터는 고정 체적형만이 가능하고, 180° 떨어진 두 위치에서 압력이 형성되어 작동되므로 추력의 균형이 잡히게 된다. 높은 동력, 고효율, 출력토크의 변동이 적다. 회전방향은 유동의 방향을 바꾸어 전환시킬 수 있으며, 최고 사용압력 70 kgf/cm², 동력 5~30 HP, 회전수 200~1800 rpm 정도의 것이 많다. 일반적으로 저압과 저속에서는 효율이 나쁘고 토크의 변동이 증대되는 단점도 있다. 베

인 모터와 베인 펌프는 베어링에 평형하중이 걸리도록 되어 있는 점은 같으나, 모터에는 베인을 항상 밀어붙여 놓기 때문에 로킹 암 혹은 코일 스프링을 사용한다는 점이 다르다.

② 로킹 암형 베인 모터 : 내부 누설을 감소시키기 위해 부하의 힘에 따라서 모터의 측면간극을 자동적으로 조절하고, 내측 베어링을 윤활하면서 드레인 구멍에서 배출하도록 되어 있다. 따라서, 드레인 배관을 반드시 설치하고, 이 구멍을 막고 사용하면 유압 모터를 손상하게 되므로 특별히 주의해야 한다.

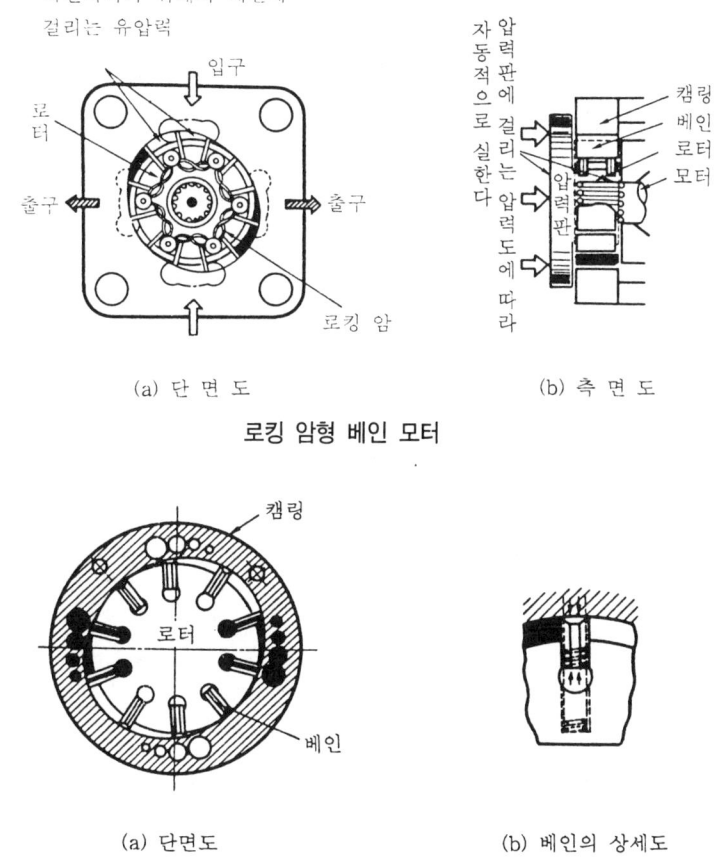

(3) 회전 피스톤 모터 (rotary piston moter)

회전 피스톤 (플런저) 모터는 고속, 고압을 요하는 장치에 사용되는 것으로 다른 형식에 비하여 구조가 복잡하고 비싸며, 유지 관리에도 주의를 요한다. 펌프와 마찬가지로 축방향 모터와 반지름 방향 모터로 구분된다. 이동할 필요가 있는 차량 장비에서는 축방향 모터가 많이 사용되고, 산업용에는 공간적인 제한이 적기 때문에 반지름 방향 모터가 사용된다. 일정 용량형 및 가변 용량형의 병렬형과 성형의 두 가지 형식이 있다.

① 고정 체적형 축방향 피스톤 모터 : 엔드 캡에는 구멍 A와 B가 있고, 펌프에서 오일이 A로 들어와서 B로 나간다. 피스톤이 실린더 블록 내에서 작동하면 고정된 각도의 경사관에 의해 축이 회전하게 된다.

② 가변 체적형 축방향 피스톤 모터 : 추진장치로 펌프와 모터가 일체를 이루고 있다. 또, 펌프와 모터는 밸브를 공동으로 사용하게 되어 있고, 서로 직각으로 연결되어 있다. 고압의 오일이 피스톤을 밀어서 경사판을 누르면 실린더 블록과 축이 회전하게 된다. 경사판이 올라오면 피스톤은 유체를 밀어내게 된다.

모터의 한 사이클당 체적은 경사판의 각도에 따라 정해진다. 경사판의 각도는 조정암을 움직여 변화시키면 용량이 변하게 된다. 이 경우 경사판의 각도가 커지면 체적이 증가하므로 모터의 속도는 줄어들고 토크는 커지게 된다.

피스톤 모터는 가장 효율이 좋으며, 보통 3000 rpm 의 회전수와 350 kgf/cm² 의 압력을 얻을 수 있고, 큰 피스톤 펌프의 경우 1800 l/min 정도의 유량을 보낼 수 있어 작동압력과 속도가 가장 크다.

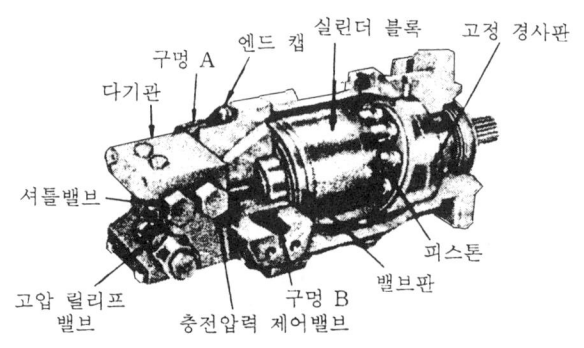

고정 체적형 축방향 피스톤 모터

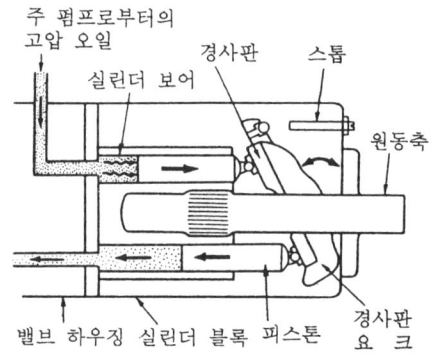

가변 체적형 축방향 피스톤 모터

㈎ 병렬형 회전 피스톤 모터 : 병렬형 회전 피스톤 모터에는 사축형, 사판형 등이 있고, 이들에는 1회전당 배출유량이 고정된 것과 가변인 것이 있다. 전자를 일정 용량형 모터, 후자를 가변 용량형 모터라 하며, 유압 모터의 기호는 일정 용량형인가 가변 용량형인가의 구별만을 나타내고 있다.

• 사축형 유압 모터 : 실린더 블록의 각도에 따라 배출유량을 바꾸는 구조의 것으로서 입구에 들어가 피스톤을 밸브 플레이트에서 밀고, 유압 모터의 출력측은 화살표 방향으로 돌려진다. 피스톤을 미는 힘은 출력 축방향의 추력과 주축 플랜지 원주상의 토크 성분으로 나누어져 추력은 스러스트 베어링으로 지지되고, 회전력만 출력축에 전달된다. 부품수가 많고, 복잡한 기구로 인하여 값이 비싼 단점이 있다.

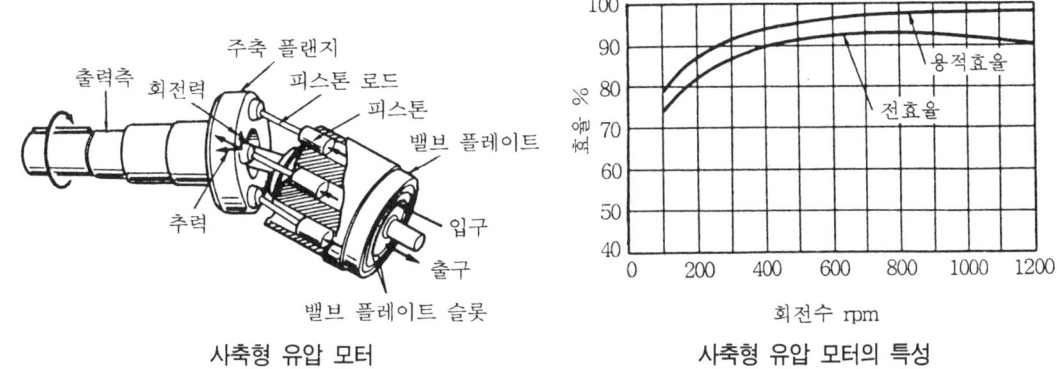

사축형 유압 모터 　　　　　사축형 유압 모터의 특성

- 사판형 유압 모터 : 이 모터는 피스톤의 한쪽이 사판에 따라 미끄러지면서 회전을 생성시키는 구조로 되어 있으며 간단하기 때문에 제작이 용이하며, 가변 용량형은 사판의 경사량을 조정하므로 정확한 조절이 가능하다. 최고압은 약 $350\,kg_f/cm^2$이며, 다른 형식에 비해 고압이라는 점이 유리하나 회전속도를 높일 수 없다는 약점이 있다. 밸브는 피스톤 모터를 보호하고 제어하기 위한 것인데 유량분류 밸브, 고압 릴리프 밸브, 충전 압력제어 밸브 등으로 되어 있다.

여러 가지 유압 모터의 성능 비교

종류 성　능	기어 모터		베인 모터 (평형)	피스톤 (축방향) 모터	
	외 접	내 접		고정 체적	가변 체적
모양의 크기	소형—중형	소형—중형	소형—중형	중형—대형	중형—대형
평균 출력당 무게 (kg_f/PS)	0.4	0.4	0.4	0.6	1.5
압력 범위(kg_f/cm^2)	6.8~136	6.6~136	6.8~170	6.8~340+	6.8~340+
속도 범위 (rpm)	100~3000	100~5000	10~3000	10~3000	10~3000
실 토크 (이론상의 %)	80~85	80~85	85~95	90~95	90~95
시동 토크 (이론상의 %)	70~80	75~85 %	75~90	85~95	85~95
순간 과부하 토크 (실제의 %)	110~120	115~130	120~140	120~140	120~140
체적 효율 (%)	80~90	85~90	85~90	95~98	95~98
전 효율 (%)	60~90	60~90	75~90	85~95	85~95
추정 베어링 수명 (시간) 1/2 부하	5000~100000	5000~100000	7000~15000	15000~25000	15000~25000
배 출 량	고 정	고 정	고 정	고 정	가 변
가 역 성	가 능	가 능	가 능	매우 좋다	매우 좋다

작동 상태	좋 다	좋 다	좋 다	매우 좋다	매우 좋다
추정 베어링 수명 (시간) 전부하	2000~5000	2000~5000	3000~6000	7000~15000	7000~15000

㈜ 이 표의 값은 모터의 모형에 따라 다를 수 있다.

(나) 성형 회전 피스톤 모터 : 성형 유압 모터는 성형 피스톤 펌프와 거의 같은 부품으로 구성되어 있으며, 그 종류와 특성은 다음과 같다.

• 헬쇼형 유압 모터

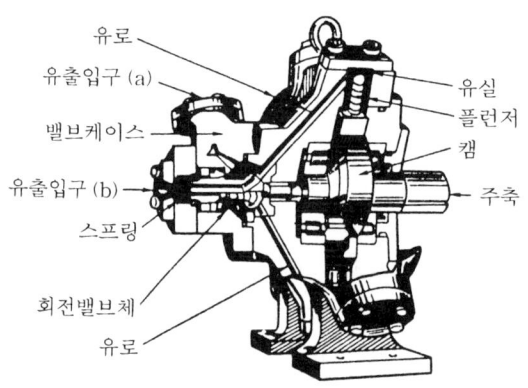

헬쇼형 유압 모터

기름 출입구 (a), (b)는 유압 모터의 회전방향에 따라 전환된다. 유로는 플런저의 수만큼 있고, 유홈은 그 유로에 몇 개인가를 중복되게 연결시키고 있다. 편심축을 갖고 있는 원판캠의 주위에 방사상으로 피스톤 실린더가 배치되고, 유압 에너지에 의해 펌프작용과 아주 반대로 캠축을 회전시키는 원리를 갖고 있다. 주축, 캠, 회전 밸브는 동기회전이고, 캠의 회전위치에 의해 회전 밸브의 상하에 있는 기름홈이 헬쇼형 유압 모터 플런저 유실로 통하는 유로의 전환을 하고 있다.

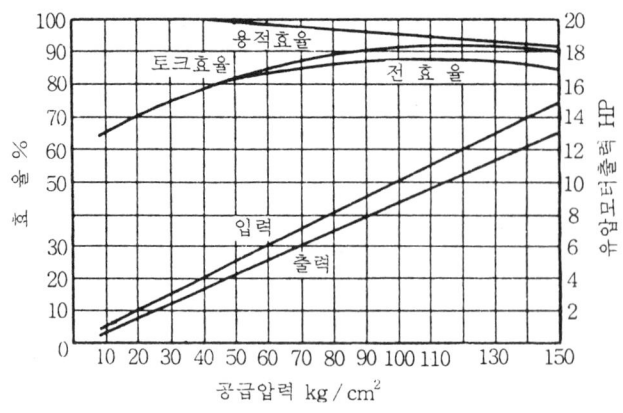

헬쇼형 유압 모터의 특성 곡선

- 오일기어형 유압 모터 : 실린더 블록이 피스톤을 안은 채 편심한 축의 둘레를 회전할 수 있도록 되어 있으며, 유압 에너지가 피스톤을 왕복운동시켜 실린더 블록을 돌게끔 하고 있다. 대표적인 제품으로는 오일기어 성형 피스톤 모터가 있다.

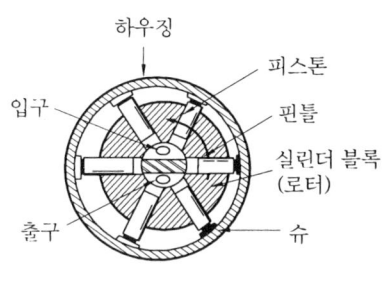
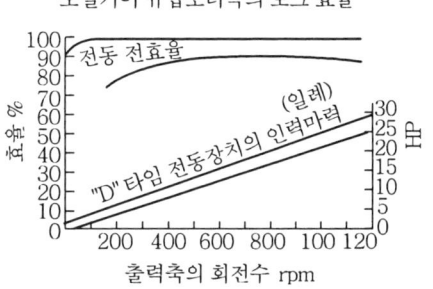

오일기어형 유압 모터의 원리도   오일기어형 유압 모터의 특성 곡선

- 볼피스톤형 유압 모터 : 오일기어형 유압 모터의 피스톤 대신에 볼강구를 사용한 구조로 되어 있다.

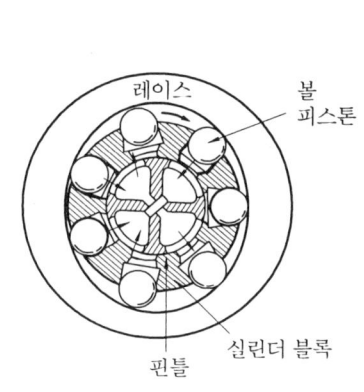
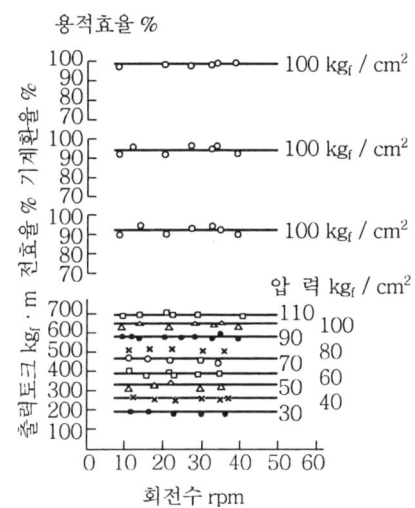

- 성형 유압 모터 : 항공기의 성형 엔진과 같이 유압 실린더를 크랭크축 중심에 대하여 반지름 방향으로 5~7개를 배열하고, 커넥팅 로드와 크랭크축을 연결하고 로터리 밸브를 크랭크축과 연결하여 동시 회전시켜 타이밍이 좋게 각 실린더에 압유를 보내어 크랭크축을 회전시키는 구조를 하고 있다.

  출력토크는 회전수에 관계없이 압력에 비례하고, 기계효율 92~96 %, 용적효율은 압력 $100\,kg_f/cm^2$에서 98 % 정도이다.

  이 유압 모터는 감속장치 없이 저속, 큰 토크를 얻을 수가 있기 때문에 콘크리트, 믹서, 각종 권상기, 크레인, 각종 밀, 컨베이어 구동 등에 적합하며, 일명 하이드로 스타 모터라고 부르고 있다.

(4) 요동 모터 (rotary actuator motor)

유압 요동 모터는 불필요한 링크 기구나 감속기 등을 사용하지 않고, 좁은 공간에서 회전 운동을 얻을 수 있기 때문에 산업 현장에서 많이 사용되고 있다.

① 베인형 요동 모터 : 구조가 간단하고 소형이므로 설치 면적이 작으나 내부 누설 문제로 장시간 정지시킬 수 없어 브레이크 장치가 필요하다. 가동 베인과 고정 베인이 1개씩 있는 단일 베인형은 요동각이 280° 이하이며, 가동 베인과 고정 베인이 2개 이상으로 된 다중 베인은 이중은 요동각이 100° 이하, 삼중 베인은 60° 이하이다.

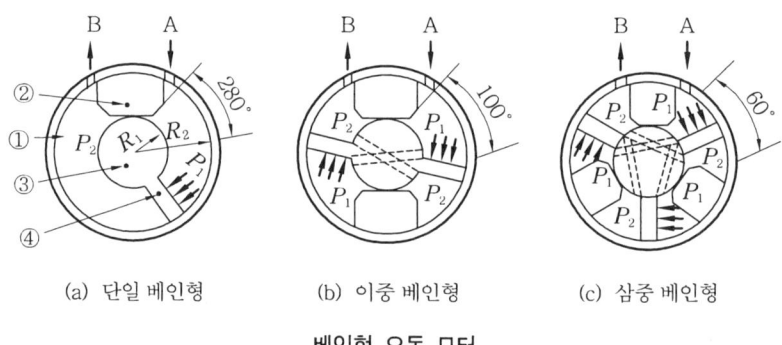

(a) 단일 베인형 (b) 이중 베인형 (c) 삼중 베인형

베인형 요동 모터

② 피스톤형 요동 모터 : 유압 실린더와 같이 유압을 작동시켜 직선 왕복 운동을 회전 운동으로 변환기구로 되어 있다.

　(가) 래크 피니언형 : 피스톤이 직선 운동을 래크 피니언의 기어 기구에 의해 회전운동으로 변환한 것으로 누설이 적고, 회전 각도에 관계없이 출력 토크가 일정하며, 래크의 길이에 따라 요동각을 360° 이상으로 조정할 수 있으나 래크의 강도, 가공 정밀도 등을 고려하여 360° 이내로 한다.

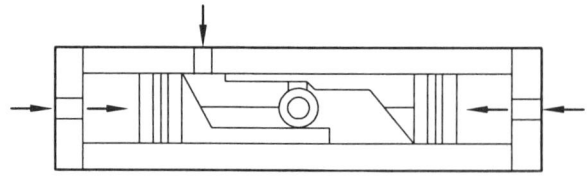

래크 피니언형 요동 모터

　(나) 피스톤 헬리컬 스플라인형 : 실린더 피스톤과 스플라인 축을 조합한 것으로 요동각은 스플라인축의 리드각에 따라 결정되며 최대 720°, 보통 360° 이내이고, 저압, 소회전력에 사용된다.

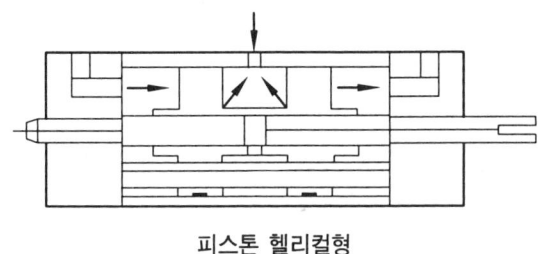

피스톤 헬리컬형

㈐ 피스톤 체인형 : 실린더 피스톤에 체인을 연결하여 출력축에 설치한 스프로킷을 요동시킨다. 래크 피니언 형과 유사한 것으로 내부 누설이 적고 요동 각도가 360° 이내이나 360° 이상도 가능하다. 출력 토크는 체인의 강도에 따라 제한되고 저압, 소회전력에 이용된다.

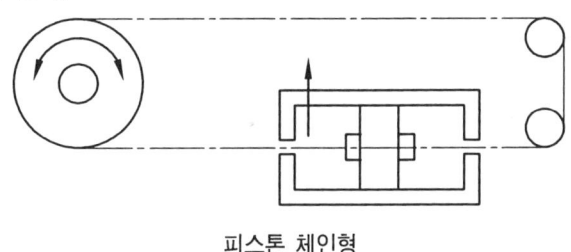

피스톤 체인형

㈑ 피스톤 링크형 : 실린더 피스톤과 링크 기구를 조합한 것으로 요동각도가 90° 이하이고, 토크는 회전각도에 따라 변화한다.

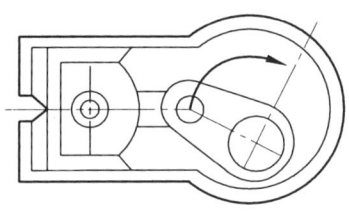

피스톤 링크형

③ 취급시 주의사항

㈎ 요동 모터의 선정에는 먼저 회전각과 작동압력에 있어서의 필요한 토크를 정하되, 20 % 이상의 여유를 두고 결정하는 것이 모터 수명을 길게 한다.

㈏ 회전부분의 질량이나 속도가 작은 경우에는 요동 모터의 내부의 위치결정 스토퍼 만으로도 무방하나 이들이 커지면 사용할 수 없으므로 부하에 따른 기계적 스토퍼를 따로 설치한다.

㈐ 속도가 빠르던가 관성이 큰 경우에는 변환시의 충격압력이 상당히 커지므로 감도가 좋은 릴리프 밸브를 요동 모터의 출입구 가까이 설치한다.

㈑ 결합부에는 센터를 정확히 내며, 토크에 정확한 특성을 갖는 것을 선정한다.

(5) 유압 모터의 성능

유압 모터는 주어진 부하에 견딜 수 있어야 하고, 토크는 입구유압과 직접적으로 관계가 되므로, 입구압력(kg_f/cm^2) 당의 토크로 유압 모터의 용량을 나타내기도 한다.

토크는 항상 최대 부하가 걸릴 때에 계산하여야 하며, 토크가 결정되면 충분한 속도로 회전하도록 유량을 공급할 수 있어야 한다.

출력축 토크 $T_m = \Delta P G_c \eta_t \, [kg_f \cdot cm]$

출력축 각속도 $W = \dfrac{1000Q}{6G_c} \eta_v \, [rad/sec]$

여기서, ΔP : 회전 칸막이 판의 입구와 출구의 압력차 (kg_f/cm^2)
  G_c : 회전 칸막이 판의 회전축을 포함한 단면의 기하 모멘트 $= \dfrac{b}{2}(R_1{}^2 - R_2{}^2)$
  $R_1 - R_2$: 회전 칸막이 판의 폭 (cm)
  b : 회전 칸막이 판의 폭 (cm)
  Q : 요동 모터에 들어가는 유량 (l/min)
  η_t : 토크효율
  η_v : 용적효율

대부분의 유압장치에서는 공간이 상당히 제한되고 있다. 유압 모터는 그 크기가 여러 가지 있으며, 유압 모터의 효율은 펌프에서와 같이 체적효율, 기계효율, 전체효율의 세 가지로 정의한다.

$$\text{체적효율}(\eta_v) = \frac{\text{이론적으로 계산된 유량} \times 100\,\%}{\text{실제 유압모터에서 이용된 유량}} = \frac{QT}{QA} \times 100\,\%$$

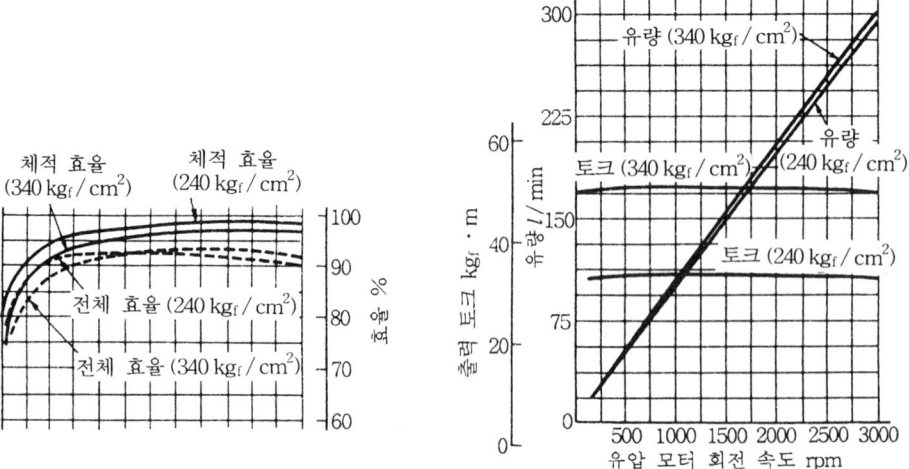

가변 체적형 유압 모터의 성능 곡선

유압 모터에서는 누출량 때문에 이론적인 유량 Q_T 보다 실제로 더 많은 유량이 소요된다. 따라서, 펌프의 경우와는 반대가 된다.

$$Q_T = V_D \cdot N$$

여기서, V_D : 유압 모터 내의 유량의 체적, N : 회전수

따라서, 기계 효율(η_m)은 다음 식과 같다.

$$기계효율(\eta_m) = \frac{유압모터의\ 출력\ 토크}{이론적\ 출력\ 토크} \times 100\% = \frac{T_A}{T_T} \times 100\%$$

여기서, $T_T : V_D \times P [\text{kg}_f \cdot \text{m}]$, T_A : 출력과 토크

전체효율(η_o)은 다음 식과 같다.

$$전체효율(\eta_o) = \eta_v \cdot \eta_m \times 100\% = \frac{유압모터의\ 출력}{유압모터에\ 전달된\ 입력} \times 100\%$$

$$= \frac{2\pi T_A N}{P Q_A} \times 100\%$$

체적효율과 전체효율은 압력 240 kg_f/cm^2 및 340 kg_f/cm^2에서 유압 모터의 속도의 함수로 된다. 또, 유량과 토크가 회전속도와 압력에 따라 어떻게 변하는지는 성능곡선에서 알 수 있다.

$$L = \frac{2\pi TN}{60 \times 7500} \fallingdotseq \frac{TN}{71620} = \frac{qNP}{60 \times 7500} \text{ [PS]}$$

$$T = \frac{qP}{2\pi} \text{ [kg}_f \cdot \text{m]}$$

$$각\ 가속도 = \frac{T}{J} \text{ [rad/sec}^2\text{]}$$

$$정정시간 = \frac{2\pi NJ}{60 \times T} \text{ [sec]}$$

여기서, L : 유압 모터의 마력(PS), J : 회전부 관성능률($\text{kg}_f \cdot \text{cm} \cdot \text{sec}$)
　　　　N : 유압 모터의 회전수(rpm), T : 유압 모터의 출력 토크($\text{kg}_f \cdot \text{m}$)
　　　　P : 작동유의 압력(kg_f/cm^2), q : 유압 모터의 1회전당 배출량(cm^3/rev)

정정시간(整定時間)은 최대 공급입력시 무부하 유압 모터를 정지상태에서 최대 연속 운동속도까지 가속하는데 필요한 시간을 말한다.

(6) 유압 모터의 특징

유압 모터의 종류별 각각의 특성과 장·단점을 잘 파악해 사용목적에 가장 적합한 선택을 한다는 것이 기계들의 수명 뿐만 아니라 그 장치의 정확한 기능과도 직결된다.

① 장 점
  ㈎ 소형 경량으로서 큰 출력을 낼 수 있고, 고속 추종에 적당하다.
  ㈏ 속도나 방향의 제어가 용이하여 릴리프 밸브를 달면 기구적 손상을 주지 않고 급속 정지시킬 수 있으며, 시정수(時定數)는 2~6 m·sec 정도이다.
  ㈐ 시동, 정지, 역전, 변속 등은 메터링 밸브 또는 가변 토출펌프에 의해서 간단히 제어할 수 있다.
  ㈑ 종이나 전선의 권취기와 같이 토크제어의 기계에 사용하면 편리하다.
  ㈒ 나사 고정식 기계와 같이 최대 토크를 제한하려는 기계의 구동에 사용하면 편리하다.
  ㈓ 2개의 배관만을 사용해도 되므로 내폭성이 우수하다.

② 단 점
  ㈎ 작동유 내에 먼지나 공기가 침입하지 않도록, 특히 보수에 주의하지 않으면 안 된다.
  ㈏ 수명은 사용조건에 따라 다르다. 보통 지정시간을 사용한 다음에는 분해 검사하는 것이 좋다.
  ㈐ 작동유는 인화하기 쉬우므로 화재 염려가 있는 곳에서의 사용은 매우 곤란하다.
  ㈑ 작동유의 점도변화에 의해서 유압 모터의 사용에 제약을 받으며, 보통 사용온도 범위는 20~80℃이다.

(7) 유압 모터의 취급시 주의사항

① 작동유 : 동일회로 내에 유압 펌프와 유압 모터가 다른 형식일 경우 작동유의 선정 기준이 다르므로 주의하지 않으면 안 된다. 보통 유압 펌프를 기준으로 우선 선정한다. 요동 모터는 회전축의 윤활을 충분히 하여 로드에 필요 이상의 굽힘력이 걸리지 않도록 해야 한다. 또, 작동유의 청정은 매우 중요하며, 25μ 이하의 필터를 사용해야 한다.

② 압력과 속도 : 최고 압력 및 최대 속도는 강도, 성능면에서 정해지므로 규정을 지키지 않으면 안된다. 또, 지정속도 이하로는 원활한 작동을 얻을 수 없고 소기의 토크도 얻지 못하는 경우가 많다.

③ 드레인과 배관 : 반드시 독립적으로 설계하고 배압(back pressure)이 높지 않게 한다. 또한, 연결부와 사용방법의 불량에 의한 로드의 휨이나 파손, 회로에 이상압력이 발생하여 생기는 실린더 튜브의 변형, 이물질 흡입에 의한 사용상태의 불량 및 피스톤의 늘어붙기가 발생되고, 특히 배관작업시의 철분이 사고원인이 되는 경우가 있으므로 사용 전에 플래싱(flashing)을 정성들여 해야 한다. 충동(衝動) 부분의 패킹은 소모품이다. 언제나 예비품을 준비해 두고 예측하지 못한 오일누출에 대해서도 곧 교환할 수 있도록 해야 한다.

4. 부속 기기

4-1 오일 탱크

유압장치는 모두 오일 탱크를 가지고 있다. 오일 탱크는 오일을 저장할 뿐만 아니라 오일을 깨끗하게 하고, 공기의 영향을 받지 않게 하며, 가벼운 냉각작용도 한다.

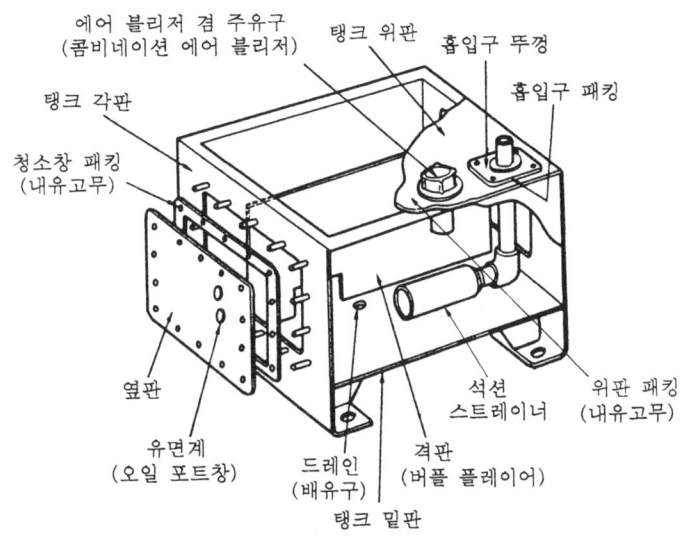

오일 탱크의 표준 부위 명칭

(1) 오일 탱크의 구비요건

① 오일 탱크 내에서는 먼지, 절삭분, 윤활유 등의 이물질이 혼입되지 않도록 주유구에는 여과망과 캡 또는 뚜껑을 부착하고, 오일로부터 분리할 수 있는 구조이어야 한다.

② 공기(빼기) 구멍에는 공기 청정기를 부착하여 먼지의 혼입을 방지하고, 오일 탱크 내의 압력을 언제나 대기압으로 유지하는데 충분한 크기인 것으로 비말유입(飛沫流入)을 방지할 수 있어야 한다. 공기 청정기의 통기용량은 유압 펌프 토출량의 2배 이상되면 된다.

③ 소형 오일 탱크는 에어 블리저가 주유구를 공용시켜도 무방하고, 오일 탱크의 용량은 장치 내의 작동유가 모두 복귀하여도 지장이 없을 만큼의 크기를 가져야 한다.

④ 오일 탱크 내에는 방해판으로 펌프 흡입측과 복귀측을 구별하여 오일 탱크 내에서의 오일의 순환거리를 길게 하고, 기포의 방출이나 오일의 냉각을 보존하며 먼지의 일부를 침전하게 할 수 있도록 한다.

⑤ 오일 탱크의 바닥면은 바닥에서 최소 간격 15 cm를 유지하는 것이 바람직하다.

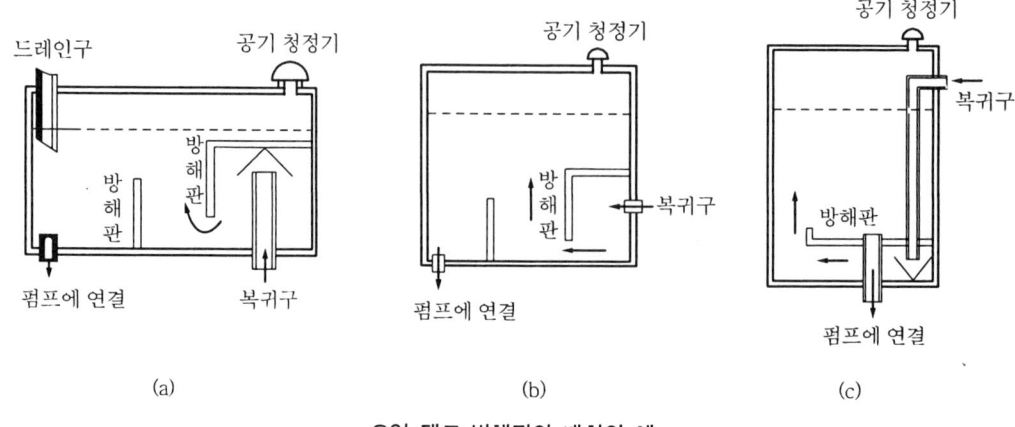

오일 탱크 방해판의 배치의 예

⑥ 운전 중에도 보기 쉬운 곳에 유면계를 설치하고 최고와 최저 위치를 표시한다.
⑦ 오일 탱크는 완전히 세척할 수 있도록 제작한다.
⑧ 오일 탱크에는 스트레이너의 삽입이나 분리를 용이하게 할 수 있는 출입구를 만든다.
⑨ 스트레이너의 유량은 유압펌프 토출량의 2배 이상의 것을 사용한다.
⑩ 오일 탱크의 내면은 방청과 수분의 응축을 방지하기 위하여 양질의 내유성 도료를 도장 또는 도금한다.
⑪ 업세팅 운반용으로서 적당한 곳에 훅을 단다.
⑫ 정상적인 작동에서 발생한 열을 발산할 수 있어야 한다.

(2) 오일 탱크의 부속 장치

① 입구 캡(filler cap) : 오일 주입구를 닫았을 때에는 기밀을 유지하는 것으로 캡에는 대기압을 작용시키기 위한 공기 구멍이 있으며, 구멍에는 공기를 여과하는 작은 공기 여과기가 있어 오일 탱크 내에 부분 진공이 되지 않고 항상 깨끗하게 해 준다.

② 유면계(oil level gauge) : 외부에서 오일 탱크 내의 오일량을 점검하기 위한 것으로 유면 막대(dip-stick)가 많이 사용되고 있다.

③ 버플(buffle) : 오일 탱크로 돌아오는 오일과 펌프로 가는 오일을 분리시키는 일을 한다.

④ 출구 라인과 리턴 라인 : 이 라인은 모두 공기의 접촉과 맴돌이가 가장 적은 곳에서 오일 탱크로 들어가게 되어 있다.

⑤ 입구 여과기(inlet filter) : 입구 여과기는 보통 스크린으로 되어 있으며, 유압장치의 여과기와 직렬로 연결되어 있고, 대개의 경우 오일 탱크 안에 설치되어 있다.

⑥ 드레인 플러그(drain plug) : 오일 탱크 내의 오일을 전부 배출시킬 때 사용하는 것으로, 오일 탱크에서 가장 낮은 곳에 부착되어 있다.

(3) 오일 탱크의 크기

오일 탱크의 크기는 그 속에 들어가는 유량이 펌프 토출량의 적어도 3배 이상으로 하고, 이것은 펌프 작동 중의 유면을 적정하게 유지하고 발생하는 열을 발산하여 장치의 가열을 방지하며, 오일 중에서 공기나 이물질을 분리시키는데 충분한 크기이다.

4-2 여과기 (filter)

(1) 오일 여과기의 형식

① 분류식 (bypass type) : 이것은 펌프로부터의 오일의 일부를 작동부로 흐르게 하고, 나머지는 여과기를 경유한 다음 탱크로 되돌아가게 되어 있다.

② 전류식 (full-flow type) : 이 형식에서는 펌프로부터의 오일이 전부 여과기를 거쳐 동력부와 윤활부로 흐르게 되어 있어 여과기가 자주 막히므로, 릴리프 밸브를 설치하여 여과되지 않은 오일이 작동부나 윤활부로 흐르게 한다. 여과기가 막히는 것은 불순물이 퇴적되었거나 오일의 점도가 너무 높은 것 등이 그 원인이다.

(2) 여과기의 구조 및 작동원리

유압장치에 사용되는 여과기를 설치 위치에 따라 탱크용과 관로용으로 나누어진다. 또한 표면식, 적층식, 자기식으로 대별되기도 한다.

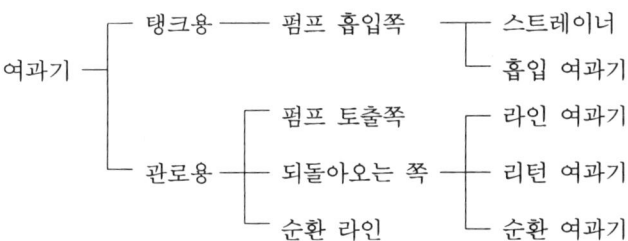

① 스트레이너 (strainer) : 펌프를 고장나게 할 염려가 있는 약 100메시 이상의 먼지를 제거하기 위하여 오일 필터와 조합하여 사용하며, 오일 탱크 내의 펌프 흡입쪽에 설치되는 것으로, 케이스를 사용하지 않고 엘리먼트를 직접 탱크 내에 부착하는 구조로 되어 있다.

　스트레이너는 펌프 흡입쪽에 설치하므로 흡입 저항을 되도록 적게 하고, 또 공동 현상 (cavitation) 을 방지하기 위해 큰 여과 면적(여과 능력은 펌프 흡입량의 2배 이상) 을 가지고 있으며, 여과 입도는 100~150 μm 의 것이 많이 사용되고 있다.

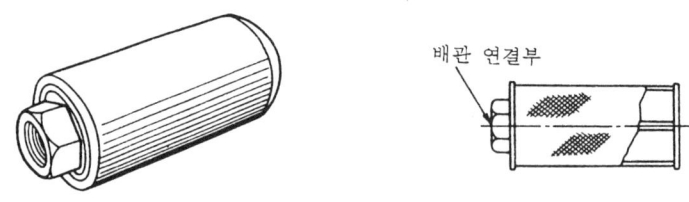

스트레이너

스트레이너의 연결부는 오일 탱크의 작동유를 방출하지 않아도 분리가 가능하도록 하기 위해 윗면을 유면보다 10~15 cm 이상의 깊이로 되게 하고, 오일 탱크 바닥 부분에서 약간 떨어지게 세팅하여 오일 탱크 바닥에 침전하는 먼지나 슬래그 등을 스트레이너에 흡입되지 않는 위치에 배치한다.

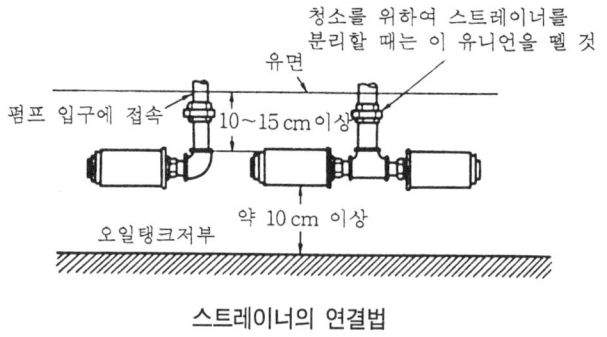

스트레이너의 연결법

② 흡입 여과기 : 스트레이너와 마찬가지로 펌프의 흡입 쪽에 설치되며, 스트레이너에 상당되는 엘리먼트를 케이스 내에 저장하고 배관 사이에 부착하게 되어 있다. 엘리먼트가 스프링의 힘으로 케이스 밑쪽으로 밀려져 있어 막힘에 의한 차압이 커지면 엘리먼트가 스프링에 의해 위로 올려져 바이패스 구멍을 열어 오일을 바이패스 시키게 되어 있다.

③ 관로용 여과기 : 압력 라인이나 리턴 라인에 설치하는 것으로 엘리먼트가 케이스 내에 있어 배관을 풀지 않고도 엘리먼트를 교환할 수 있게 되어 있다. 릴리프 밸브가 부착되어 있어 막힘에 의한 압력강하가 커지면, 자동적으로 릴리프 밸브가 열려 엘리먼트가 파괴되는 것을 방지하게 되어 있다.

㈎ 압력 라인용 여과기 : 입구와 출구의 압력차를 릴리프 밸브가 열리는 압력 이하로 사용하면 그 라인에 흐르는 오일을 전부 여과하게 된다. 밸브가 열리는 압력은 $3.5 \pm 0.5\,\mathrm{kgf/cm^2}$, 압력강하는 정격 유량에서 $1.0\,\mathrm{kgf/cm^2}$ 또는 정격압력의 1 % 의 어느 것 가운데에서 큰 값 이하, 엘리먼트는 $6\,\mathrm{kgf/cm^2}$의 압력에 견디어야 한다.

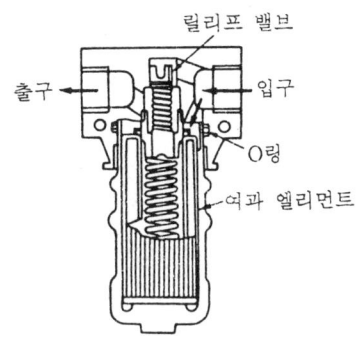

압력 라인용 여과기

㈎ 바이패스식 여과기 : 벤투리관으로 되어 있어 그 스로틀 부분에서의 압력강하에 따라 엘리먼트 내부의 오일을 빨아올리게 되어 있으며, 오일 전량을 여과할 수 없어 서보 밸브 등의 정밀한 기기를 사용한 회로에는 사용되지 않는다.

㈐ 리턴 라인용 여과기 : 유압 회로의 되돌아오는 쪽에 부착하는 것으로 케이스가 간단하게 되어 있고, 정격압력은 $10\,kg_f/cm^2$, 밸브가 열리는 압력은 $1.5±0.3\,kg_f/m^2$, 압력강하는 $0.6\,kg_f/m^2$ 이하로 정하고 있다.

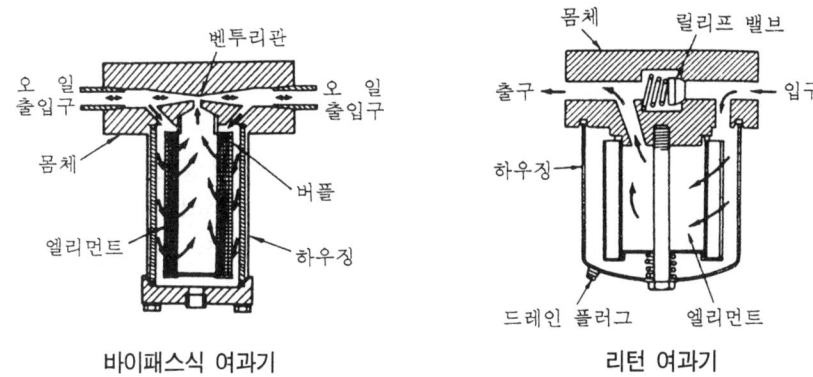

바이패스식 여과기   리턴 여과기

④ 순환 여과기 : 회로 내에 여과기를 사용하지 않고 전용의 펌프로 여과기를 통과시켜 여과하는 것으로, 대형 유압장치 등에서 사용되고 있다. 여과도는 $10 \sim 40\,\mu m$이고, 리턴 여과기용의 저압의 것이 사용되고 있으며, 여과기의 선정에 있어 주의해야 할 사항은 다음과 같다.

㈎ 여과 엘리먼트의 종류 (작동 오일과 엘리먼트 작동유가 흐르는 방향의 재질)
㈏ 여과 입도, 여과 성능
㈐ 유체의 유량, 점도와 압력 강하
㈑ 내압과 엘리먼트 내압

⑤ 표면식 여과기 : 표면에서만 여과가 이루어지며, 여과 재료는 구멍 크기가 일정한 것이 적당하고 강인하거나 접착력이 강한 여과 재료 (직포, 철망) 가 사용된다.

⑥ 적층식 여과기 : 이 여과기는 여과면이 여러 개 중첩되고 각각의 면에 여유가 이루어진다. 여과 재료 구멍의 크기는 제거하고자 하는 먼지의 크기보다 약간 크다 싶은 것을 사용하며, 이 필터를 통과하는 먼지의 최대값의 한계는 여과 재료구멍 크기의 균일성, 구멍의 분포상태에 따라서 변화한다. 필터 재료는 구멍 배치가 굴곡이 많은 것, 즉 입상(粒狀)이나 섬유 상태의 것을 부드럽게 굳힌 것을 많이 사용하고 있으며 특수하게 짠 철망, 금속 리본을 감은 것 등도 사용하고 있다.

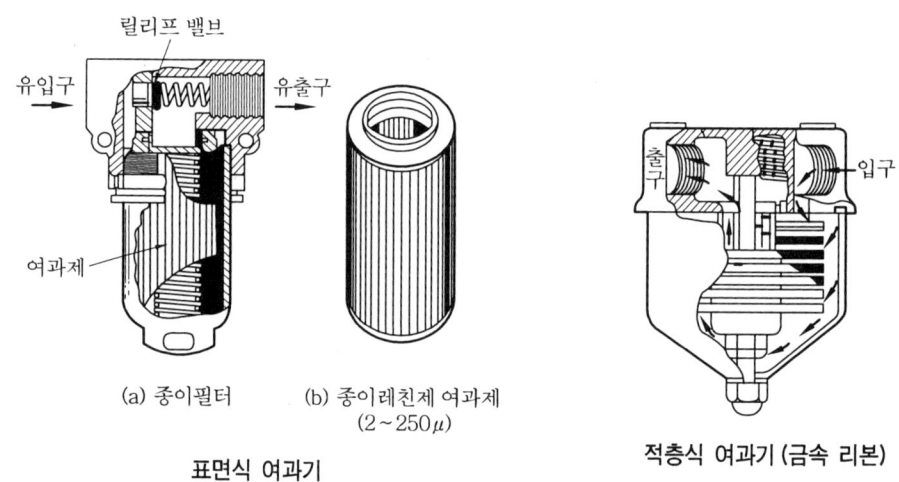

(a) 종이필터 (b) 종이레친제 여과제
              (2~250μ)

표면식 여과기   적층식 여과기 (금속 리본)

⑦ 자기 여과기 : 자석을 이용하는 여과기로서 오일 중에 흡입되고 있는 자성 고형물을 자석에 흡착시키는 것으로 통과 횟수를 여러 차례로 하여 정화하며, 스트레이너나 다른 필터에 의해 제거할 수 없는 미소 철분을 오일 탱크 내의 복귀측과 흡입측 스트레이너 사이의 자석을 붙여 사용한다.

(3) 여과재의 종류

① 페이퍼 : 기름 종이에 페놀 수지를 같이 담가 고온 처리를 하여 내수성과 기름종이의 강도를 강화한 것으로 이것을 접은 다음, 원통 모양으로 하여 면적을 크게 하여 사용한다.

② 소결 합금 : 스테인리스강, 청동, 황동 등의 미립자를 그 재료의 용융점보다 조금 낮은 온도에서 소결 합금한 것으로, 여러 가지 모양으로 만들어 사용한다. 막힘은 초음파 등으로 청소하고, 여과 입도는 2~6 μm 정도이며, 청동은 약 $14\,kg_f/cm^2$의 압력에 견딜 수 있다.

③ 금속망 : 스테인리스강, 모넬, 니켈, 황동 등으로 만들어지고 평직 여과(平織 : 옷감을 무늬 없이 짜내는 방법), 능직(綾織 : 날줄과 엘리먼트 씨줄이 서로 연락되어 비스듬한 방향으로 나타나게 옷감을 짜는 방식), 교직(交織 : 두 가지 이상의 실을 섞어

서 짠 직물) 등의 것이 사용되고 있으며, 여과 입도가 작은 것에는 평직과 능직이 사용된다.

④ 와이어 메시 : 모넬, 스테인리스강, 청동 등의 와이어에 일정한 높이와 간격으로 돌출부를 기계적으로 두고, 이것을 원통 모양으로 하여 사용하는 것이다. 통로의 단면은 안쪽이 크게 되어 있어 통로의 먼지 등이 쌓이지 않고, 또 쉽게 닦아낼 수 있다. 여과 입도는 돌출부의 높이에 따라 정해지며 25 μm 로부터 250 μm 정도이다.

(4) 사용 조건

① 여과 입도
  ㈎ 보통의 유압장치 : 20~25 μm 정도의 여과
  ㈏ 미끄럼면에의 정밀한 공차가 있는 곳 : 10 μm 까지 여과
  ㈐ 세밀하고 고감도의 서보 밸브를 사용하는 곳 : 5 μm 정도
  ㈑ 특수 경우 : 2 μm 까지

② 불연성 작동오일
  ㈎ 흡착성이 있는 산성, 활성 백토, 규조토를 이용한 여과재를 사용하면 작동오일의 첨가제를 제거하게 되므로 피하여야 한다.
  ㈏ 석유계 작동오일에 비하여 비중이 크므로 펌프의 흡입쪽에 사용되는 여과기는 40~60메시(340~230 μm) 정도의 것을 사용하는 것이 좋다.
  ㈐ 세밀한 여과는 압력회로, 리턴회로 또는 독립의 여과회로에서 한다.

(5) 필터 성능 표시

① 통과 먼지 크기   ② 먼지의 정격 크기   ③ 여과율 (정격 크기)
④ 여과 용량   ⑤ 압력 손실   ⑥ 먼지 분리성

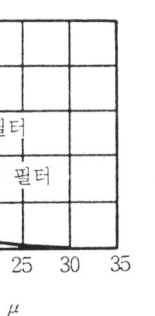
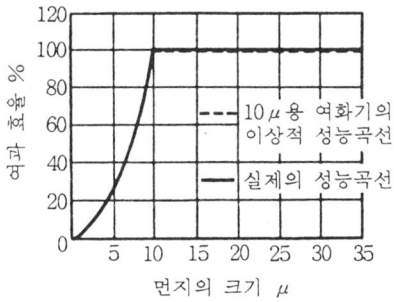

표면식과 적층식 필터의 입자 제거능력   필터의 성능곡선

① 여과 효율 (먼지를 제거시킬 수 있는 능력) : 필터의 성능곡선을 보면 실선으로 표시된 특성을 갖고 있는 필터는 10 μ 이상의 먼지는 100 % 제거할 수 있으나, 8 μ 이상의 먼지에 대하여는 80 %, 5 μ 이상의 먼지에는 30 % 를 제거시킬 수 있다. 먼지의 크

기는 여과 효율이 90 %인 때의 먼지의 크기를 그 정격의 크기라 하며, 효율은 보통은 90~98 % 정도이다.

② 필터 용량 : 필터의 압력 손실이 규정압력 이상으로 되지 않는 범위에서 필터에 쌓이는 먼지의 중량으로 나타낸다. 이 용량은 정기적으로 표준 입자의 먼지를 넣어 압력 손실을 측정하여 그것이 규정 압력에 도달한 때의 먼지의 첨가량을 구하면 된다.

③ 압력 손실 : 필터의 압력 손실은 단위 여과 표면적당의 압력손실로 나타내며, 이 허용값은 여과재료의 강도에 의하여 정해지고, 흡입측에서의 압력 손실은 $0.1\,\mathrm{kg_f/cm^2}$ 이하, 토출측에서는 $0.5\,\mathrm{kg_f/cm^2}$ 정도까지 사용할 수 있다.

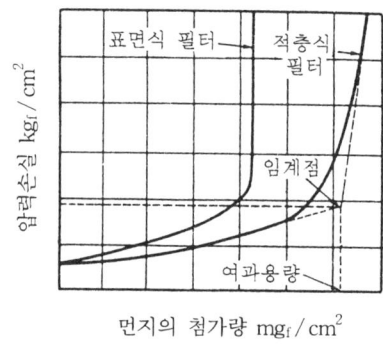

먼지에 의한 압력손실의 특성

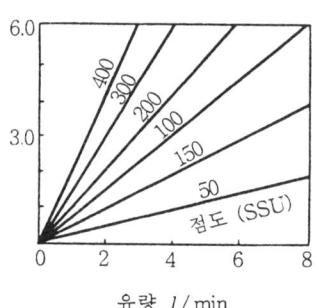

유량, 압력손실 점도와의 관계

(6) 여과기의 연결 장소

필터는 어느 장소에 연결하는 필터의 여과도, 미세도, 계의 압력과 유량, 청소나 교환의 빈도, 가격 등 여러 가지 요인에 따라서 정하지 않아도 된다.

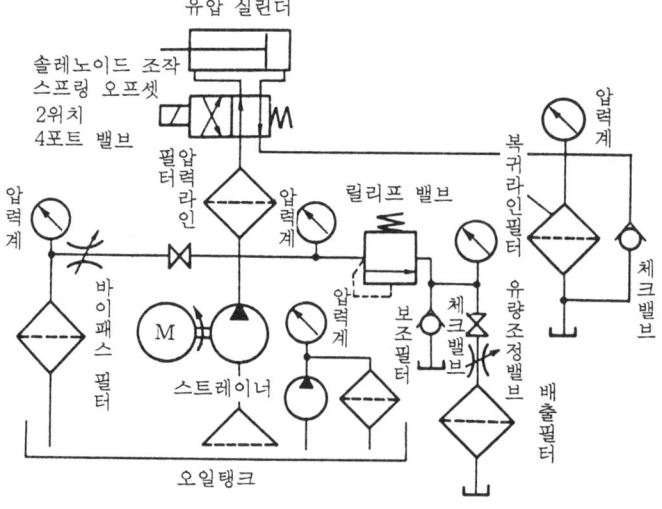

필터연결 장소의 대표적인 예

① 스트레이너 또는 석션필터 : 보통 오일 탱크의 펌프 흡입관로에 연결되며, 눈의 크기는 100~200 메시의 거친 것으로 압력강화를 되도록 작게 한다.
② 바이패스 필터 : 전 유량을 여과할 필요가 없을 경우에는 펌프 토출량의 10 % 정도를 흡수형 필터로 항시 여과하고, 연결 위치는 어느 곳에도 관계없으며 비교적 작은 필터로서도 충분하다.
③ 압력라인 필터 : 전 유량 또는 회로중의 일부분을 여과하고자 하는 경우에 사용한다.
④ 릴리프 밸브 배출필터 : 작동유가 릴리프 밸브에서 오일 탱크에 복귀되는 경우에 사용하면 유효하고, 릴리프 밸브에 배압이 걸려 작동 불량이 되지 않도록 보조 릴리프 밸브나 체크 밸브를 설치할 필요가 있다.
⑤ 복귀라인의 필터 : 회로의 복귀측에 필터를 연결하면 유압 실린더나 유압 모터에서의 복귀 오일 전량을 여과할 수 있다.
⑥ 보조필터 : 저압 소용량의 보조펌프와 저압필터에 의하여 장치의 일부분으로서 설치하거나 포터블 유닛으로 하여 가끔 여과하는 방식으로 사용하고, 바이패스 필터를 사용할 수 없는 큰 장치에 이용된다.

(7) 필터의 보수점검

필터는 정기적으로 점검하고 보통의 사용 상태로는 3개월에 1회 정도 여과 재료를 분해하고 청소하면 되나, 작동유가 열화하여 불용성 슬러지로 되고 이것에 실밥이나 미세한 먼지가 정착한 경우에는 여과 재료를 본래와 같은 상태로 하기에는 곤란하므로, 여과재료를 교환한다. 여과 재료 교환의 기준으로는 차압 지시계부 필터를 사용하면 편리하다.

소결금속 필터의 청소법은 보통 용제(가솔린, 트리크레인 등)에 장시간 담가 놓은 다음 브러시질을 하고, 여과기 재료의 측면에서 외측으로 압축공기를 역취하면 좋다. 또, 용재(트리크레인 등) 중에서 초음파 청소를 하면 5~6분으로 원래 상태로 된다.

4-3 축압기 (accumulator)

용기 내의 압력이 있는 오일을 압입하고 고압으로 저장함으로써 유용한 작업을 하게끔 하는 압유저장용 용기로서 유압의 에너지를 저장하는 것이다.

(1) 어큐뮬레이터의 용도

- 충격 흡수용 어큐뮬레이터 : 압력이 최고일 때 여분의 오일을 저장하였다가 서지(surge)가 지난 후에 다시 내보내는 일을 하며, 이 때 장치 내의 진동과 소음이 감소된다. 또, 어큐뮬레이터는 가변 송출 펌프가 행정을 시작할 때와 같이 압력의 상승이 지연되는 동안 저장했던 오일을 방출하여 유압이 저하되지 않도록 한다.
- 압력의 점진적 증대용 어큐뮬레이터 : 유압 프레스에서와 같이 고정 부하에 대한 피스톤의 동력 행정을 부드럽게 하며, 이 때 상승하는 오일 압력의 일부를 흡수하여

행정을 느리게 한다.
- 일정 압력 유지용 어큐뮬레이터 : 누출, 팽창, 수축 등으로 오일의 체적이 변해도 장치 내의 압력이 항상 일정한 값을 유지할 수 있게 한다.

① 유압 에너지의 축적 : 간헐 운동을 하는 펌프의 보조로 사용하는 것에 의하여 대토출 펌프를 대신할 수 있다. 또, 정전이나 사고 등으로 동력원이 중단될 경우 축압기에 축척한 압유를 방출하여 유압장치의 기능을 유지시키거나, 펌프를 운전하지 않고 장시간 동안 고압으로 유지시켜 서지 탱크용으로도 사용한다.

② 2차 회로의 구동 : 기계의 조정, 보수 준비 작업 등 때문에 주 회로가 정지하였을 때 2차 회로를 동작시키고자 할 때 사용된다.

③ 압력보상 : 유압회로 중 오일 누설에 의한 압력의 강하나 폐회로에 있어서의 유온 변화에 수반하는 오일의 팽창, 수축에 의하여 생기는 유량의 변화를 보상한다.

④ 맥동 제거 : 유압펌프에 발생하는 맥동을 흡수하여 첨두압력을 억제하여 진동이나 소음방지에 사용하며, 이 경우 노이즈 댐퍼라고도 한다.

⑤ 충격 완충 : 밸브를 개폐하는 것에 의하여 생기는 유격이나 압력 노이즈를 제거하고, 충격에 의한 압력계, 배관 등의 누설이나 파손을 방지할 수 있다.

⑥ 액체의 수송 : 유독, 유해, 부식성의 액체를 누설 없이 수송하는데 사용된다. 이 경우 트랜스퍼 바이어라고도 부른다.

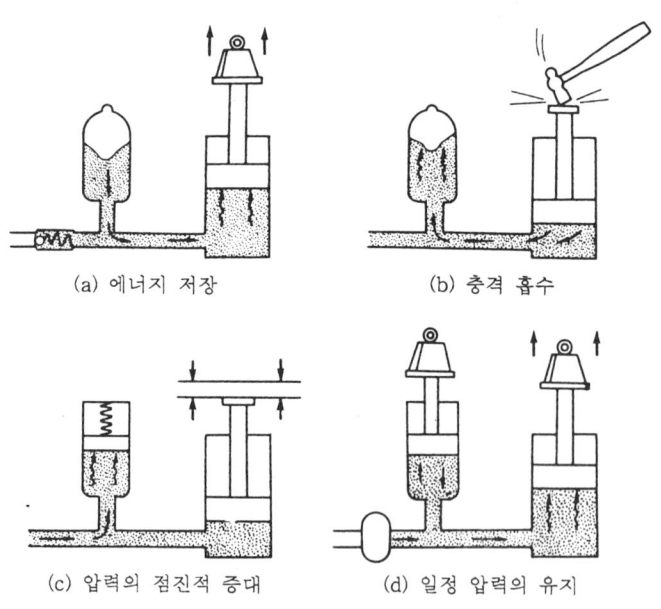

(a) 에너지 저장 (b) 충격 흡수

(c) 압력의 점진적 증대 (d) 일정 압력의 유지

어큐뮬레이터의 용도

(2) 어큐뮬레이터의 형식

① 뉴메틱 어큐뮬레이터(pneumatic accumulator) : 기체의 압축성을 이용한 것으로 불활성 가스를 사용한다. 오일 압력이 상승되면 유입되는 오일이 가스를 압축하고, 오일 압력이 낮아지면 가스가 팽창되면서 오일을 밖으로 배출하게 되는데 가스는 피스톤, 블래더(bladder), 다이어프램(diaphragm) 등에 의해 가스와 오일의 혼합이 방지되고, 가스가 유압장치 내에 들어가지 않게 된다.

㈎ 피스톤형 어큐뮬레이터 : 이것은 피스톤 로드가 없는 유압 실린더와 같은 구조로 되어 있으며, 자유 부동 피스톤이 오일과 가스를 분리하고 있다. 피스톤은 매끈한 내면을 따라 운동하게 되어 있고, 오일과 가스를 분리하기 위한 패킹이 끼워져 있으며, 이중 패킹인 경우는 오일 압력을 줄이기 위해 브리더(breather)를 두고 있다. 이 어큐뮬레이터는 크기에 비해 높은 출력을 내고, 또 작동이 매우 정확하지만 가스 혼입 및 오일 누출의 문제가 있다.

㈏ 블래더형 어큐뮬레이터 : 플렉시블 백(flexible bag) 또는 블래더(bladder)는 합성 고무로 되어 있고, 그 안에 오일과 가스가 분리되게 되어 있으며, 어큐뮬레이터 윗부분에는 가스 충전 스템이 부착되어 있다. 고무 백은 관성이 작고 응답성도 매우 좋으며, 보수도 간단히 할 수 있게 되어 있다. 또, 스프링이 작용되는 포핏 밸브는 배출 오일이 천천히 흐르도록 계량하며, 사용 전에 미리 충전할 수 있다.

㈐ 다이어프램형 어큐뮬레이터(diaphragm type accumulator) : 가스와 오일을 분리하기 위하여 압력 변화에 대응하여 휘는 고무제의 엘리먼트 몰드로 되어 있는 금속 엘리먼트를 사용하고 있으며, 경량이어서 항공기 장치에도 사용된다.

㈑ 충전의 영향과 사용시 주의사항

- 충전의 영향 : 축압기에 충전된 가스의 압력은 어큐뮬레이터의 작동상태에 따라 정해지며, 충전 압력이 낮을수록 어큐뮬레이터는 더 많은 오일을 수용할 수 있다.

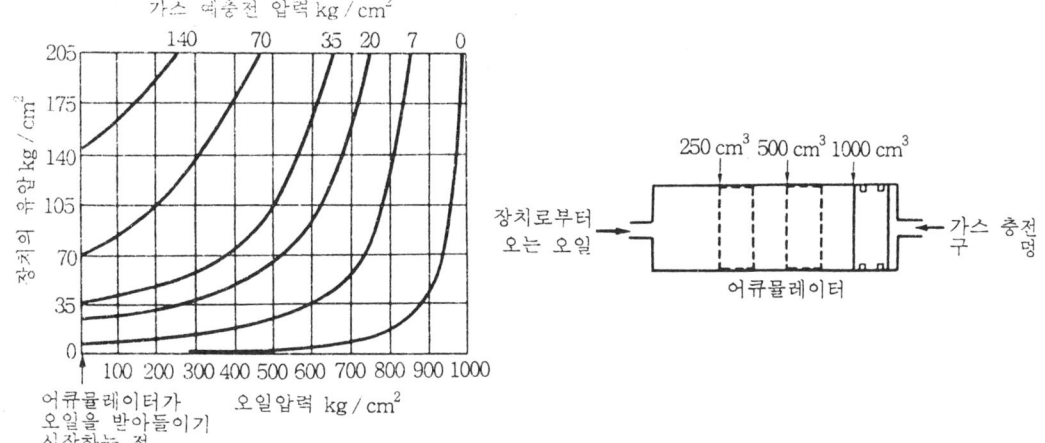

충전의 영향

- 사용시 주의사항
    - 어큐뮬레이터에 산소와 공기를 충전해서는 안 된다.
    - 어큐뮬레이터에는 건조한 질소와 같은 가스를 충전한다.
    - 어큐뮬레이터는 작동압력에 적합하게 충전한다.
    - 어큐뮬레이터를 유압회로에서 분리할 때는 먼저 유압을 제거한다.
    - 어큐뮬레이터를 분해할 때에는 먼저 가스와 유압을 제거하고, 구멍에 먼지 등이 들어가지 않도록 한다.

② 추부하 어큐뮬레이터(weight loaded accumulator) : 이 어큐뮬레이터는 피스톤과 실린더로 되어 있고, 피스톤에 작용되는 추(weight)의 무게로 오일에 에너지를 주게 되어 있다. 유압회로 내의 가압오일은 피스톤 아래쪽에 있는 오일의 실(chamber)로 밀려들어가 피스톤과 추를 들어올리고 어큐뮬레이터에 충전되고, 유압회로 내의 압력이 낮아지거나 오일이 더 필요하게 되면 중력에 의하여 피스톤과 추가 내려가서 오일을 유압회로로 보낸다.

이 축압기는 일정한 압력을 유지할 수 있으나 운동부분의 관성이 크고, 응답성도 좋지 않아 충격이나 맥동의 흡수에는 적합하지 않으며, 구조가 크고 값이 비싸서 설치를 하는데 제한을 받는 단점이 있다.

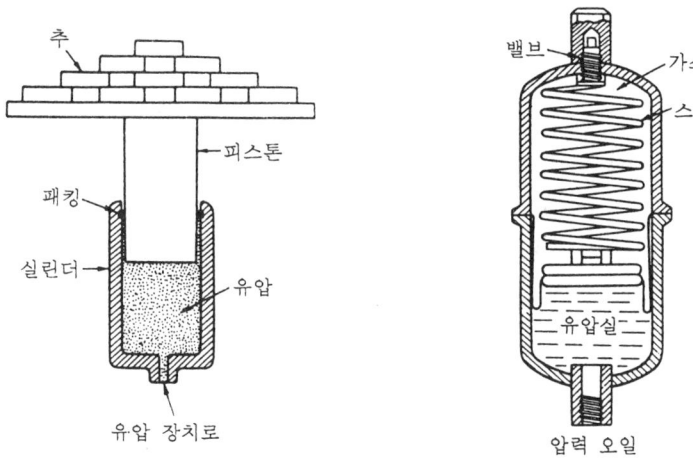

추 부하 어큐뮬레이터   스프링 부하 어큐뮬레이터

③ 스프링 부하 어큐뮬레이터(spring loaded accumulator) : 스프링 부하에 따른 변위에 의해 생기는 힘과 유압이 평행을 이루도록 한 어큐뮬레이터의 작동은 로딩시 가압오일이 낮아지면 스프링이 오일을 유압 회로로 밀어낸다.

이 어큐뮬레이터는 예충전이나 재충전을 필요로 하지 않는 장점이 있으나, 유압회로의 용량이 크거나 고압일 경우 어큐뮬레이터의 부피가 너무 커지는 단점도 있어, 회로의 용량이 작거나 저압인 경우에 주로 사용된다.

축압기의 종류와 특징

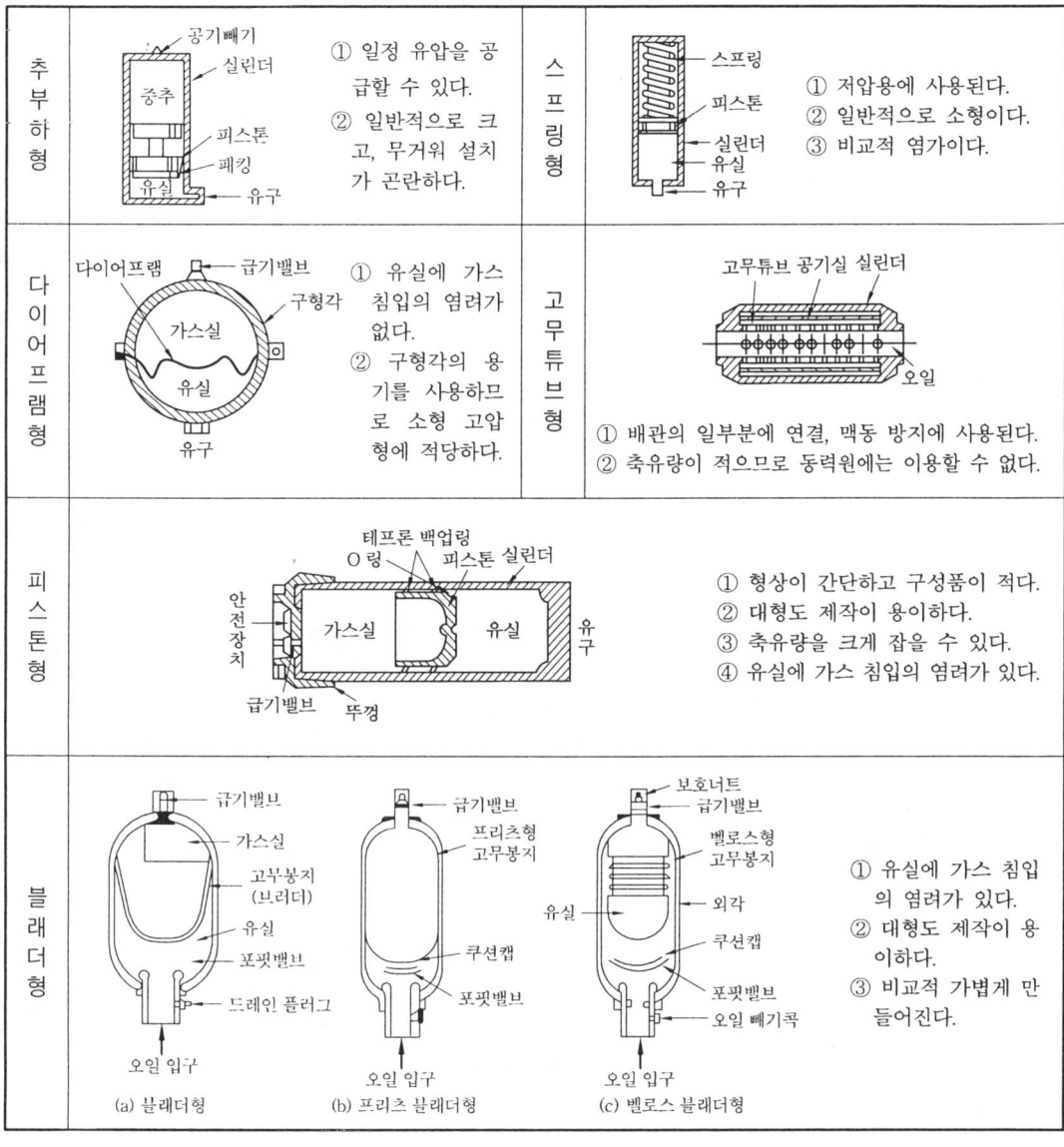

(3) 크기의 선정

① 유압 에너지 축적용으로서 사용하는 경우 : 블래더형 축압기에 있어서 최고 작동압력 P_1 [kg/cm^2](절대압력)에서 최저 작동압력 P_2 [kgf/cm^2](절대압력)로 될 때까지의 소요 방출량이 v[l]인 경우의 축압기의 용량은 다음과 같은 식으로 구할 수 있다.

$$P_0 V_0 = P_1 V_1 = P_2 V_2 = 일정, \quad v = V_2 - V_1 = P_0 V_0 \left(\frac{1}{P_2} - \frac{1}{P_1} \right)$$

따라서, $V_0 = \dfrac{v}{P_0 \left(\dfrac{1}{P_2} - \dfrac{1}{P_1} \right)}$

여기서, P_0 : 가스 봉입압력(kg_f/cm^2), P_1 : 최고 작동압력(kg_f/cm^2)
P_2 : 최저 작동압력(kg_f/cm^2), V_1 : P_1에 있어서의 가스 용적 (l)
V_0 : 축압기 내용적 (l), V_2 : P_2에 있어서의 가스 용적 (l)
v : $P_2 \sim P_1$에 있어서의 가스 방출량 (l)

실용적으로는 용적 계산 도표를 사용하면 편리하다. 이제 종합 용적 $10\,l$의 축압기 중에 $30\,kg/cm^2$의 질소가스를 봉입해 두면 작동압 $40 \sim 70\,kg_f/cm^2$의 사이에서 방출되는 유량은 도표에서 직선으로 나타내는 것과 같이 $5.7\,l - 2.6\,l = 3.1\,l$로 된다. 방출량은 종합 용적의 $1/3$ 이하로 하는 것이 적당하다. 또, 가스 봉입압은 보통 최저 작동압력의 약 $60 \sim 70\,\%$로 하는 것이 적정값이며, 최저 작동압력(릴리프 밸브설정압)의 $20 \sim 50\,\%$ 이상으로 한다.

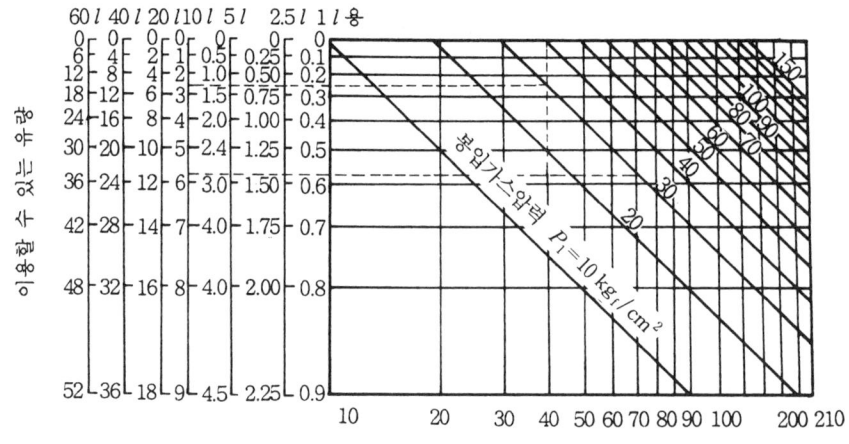

블래더형 축압기 용적계산 도표

예제 7. 유압 프레스에 있어서 하중 $40\,ton$, 램의 행정 $10\,cm$, 램의 속도 $5\,cm/sec$, 사용횟수 $0.5\,회/min$, 사용펌프 토출압력 $200\,kg_f/cm^2$인 경우 축압기를 사용하는 때의 소요동력과 축압기 (사용압력 $200 \sim 133\,kg_f/cm^2$)를 사용하는 때의 소요동력을 비교하고, 그 때의 축압기 크기를 구하여라.

[해설] 축압기가 없는 경우 소요 최소 램의 면적 $= \dfrac{40 \times 1000}{200} = 200\,cm^2$

램의 용적 = 200 cm² × 10 cm = 2000 cm²   소요유량 = 200 cm² × 5 cm/sec

따라서, 펌프는 압력 200 kgf/cm³, 토출량 1000 cm³/sec 의 유압동력을 프레스에 공급해야 한다. 즉, 펌프구동을 동력으로서는 $\frac{1000 \times 200}{75 \times 100} = 26.6\,\text{PS} ≒ 30\,\text{PS}$로 된다.

축압기를 사용하는 경우

소요 최소 램면적 $= \frac{40 \times 100}{133} = 300\,\text{cm}^2$

소요 유량 = 300 cm² × 5 cm/sec = 1500 kgf/sec

램의 용적 = 300 cm² × 10 cm = 3000 cm²

이제 소요 유량을 전부 축압기로부터 공급시킨다고 하면 축압기는 축유량이 3 *l* 의 것을 사용하면 충분하다. 또, 축압기에 공급하는 유량은

3000 cm² ÷ 120 sec = 25 cm²/sec

따라서, 펌프 구동용 동력으로서는 $\frac{25 \times 200}{75 \times 100} = 0.67\,\text{PS} ≒ 1\,\text{PS}$

즉, 축압 유량 3 *l* 의 것을 사용하는 것에 의하여 소요 펌프동력은 30 PS로부터 1 PS로 감소시킬 수 있다.

② 충전압 제거용으로서 사용하는 경우 : 가늘고 긴 관로를 고속으로 작동유가 흐르는 경우 갑자기 일부의 밸브가 닫히면 관로 내의 일부에 충격압이 생긴다. 이것은 밸브의 닫히는 시간 T[sec] 가 밸브와 관로 단과의 사이 L[m] 을 압력파가 속도 V_a[m/s] 의 속도로 왕복하는데 소요하는 시간보다 작은 경우에 생긴다.

즉, $T \leq \dfrac{2L}{V_a}$

여기서, $V_a = \sqrt{\dfrac{Eg}{\gamma} \times 10^{-2}}$, E : 유체의 체적탄성률 (kgf/cm²)

γ : 유체의 비중량 (kgf/cm²), g : 중력가속도 (cm/sec²)

4-4 오일 냉각기 및 가열기

(1) 오일 냉각기 (oil cooler)

유압장치를 작동시키면 오일의 온도가 상승하며, 이는 점도의 저하, 윤활제의 분해 등을 초래하여 작동부가 녹아 붙는 등의 고장을 일으키게 된다. 또, 유압 펌프의 효율 저하와 오일 누출 등의 원인도 된다.

일반적으로 60℃ 이상이 되면 오일의 산화에 의해 수명이 단축되며 70℃가 한계로 생각되고 있다. 열의 발생이 적을 경우에는 열을 발산시킬 수 있으나, 발열량이 많은 경우에는 강제적으로 냉각할 필요가 있으며, 이 역할을 하는 것이 오일 냉각기이다.

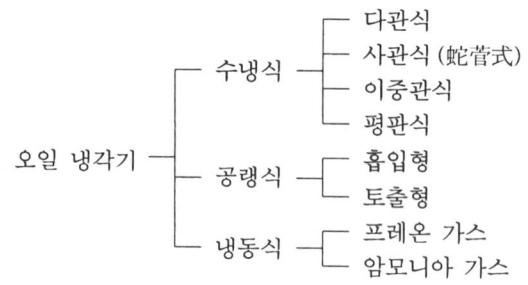

오일 냉각기로는 주로 셀 앤드 튜브(shell & tube)식을 많이 사용하고 있다. 이것은 튜브 바깥쪽에 작동 오일이, 튜브 안쪽에 냉각수가 흐르게 되어 있으며, 열전도율이 비교적 높고, 또 유동에 의한 손실도 적어 많이 사용되고 있다.

오일 냉각기는 회로의 되돌아오는 쪽에 설치하며, 내압은 대략 5~10 kg_f/cm^2이다. 또, 냉각기의 안전을 위해 바이패스 회로를 설치한 것도 있다.

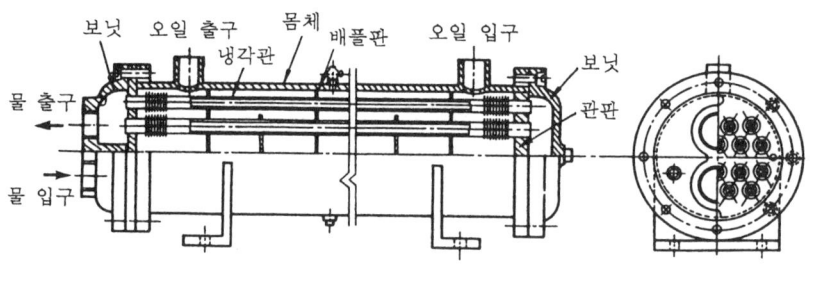

셸 앤드 튜브식 오일 냉각기

① 수냉식의 장·단점 및 선정방법
  (가) 장점 : 소형으로 냉각능력이 크며 소음이 적고, 자동 유온 조정이 가능하다.
  (나) 단점 : 냉각수 설비가 필요하며, 기름 중에 물이 혼입할 우려가 있다.
  (다) 선정방법 : 10℃ 전후의 물이 사용될 수 있어야 한다.

② 공랭식의 장·단점 및 선정방법
  (가) 장점 : 냉각수 설비가 필요 없고, 보수비가 적다.
  (나) 단점 : 냉각식에 비하여 대형이며, 고가이다.
  (다) 선정방법 : 교환 열량이 적은 곳에서 사용된다.

③ 냉동식의 장·단점 및 선정방법
  (가) 장점 : 냉각수와 환기 설비가 필요 없고, 자동 유온 조정이 가능하고, 운반이 용이하며, 대기 온도나 물의 온도 이하의 냉각이 용이하다.
  (나) 단점 : 대형으로 고가이다.
  (다) 선정방법 : 일반적으로 히터와 같이 사용되며 이동형 열교환기로서 사용된다.

(2) 가열기 (heater)

한랭시에는 오일의 점도가 높아지기 때문에 펌프의 흡입 불량, 펌프 효율의 저하 등으로 인하여 곧 정상적인 작동을 할 수 없게 되므로 오일의 점도를 알맞게 유지하기 위하여 가열기를 사용한다.

냉각기가 최고 온도를 억제하는데 비하여 가열기는 최저 온도를 유지하며, 일반적으로 20℃ 전후이다.

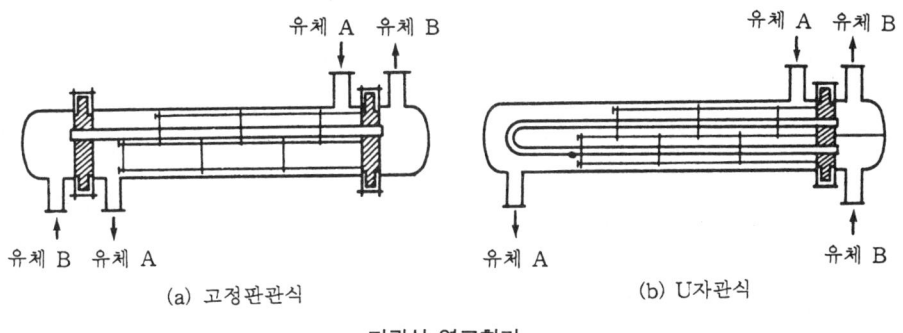

다관식 열교환기

가열기의 선정과 사용에 있어서 다음 사항에 주의한다.
- 가열기의 와트 밀도가 높은 것일수록 작동체 성분의 열화가 빨라지고 냄새가 나므로 와트 밀도가 1~3 W/cm^{2}인 것을 선정한다.
- 가열기의 발열부를 완전히 오일 속에 담그고 발열시킨 후 오일이 대류되도록 한다.

① 투입 가열기
 (가) 소형이며 설치가 용이하다.
 (나) 관리가 간단하고 가격이 싸다.
 (다) 100~500 *l* 정도의 기름 탱크로 한다.
 (라) 히터 둘레의 기름을 강제적으로 순환시킨다.

② 밴드 가열기
 (가) 소형이나 설치가 어렵다.
 (나) 화재의 위험성이 높으며 보수관리가 간단하다.
 (다) 주배관의 보온에 사용된다.
 (라) 히터의 보호막에 상처를 내지 않고, 이물질이 묻지 않도록 주의한다.

③ 증기 가열기
 (가) 증기를 열원으로 하므로 대형이다.
 (나) 설치가 어렵고 고가이다.
 (다) 인화성이 없는 곳에 사용한다.

4-5 오일 실 (hydraulic seal)

유체의 누설 또는 외부로부터 이물질의 침입을 방지하기 위해 사용되는 기구는 종래 패킹(packing)이라 하여 고정부분 또는 운동부분의 구별이 없이 혼용하여 왔으나, 실(seal)은 밀봉장치라 그들을 총칭하고, 고정부분에 사용되는 실을 개스킷(gasket), 운동부분에 사용되는 실을 패킹이라 한다.

재료에는 내열성, 내유성, 내노화성이 우수한 합성 고무류나 합성수지인 사불화에틸렌 수지(테프론, PTFE)를 사용하고, 회전측의 실로서 메커니컬 실이나 오일 실 등을 사용한다.

(1) 실의 분류

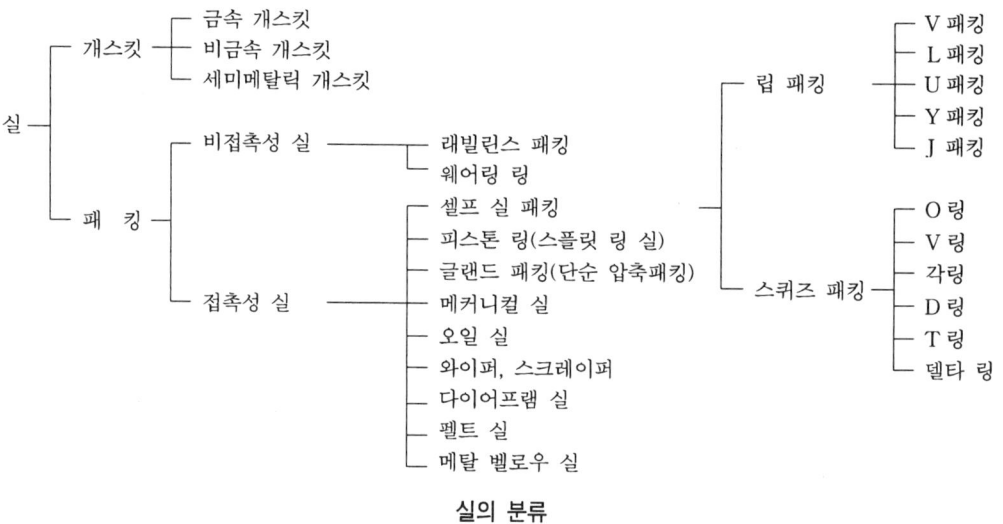

실의 분류

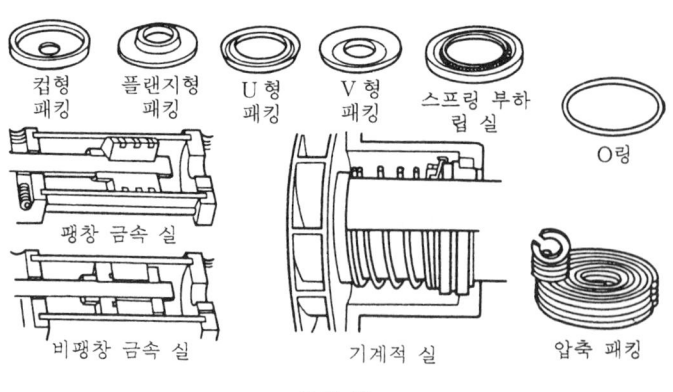

오일 실

(2) 유압용 실

유압용 실의 요구조건은 개스킷의 경우 우선 작동유에 대하여 적당한 저항성이 있고 온도, 압력의 변화에 충분히 견딜 수 있어야 한다.

패킹의 경우는 이것에 대해서 운동방식(왕복, 회전, 나선 등), 속도, 허용, 누설량, 마찰력, 접촉면의 조밀(粗密)에 의한 영향 등도 고려해서 목적을 달성하는 것이어야 한다.

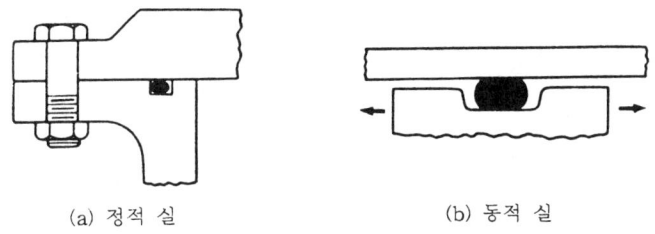

정적 실과 동적 실

① 개스킷 : 개스킷은 압력 용기나 파이프의 플랜지면, 기기의 접촉면, 그 밖의 고정면에 끼우고 볼트나 기타 방법으로 결합, 실 효과를 주는 것이다. 누설은 허용되지 않는다.

주로 비금속 재료로 고무질을 주체로 한 O링, 각링 등과 같은 셀프 실형의 것과 식물질 섬유의 오일 시트, 코르크 시트, 광물질 섬유의 석면과 고무를 결합한 석면 조인트 시트, 동물질 섬유의 가죽, 고무질, 사불화에틸렌 수지(PTFE) 등을 사용하며, 특별 고온의 경우에는 금속 개스킷도 사용된다.

압축 개스킷(compression gasket)은 정적 실용으로 적합한 것으로 석면, 합성고무 등의 비금속제와 연강, 구리판 등의 금속제가 있으며, 두 접촉면 사이에 압착되어 유밀이나 기밀을 유지한다.

② O링 (O-ring) : 유압장치에서 가장 많이 사용되고, 대개는 합성고무로 홈에 설치되었을 때 약 10 % 정도 압축되게 설치한다. 정적 실이나 동적 실 모두에 사용되며, O링은 찌그러트림 여유 약 10~30 % 가 주어지도록 설계된 홈에 정착되는데 $105\,kgf/cm^2$ 정도로 압력이 높아지면 장착 홈 부분의 틈새에서 빠져 나오는 현상이 발생하여 파손되

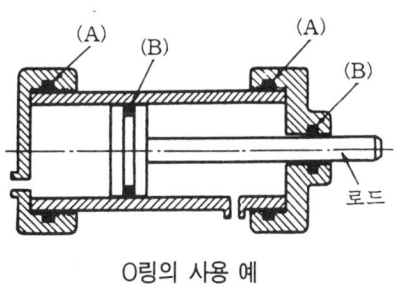

O링의 사용 예

므로 실 기능을 저하시켜 유체 압력이 $80\,kgf/cm^2$ 이상에서는 홈의 크리어런스를 설계상 적게 하던가 O링의 경도를 크게 하거나, 또는 소성변형을 일으켜 그 틈새를 거의 0으로 하는 것이 좋다.

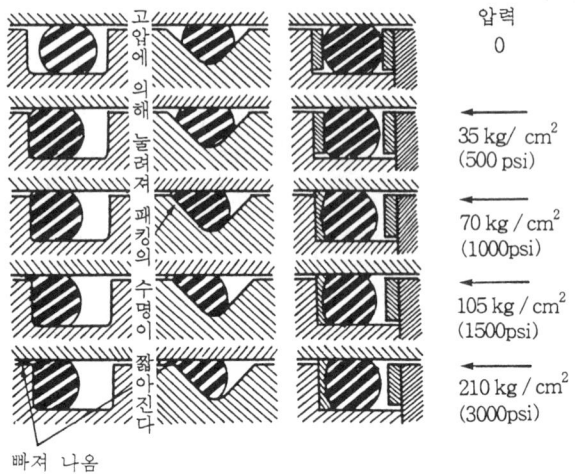

각 압력에서의 O링의 현상

(가) 동적 실 : O링을 동적 실로 사용할 경우에는 그 미끄럼면이 원활하여야 하며, 구멍이 뚫린 곳이나 압력이 작용되는 모서리 등에는 사용하지 않고, 마멸이 잘 되므로 회전축에는 사용하지 않는다.

(나) 정적 실 : 정적실로 O링을 사용할 경우에는 고압이 작용되는 곳에 사용하며, 보강 링(backup ring)과 함께 사용하는 것이 일반적이며, O링은 설치하는데 필요로 하는 공간이 작고, 미끄럼 부분과의 접촉면적이 작아 마찰이 적으며, 실 효과가 매우 큰 것 등 여러 가지 이점이 있다.

(다) 보강 링 : 일반적으로 파이버(fiber) 또는 가죽, 합성수지, 합성고무, 테프론 등이 사용되고, O링의 경도는 쇼어 경도 70을 기준으로 하고, 빠져나옴 현상이 있을시 80 이상도 사용하여 O링이 링 홈에서 벗어나지 않게 한다.

(라) 실기구 : 현재 실린더용 패킹은 고무가 주 재질인 립 패킹으로 접동저항과 정지 때의 저항이 커 공압 실린더 등에서 윤활유의 공급이 불충분하기 때문에 마모가 심한 경우 등에 PTFE의 저마찰성을 이용하여 PTFE와 O링을 조합시킨 슬리퍼 실을 사용한다.

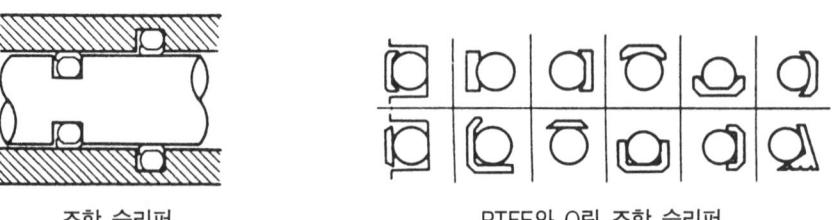

조합 슬리퍼   PTFE와 O링 조합 슬리퍼

접동부분에 PTFE의 앤드리스 링을 사용하고, 그 뒷면에 탄성체인 PTFE O링

을 조합시켜 찌그러트림 여유에 의해 접촉면의 누설을 방지하는 것으로, 특징은 다음과 같다.

- O링이 가진 특성이 거의 그대로 나타난다.
- O링의 재질을 선택하는 데에 따라 넓은 온도 범위의 사용이 가능하다.
- PTFE가 백업 링과 같은 효과가 있으므로 넓은 압력 범위 내에서 사용이 가능하다.
- 공압 실린더 등 윤활 없이 사용이 가능하다.
- O링 단독 사용에 비해 수명이 길다.
- 시동, 운동마찰이 모두 고무와 비교하면 아주 작으므로 운동이 평활하고 스틱-슬립 현상이 없다.
- 보통의 일반 패킹은 적어도 수개 조합시켜서 장전하는데 비해 1개로 밀봉하므로 초기의 가격이 싸고 장착부분의 장소도 작다.
- 장착 및 떼어내기가 용이하고 구조가 단순하므로 장치에 대한 숙련도는 그다지 중요하지 않다.
- O링 재질의 선택 및 백업링의 병용 등에 넓은 범위의 유체, 온도, 압력에 견딜 수 있다.
- 동마찰 저항이 비교적 적다.
- 고정부분 및 운동부분의 양쪽에 사용된다.
- 재질은 주로 유압관계에 사용되므로 일반적으로 시판되고 있는 O링 재질은 니트릴 고무가 표준이다.

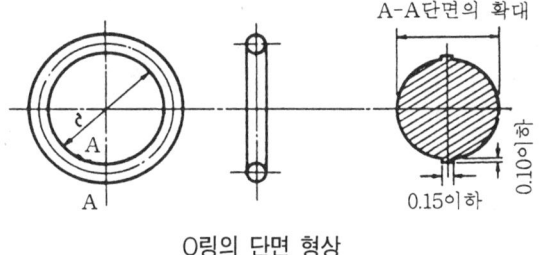

O링의 단면 형상

※ **사용조건에 따라 O링 재질의 결정방법**
- 사용하는 기기의 작동상태
- O링이 사용되는 곳과 상태
- 작동하는 유체의 종류
- 작동압력과 사용온도

※ **구비 조건**
- 누설을 방지하는 기구에서 탄성이 양호하고, 압축 영구 변형이 적을 것

- 사용온도 범위가 넓을 것
- 내노화성이 좋을 것
- 내마모성을 포함한 기계적 성질이 좋을 것
- 상대 금속을 부식시키지 말 것

O링과 다른 패킹과의 비교

패킹의 종류	사용 개소		주기적 조정	동마찰	공 차	그랜드 어 대 프트	패킹부의 소요 스페이스
	고정	운동					
O 링	○	○	불요구	저	엄 밀	안 사용	소
U 패킹		○	불요구	저	약간 엄밀	사 용	소
V 패킹		○	요 구	고	약간 엄밀	사 용	대
컵형 패킹		○	불요구	중	약간 엄밀	사 용	중
평형 개스킷	○		요 구			사 용	대
샘 타입 패킹	○	○	요 구	고	약간 엄밀	사 용	대

㈐ 고정용으로서의 사용법 : O링은 고정용이 운동용 보다 많이 사용되고 있는데 플랜지 개스킷의 사용법에서는 가압시에 미량의 누설을 발생하는 일이 있으므로 내압에 가해질 때에는 홈 외벽에 O링의 원주가 밀착하도록 한다.

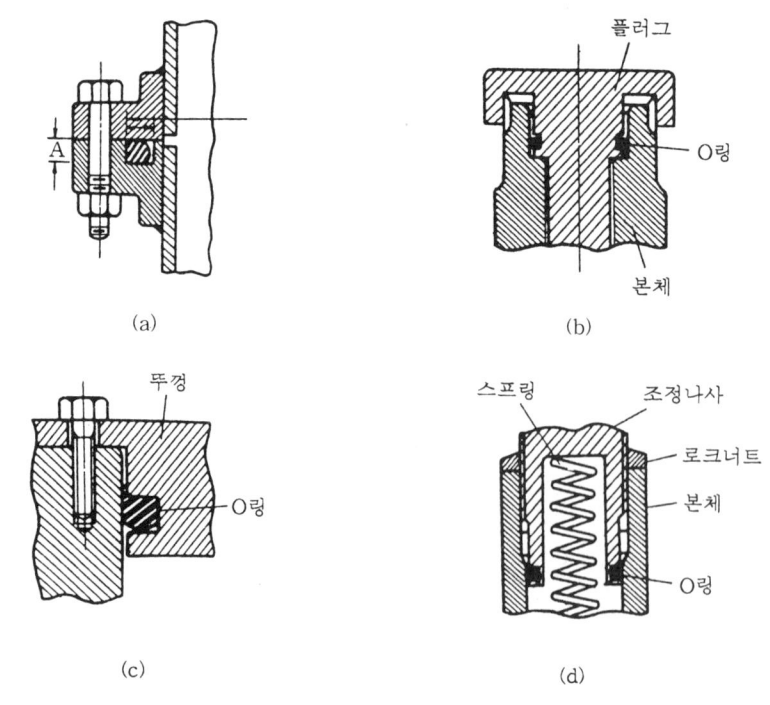

고정용 O링

백업 링을 사용하지 않을 경우의 틈새의 최대값

(단위 : mm)

압력(kg$_f$/cm^2) O링의 경도	35까지	35를 초과 75까지	75를 초과 105까지	105를 초과 140까지	140을 초과 210까지
70	0.40	0.25	0.15	0.10	0.04
90	0.70	0.60	0.50	0.40	0.25

(바) 운동용으로서의 사용법 : 운동용으로서 O링을 사용할 경우, O링의 주어진 찌그러트림 여유가 너무 작으면 누설의 여유가 있고, 너무 크면 필요 이상으로 홈 내부에서 압축되기 때문에 상대 면과의 접촉 넓이가 증가하므로 마모저항의 증가로 접동열에 의한 내질의 열화 마모 등의 수명을 단축시킨다. O링은 왕복운동 때 마찰저항이 다른 패킹보다 비교적 작으나, 시동마찰은 반드시 작지도 않으며 찌그러트림 여유가 커지면 비례해서 커진다. 그러나 운동 마찰이 저압 부분에서는 거의 영향이 없고 고압으로 됨에 따라 점차 커진다.

일반용 O링의 찌그러짐

호칭 번호			O링의 굵기	운동용, 고정용 (원통면)		고 정 용 (평면)	
				최대 (%)	최소 (%)	최대 (%)	최소 (%)
P	3−p	10	1.9 ± 0.07	23.8	15.3	31.5	20.8
P	10A−p	22	2.4 ± 0.07	19.0	11.6	29.2	21.5
P	22A−p	50	3.5 ± 0.1	16.7	9.4	26.4	19.1
P	50A−p	150	5.7 ± 0.15	14.5	8.1	22.2	16.2
P	150A−p	400	8.4 ± 0.15	12.3	7.3	19.9	15.8
G	25−G	145	3.1 ± 0.1	21.85	13.3	26.6	18.3
G	150−G	300	5.7 ± 0.15	14.5	8.1	22.2	16.2

(사) 실 선택시 고려사항
- 압력에 대한 저항력이 클 것
- 작동열에 대한 내열성이 클 것
- 내마멸성이 클 것
- 오일에 의해 손상되지 않을 것
- 작동 부품에 걸리는 일이 없이 잘 끼워질 것
- 정밀 가공된 금속면을 손상시키지 않을 것

③ 패킹 : 패킹은 기기의 접합면 또는 접동면의 기밀을 유지하여 그 기기에서 처리하는 유체의 누설을 방지하는 밀봉장치로 그다지 압력이 걸리지 않는 부분에 저속에서 고속까지 넓은 범위에 사용된다. 구조가 간단하여 취급하기가 쉽고 장착 스페이스가 적어도 되는 등 많은 이점이 있다.

(가) 기계적 실(mechanical seal) : 회전축에 갈매기 모양의 패킹을 사용할 때 생기는 문제의 해결을 위해 만들어진 것으로 회전축의 동적 실로 사용되며, 보통 금속과

고무로 되어 있다.

(내) 금속 실(metallic seal) : 피스톤과 로드에 사용되며, 기관에 사용되는 피스톤 링과 매우 비슷하다. 이 실에는 팽창하는 것과 팽창하지 않는 것이 있으며, 모두 동적 실로 사용되고, 보통 강철로 되어 있다. 정밀한 금속 실은 누출의 문제보다는 아주 높은 온도를 유지하는 장치에 사용되고, 다른 실에 비해 유밀 기능이 떨어지므로, 와이퍼형 실(wiper seal)로 사용되기도 한다.

기능에 따른 분류

축의 운동	기 기	패 킹
왕 복	컨트롤 밸브 플런저 펌프 프레스 유압 실린더	셀프 실 패킹, 샘 타입 패킹 셀프 실 패킹, 샘 타입 패킹 셀프 실 패킹 셀프 실 패킹
회 전	와류 펌프 베어링 케이스	잼 타입 패킹, 메커니컬 실 오일 실
나 선	밸 브	셀프 실 패킹, 잼 타입 패킹

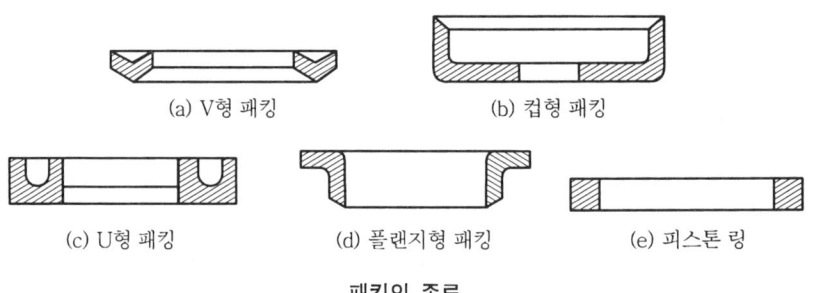

(a) V형 패킹 (b) 컵형 패킹
(c) U형 패킹 (d) 플랜지형 패킹 (e) 피스톤 링

패킹의 종류

(다) V형 패킹(V-type packing) : 피스톤과 실린더의 로드 끝 및 펌프 축의 실로 주로 사용한다. 패킹의 재질은 가죽, 합성고무, 천연고무, 플라스틱 등으로 되어 있다. V형 패킹을 사용할 때에는 유압이 증가함에 따라 여러 장을 겹쳐서 사용하는 것이 보통이고, 그 가운데에서 1개가 파손되어도 일 누출이 일어나지 않는 특징이 있어 일반적인 기계에도 널리 사용되고 있다. 그러나 여러 장을 겹치게 되면 접촉 면적이 커지게 되어 마찰저항이 커지는 단점이 있다.

(라) 컵형 패킹 : 볼트로 죄어 설치하게 되어 있다. 컵형의 끝부분만이 실린더와 접촉하여 미끄럼 작용을 하므로 그 저항이 다른 것에 비하여 적고, 또 실린더와 피스톤 사이의 간극이 어느 정도 커도 오일이 누출되지 않는다. 그러나 고압에는 적합하지 않고, 저압용으로 사용된다.

(마) U형 패킹 : 이 패킹은 합성고무나 합성고무에 포직을 넣은 것으로 왕복 미끄럼 작용 부분에 사용된다. 사용압력은 보통 70 kgf/cm² 정도이다. 패킹을 안정시키기 위해 포금(gun metal)이나 베이클라이트(bakelite)로 만든 링을 사용하고 있다. 또, 패킹을 끼우거나 떼어낼 때에 손상되지 않도록 실린더의 각 부분에 30℃ 정도의 테이퍼를 두는 것이 보통이다.

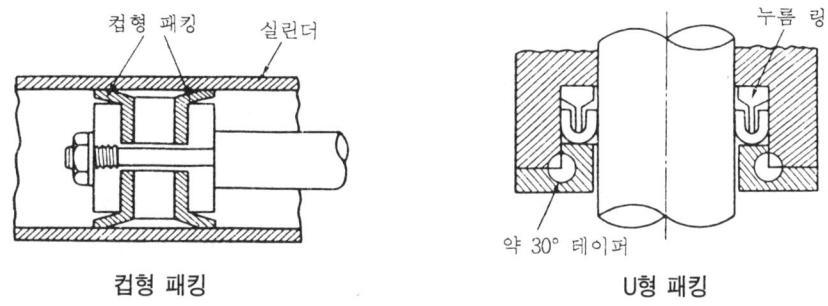

컵형 패킹   U형 패킹

(바) 플랜지 패킹(flange packing) : 실린더 피스톤과 로드에 사용되며, 립 또는 경사면의 팽창으로 접촉면 사이의 유밀을 유지하게 되어 있다. 재질은 가죽, 합성고무, 플라스틱 등이 주로 사용된다.

(사) 립 패킹 : 립에 탄성을 갖게 하고, 유압 자체에 의하여 실압을 발생시켜 누설 방지 기능을 발휘시킨 것이며, 주로 왕복운동으로 사용되나 밸브 스템과 같은 저속 회전용에도 사용된다. 재질로는 가죽, 고무(천연고무, 합성고무), 수지, 고무와 천(무명, 나일론, 석면)으로 대별된다.

※ **스프링 부하 립 실(spring loaded lip seal)**

U형 패킹이나 V형 패킹을 개조한 것으로 고무 립 주위에 스프링을 넣어 실의 립이 상대편에 밀착하게 되어 있다. 또, 이 실은 보통 금속으로 된 케이스 속에 끼워져 있고, 케이스와 함께 하우징 보어(housing bore)에 압입되어 고정되어 립이 유압을 받도록 설치하여 회전축에 많이 사용된다. 이중 립 실(double lip seal)은 양쪽 모두를 유밀하여야 할 때 사용된다.

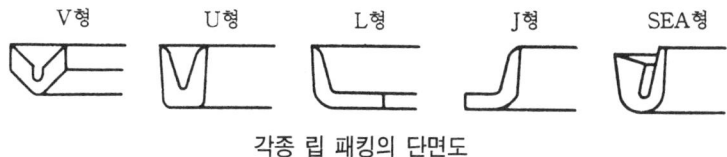

각종 립 패킹의 단면도

(아) 압축 패킹(compression packing) : 플라스틱, 석면(asbestos), 고무가 얇게 입혀진 면, 유연한 금속 등으로 되어 있고, U형 패킹이나 V형 패킹과 같은 방법으로 사용되며, 단선 코일이나 링을 여러 개 겹친 모양으로 되어 있다. 저압용으로 적합하며, 건조한 상태에서는 윤활상태에 주의한다.

4-6 배 관

유압장치의 배관은 각 유압기기를 연결하고 유압을 전달하는 중요한 역할을 하므로 배관의 설계 또는 설치에 있어서는 배관의 재질, 종류, 압력, 유량, 커플링류, 배관의 공간 등을 고려하고, 보수점검도 쉽게 할 수 있도록 해야 한다. 또한, 크기나 재질의 적정한 사용을 제대로 지켜야 한다.

(1) 배관용 관의 종류

① 금속관 : 금속관에는 가스관, 배관용 강관, 구리관 및 알루미늄관, 스테인리스 강관 등이 있다.

(개) 강관 (steel tube) : 펌프 토출측에 사용하는 압력 $100 \sim 1000\,\text{kgf}/\text{cm}^2$ 정도의 고압관에서는 고압관용 탄소강 강관 (STS-35) 을 사용하고 있다. 유압배관 중 특히 플레어형을 사용하는 것으로서 유압배관용 정밀 탄소강관 (OST) 이 있는데 그 강도, 정밀도, 굽힘성 등이 우수하므로 널리 사용되고 있다. 이상의 강관 두께는 다음 식에 의하여 구한다.

$$P = \frac{200St}{D}$$

여기서, P : 내압력 (kgf/cm^2), S : 인장강도 (kgf/cm^2) (통상 항복점의 60 % 값)
D : 관의 바깥지름 (mm), t : 관의 두께 (mm)

(내) 가스관 : 펌프의 흡입쪽이나 배출 배관, 오일 탱크 귀환 등의 저압용에 사용되며, 내식성을 가지게 하기 위해 아연 도금을 한 것과 하지 않은 것이 있다.

(대) 동관 : 동관은 열전도율이 좋고, 물이나 공기에 대한 내식성이 커서 열교환기나 공기배관 등에 사용되나, 동은 작동 코일을 산화시켜 열화되게 하기 쉽고, 경화에 의한 파손의 우려도 있으며, 오일의 산화에 대하여 촉매작용을 하기 때문에 섬유계 작동유에는 사용하지 않고, 카드뮴 또는 니켈 도금을 하여 사용하는 것이 바람직하다. 동관은 풀림을 하면 상온 가공이 용이하므로 $20\,\text{kgf}/\text{cm}^2$ 이하의 저압관이나 드레인 관에 많이 사용된다. 심레스 (seamless) 동관의 두께는 다음 식에 의하여 구해진다.

$$P = \frac{840St}{D}$$

(래) 알루미늄관 : 동관에 비해 무게가 1/3 정도이어서 항공기 등의 유압 배관에 사용되고 있다.

(매) 스테인리스강 : 화학적 분위기가 좋지 않은 곳이나 난연성 작동 오일(물, 글리콜계 등)을 사용하는 경우에는 부식을 일으키기 쉬운 곳, 고압에서 사용할 경우, 중량을 절감시키고 싶은 경우에 스테인리스 강관이 사용된다. 이 관은 풀림을 하면

굽히거나 플레어로 가공할 수 있다.

② 비금속관 : 비금속관 중에서 유압용으로 사용되는 대표적인 것은 고무 호스이다. 고무 호스의 구조는 안쪽 튜브(inner tube), 보강층(reinforcement layer) 및 바깥쪽 커버(outer cover)로 되어 있다. 또, 고무 호스의 양끝에는 이음(coupler)이 부착되어 있어 다른 장치를 연결하기 쉽게 되어 있다.

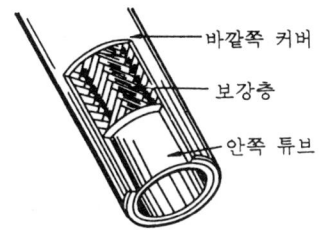

고무 호스의 구조

고무 호스는 운동성이 좋을 뿐만 아니라 진동과 소음을 흡수하고, 압력 변화에 대한 내구성도 비교적 크고 유연성이 좋아 금속 배관으로는 배관하기 힘든 장소, 금속관의 중심 맞추기 등에 사용되며, 특히 중장비에서 많이 사용되고 있다.

합성고무로 만든 합성고무 호스에는 저압, 중압, 고압용의 3종류가 있다. 저압 호스에는 합성고무의 외측을 면사로 짠 것을 피복하여 튼튼하게 한 것과 고무관 뿐인 것 등이 있다. 고압용은 면사와 강선으로 짠 것을 피복하여 보강하고 있다.

고무 호스의 사용내압은 적어도 5배의 안전계수를 갖게 할 것이며, 연결부에는 비틀림, 당김, 급한 휨 등을 피하고 충분한 여유를 주어야 한다.

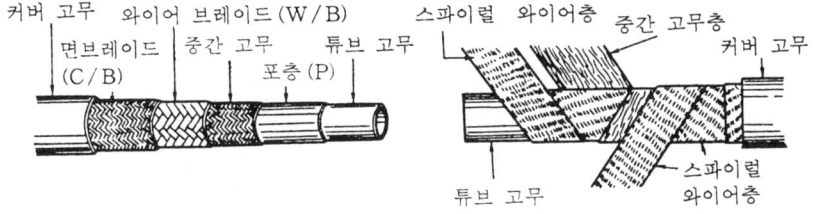

고무 호스의 내부도

- (가) 호스의 선택 : 오일의 유동량, 압력과 온도에 대하여 유의해야 하고, 호스의 크기는 장치에서 필요로 하는 크기와 일치되어야 한다. 호스의 크기가 유량에 비하여 너무 작으면 유동량이 적어지고, 과열 및 압력 손실을 가져온다.

  이와 반대로 너무 크면 장치 내의 압력을 지탱하기 어렵게 된다. 이는 크기가 큰 호스는 동일 압력을 지탱하는 경우 강도가 더 커야 하기 때문이다.

- (나) 호스의 종류 : 호스는 호스의 벽 구조와 이에 따르는 강도에 따라 고압 호스일수록 보강층이나 여유층(extra layer)을 두고 있다. 호스의 정격압력은 유압장치의 작동압력에 기초하며, 정상 작동에서의 최대 서지 압력에 견딜 수 있어야 한다.
  - 직물 브레이드 호스(fabric braid hose) : 안쪽 튜브는 합성고무이고, 보강층은 편직 섬유와 찌그러지는 것을 막기 위한 나선 와이어로 되어 있으며, 호스 커버

는 오일과 마멸에 대한 저항이 큰 합성고무로 되어 있다. 석유 계열의 오일, 가솔린, 부동액 등의 흡입 라인과 저압이 리턴 라인에 사용된다.
- 단일 와이어 브레이드 호스(single wire braid hose) : 안쪽 브레이드와 커버는 직물 브레이드 호스의 경우와 같고, 보강층은 2개의 섬유 브레이드로 되어 있다. 연료, 부동액, 일반 용액, 물 등이 유동하는 라인에 사용된다.
- 이중 와이어 브레이드 호스(double wire braid hose) : 안쪽 튜브는 내유성이 큰 합성고무이고, 보강층은 인장력이 큰 합성고무로 되어 있다. 오일, 연료, 물 등이 유동되는 고압 라인에 사용된다.
- 나선 와이어 브레이드 호스(spiral wire braid hose) : 안쪽 튜브는 내유성이 큰 합성고무이고, 보강층은 인장력이 큰 다수의 나선 와이어와 하나의 직물 브레이드로 되어 있다. 커버는 내유성과 내마멸성이 큰 합성고무이다. 압력이 매우 높은 유압장치에 널리 사용된다.

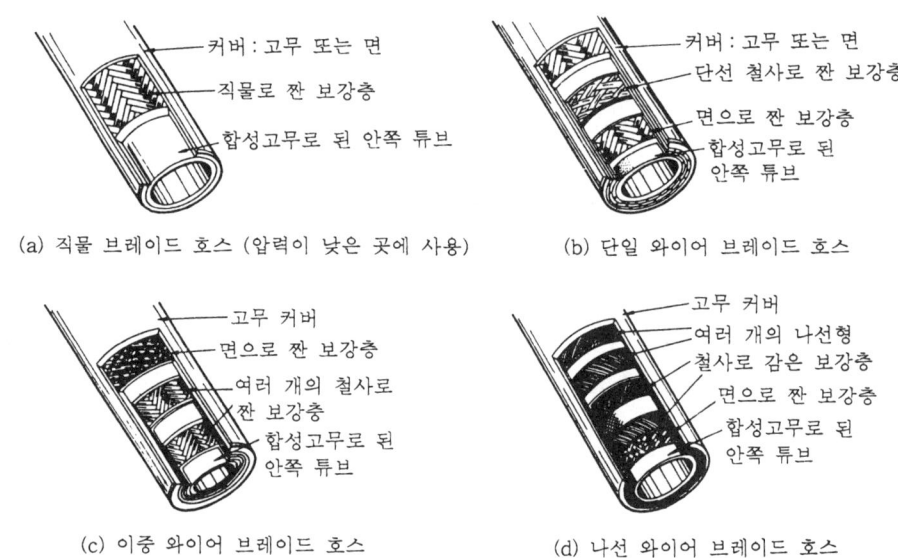

호스의 종류와 구조

(2) 관이음

관이음에는 나사 이음, 플랜지 이음, 플레어 이음, 바이트형 이음, 용접 이음, 등이 있고, 조립 후에 진동 충격 등에 의해 오일 누출이 생기는 일이 있으므로 주의하여 이음을 선택한다. 이음종류에는 방식, 모양, 재질에 따라 여러 가지가 있다.

① 이음방식에 의한 종류 : 이음방식에 의한 배관 이음의 종류는 분해, 조립이 가능한 슬리브형 이음과 플레어 이음이 있고, 용접 이음 등이 있다. O링이나 구리 패킹을 사용하여 밀봉하게 되며, 개스킷 사용형에는 유니언형(union type)과 플랜지형(flange type)이 있다.

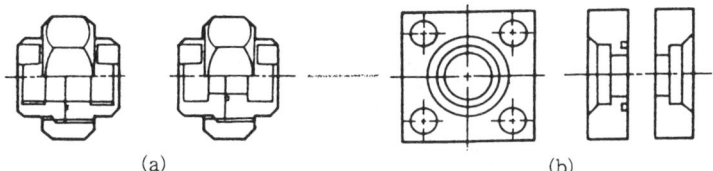

개스킷 사용형 이음

㈎ 나사끼우기형 이음 배관(screw joint) : 관의 끝부분에 테이퍼 나사를 깎고 상대의 암나사에 끼워 배관하는 방법이다. 주로 저압이거나 분리의 필요가 있는 곳에 사용된다.
- 나사 가공 스톡(stock) 때문에 관의 두께가 두꺼워진다.
- 관을 끼울 때 파이프 렌치(pipe wrench)에 의한 상처의 발생으로 피로강도가 저하된다.
- 관 끝의 나사를 정확하게 깎지 않으면 오일이 누출되는 원인이 된다.
- 나사부에서 오일이 누출되면 더 죄기가 어려워 보수하는 데 힘이 든다.
- 나사부에 진동, 충격에 의한 응력 집중이 일어나 파손되는 일이 있고, 헐거워져 오일 누출의 원인이 된다.

이상과 같은 여러 가지 결점이 있으므로 펌프 흡입쪽이나 탱크 귀환쪽에만 사용하고, 압력 배관에 사용할 경우의 압력은 $70\,\mathrm{kg_f/cm^2}$ 정도가 적당하다.

㈏ 끼우기 용접형 이음 배관 : 나사 끼우기형의 나사부분을 용접하여 배관하는 방법으로 오일 누출이 거의 생기지 않는다. 관의 길이가 나사 이음형과 비교하여 그다지 정확하지 않아도 되는 장점이 있고, $210\,\mathrm{kg_f/cm^2}$ 이상의 고압으로 지름이 큰 배관에 사용된다. 그러나 다음과 같은 단점도 있다.
- 용접 때문에 판의 두께가 필요 이상으로 두껍게 된다.
- 공정 수가 많다.

보통의 용접형 이외에 맞대기 용접(butt welding)은 관의 안쪽 벽에 슬래그가 부착되어 그것을 떼어내기가 어렵고, 이 슬래그가 유압 기기의 고장의 원인이 되는 경우가 있으므로 주의하여야 한다.

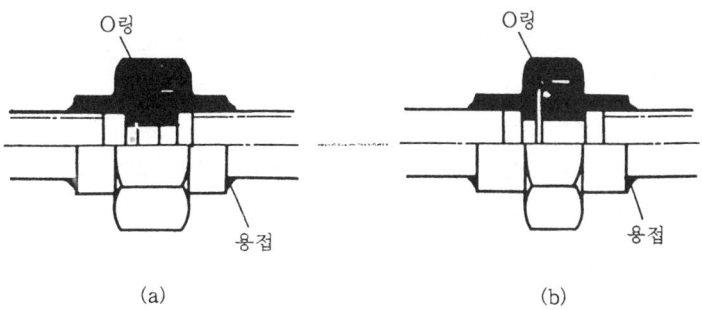

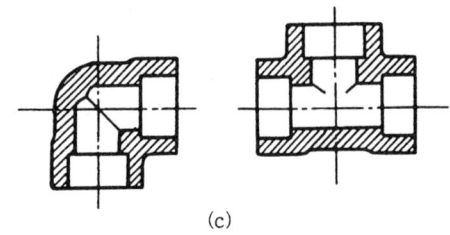

(c)

용접형 이음

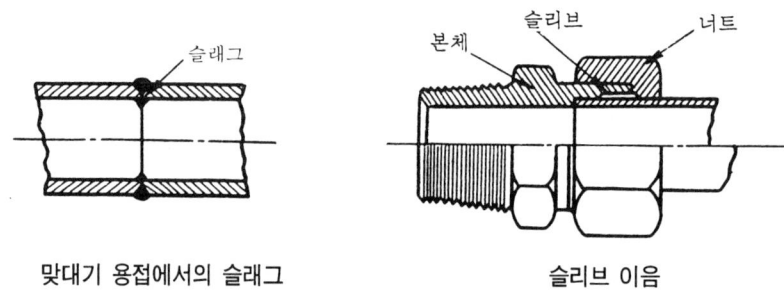

맞대기 용접에서의 슬래그   슬리브 이음

㈐ 슬리브 이음 배관 : 이 배관방식은 나사 이음형이나 용접형과는 달리 바깥지름 치수를 정확하게 다듬질한 유압 배관용 정밀 탄소강관에 사용된다. 슬리브 이음은 본체, 슬리브, 너트의 세 부분으로 구성되어 있다.

본체의 바깥둘레에는 수나사가 깎여져 있고, 안쪽은 원뿔 모양으로 되어 있어 관을 끼울 때 안내부의 역할을 한다. 너트 안쪽의 나사 밑 원뿔부는 슬리브가 죄어졌을 때 접촉되는 부분으로 슬리브에 힘의 전달과 슬리브를 사이에 두고 판을 견고하게 유지하는 두 가지 기능을 한다.

㈑ 플레어 이음 배관 (flare joint) : 슬리브 이음과 마찬가지로 본체, 슬리브, 너트로 구성되어 있다. 관의 앞끝은 나팔 모양으로 벌려 플레어를 붙인 다음, 본체에 대고 너트를 죄어 슬리브로 테이퍼부를 압착하여 밀봉한다.

이 방법은 플레어 성형상 관의 두께가 제한되고, 플레어 가공공구가 필요하며, 플레어의 모양이 불량한 경우 관이 빠지는 등의 결점이 있어 그다지 사용되지 않으나 배관상의 공정수가 적어 좁은 장소, 현지 조립 등에 적합하다.

또, 두께가 얇은 강관을 사용하므로 경량화되고 분해, 조립하기가 쉬운 장점이 있다. 플레어의 각도는 37° 및 45°의 두 종류가 있다. 37°의 것은 변형이 적고 너트의 조임에 높은 접촉력을 얻을 수 있어 고압에 적당하다. 45°의 것은 자동차의 브레이크 계통이나 연료관 등의 저압이고, 특히 얇은 것에 적당하며 슬리브가 없는 것이 많다. 플레어로 하기 위한 관은 동관 등 비교적 연질이고 두께가 얇은 것이 바람직하다.

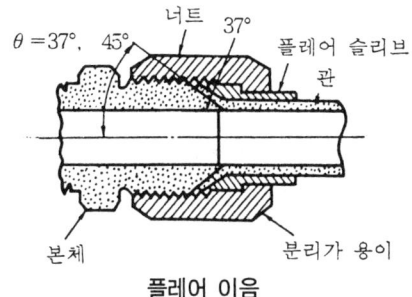

플레어 이음

㈑ 플랜지 이음 : 플랜지 이음은 여러 개의 볼트에 의하여 조임의 힘이 분할되기 때문에 대형관의 이음으로 편리하다.

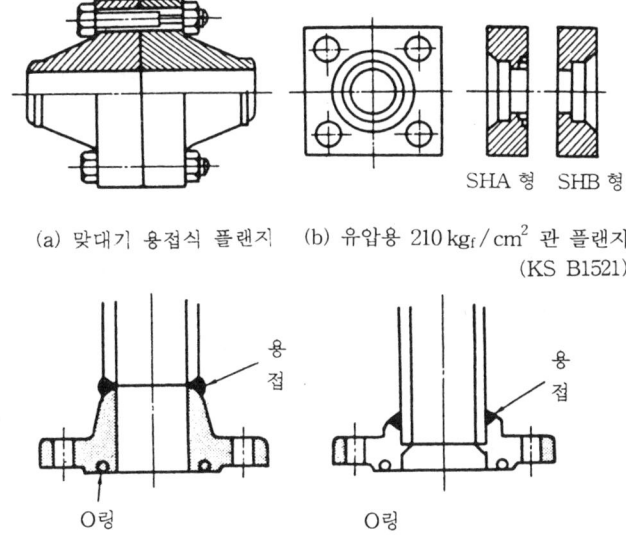

(a) 맞대기 용접식 플랜지 (b) 유압용 $210\,kg_f/cm^2$ 관 플랜지
(KS B1521)

플랜지 이음과 플랜지형 용접 이음

㈒ 바이트형(유니언형) 이음 : 본체, 슬리브, 너트의 3가지 부품으로 형성되어 있고, 너트의 조임에 의해 슬리브는 본체의 테이퍼 부분과 관과의 사이에 밀어 넣어지고, 선단에 에지가 관에 파 들어가 강한 금속 접촉에 의하여 오일 누설을 방지한다. 나사절삭, 플레어 가공, 용접작업 없이 관을 필요한 길이로 끊어 적당한 강도로 조이는 것만으로 그 기능이 확실하기 때문에 고압이음에 사용되고 있다.

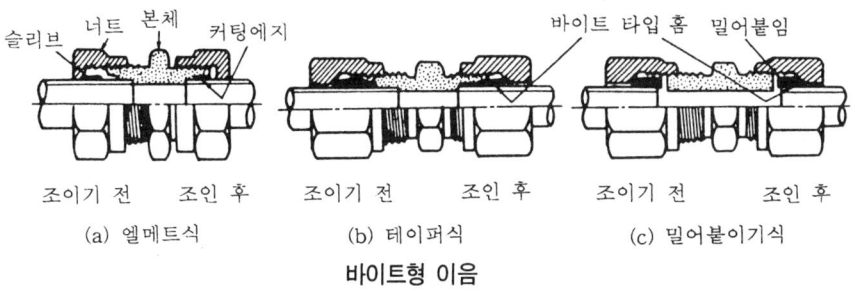

(a) 엘메퍼식   (b) 테이퍼식   (c) 밀어붙이기식

바이트형 이음

② 모양에 의한 종류
  (가) 90° 엘보, 45° 엘보, 지름이 다른 엘보, 암·수 엘보
  (나) 티, 지름이 다른 티, 45° 티, 한쪽 암 티
  (다) 소켓, 지름이 다른 소켓, 니플, 지름이 다른 니플

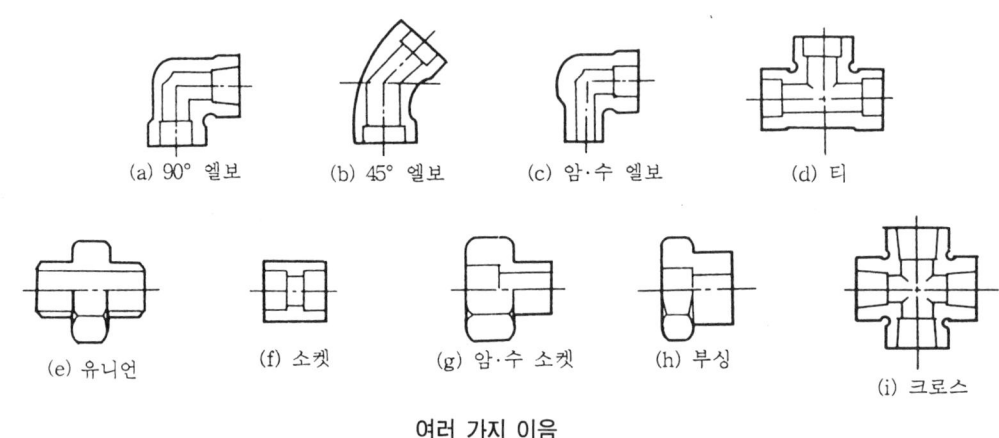

여러 가지 이음

③ 재질 이음에 따른 분류 : 강제, 스테인리스강제, 황동제 등이 있으며, 일반적인 유압 이음에는 강제가 사용된다.

4-7 유압 작동유

(1) 유압 작동유의 일반적인 성질

① 오일의 기능
  (가) 동력을 전달한다.
  (나) 움직이는 기계요소를 윤활한다.
  (다) 열을 흡수한다.

② 오일을 선택할 때 고려되어야 할 성질
  (가) 윤활성이 우수하고, 휘발성이 적을 것
  (나) 점도지수가 크고, 밀도가 작을 것
  (다) 화학적 안정성이 높고, 열전도율이 좋을 것
  (라) 체적 탄성계수가 클 것
  (마) 거품성 기포가 잘 발생되지 않을 것
  (바) 가격이 저렴하고, 구하기 쉬울 것

③ 구비 조건
  (가) 비압축성이어야 한다(동력전달의 확실성이 요구되기 때문).
  (나) 장치의 운전 유온 범위에서 회로 내를 유연하게 유동할 수 있는 적절한 점도가

유지되어야 한다 (동력손실 방지, 운동부의 마모 방지, 누유 방지 등을 위해).
㈐ 장시간 사용하여도 화학적으로 안정하여야 한다 (노화 현상).
㈑ 녹이나 부식 발생 등이 방지되어야 한다 (산화 안정성).
㈒ 열을 방출시킬 수 있어야 한다 (방열성).
㈓ 외부로부터 침입한 불순물을 침전 분리시킬 수 있고, 또 기름 중의 공기를 속히 분리시킬 수 있어야 한다.

내화성 작동유의 특성 비교

특성 \ 작동유	합성 작동유 인산에스테르계	함수형 작동유 수글리콜계	함수형 작동유 임파티드 이멀전계
윤활성	첨가광유 다음으로 좋은 윤활 특성을 갖는다. 고압이 되면 점도가 상승하는 경향이 있다.	윤활성은 좋지 않다.	기름에 물이 함유되어 있으므로 윤활성은 비교적 양호하다.
고무 실재	불소, 브필, 실리콘, 에틸렌, 프로필렌 고무가 적합하다. 니크릴, 아크릴 등의 내유 고무는 팽윤이 크다.	고무는 문제가 없다. 아스베스트, 코크스, 가죽 등 수분을 흡수하는 것은 적합하지 않다.	좌 동
도료	거의 모든 도료를 용해하므로, 탱크 내 도장은 피할 것. 나일론기, 페놀기, 에폭시기는 비교적 내성이 있다.	페인트, 에나멜, 니스 등을 용해한다.	좌 동
부식성	고분자 화합물이므로 금속 표면에 흡착되는 경향이 있어 방청 효과가 우수하다.	임파티드 이멀전계와 같으며, 특히 아연, 카드뮴, 알루미늄, 마그네슘류와 수소화물을 만들어 부식을 일으킨다.	녹과 부식에 큰 문제가 된다.
조작온도	고온성 (80℃ 이상)에서도 운전 가능, 저온성 양호 (유동점 −57℃)	상한온도는 약 70℃, 저온성 비교적 양호 (유동점 −40℃)	상한온도 40~70℃, 하한온도 5℃ 이하에서는 불가
압력	고압 ($210\ kg_f/cm^2$ 이상)에서도 양호한 윤활성을 나타낸다.	고압, 고하중의 윤활에 문제가 있다.	고압에서도 점도가 저하
보수	혼입 수분의 제거에 특히 주의를 요한다.	물 (증류수)의 보급과 온도 점검을 요한다.	좌 동

(2) 작동유의 종류 및 물리적 성질

① 석유계 작동유 : 석유계 작동유는 주로 파라핀기(基) 원유를 정제하여 산화 방지, 방

청 등의 첨가제를 첨가한 것으로, 원유는 파라핀기 탄화수소를 많이 함유하고 점도를 가져야 한다. 그러나 점도가 너무 크면 효율 저하, 소음발생, 유동저항을 초래하며 밸브의 응답속도가 늦어진다. 그러므로 작동유의 점도는 펌프의 형식, 사용압력, 온도 및 장치의 구조 등으로부터 결정되어야 한다.

유압펌프 형식에 따른 적정온도 범위

펌프	주위온도℃(°F) 점도	4.4(40)~37.8℃(100) 100°F에서의 점도 ssu(cSt)	37.8(100)~82℃(180) 100°F에서의 점도 ssu(cSt)
기어 펌프		140 (30)~325 (70)	500 (110)~700 (154)
베인 펌프	70 kgf/cm² 이하	140 (30)~225 (49)	200 (43)~350 (77)
	70 kgf/cm² 이상	250 (54)~325 (70)	300 (65)~450 (99)
피스톤 펌프		140 (30)~325 (70)	500 (110)~1000 (220)

일반적으로 작동유의 점도는 운전온도에서 13 cSt (70 ssu) 보다 낮아서는 안 된다. 만일 점도가 이것보다 낮아지면 작동유는 기계 부품간의 실과 윤활효과를 충분히 만족시킬 수 없다. 또, 유압펌프의 시동시에 탱크 속의 유압유는 80 cSt (4000ssu) 이상의 점도를 가져서는 안 되며, 그 이상이 되면 유동성이 감소되고 펌프 흡입구에서 공동현상을 일으킨다.

② 인화점과 연소성 : 기름을 가열하면 일부가 증발하여 공기와 혼합한다. 이곳에 화염을 가까이 하면 순간적으로 착화한다. 이 때의 기름의 온도를 "인화점"이라 한다. 다시 기름을 계속해서 가열하면 자연적으로 연소가 된다. 이 때의 기름 온도를 "연소점" 혹은 "발화점"이라 한다. 작동유의 인화점은 대략 170~220℃의 범위이다.

③ 압축성 : 고압 (300 kgf/cm² 정도까지) 을 사용하면 장치가 소형, 경량화된다. 또, 일반적으로 구동력이 커짐과 동시에 고압 사용의 이점이 증대된다. 그러나 작동유는 저압, 중압에서는 비압축으로 취급하여 별 문제가 없으나 고압 대형의 유압장치가 되면 압축성은 큰 문제가 된다. 작동유 중에 약간의 공기라도 흡입되어 있으면 압축률은 크게 변화하므로 유압장치를 취급하는데 있어서 작동유의 공기가 혼입되면 안 된다.

④ 잔류탄소의 색 : 잔류탄소는 작동유를 도가니 안에 넣고 가열하여 증발, 태웠을 때 도가니 안에 남는 탄소분을 중량 (%) 으로 표시한 값이다. 색은 성질에 거의 관계가 없으나 불순물 혼입을 조사하는데 도움을 준다.

⑤ 유동성 : 시험관에 작동유를 넣고 냉각하면 점도가 점차 증대되어 시험관을 비스듬

히 기울이더라도 서서히 움직일 정도일 뿐 흐르지 않게 된다. 다시 냉각을 계속하면 움직이는 것까지도 정지된다. 앞의 것을 "유동점", 뒤의 것을 "응고점"이라 부른다. 나프테인계의 압유는 파라핀계 압유에 비하여 낮은 유동점을 갖고, 겨울 운전에서 고려해야 할 문제이다.

(3) 실용적 성질

① 온도에 따른 점도 변화 : 작동유의 점도는 기계적 효율, 마찰손실, 마모량, 유막의 형성 및 두께, 유속 등 장치에 직접적인 영향을 미치므로 점도는 작동유의 성상 중 가장 중요하다.

  (개) 점도가 너무 높을 경우
  - 내부 마찰의 증대와 온도상승 (공동현상 발생)
  - 장치의 관 내 저항에 의한 압력증대(기계효율 저하)
  - 동력손실의 증대(장치 전체의 효율 저하)
  - 작동유의 비활성(응답성 저하)

  (내) 점도가 너무 낮을 경우
  - 내부누설 및 외부누설(용적효율 저하)
  - 펌프효율 저하에 따르는 온도 상승 (누설에 따른 원인)
  - 마찰부분의 마모 증대(기계수명 저하)
  - 정밀한 조절과 제어 곤란 등의 현상이 발생한다.

  보통 작동유의 점도 결정은 펌프 형식에 따라 37.8℃ (100°F)의 온도를 기준으로 한 점도를 가지고 선택하나, 점도는 온도에 따라 크게 변화하여 점도-온도 선도 표시에서 두 온도에서의 점도를 알아낼 수 있다.

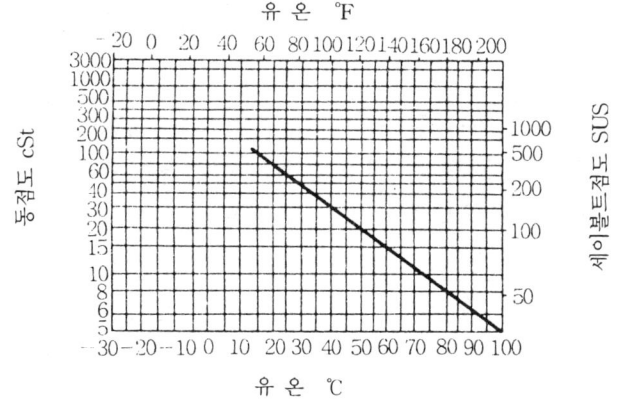

점도-온도 선도

② 점도지수 (viscosity index) : 실용상의 점도를 추정하는 척도로서 점도지수를 사용하

며, 점도지수는 작동유 점도의 온도에 대한 변화를 나타내는 값으로 점도지수가 크면 클수록 온도 변화에 대한 점도 변화가 적다. 따라서 작동유로서는 장치의 효율을 최대로 하기 위하여 점도지수가 큰 작동유를 선정하는 편이 유리하고, 점도지수가 작은 작동유를 사용하면 저온에서 작동할 때 점도가 커서 정상운전까지의 예비운전이 길어져 경제적 운전이 될 수 없다.

또, 정상운전에서도 점도지수가 큰 작동유에 비하여 온도의 조절 범위가 좁아져 운전에 한층 주의를 필요로 한다. 높은 온도에 있어서는 점도 저하가 누유의 증대, 유압의 유지 곤란, 마모의 촉진, 효율의 급저하 등의 문제를 발생시킨다.

③ 압력과 점도와의 관계 : 최근 작동압력은 높아지고 있고, 동일 용량의 장치로 큰 힘을 얻고자 하는 경향이 있다. 일반적으로 압력이 높아짐에 따라 점도도 변하므로 점도는 압력의 증대에 따라 지수 함수적으로 증가하나, 그 증가율은 원유의 종류에 따라 다르고 파라핀계유가 나프테인계유에 비하여 변화율이 적다.

보통 $300\,kgf/cm^2$ 정도까지는 운전상 압력의 영향을 고려할 필요는 거의 없으나, 이 압력 이상이 되면 영향은 커지므로 주의를 요한다.

④ 중화수(中和數) : 중화수란 작동유의 산성을 나타내는 척도로, 양질의 작동유는 낮은 중화수를 갖는다.

⑤ 산화 안정성 : 사용중의 작동유가 공기 중의 산소와 반응하여 물리적·화학적으로 변질하는 것에 대해 저항하는 성질을 산화 안정성이라 말한다. 산화 안정성은 작동유의 성분에 따라 다르고 또 운전온도, 운전압력, 외부로부터 침입하는 이물질 등에 따라 영향을 받는다. 산화원인을 분류하면 다음과 같다.

㈎ 작동유의 성분, 원유의 종류, 정제법, 첨가제의 유무 : 일반적으로 파리핀계유는 큰 피해는 없으나, 나프테인계유는 산화물이 생기면 녹지 않고 중합침전물로 남으므로 해가 많다.

㈏ 운전온도 : 유압장치의 작동유 최적 온도는 45~55℃로 알려져 있으며, 작동유가 60℃ 이하에서는 산화속도가 비교적 완만하나, 60℃를 넘으면 산화속도가 크다.

㈐ 운전압력 : 압력이 증가함에 따라 계통내의 작동유 점도가 증가하여 유온의 상승을 초래하므로 작동유의 산화를 촉진시킨다. 또, 작동유 속에서 용해하는 공기량은 압력 증가와 함께 증가하므로 산화 촉진을 일으킨다.

㈑ 외부로부터 이물질 침입 : 외부로부터 침입하는 수분, 절삭유, 윤활유, 이음새용 도료 등이 산화를 촉진한다. 또 마찰도 산화를 촉진시킨다.

⑥ 항유화성(抗乳化性) : 작동유 중의 수분이 미치는 영향은 윤활능력의 저하, 밀봉작용의 저하, 금속 촉매작용의 활성화 등을 들 수 있다. 수분이 침입하면 잘 정제된

작동유는 속히 수분을 침전 분리시키나, 산화 안정성이 나쁜 것은 유화유(乳化油)로 만든다.

유화유는 유압장치의 기능을 저하시킴과 동시에 작동유의 수명을 현저하게 단축시키므로 계통 내에 들어온 수분을 빨리 탱크 안에서 분리시켜 유화물이 만들어지지 않도록 산화 안정성이 좋은 것을 선택하여야 한다.

⑦ 소포성(消泡性) : 작동유 중에 공기가 혼입하면 물의 경우와 마찬가지로 윤활작용의 저하, 산화의 촉진을 야기시키고, 압축성이 증대되어 유압기기의 작동이 불규칙하게 되고, 펌프에서 공동현상 발생의 원인이 된다.

그러므로 작동유는 소포성이 좋아야 하고, 만일 물거품이 발생하더라도 유조 내에서 속히 소멸되어야 한다. 작동유의 소포제로서 실리콘유가 사용된다.

⑧ 방청 방식성 (anti-rust and anti-corrosion properties) : 유압계통의 부식은 작동유의 산화에 의하여 생성된 유기물, 외부로부터 침입한 수분, 기타 이물질에 의하여 일어나므로 작동유는 녹의 발생, 금속의 부식을 방지하는 성질이 필요하다. 첨가제를 첨가시켜 금속 표면에 막을 생성시켜 공기나 수분 등의 접촉을 막아 방청 방식 작용을 한다.

연습문제

1. 유압 펌프의 종류를 분류하여 표로 만들고, 그 특징을 기술하여라.
2. 펌프의 체적 효율은 어떻게 계산하는가?
3. 압력제어, 유량제어, 방향제어 밸브의 각각 종류를 분류하고, 그 특성을 기술하여 비교하여라.
4. 유압 실린더의 일반적인 기능과 구조에 대하여 설명하여라.
5. 실린더의 지름이 50 mm 이다. 압유의 공급량이 $20\,l/\mathrm{min}$ 일 때 피스톤의 이송속도는 얼마인가?
6. 유압 모터의 기능에 대하여 설명하여라.
7. 유압 모터의 전체 효율을 나타내는 식을 유도하여라.
8. 오일 탱크의 구비요건에는 어떤 것이 있는가?
9. 여과기의 기능, 형식, 구조 및 작동원리를 간단히 설명하여라.
10. 여과재의 종류에는 어떤 것이 있는가?
11. 오일 냉각기의 기능과 구조에 대하여 설명하여라.
12. 가열기의 기능과 형식에 대하여 간단히 설명하여라.
13. 어큐뮬레이터의 기능과 종류에 따른 특성 및 용도는 무엇인가?
14. 오일 실의 기능과 형식을 설명하여라.
15. 유압장치에 사용되는 배관에는 어떤 것이 있는지 알아보자.
16. 작동유에서 온도와 점도, 압력과 점도와의 관계를 기술하여라.

4장 공·유압 회로

각종 공·유압 기기와 배관으로 조립된 공·유압 장치의 기능과 구성을 한눈에 알아보기 쉽도록 그림 기호로 표시한 것을 공·유압 회로도라 한다. 공·유압 회로도는 실제의 모양대로 그리면 매우 복잡하고 이해하는데 어려우므로, 일반 제도에서와 같이 기호화하여 도면으로 표시하도록 하고 있으며, 공·유압 기기에 대한 기호는 KS B 0054에 규격화되어 있다.

1. 공·유압 제어

1-1 공·유압 제어의 개요

(1) 제어 (control)의 정의

어떤 목적에 적합하도록 되어 있는 대상에 필요한 조직을 가하는 것이다.

(2) 제어계 (control system)

제어대상, 제어장치 등의 계통적인 조항을 말한다.

(3) 제어대상 (controlled system)

제어의 대상이 되는 것으로서 기계, 공정, 시스템 등의 전체 또는 그 일부가 해당된다.

(4) 작동부 (actuator)

제어하려는 질량 유동이나 에너지 유동에 어떤 작업을 행하며 제어 대상의 입력부에 위치한 요소이다.

(5) 제어장치 (control device or controller)

제어대상에 속하여 제어를 행하는 장치이다.

(6) 조절부 (controlling element)

제어장치에 속하며 목표값에 의한 신호와 검출부로부터 신호에 의해 제어장치가 소정의 작동을 하는데 필요한 신호를 만들어서 조작부에 보내주는 부분이다.

(7) 조작부 (final controlling element)
제어장치에 속하며 조절부 등으로부터 나온 신호를 조작량으로 바꾸어 제어대상을 작동시키는 부분, 서보 기구에서는 조작부를 명확히 할 수 없는 경우가 많다.

(8) 외란 (disturbance)
제어계의 상태를 교란시키는 외적 작용을 말한다.

(9) 목표값 (command value)
제어계에 있어서 제어량이 그 값을 가지도록 목표로서 주어지는 값이다.

(10) 제어량 (controlled variable)
제어 대상에 속하는 양 중에서 그것을 제어하는 일이 목적으로 되어 있는 양을 말한다.

(11) 신호 (signals)
신호를 의미하며, 신호라는 표현은 물리량이나 또는 물리량의 변화와 정보의 전달, 처리, 저장 등에 관계되는 것이다.

1-2 제어의 종류

(1) 오픈 루프 제어와 클로즈드 루프 제어
① 오픈 루프 제어 (open loop control) : 출력이 제어 자체에 아무런 영향이 미치지 않는 것으로, 입력과 출력의 오차에 대한 수정 과정이 없다.
② 클로즈드 루프 제어 (closed loop control) : 출력신호를 감지하고 목표치와 비교하여 입력과 출력의 오차가 제어장치에 입력되어 이 오차를 줄이는 제어로 목표값과 결과값이 일치하게 된다.

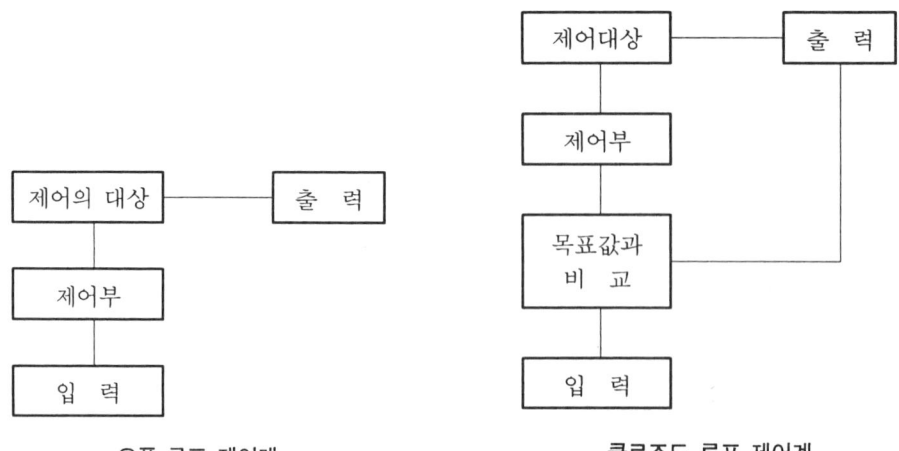

오픈 루프 제어계　　　　　클로즈드 루프 제어계

(2) 사용되는 제어 에너지에 따른 분류

① 기계적인 에너지　　② 전기적인 에너지　　③ 전자적인 에너지
④ 정상압력 공압제어　⑤ 저압력 공압제어　　⑥ 유압제어
⑦ 전기 공압제어　　　⑧ 전기 유압제어

(3) 신호처리 방식에 의한 분류

① 조합제어: 입력 신호가 항상 특정한 출력신호와 조합을 이루며 시간 특성이 없다.
② 시퀀스제어: 시간 특성이 있는 요소로만 이루어진 모든 제어가 여기에 속한다.

(4) 작동 시퀀스의 형태에 따른 분류

공압제어는 동력회로와 제어회로로 나뉘어진다.

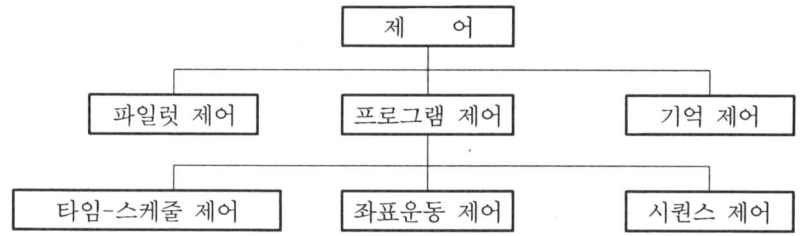

① 동력회로란 에어 실린더·에어 모터 등의 액추에이터를 직접 조작하는 주회로를 말한다.
② 제어회로란 주회로를 제어하는 보조회로를 말한다.

1-3 공·유압 회로 설계

(1) 공유압 회로의 기초

① 공유압 회로의 구성

㈎ 공유압 회로 표현 방식: 공유압 회로 표현 방식에는 그림과 같이 횡서 방식과 종서 방식이 있으며, 횡서 방식이 작성하기 쉽고 읽기도 편리하다.

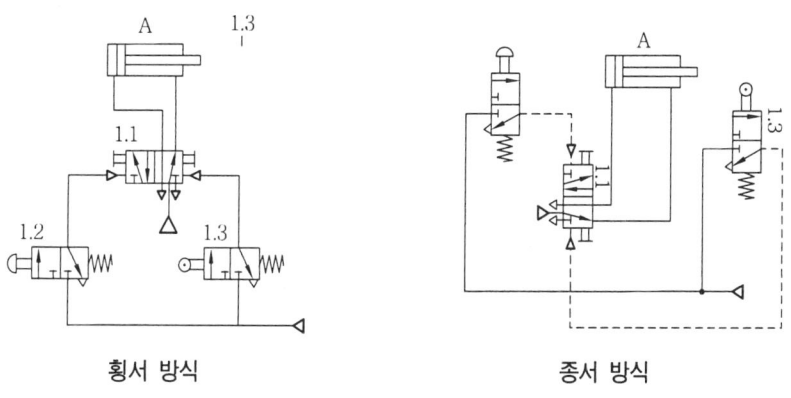

　　　　횡서 방식　　　　　　　　　　　종서 방식

(나) 공유압 회로 구성 : 회로의 배치는 구성도와 같아야 하고 신호의 흐름은 밑에서 위로 이어져야 한다. 에너지 공급원도 구성도에 있어야 하되 제일 밑에서 위로 분배되도록 한다. 회로도 작성은 실제배치는 생각하지 않고 실린더와 방향 제어 밸브는 수평으로 그린다.

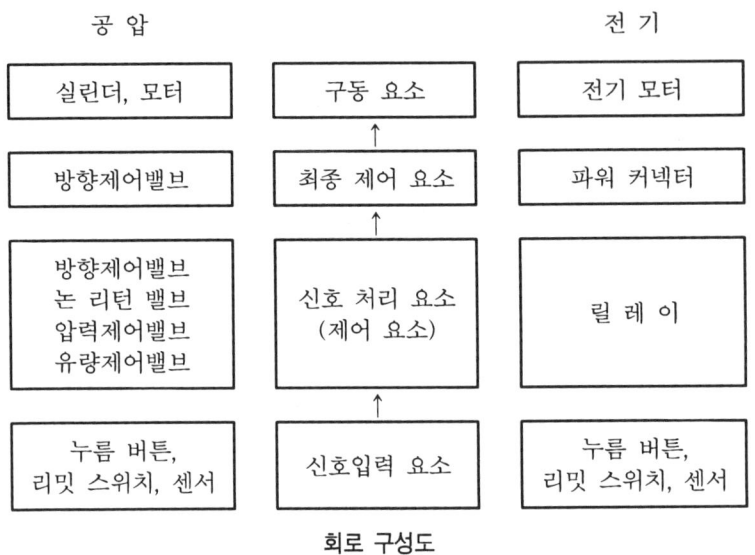

회로 구성도

이 회로도는 신호 흐름의 원칙에 의해서 작성된 회로도이다. 순서도와 배열은 일치하지만 공압 요소들의 위치와 실제 부품의 설치 위치가 서로 다르다는 것을 알 수 있다. 여기서 최종 제어 요소는 실린더의 전·후진을 직접 제어하는 마지막 공압 요소이다.

제어 시스템이 복잡하고 여러 개의 구동 요소가 있을 경우에는 제어 시스템을 각각의 요소에 대해 구분해서 나타내며, 이 순서는 작동 순서와 같은 순서로 차례대로 그린다.

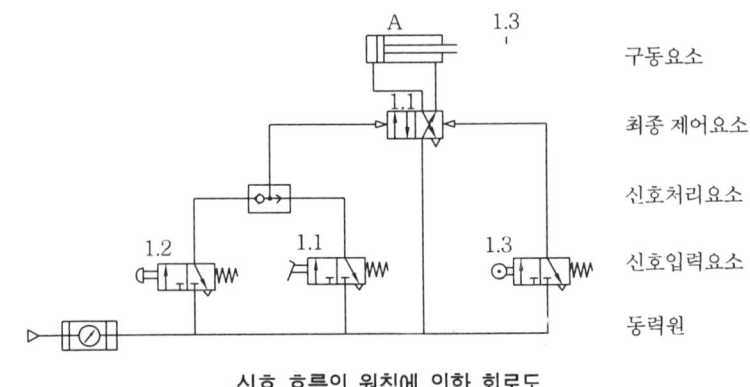

신호 흐름의 원칙에 의한 회로도

② 공유압 회로 작성시 유의 사항
  ㈎ 숫자 표시법
   • 일련번호 표시 방법 : 제어 시스템이 복잡하거나 같은 기기가 중복되는 경우에 사용된다.
   • 그룹번호와 그룹 내의 일련 번호 표시

그룹 내의 일련 번호 표시

기　　호	구성 요소
0	에너지 공급 요소
1, 2, 3, …	각 제어열 (예 액추에이터 등)
.0	작업 요소 (구동 요소)
.1	작업 요소의 최종 제어 요소
.2, .4	작업 요소의 전진을 담당하는 요소 (짝수)
.3, .5	작업 요소의 후진을 담당하는 요소 (홀수)
.01, .02	작업 요소와 제어 요소 사이의 공유압 요소

• 제어 밸브의 숫자 표시법 : 다음의 회로를 예로 들어 설명하면
  - 실린더 1.0의 1은 한 개의 제어 시스템을 의미하고, 실린더가 2개일 경우 다른 실린더는 2.0으로 표시된다.
  - 유량제어 밸브 1.01은 실린더 1.0에 속해 있고, 1.01 밸브의 설치 목적이 실린더의 후진 속도 제어이므로 마지막 숫자가 1이다.
  - 최종 제어요소(1.1)의 왼쪽 제어 관로에서 14는 1.1의 왼쪽 제어 관로 14에 압축공기가 공급되었을 때 포트 1과 4를 연결해 주는 것을 의미한다.

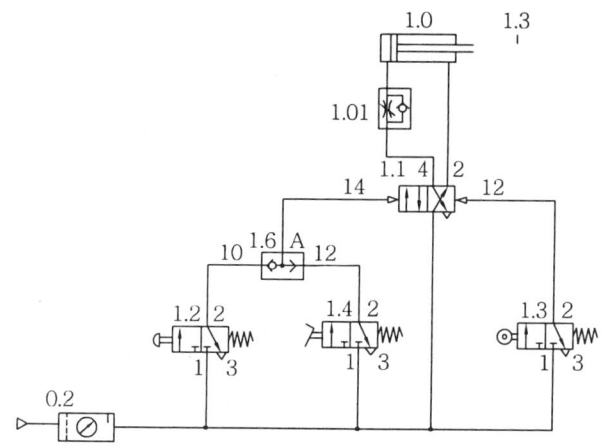

제어 밸브의 숫자 표시법 예

(나) 문자 표시법 : 회로도를 질서 정연하게 배열할 때 사용되며, 검토와 배열이 쉽고 분명한 장점이 있다. 구동 요소는 대문자로 표시하고 신호 요소와 리밋 스위치 등은 소문자로 표시한다.

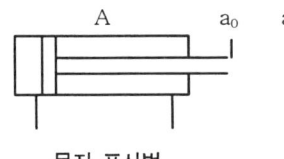

A, B, C : 작업 요소
a_0, b_0, c_0 : 실린더 후진 위치에서 동작하는 리밋 스위치
a_1, b_1, c_1 : 실린더 전진 위치에서 동작하는 리밋 스위치

문자 표시법

제어 밸브의 기호 표시법

연결구 약칭	라 인	기 호
A, B, C	작업 라인	2, 4, 6
P	공급 라인	1
R, S, T	배기 라인	3, 5, 7
L	누출 라인	9
Z, Y, X	제어 라인	12, 14, 16

(다) 요소의 표시법
- 정상 위치 : 외력이 작용하지 않고 밸브에 내장되어 있는 스프링 등에 의해 유지되는 위치
- 초기 위치 : 공압 요소들을 제어 시스템에 설치하고 에너지원을 공급하여 작업을 시작하려할 때의 위치
- 공유압 회로도에서 모든 요소는 초기 위치상태로 연결되어야 한다.
- 초기 위치에서 밸브가 작동된 상태일 경우에는 화살표로 표시하거나, 리밋 스위치의 경우에 캠으로 표시한다.

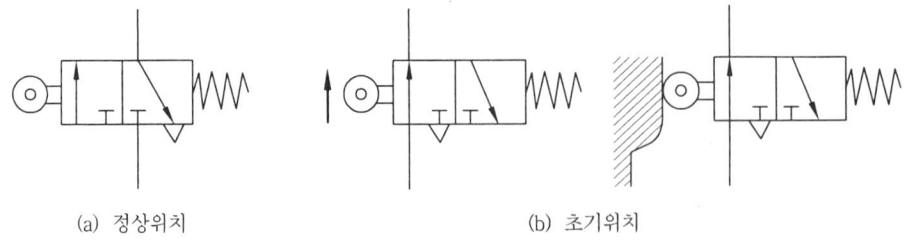

(a) 정상위치   (b) 초기위치

밸브의 정상 위치와 초기 위치의 표시 예

- 방향성 롤러 리밋 밸브는 신호 중복 방지에 사용되며, 한 방향만 감지되는 것이므로 회로도에 그 방향을 표시하여야 한다.

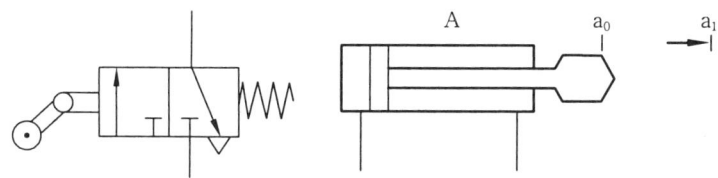

방향성 롤러 리밋 밸브의 구조 및 방향성 표시

(라) 배관 표시
- 배관 라인은 교차점 없이 직선으로 그려야 한다.
- 주관로는 실선, 제어라인인 파일럿 라인은 점선으로 그린다. 단, 회로도가 복잡할 경우에는 제어라인도 실선으로 그릴 수 있다.
- 코드 표시법은 연결부와 행선부를 나타내며, 요소와 연결부의 번호로 구성된다.
- 행선지 코드는 배관이 도달할 곳을 명시하여야 한다.

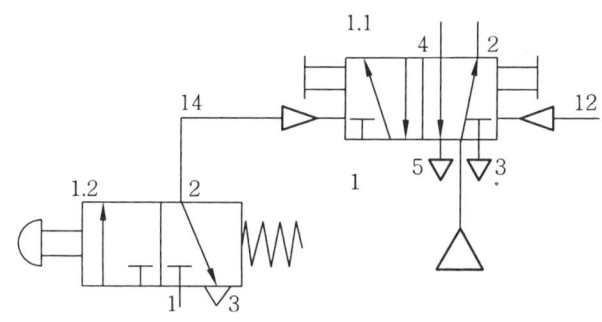

배선 표시법

(마) 공압 회로 구성방법
- 회로도의 배치는 순서도와 같이 하고, 신호 및 에너지 분배는 아래에서 위로 흐르게 한다.
- 요소의 실제 배치는 무시하나 실린더와 방향제어 밸브는 수평으로 그린다.
- 모든 요소는 실제 설비나 회로도에서 같은 표시 기호를 사용한다.
- 실제 배치를 확실히 하기 위해 실제 위치를 짧은 수직선으로 표시한다.
- 요소들은 정상 상태로 하며, 작동된 상태일 때는 이것을 표시한다.
- 신호 위치를 표시하고 방향성 롤러 밸브와 같이 한방향 신호일 때는 화살표로 표시한다.
- 배관 라인은 가능하면 교차점이 없이 직선으로 하며, 필요할 경우 명칭을 표시한다.
- 제어 시스템이 복잡하고 여러 개의 구동요소가 있을 경우 제어 시스템을 각각의 요소에 대하여 구분한다.
- 필요할 경우 기술적 자료와 설치 가격, 시스템 작동순서, 유효 가동 조건, 수리 부품 등도 기재한다.

(2) 제어회로의 구성 방법

- 직관적 설계 방법 : 축적된 경험을 바탕으로 설계하는 것이다.
- 조직적 설계 방법 : 미리 정해진 규칙에 의하여 설계하는 방법으로 설계자 개개인의 역량에 의한 영향이 적다.

① 직관적 방법에 의한 회로 구성

(개) 운동상태 및 개폐조건의 표현방법 : 작업요소 및 제어요소들에 대한 일련의 운동상태 및 개폐조건을 나타내는 방법을 간결하고 명확하게 해야 한다. 이 방법에는 순서별 서술적 묘사 형태, 도표 형태, 약식 기호 형태, 도식 표현 형태 등이 있다.

- 순서별 서술적 묘사 형태의 예
  - 실린더 A 전진
  - 실린더 A 후진
  - 실린더 B 전진
  - 실린더 B 후진
- 도표 형태

작동 순서	실린더 A 의 운동	실린더 B 의 운동
1	전 진	-
2	-	전 진
3	후 진	-
4	-	후 진

- 약식 기호 형태(전진+, 후진−) : A+, B+, A−, B−
- 도식 표현 형태
  - 운동 도표
    ㉠ 변위 단계 도표 : 작업요소의 순차적 작동상태로 나타내는 것으로, 변위는 작업요소의 상태 변화인 각 단계의 기능으로 표현하고, 작업요소가 제어장치에 많이 들어가면 차례로 같은 방법으로 밑으로 나타낸다.

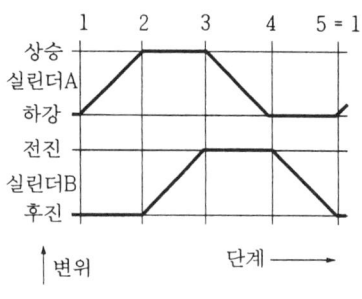
변위 단계 도표

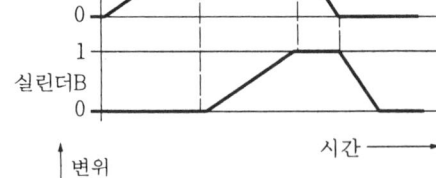
변위 시간 도표

㉡ 변위 시간 도표 : 작업요소의 변위를 시간의 기능으로 나타낸 도표로, 변위 단계 도표에 비해 시간 t가 1차적으로 표시되며, 각 작업요소 사이의 시간 관계가 순차적으로 나타난다.

- 제어 도표 : 신호 입력요소와 신호 진행요소의 개폐상태를 단계의 기능으로 나타내는 것으로 개폐시간과는 무관하며, 제어요소의 최초 상태가 중요하다. 또한, 운동 도표와 제어 도표가 서로 연관되어 있어야만 기능 도표로 제 역할을 하는 것이며, 기능 도표로부터 확인해야 할 것은 신호의 여부와 시작 위치에서 제어 시스템에 영향을 주는 신호의 적부를 판별하는 것이다.

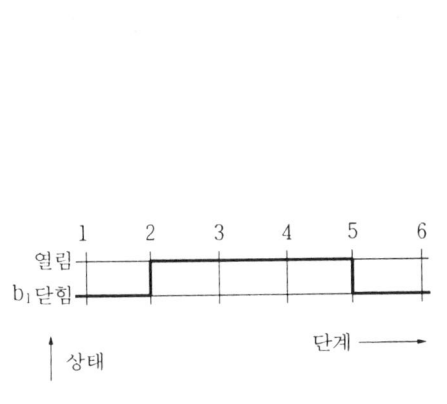
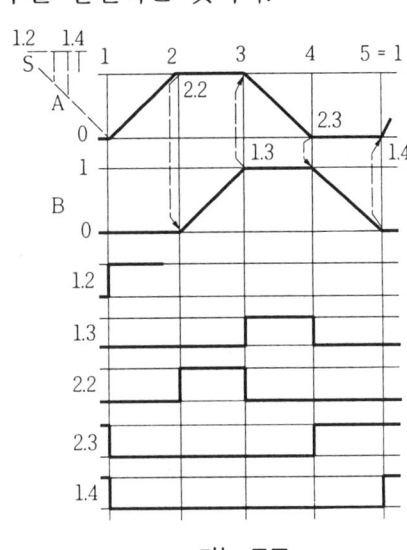

제어 도표　　　　　　　　　　　기능 도표

(나) 회로 설계 : 회로 설계과정은 작업요소의 운동을 조절하는 직접 제어요소를 제어하는 신호의 간섭현상의 배제방법에 따라 차이가 있으나, 일반적으로 수행되는 과정으로 다음과 같다.
· 작업요소의 표시
· 작업요소의 직접 제어요소 표시
· 작동방법을 나타내지 않은 신호요소의 표시
· 에너지 공급상태 표시
· 제어선의 연결
· 구성요소의 구분 기호 표시
· 운동 도표로부터 리밋 스위치 설치상태 표시
· 구성회로의 작동상태 확인 및 제어신호 간섭상태 배제의 필요성 조사 (기능도표 이용)
· 신호제어요소의 작동방법 표시
· 필요한 경우 부가조건의 첨가

(다) 제어 신호 간섭 현상 : 시퀀스 제어에서 가장 많이 발생되는 문제는 제어 신호의 중첩현상이다.
　중첩현상이란 다음 단계의 동작을 위한 제어 신호가 입력되더라도 리밋 스위치나 수동 작동 스위치가 계속 작동된 상태로 되면 이로부터 출력되는 제어신호가 다음 단계의 동작을 위한 신호를 방해하게 되는 것을 말하며, 제어 신호의 간섭 현상이라고도 불린다.

즉, 셋(set) 신호와 리셋(reset)가 동시에 존재하는 것이다. 간섭 신호의 배제에는 작용 신호의 억제(suppression)와 제거(elimination)의 두 가지 방법이 있다.

- 신호 억제 회로 : 존재하는 제어신호를 더 강력한 신호로 억압하는 것으로 차동 압력기를 갖는 방향제어 밸브 이용방법과 압력조절 밸브를 이용하는 두 가지 방법이 있다.

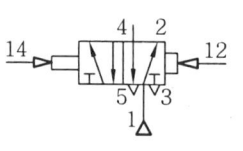
(a) 차동 압력 제어

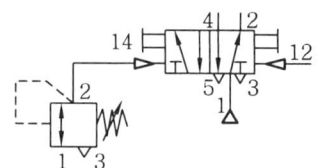
(b) 압력 조절 밸브 이용

신호 억제 회로

- 신호 제거 회로 : 기계적인 방식을 사용하거나 제어 회로를 적절하게 구성하여 불필요한 신호를 제거하는 방법이다.
    - 기계적인 신호 제거 방법 : 오버 센터 장치(over center device)를 이용하는 것으로, 이 장치를 밸브에 설치하면 이 장치가 눌리는 과정에서 잠깐만 밸브가 작동되어 펄스 신호를 얻을 수 있다. 이 장치에는 롤러 레버형, 누름 버튼형, 페달형이 있으며, 주의 사항은 다음과 같다.

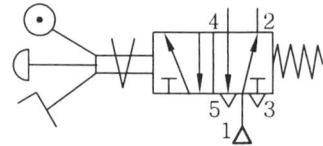
오버 센터 장치

    ㉠ 동작 속도에 의해 작동 신뢰성을 갖는다. 일반적으로 충분히 긴 신호를 얻기 위해서는 최대 0.1~0.15 m/s의 작동 속도가 한계이다.
    ㉡ 행정의 끝 부분이 아니라 행정의 중간에서 밸브가 작동하므로 구동 요소는 정지 위치에서 운동을 해야 하며, 그러하지 못할 경우 작동신호는 계속 나오게 된다.
    ㉢ 리밋 스위치로 사용할 때에는 스위칭 위치가 운동을 완료한 위치가 아니라 약 4~5 mm 전에 이루어져야 한다.
    - 방향성 리밋 스위치 : 제거할 신호가 리밋 스위치에 있게 될 경우 한쪽방향으로만 작동되는 방향성 리밋 스위치를 사용하면 불필요한 신호를 제거할 수 있다. 사용상 주의사항은 다음과 같다.

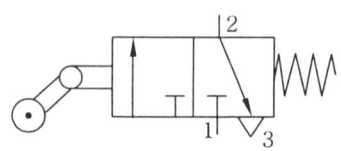
방향성 리밋 스위치

㉠ 실린더 로드에 부착되어 있는 도그가 리밋 스위치를 작동시키고 난 후 지나가야 하므로 리밋 스위치는 그 운동이 완료되기 전에 작동되도록 설치하여야 한다.
㉡ 방향성 리밋 스위치는 끝 위치에서 작동된 상태로 존재할 수 없기 때문에 계속되는 동작 제어나 감시 등의 목적에 사용하여서는 안된다.

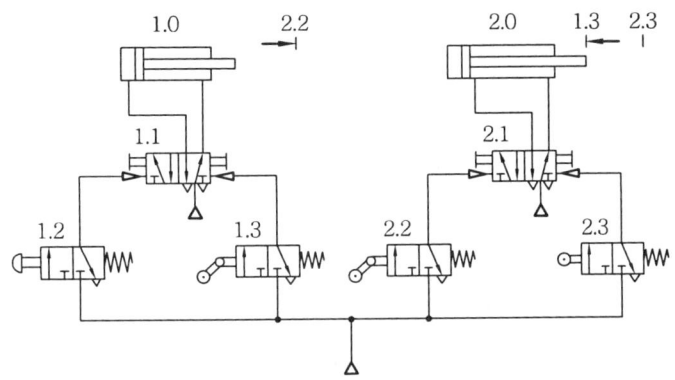

방향성 리밋 스위치에 의한 회로도

- 타이머에 의한 신호 제거

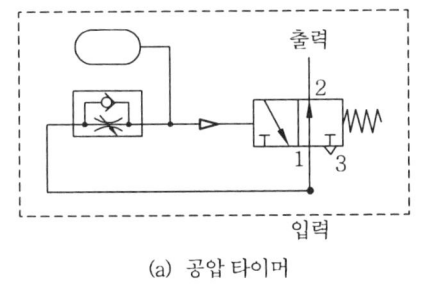

(a) 공압 타이머　　　　　(b) 타임 차트

공압 타이머와 타임 차트

정상상태 열림형 시간 지연 밸브를 연결하고 유량 조절 밸브를 조절하여 펄스 신호를 얻는다.

이 장치는 펄스 회로의 신뢰성이 높아 확실한 작동을 얻을 수 있지만, 정밀한 제어에 사용될 때에는 복잡하고 비용이 많이 든다.

또한 신호 제거 회로에만 사용되고 잠금 작용을 할 수 없다.

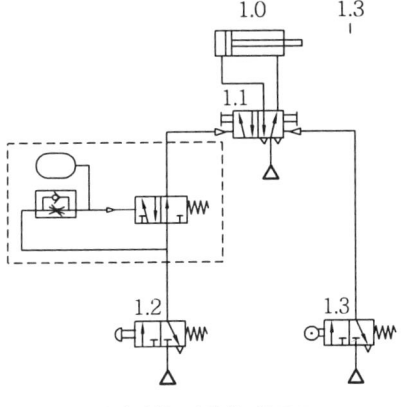

타이머를 이용한 회로도

② 조직적 설계 방법

㈎ 개요 : 불필요한 신호를 제거함으로써 단계별 독립적 제어기능을 얻을 수 있는 간단한 방법은 각 운동 단계별로 하나의 제어 신호만을 추출하는 것으로 캐스케이드 회로가 그 대표적인 예이다.

임의의 순간에 하나의 출력 선에만 압축 공기 신호가 전달되어 있고, 출력 신호 S_{n-1}과 입력 신호 e_n을 직렬로 연결하여 사용한다. 원칙적으로 이러한 회로는 몇 단까지도 확장할 수 있으며, 배열상태는 모든 밸브를 직렬로 연결한 상태로 된다. 여기에서 첫 번째 밸브는 2개의 출력 신호 s_1, s_2를 발생시키고, 두 번째부터는 하나의 출력 신호만을 발생하며, 이전의 출력 신호를 제거하는 형태로 연결된다.

㈏ 설계 절차

- 운동 도표를 작성하고 운동 순서를 약식기호로 표시한다 (예 A+, B+, B-, A-).
- 작동 순서를 그룹별로 분리한다. 이때 작업 요소의 상반되는 작동 상태가 동일한 그룹에 있어서는 안된다. 각 그룹의 캐스케이드 밸브수 C_n는 그룹의 수보다 1 적은 S_{n-1}이다 (예 A+ B+ / B- A-).
- 실린더와 이를 제어하는 전환 밸브를 그리며, 메모리 밸브를 사용하여 실린더를 제어한다.

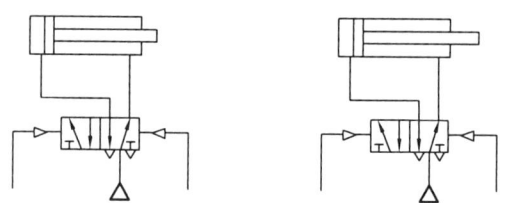

실린더 제어 메모리 밸브

- 각 요소에 필요한 표시 기호를 부여한다.

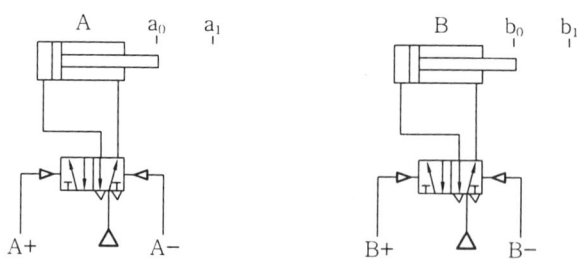

요소 표시 기호

- 캐스케이드 회로를 그리고, 각 입력에 대한 출력을 분배한다.

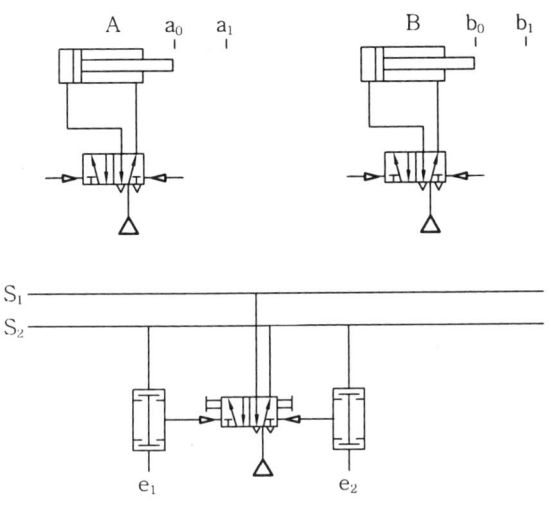

캐스케이드 밸브의 배열

- 운동선도를 단계별로 옮긴다. 이때 밸브의 전환이 필요한지의 여부, 리밋 스위치의 다수 작동에 의한 2압 밸브 사용으로 잠금 장치(interlock) 사용 여부를 조사하여 조치한다.
- 기본회로가 완성된 다음 보조 조건과 연동 작동에 의한 잠금 장치 등을 단계별로 설계한다.

(3) 회로도의 부가 조건

① 공압 에너지 ON / OFF : 제어 시스템을 동작시키기 위한 공압 에너지의 공급 및 차단
② 시동 (start) : 시동 버튼을 누르면 제어 시스템이 동작한다.
③ 수동 / 자동 (manual / auto) : 수동작업 및 자동작업을 선택할 수 있다.
  (가) 수동작업(manual) : 수동위치에서는 각 제어 요소들을 임의의 순서대로 작동시킬 수 있다.
  (나) 자동작업(auto) : 자동 위치에서는 제어 시스템이 자동적으로 작동된다. 자동작업에는 단속 사이클과 연속 사이클이 있다.
- 단속 사이클 (single cycle) : 시작 신호가 입력되면 제어 시스템이 첫 단계에서 마지막 단계까지 1회 동작된다.
- 연속 사이클 (continuous cycle) : 시작 신호가 입력되면 제어 시스템이 전체의 단계를 정지 신호가 있을 때까지 연속적으로 동작한다.

④ 정지 (stop) : 연속 사이클에서 정지 신호가 입력되면 마지막 단계까지 작업을 수행하고 새로운 작업을 하지 못한다.
⑤ 리셋 (reset) : 리셋 신호가 입력되면 모든 작동 상태는 초기 위치가 된다.
⑥ 비상 정지 (emergency stop) : 비상 정지 신호가 입력되면 다음과 같은 상황이 발생한다.

(개) 프로그램에 따른 작업이 중단된다.
(내) 제어에 관계되는 신호는 모두 없어진다.
(대) 모든 작업요소를 제어하는 제어 밸브를 원위치 시킨다.
(래) 비상 정지 신호가 제거되면 제어 시스템이 처음부터 동작된다.

2. 공압 회로

여러 가지 공압기기를 조합한 장치의 작동과 구성을 기호로 사용하여 도면에 표시한 것을 공압회로라 하며, 압축공기의 에너지가 어느 곳에서 일을 하게 되는가를 나타낼 수도 있다. 공압회로는 출력회로, 검출회로, 제어회로의 3가지로 크게 나눌 수 있다.

① 출력회로 : 공기의 압축 에너지를 기계적인 운동 에너지로 바꾸는 실린더 등의 액추에이터 회로와 그 액추에이터를 제어하는 밸브회로를 말하며, 이 회로의 중요한 점은 실린더, 밸브, 레귤레이터 및 압축기를 선정하는 데 있다.

② 검출회로 : 액추에이터가 작동하는 것을 확인하여 제어회로에 피드백하는 회로로서, 액추에이터의 작동확인 및 압력, 온도 등의 검출도 한다.

③ 제어회로 : 액추에이터에 동작 지령을 보내는 회로로서 외부에서의 입력, 즉 시작, 정지, 검출신호 등을 제어회로 내에서 종합적으로 판단한 결과를 송출한다.

2-1 공압 회로의 기호

이들의 기호는 뒤편의 부록을 참조하기 바란다.

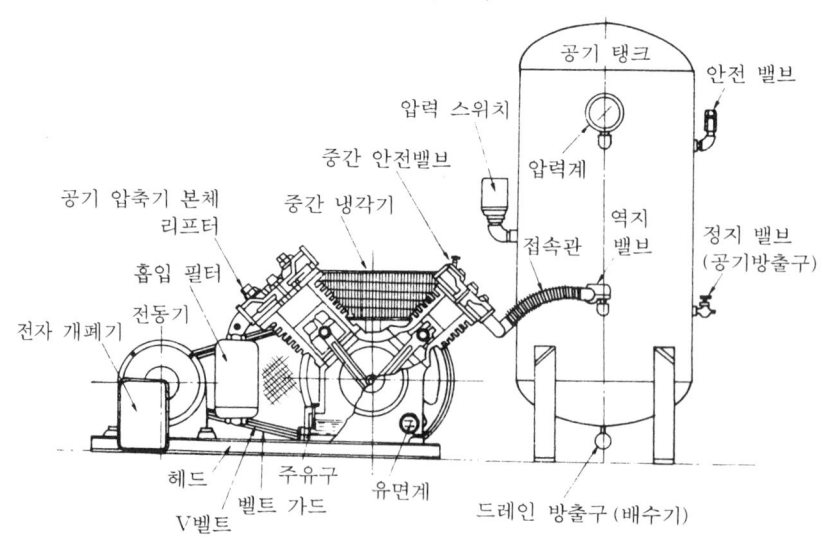

(a) 배치도

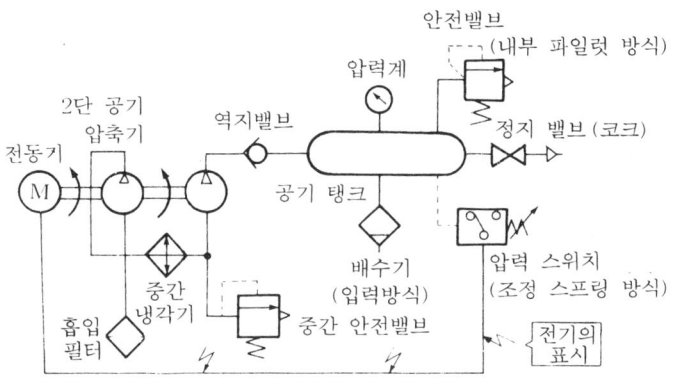

(b) 회로도

단동 공랭 2단 왕복 공기 압축기와 공기압 회로도

2-2 공압원 설정회로

 대상으로 하는 공압 액추에이터를 목적대로 바르게 작동시키기 위해서는 공기 압축기 주위에서의 공기 청정 이외에 공압원의 조정회로를 두고 공기의 질을 안정시키고 있다. 다만, 무급유로 사용하는 공압기기의 제어회로 장치를 구성할 때에는 윤활기 ③을 뺀 ①, ② 회로가 사용한다.
 또, 공압회로 중에 ①, ②, ③을 비치하고 있어도 각종의 회로도 속에는 공압원의 도면 기호 ▷만으로 생략 도시하는 것을 관례로 하는 경우가 많다.

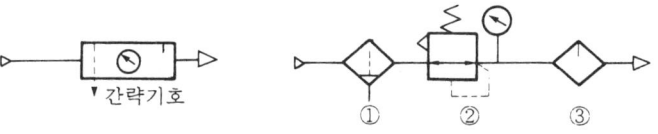

공압원 설정회로

2-3 1방향 흐름회로

1방향으로 흐르는 공압의 ON-OFF 제어에는 2구멍 밸브를 사용한다.

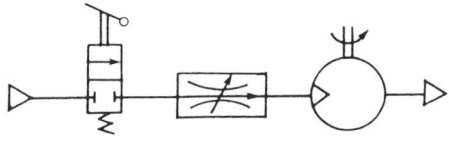

공압 모터 작동 회로

2-4 단동 실린더 (single acting cylinder) 작동회로

(1) 직접 제어회로
동력원에서 밸브를 통해 공기압을 단동 실린더에 직접 보내 작동하는 회로이다.

(2) 간접 제어회로
어떤 압력이 있을 때까지는 현재 상태를 유지시켜주는 기능을 가진 기억회로이다.

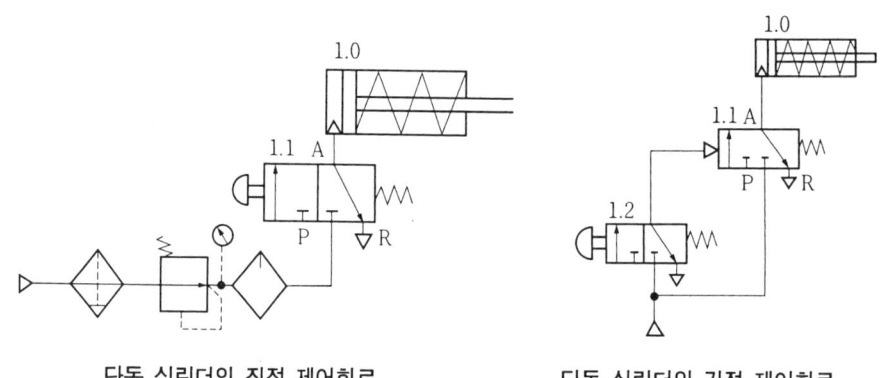

단동 실린더의 직접 제어회로   단동 실린더의 간접 제어회로

2-5 복동 실린더 (double acting cylinder) 작동회로

(1) 직접 제어회로
밸브를 직접 조작하여 실린더를 동작시키는 회로이다.

(2) 간접 제어회로
압력 펄스 신호에 의하여 작동하기 때문에 이를 임펄스(impulse) 밸브라 하는 파일럿 조작밸브를 사용하고, 먼저 도달한 압력신호에 의하여 작동상태를 유지하는 기억기능을 갖고 있다.

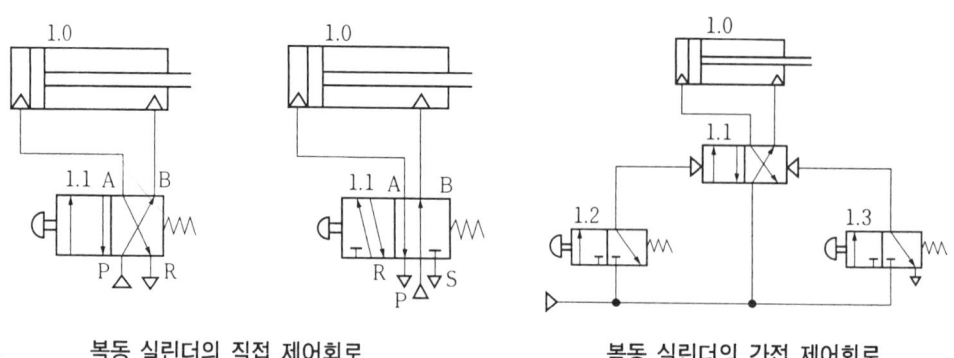

복동 실린더의 직접 제어회로   복동 실린더의 간접 제어회로

2-6 복동 실린더의 속도조절 회로

유량제어 밸브의 유량을 교축시킴으로써 전·후진 속도를 조절할 수 있다.

(1) 미터-인 회로

실린더로 들어가는 공기를 교축시키는 회로로 하중 변동이 직접 실린더 속도에 영향을 준다.

(2) 미터-아웃 회로

실린더에서 나오는 공기를 교축시키는 회로로 실린더의 속도를 자연스럽게 조정하여 외력이나 압력 변동에 의한 속도의 불균일을 될 수 있는 대로 적게 하는데 적합하다.

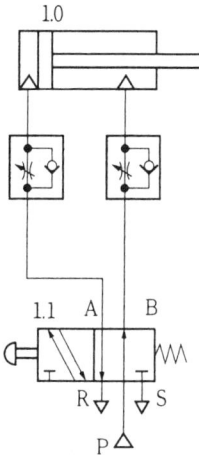

속도조절 회로

2-7 논리 제어 회로

(1) AND 회로 (AND circuit)

① 입력되는 복수의 조건이 모두 충족될 경우 출력이 나오는 회로를 말한다.
② 회로에서 A와 B의 신호가 "1"일 때 C(출력)는 1이 된다.
③ AND 회로도는 논리적 회로라 한다.

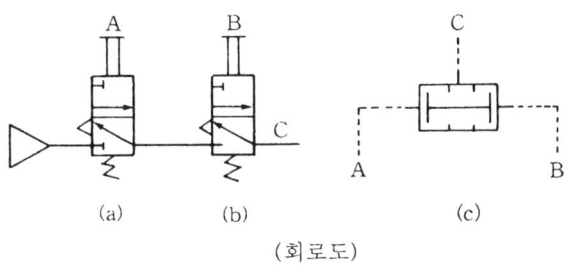

AND 회로와 그 진리표

(2) OR 회로 (OR circuit)

① 입력되는 복수의 조건 중 어느 한 개라도 입력조건이 충족되면 출력이 나오는 회로를 말한다.
② 회로에서는 A 신호 또는 B의 신호가 "1"(입력신호)이면 C(출력)는 "1"이 된다.
③ A 및 B의 신호가 동시에 입력이 되도 C는 1(출력)이 된다.
④ OR 회로 또는 논리합 회로라 한다.

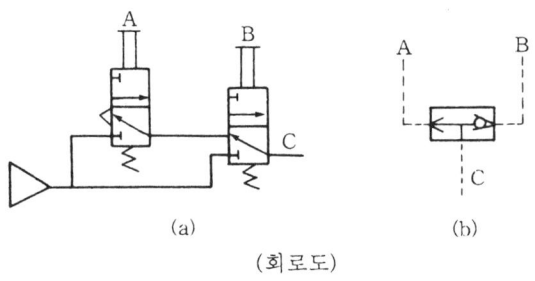

OR 회로와 그 진리표

(3) NOT 회로 (NOT circuit)

① 입력신호가 "1"이면 출력은 "0"이 되고, 입력신호가 "0"이면 출력은 "1"이 되는 부정의 논리를 갖는 회로를 말한다.

② 회로도에서 입력신호 A와 출력신호 B는 부정의 상태이므로 인버터(inverter) 라 부른다.

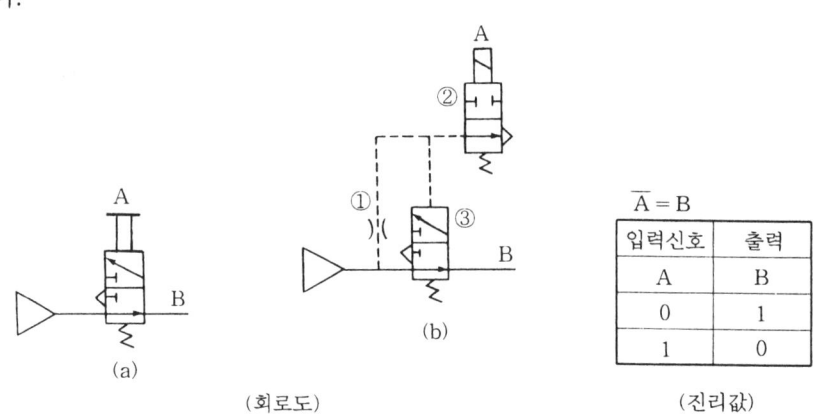

NOT 회로와 그 진리표

(4) NOR 회로 (NOR circuit)

① NOT OR 회로의 기능을 가지고 있다.

② 입력신호 A와 B 모두 OFF("0") 때만 출력 C가 ON("1")이 되며, 그 외의 입력신호 조합에서는 출력 C가 OFF("0")의 상태가 된다.

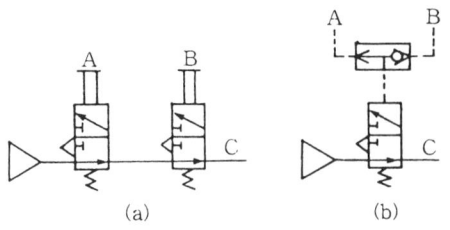

NOR 회로와 그 진리표

이 밖의 AND 회로를 NOT 회로에 연결한 모양의 NAND 회로 또는 NOT 회로의 압력원을 별도의 공압 입력 신호로 치환한 인히비트 회로 등도 용도에 따라 이용된다.

2-8 플립플롭 회로 (flip-flop circuit)

① 주어진 입력신호에 따라 정해진 출력을 내는 것인데, 기억(memory) 기능을 겸비한 것으로 되어 있다.
② 그림 (a)는 파일럿 공기 작동형 5/2-way 밸브에 의해, 그림 (b)는 4/2-way 솔레노이드 밸브에 의해 플립플롭 기능을 나타내고 있다.
③ 그림 (c)는 2/2-way 밸브 2개와 3/2-way 밸브 1개를 조합하여 플립플롭 회로를 구성한 것으로, 밸브 ①의 입력신호 A가 ON, ②의 신호 B가 OFF일 때 파일럿의 공기압력에 의해 밸브 ③의 출력 OUT가 ON이 되는 회로이다.
④ 그림 (d)는 2개의 3/2-way 공압 작동형 밸브와 셔틀 밸브를 조합하여 공압의 입력신호 A와 B에 대한 OUT(출력)의 플립플롭 회로를 구성한 것이다.

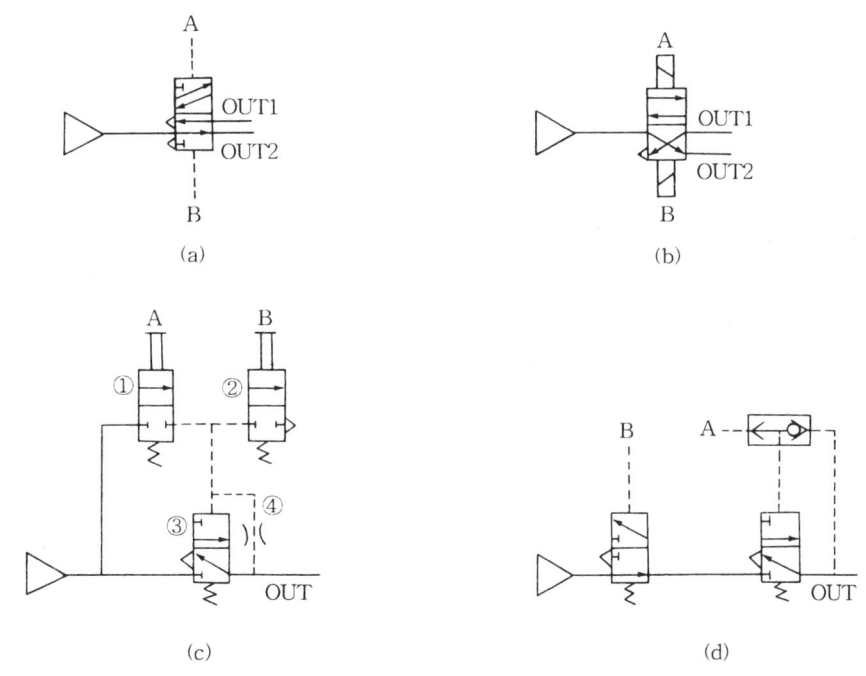

플립플롭 회로

2-9 순차작동 제어회로 (시퀀스 회로)

미리 몇 작동 순서를 정해 놓고 한 동작이 완료될 때마다 다음 동작으로 옮겨가는 제어방법으로 공압제어는 거의 이 시퀀스 제어라고 할 수 있다.

(1) 위치에 의한 시퀀스
리밋 밸브를 사용한다.

(2) 시간 회로에 의한 시퀀스
시간에 의한 것이다.

(3) 압력에 의한 시퀀스
시퀀스 밸브를 사용한다.

3. 유압 회로

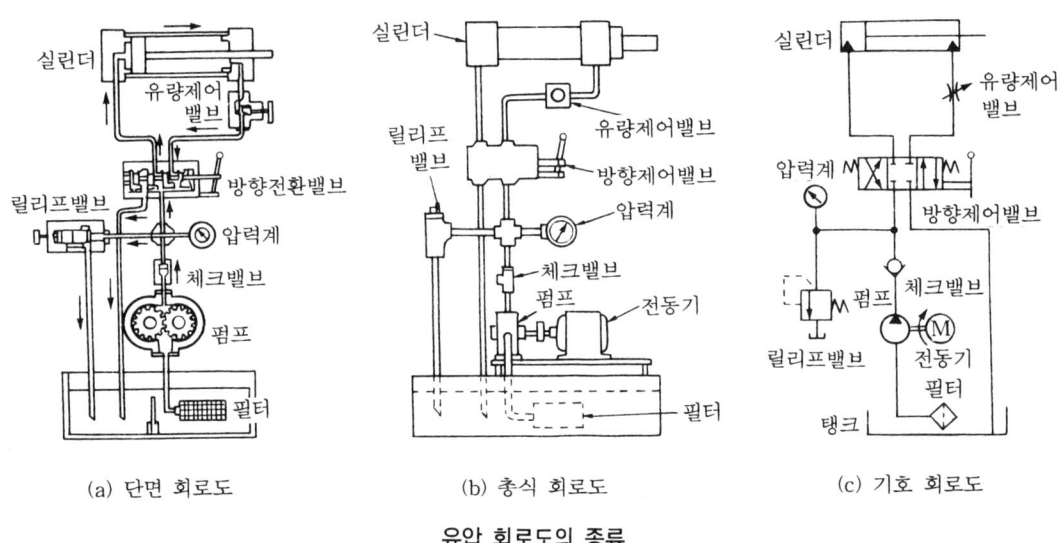

(a) 단면 회로도　　(b) 총식 회로도　　(c) 기호 회로도

유압 회로도의 종류

유압장치를 여러 가지 유압기기로 조합하여 조립하거나 그 움직임을 이해하는 경우 등에 내부 구조와 오일의 유로를 표시하는 기구의 위치를 가르쳐 주거나, 유압장치의 작동과 구성을 기호를 사용하여 도면에 표시한 것을 유압 회로도라 하며, 단면 회로도, 총식 회로도, 기호 회로도가 있다.

① 단면 회로도 : 기기와 관로의 단면도를 가지고 압유가 흐르는 회로를 알기 쉽게 나타낸 회로도로서 기기의 작동을 설명하는데 편리하다.

② 총식 회로도 : 기기의 외형도를 배치한 회로도로서 과거에는 견적도, 승인도 등 상용에 널리 사용되었다.

③ 기호 회로도 : 유압기기의 제어와 기능을 기호로 간단히 표시할 수 있으며 배관이나 회로, 작동 해석 등에 사용될 수 있으므로 설계, 제작, 판매 등에 편리하다.

3-1 유압 회로의 기호

이들의 기호는 부록을 참고하기 바란다.

3-2 유압 장치의 기본 회로

유압장치를 이용하는 기초적 목적은 힘의 제어, 위치 및 방향의 제어, 일의 제어라 할 수 있다.

이 세 가지는 일의 3요소인 크기, 방향, 속도와 각각 관련이 있으며, 이들 세 가지의 제어가 유압회로 내의 기본으로 되어 있다.

(1) 압력 제어 회로

회로의 최고압을 제어하든가 또는 회로의 일부 압력을 감압하는 등 압력을 제어하는 회로로 작동목적에 알맞은 압력을 얻는 회로이다.

이를 적당히 사용하면 필요 이상의 부하가 걸리지 않게 하여 장치 전체에 과부하가 작용되는 것을 방지하고, 충격을 최소한으로 억제할 수 있다.

① 압력 설정회로 : 모든 유압회로의 기본으로 회로 내의 압력을 설정 압력으로 조정하는 회로이다.

압력이 설정 압력 이상시는 릴리프 밸브가 열려 탱크에 작동유를 귀환시키는 회로이므로 안전측면에서도 필수적인 것이라고 말할 수 있다.

㈎ 2개의 릴리프 밸브를 사용한 최대 압력 제한 회로 : 릴리프 밸브는 주로 회로의 최고 압력을 결정하는데 사용되며, 실린더의 하강, 상승의 최고 압력을 별개로 설정하여 각각의 기능을 하도록 한다.

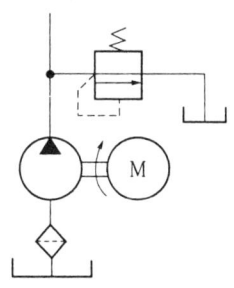

압력 설정회로

고압과 저압 2종의 릴리프 밸브를 사용하여 상승 중에는 저압용 릴리프 밸브로 제어하여 동력의 절약, 발열 방지, 과부하 방지 등의 역할을 하고, 실제로 일을 하는 하강에서는 고압용 릴리프 밸브로 회로압력을 제어한다.

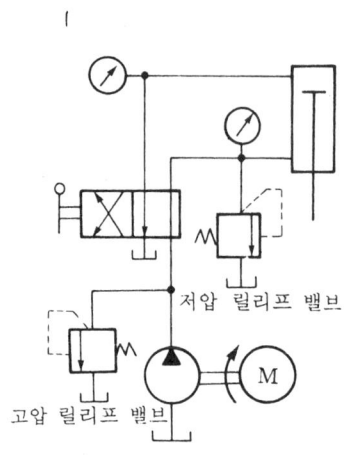

최대 압력 제한 회로

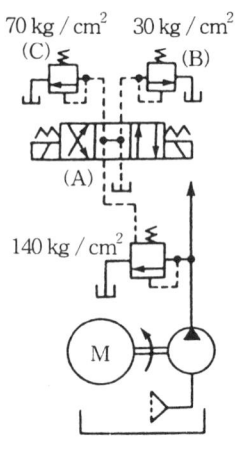

원격 조작 회로

(나) 압력을 연속 제어하는 방법 : 신호 설정기로부터의 지시에 따라 릴리프 밸브, 감압 밸브 등을 연속 제어하는 것과 전기 유압식 서보 밸브에 의하는 방법이 있다.

그림에서 (a)는 릴리프 밸브의 벤트 압력을 직접 제어하는 방식이고, (b)는 파일럿 밸브의 스프링을 제어하는 방식을 나타낸 것이다.

(다) 압력을 단계적으로 변화시키는 방법(원격 조작 회로) : 압력을 단계적으로 변화시키는 회로는 원격(10 m 이내) 조정 릴리프 밸브

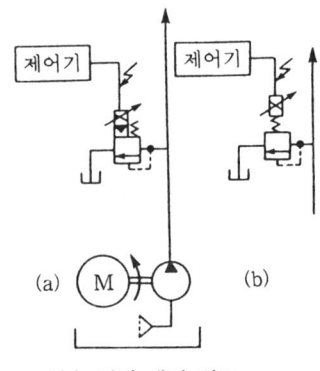

연속 압력 제어 회로

(B), (C)와 솔레노이드 방향 제어 밸브 (A)에 의해 펌프의 압력을 2단, 3단으로 변화시키는 것인데, 압력 스위치 또는 리밋 스위치(limit switch)와 솔레노이드 밸브를 조합하여 자동적으로 변화시키는 것도 가능하다.

또, 2개의 실린더가 있는 유압계통에서 한 개의 실린더가 유압회로의 계통압력보다 낮은 압력이 필요할 경우에는 감압 밸브를 사용해야 하며, 감압 밸브의 설정압력은 릴리프 밸브의 설정압력보다 낮은 범위에서 조정해야 한다.

② 압력 가변회로 : 릴리프 밸브의 설정압력을 변화시키면 행정 중 실린더에 가해지는 압력을 변화시킬 수 있다. 캠조작 릴리프 밸브와 공압과 유압의 조합 실린더를 사용하여 수동의 3위치 밸브를 조작해서 캠 피스톤(공압·유압 조합 실린더)을 전진시키면 회로 압력은 저압으로 되고, 반대로 후퇴시키면 회로 압력은 고압으로 된다.

캠 피스톤의 실린더에 들어 있는 기름은 피스톤을 서서히 움직여 유압계의 급격한 압력 변화가 일어나지 않는다.

③ 충격압 방지회로 : 이 회로는 피스톤 지름 25 cm 이상의 유압 실린더가 대유량, 70 kgf/cm² 이상의 압력으로 구동될 때 절대 필요한 회로로 대유량, 고압유로 구동되는 유압 실린더의 피스톤이 1행정을 완료하고, 귀환행정으로 전환될 때 격렬한 충격이 일어난다.

이러한 충격압을 방지하기 위하여 가변 오리피스와 무부하 밸브를 설치하면, 방향전환 밸브를 지나 피스톤 하측에 송입되는 압유는 무부하 밸브를 통하여 탱크에 방출되므로 충격파는 발생하지 않는다.

대유량이 무부하를 통과하면 저항 때문에 피스톤 하측에 압력이 생기므로 파일럿 조작 체크 밸브가 열려 상측 압력은 직접 보조 탱크 속으로 방출되면서 무부하 밸브를 닫는다. 피스톤이 행정 상단에 오면 캠 조작 전환 밸브가 열려 펌프의 무부하 운전이 가능하다.

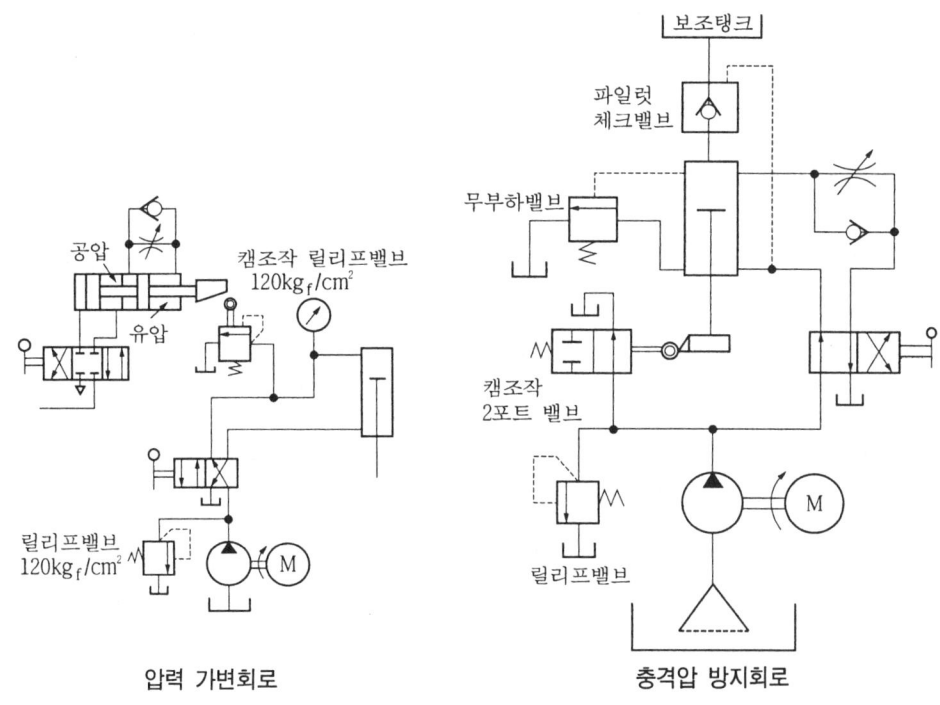

압력 가변회로   충격압 방지회로

④ 고저압 2압 회로

  ㈎ 수동전환에 의한 회로 : 이 회로는 실린더의 피스톤측과 로드측에 각각 다른 압력을 공급할 수가 있다. 고압, 저압 릴리프 밸브로 각각의 펌프를 제어하고 2개의 수동 4포트 밸브를 조작한다.

  ㈏ 솔레노이드 밸브에 의한 회로 : 압력이 압력 스위치의 설정압력에 도달되면 압력 스위치가 작동되고 솔레노이드 3포트 밸브가 전환되면서 고압펌프의 압유는 이 밸브를 통하여 피스톤 상측에 송입된다. 이로 인하여 실린더에 가해지는 압력이

높아진다.

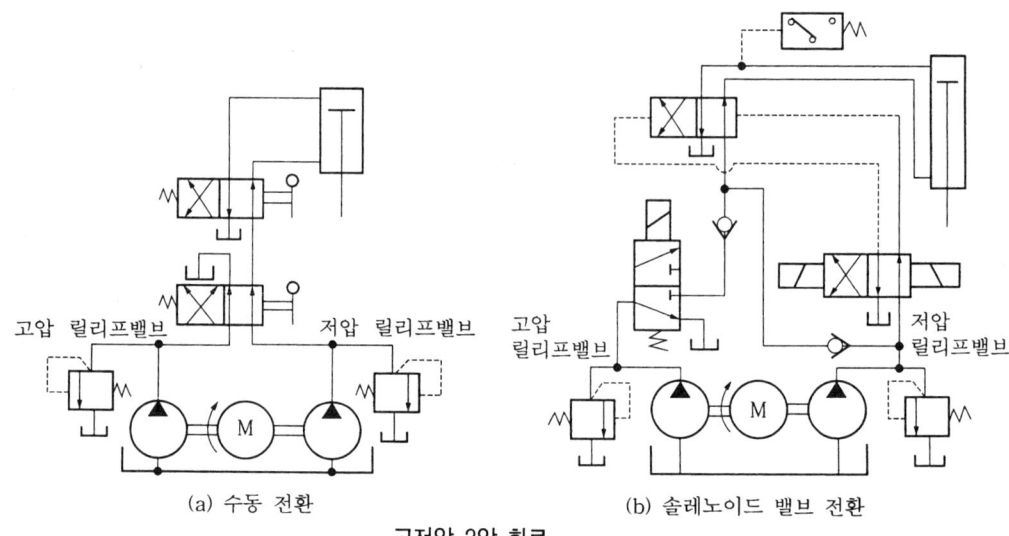

(a) 수동 전환   (b) 솔레노이드 밸브 전환

고저압 2압 회로

(2) 언로드 회로 (unload circuit, 무부하 회로 unloading hydraulic circuit)

유압펌프의 유량이 필요하지 않게 되었을 때, 즉 조작단의 일을 하지 않을 때 작동유를 저압으로 탱크에 귀환시켜 펌프를 무부하로 만드는 회로로서, 펌프의 동력이 절약되고, 장치의 발열이 감소되고, 펌프의 수명을 연장시키고, 장치 효율의 증대, 유온 상승 방지, 압유의 노화 방지 등의 장점이 있다.

① 릴리프 밸브를 이용하는 방법과 단락에 의한 무부하 회로 (short circuit) : 펌프 송출량의 전량을 저압 그대로 탱크에 귀환시키는 회로이다. 이 회로는 구성이 간단하고, 회로에 압력이 전혀 필요하지 않을 때 용이하다.

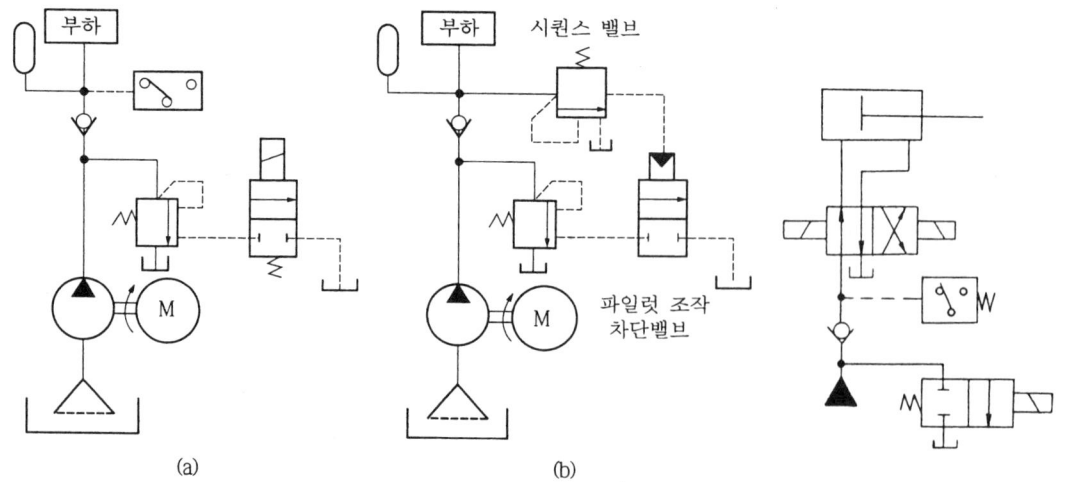

(a)   (b)

파일럿 릴리프 밸브를 이용하는 방법   단락 회로

② 언로드 밸브(unload valve)를 이용하는 방법(Hi-Lo에 의한 무부하 회로) : 피스톤을 급격히 전진시키려면 저압 대용량, 큰 힘을 얻고자 할 때에는 고압 소용량의 펌프를 필요로 하므로, 고압 소용량과 저압 대용량의 2연 펌프를 사용한 회로가 적절하다.

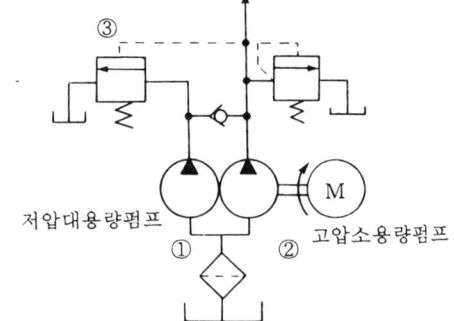

Hi-Lo의 무부하 회로

이 때 언로드 밸브를 설치하여 급속 이송시에는 양펌프의 송출량이 실린더에 전부 유입되고, 이송이 끝나 실린더가 작업을 시작하면 회로 압력이 상승하므로 저압 대용량 펌프는 무부하 밸브에 의하여 자동적으로 무부하 운전되고 고압 소용량 펌프만이 작동하게 한다.

③ 전환 밸브에 의한 무부하 회로 : 이 회로는 중립위치가 탠덤 센터(tendem center)형인 4/3-way 위치 전환 밸브를 사용하여 비교적 간단히 무부하시킬 수 있는 회로이다. 일반적으로 저압, 소용량에서 사용하는 것이 좋고, 조작단의 수가 여러 개로 구성되어 있는 회로에서는 각 조작단을 동작하는 전환 밸브의 탱크측 포트에 다음 밸브의 압력 포트를 차례로 직렬로 연결하고, 최종단의 탱크측 포트와 유압 탱크를 연결하여 무부하시킨다. 임의의

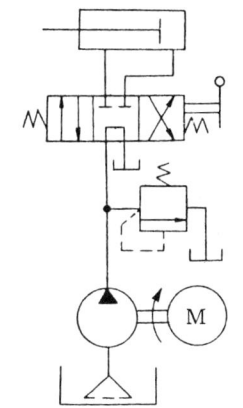

전환 밸브에 의한 무부하 회로

조작단을 작동시키고자 할 경우에는 해당하는 밸브를 작동시키면 가능하다.

④ 축압기에 의한 무부하 회로 : 실린더로 물품을 눌러 고정시키고자 할 때, 펌프로부터 실린더와 축압기에 압유를 송입시킨다. 펌프와 축압기 사이에 체크 밸브가 있어 회로압력이 쉽게 떨어지는 경우가 없이 바이스 작동을 함과 동시에 개폐 밸브를 열어 펌프는 무부하 운전이 가능하다.

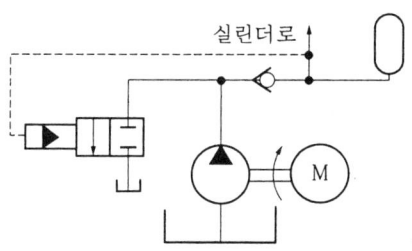

축압기에 의한 무부하 회로

⑤ 압력 스위치와 솔레노이드 밸브에 의한 무부하 회로 : 압력 스위치를 사용하여 전기적 신호에 따라 솔레노이드 밸브를 전환시키는 방법으로 회로압이 저압일 때는 고압, 저압 양펌프의 압유가 실린더 회로에 유입된다.

회로압이 압력 스위치의 설정압력에 달하면 전기적 신호에 의하여 솔레노이드 밸브를 전환시켜 저압 펌프를 무부하시키고, 고압 펌프와 압유만이 실린더 회로로 송입된다.

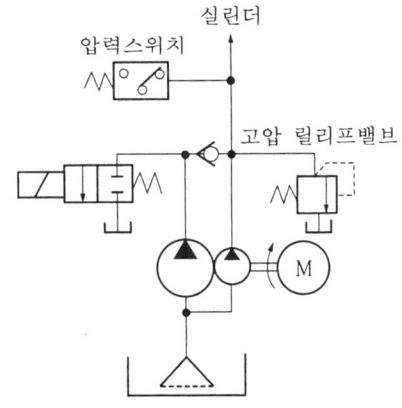

압력 스위치와 솔레노이드 밸브에 의한 무부하 회로

⑥ 압력보상 가변 용량형 펌프에 의한 무부하 회로 : 이 회로는 펌프의 송출량을 보상하는 가변 용량형 펌프를 사용하여 펌프의 동력을 경감시키는 회로이다. 이 때 사용하는 클로즈 센터 4/3-way 밸브를 사용하면 이 밸브가 중립위치에 있을 때 펌프는 밸브의 누유에 상당하는 양만큼 보충하므로 최소 송출상태가 되어 동력 소비를 절약할 수가 있다.

⑦ 다수의 실린더를 무부하시키는 회로 : 2개 이상의 실린더에 1개의 펌프로부터 압유를 공급할 경우 4방향 밸브와 함께 작동하는 3위치 2방향 밸브를 직렬로 연결시켜, 4방향 밸브가 중립위치로 올 때 펌프가 무부하가 되도록 하면 된다.

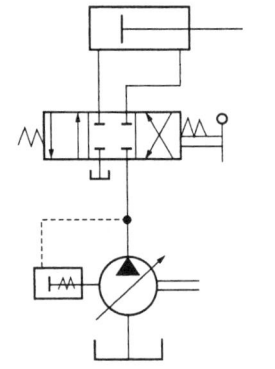

압력보상 가변 용량형 펌프에 의한 무부하 회로

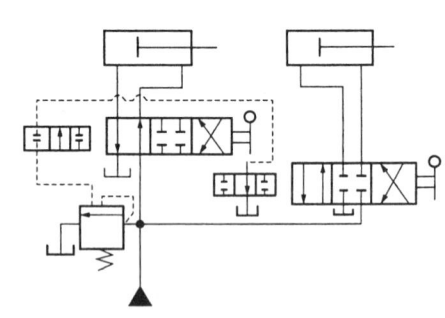

다수의 실린더를 무부하시키는 회로

(3) 축압기 회로

유압회로에 축압기를 이용하면 축압기는 보조 유압원으로 사용되며, 이것에 의해 동력을 크게 절약할 수 있고, 압력 유지, 회로의 안전, 사이클 시간 단축, 완충 작용은 물론 보조 동력원으로 효율을 증진시킬 수 있고, 콘덴서 효과로 유압장치의 내구성을 향상시킨다.

① 안전장치 회로 : 유압 실린더로 절삭공구의 위치를 조정하는 경우 동력원 공급이 정지하였을 때 또는 작업 실패가 발생하였을 때 공구를 안전한 위치로 되돌아오게 할 필요가 있다. 이를 위하여 축압기를 사용하여 사고가 발생하였을 경우 유압 실린더를 원래의 위치로 되돌아오게 한다.

② 보조 동력원 회로(secondary source of energy) : 유압 실린더를 수회 왕복 운동시키면서 축압기에 압유를 축압시켜 놓은 후 유압 실린더와 모터가 동시에 작동할 때에는 펌프로부터 유동 압력을 동시에 받고, 모터가 정지된 상태에서 유압 실린더만을 미소운동을 시키고자 할 때에는 펌프의 무부하 운전상태에서 축압기의 실린더를 조작한다.

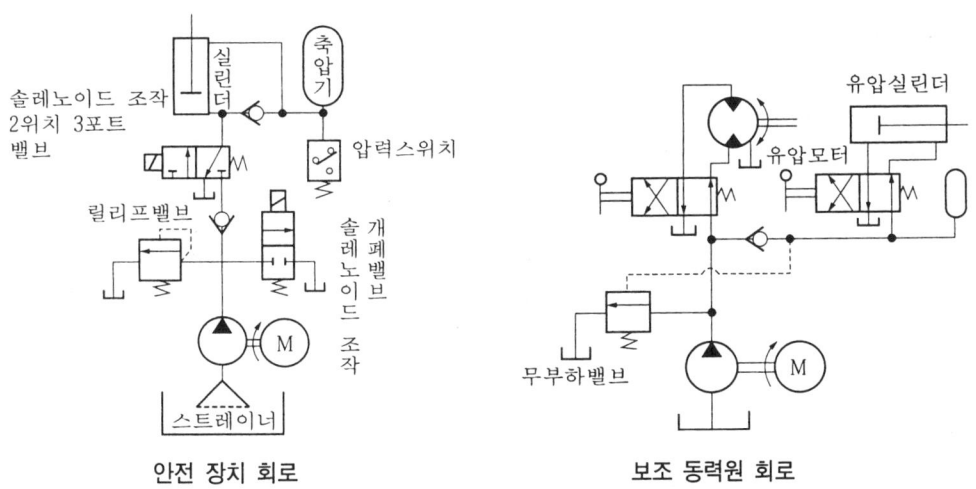

안전 장치 회로   보조 동력원 회로

③ 압력 유지 회로

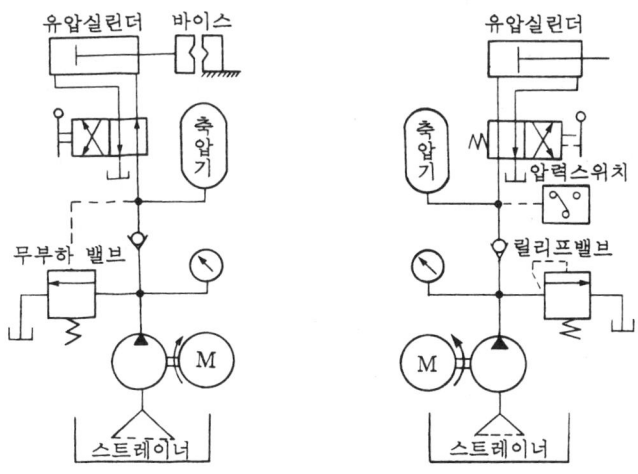

압력 유지 회로

㈎ 기본회로 : 유압력이 설정압력보다 낮아질 경우 펌프가 작동하게끔 되어 있어 동력을 절약할 수 있고 오일의 가열을 막을 수 있다. 압력유지 시간은 축압기의 용량, 4방향 밸브 및 유압 실린더의 누유량에 따라 정해진다. 압력 스위치 대신 무부하 밸브를 사용한 압력유지 회로는 유압 실린더로 바이스 힘을 얻는 회로이므로 바이스 회로라고도 한다.

㈏ 가압 시간이 길 때의 압력 유지 회로의 구성 : 프레스 등의 실린더에서 어느 시간 동안 가압을 요하는 경우 펌프 용량이 클수록, 또 압력이 높을수록 그 사이의 동력의 손실이 크고 발열이 크므로, 일단 압력 스위치(A)로 솔레노이드 전환 밸브(B)의 여자를 풀고 릴리프 밸브(C)를 언로드 상태로 한다.

이 동안 체크 밸브(D)에 의해 유지된 축압기 회로는 압력 스위치와 실린더의 누출을 보충하여 가압을 유지한다.

㈐ 급속 작동 회로 : 급속 작동 회로의 경우에는 제2의 유압원으로 사용된다. 이 회로는 실린더의 속도가 순간적으로 고속을 요하거나, 지름이 크고 행정이 짧은 실린더를 단시간에 작동시킬 때 사용된다.

이 때의 펌프 용량은 실린더의 작동 사이클 중 휴식 시간에 어큐뮬레이터가 방출한 유량과 압력을 보충할 수 있도록 선정한다.

실린더 (B)가 고속이고, 실린더 (A)는 저속 소용량으로 유압 조정 밸브에 의해 속도가 제어된다.

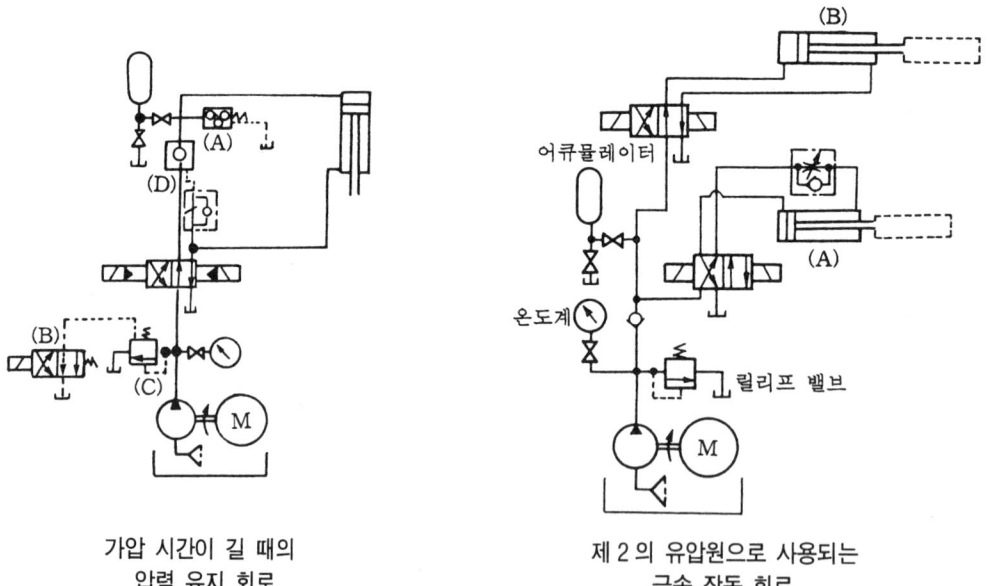

가압 시간이 길 때의　　　제2의 유압원으로 사용되는
　압력 유지 회로　　　　　　급속 작동 회로

④ 사이클 시간 단축 회로 : 2개의 펌프를 사용한 프레스의 속도를 빠르게 할 수가 있다.

고압 소용량 펌프는 램을 가압하여 작업을 진행시킨다. 여기서 수동조작 밸브를 전환하면 대소량 펌프와 축압기 내의 압유에 의하여 램을 급속히 상승시켜 사이클 시간을 단축한다.

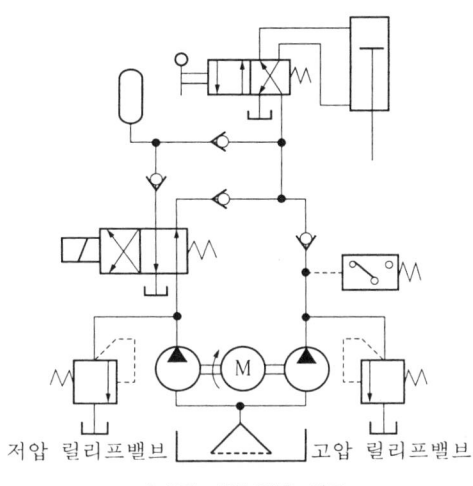

사이클 시간 단축 회로

⑤ 동력 절약 회로 : 유압 펌프를 구동하는 전동기의 동력을 절약하기 위하여 축압기를 사용하는 회로로서 큰 순간 동력이 요구될 때 시동용 동력을 축압기로부터 얻고, 운전되는 동안 주 펌프에 의하여 축압되어진다. 수동 펌프는 축압기에 누유가 있을 경우에 응급 축압용으로 설치한다.

⑥ 충격 흡수 회로 : 급격한 압력변동을 하는 회로 부근에 축압기를 설치하여 큰 충격 압력을 완화시키는 회로이며, 축압기 대신 고압용 고무호스를 사용해도 충격 완화에 상당한 효과를 본다.

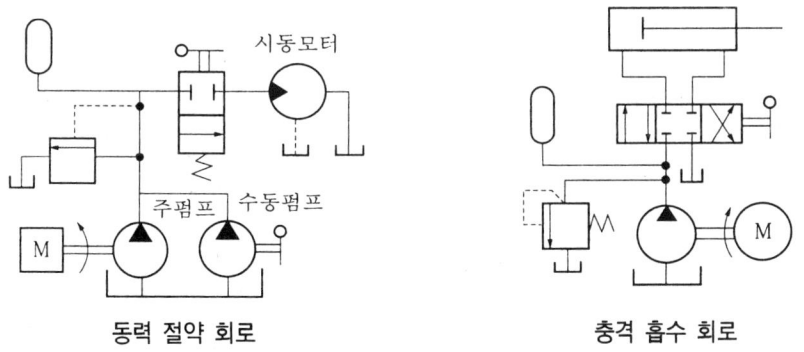

동력 절약 회로   충격 흡수 회로

(4) 속도 제어 회로

속도는 실린더의 크기, 유량, 부하 등에 의하여 정해지며, 속도제어에는 유량제어 밸브를 사용하는 것 이외에 여러 가지 방법이 있고, 유량제어 밸브는 압력 보상 붙이를 한 것과 그렇지 않은 것이 있다.

① 미터-인 회로(meter in circuit) : 이 회로는 유량제어 밸브를 실린더의 작동 행정에서 실린더의 오일이 유입되는 입구측에 설치한 회로로서, 이 밸브가 압력 보상형이면 실린더 속도는 하중에 관계없이(펌프 송출량에 관계없이) 일정한 속도로 실린더를 움직이게 된다. 이 경우 펌프 송출압은 릴리프 밸브의 설정압으로 정해지고, 펌프에서 송출되는 여분의 유량은 릴리프 밸브를 통하여 탱크에 방유되므로 동력손실이 크다.

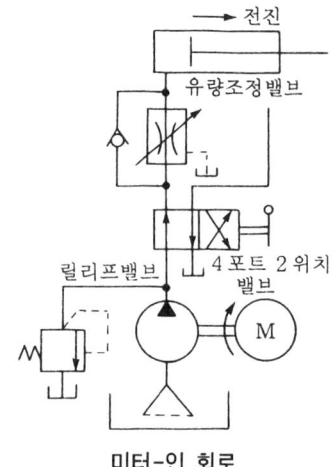

미터-인 회로

② 미터-아웃 회로(meter out circuit) : 이 회로는 작동행정에서 유량제어 밸브를 실린더의 오일이 유출되는 출구측에 설치한 회로로서, 실린더에서 유출되는 유량을 제어하여 피스톤 속도를 제어하는 회로이다. 이 경우 펌프의 송출압력은 유량제어 밸브에 의한 배압과 부하저항에 따라 정해진다.

미터-인 회로와 마찬가지로 동력손실이 크나, 미터-인 회로와는 반대로 실린더에 배압이 걸리므로 끌어당기는 하중이 작용하더라도 자주할 염려는 없다. 또한, 미세한 속도 조정이 가능하여 공작기계에서 가공물에 절삭날이 파먹어 들어가는 경향을 방지할 수 있어 밀링 머신, 보링 머신, 드릴링 머신, 셰이퍼 등에 널리 이용되고 있다.

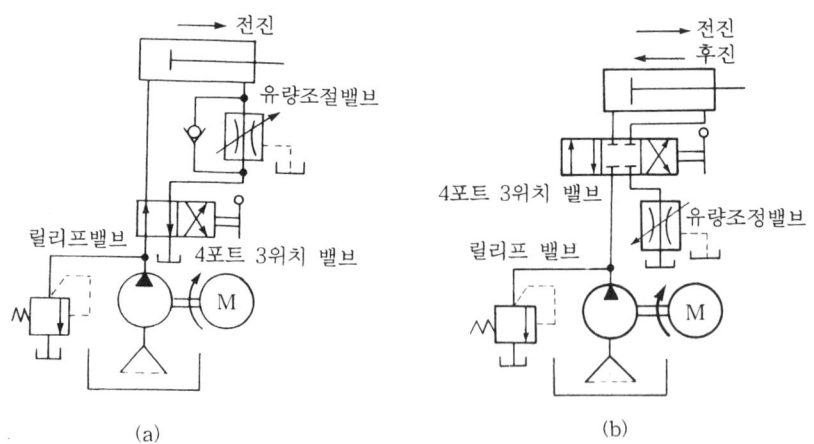

(a)   (b)

미터-아웃 회로

③ 블리드 오프 회로(bleed off circuit) : 이 회로는 작동행정에서의 실린더 입구의 압력쪽 분기회로에 유량제어 밸브를 설치하여 실린더 입구측의 불필요한 압유를 배출시켜 일정량의 오일을 블리드 오프하고 있어 작동효율을 증진시킨 회로이다.

이 회로는 실린더에 유입하는 유량이 부하에 따라 변하므로 미터-인·미터-아웃 회로처럼 피스톤 이송을 정확하게 조절하기란 어려우나 하중에 따라 펌프 압력이 변화하게 되어 있어 유리하다고 할 수 있다.

④ 재생 회로 (regenerative circuit, 차동회로 differential circuit) : 전진할 때의 속도가 펌프의 배출속도 이상이 요구되는 것과 같은 특수한 경우에 사용된다. 피스톤이 전진할 때에는 펌프의 송출량과 실린더의 로드 쪽의 오일이 함유해서 유입되므로 피스톤 진행속도는 빠르게 된다.

또, 피스톤을 미는 힘은 피스톤 로드의 단면적에 작용되는 오일의 압력이 되므로 전진 속도가 빠른 반면, 그 작용력은 작게 되어 소형 프레스에 간혹 사용된다.

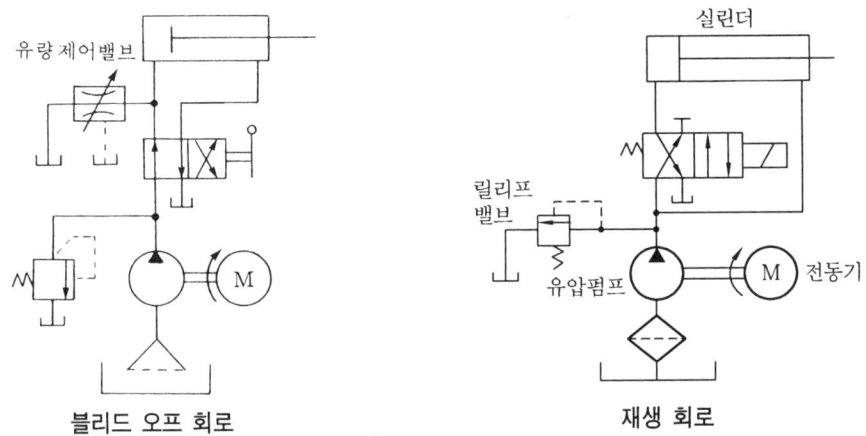

블리드 오프 회로   재생 회로

⑤ 카운터 밸런스 회로 (counter balance circuit) : 이 회로는 실린더 포트에 카운터 밸런스 밸브를 직렬로 연결시켜 부하가 급격히 감소되더라도 피스톤이 급진되지 않도록 제어하는 회로로, 일정한 배압을 유지시켜 램의 중력에 의하여 자연 낙하하는 것을 방지한다.

⑥ 가변 용량형 펌프의 회로 : 펌프의 용량을 변화시켜 실린더 속도를 제어하는 회로이다.

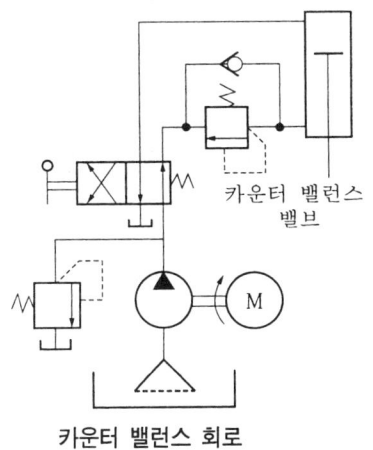
카운터 밸런스 회로

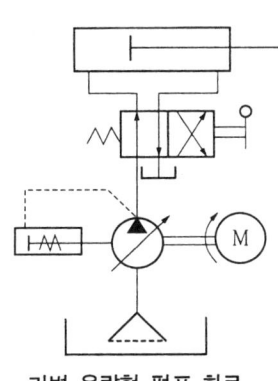
가변 용량형 펌프 회로

⑦ 이송속도를 변화시키는 회로 : 사이클 중에 급속, 저속 이송이 간헐적으로 필요할 때에 사용되는 회로로서, 미터-아웃 회로에 유량제어 밸브와 이것과 병렬로 캠 조작 2포트 밸브 혹은 솔레노이드 조작 2포트 밸브를 설치하여 구성한다.

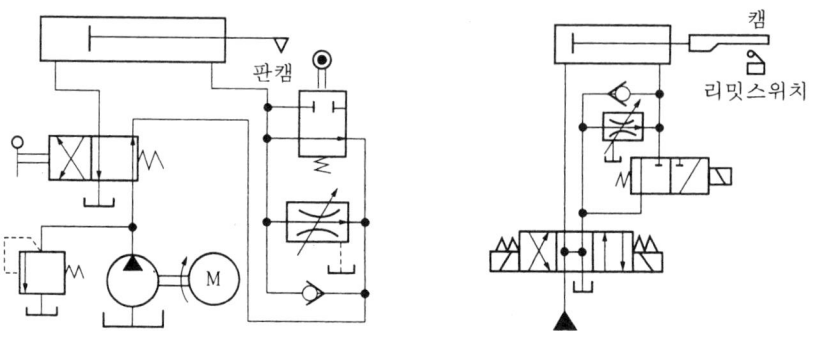

이송 속도 가변 회로

⑧ 감속 회로 (deceleration circuit)
  ㈎ 피스톤 속도의 감속 회로 : 고속으로 이송되고 있는 피스톤 속도를 행정 양끝에서 서서히 감속시켜 원활히 정지시키고자 할 때 캠 조작 감속밸브를 사용한 회로이며, 판 캠의 형상을 적절히 조정하면 행정 중간 임의의 위치에서도 감속시킬 수 있다.
  ㈏ 감속 시퀀스 회로 : 공작기계 등에서 급속이송, 감속반전, 급속귀환, 감속반전의 시퀀스 구동을 자주 활용할 때 이용되는 회로이다.

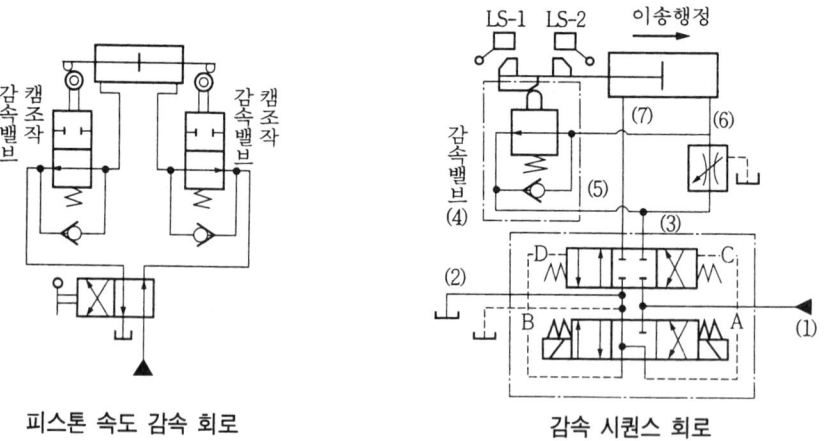

피스톤 속도 감속 회로   감속 시퀀스 회로

⑨ 유 보충 밸브와 보조 실린더의 회로 : 큰 추력을 필요로 하는 대형 프레스에서는 램의 속도를 빠르게 작동시키기 위하여 키커 실린더(kicker cylinder)를 보조 실린더로 하는 회로이다.

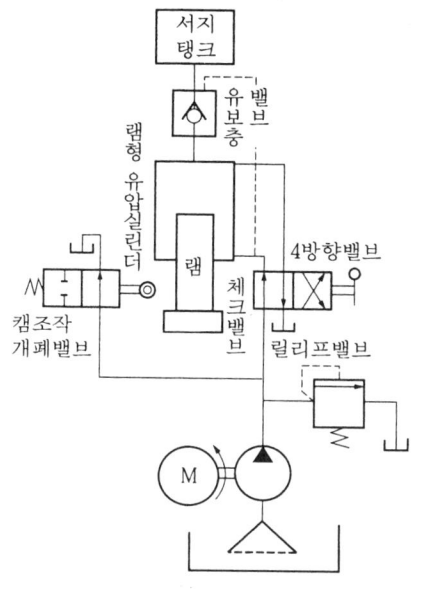

중력에 의한 급속이송 회로

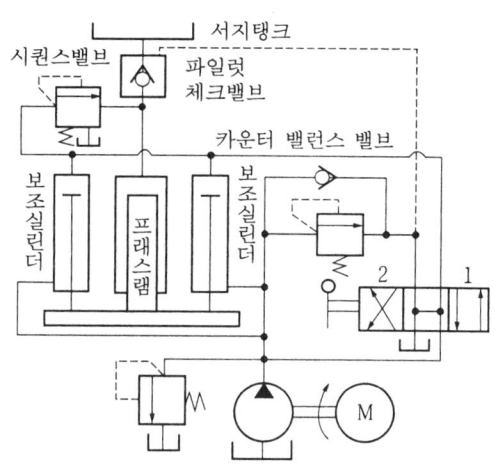

유보충 실린더 회로

⑩ 이중 실린더에 의한 급속이송 회로 : 이 회로는 설치 장소가 제한되어 있어 보조 실린더를 외측에 설치할 수 없는 경우 이중 실린더를 사용하여 키커 실린더와 동일한 작용을 하는 회로이다.

⑪ 중력에 의한 급속이송 회로 : 카운터 밸런스 밸브를 생략하면 램은 자중에 의하여 급속한 하강 동작을 한다. 그러나 펌프를 무부하시키기 위하여 오픈 센터형 3위치 4포트 밸브를 사용하면 밸브의 중립위치에서도 램이 하강하므로 2위치 4포트 밸브를 사용하여 상승 행정 끝에서만 하강하도록 하는 회로이다.

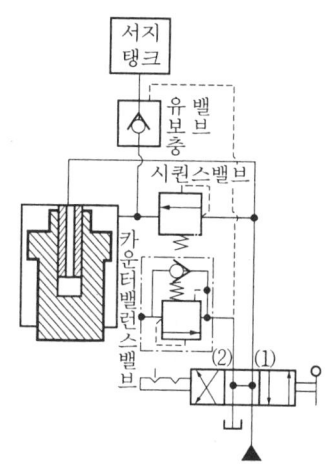

이중 실린더 구조를 갖는 급속이송 회로

(5) 위치, 방향제어 회로

방향제어 밸브는 실린더 피스톤을 임의 위치에서 고정하는 로킹 회로, 압력 스위치나 리밋 스위치 등을 사용하여 방향전환 밸브 등을 조작하는 회로에 이용한다. 큰 하중이 걸렸을 때 또는 장치 내의 압력 저하로 피스톤이 하강하거나 후진하는 경우를 방지하기 위해, 실린더로 통하는 한쪽 또는 양쪽의 관로를 차단하면 피스톤을 적당한 위치에 고정하여 정지시킬 수 있다.

① 로크 회로 : 실린더 행정 중에 임의 위치에서 혹은 행정 끝에서 실린더를 고정시켜 놓을 필요가 있을 때 피스톤의 이동을 방지하는 회로이다.

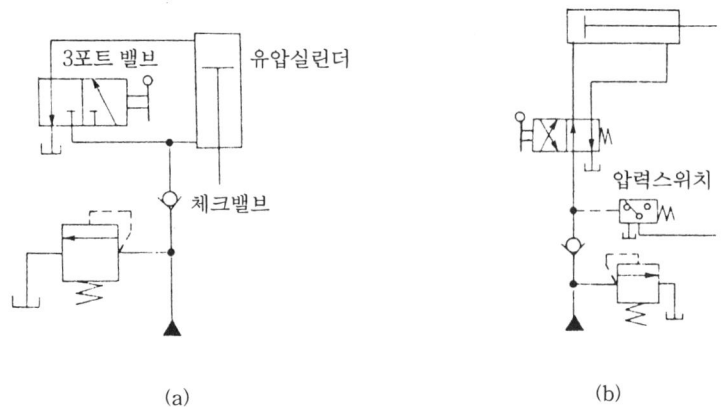

체크 밸브를 이용한 로크 회로

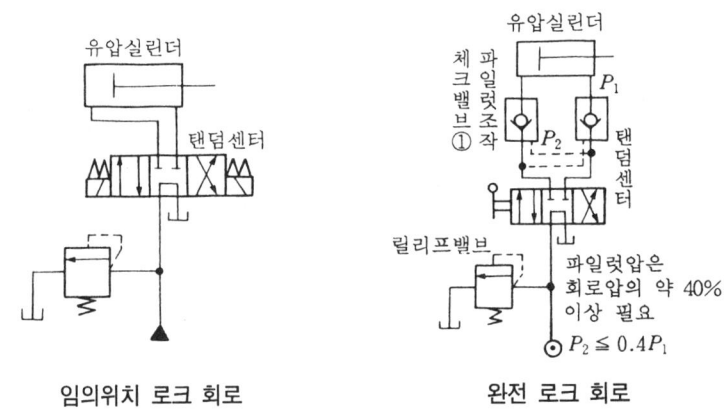

임의위치 로크 회로 　　　　완전 로크 회로

② 파일럿 조작 회로 : 파일럿 압력을 사용하여 밸브를 작동시키면 전기적 제어가 위험한 장소에서도 안전하게 원격조작이나 자동운전 조작을 쉽게, 그리고 값이 싼 회로를 만들 수가 있다.

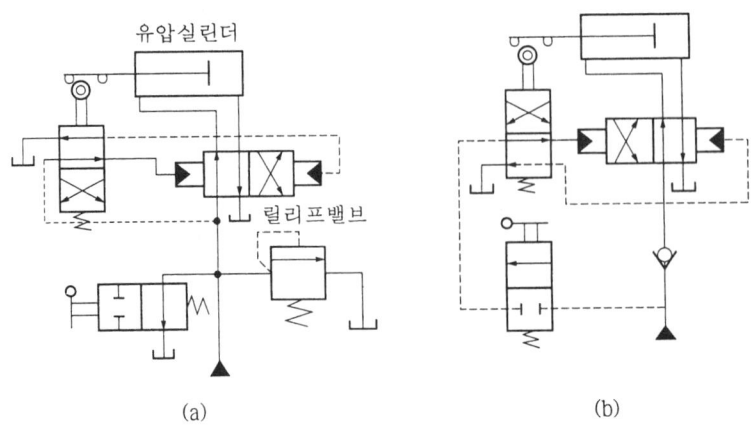

파일럿 조작 자동운전 회로

3-3 시퀀스 회로 (sequence circuit)

시퀀스 회로에는 전기, 기계, 압력에 의한 방식과 이들의 조합으로 된 것이 있다. 전기는 거리가 떨어져 있는 경우나 환경이 좋고, 또 가격면에서 조금이라도 유압 밸브를 절약하고 싶을 때 또는 특히 시퀀스 밸브의 간섭을 받고 싶지 않을 때 사용된다.

그리고 기계방식은 전기방식보다 고장이 적고 작동도 확실하여 눈으로 확인할 수 있으며, 밸브 간섭의 염려도 없다.

또, 압력방식은 주위 환경의 영향을 좀처럼 받지 않고, 실린더 등의 작동부 가까이까지 배치하지 않아도 임의의 배관으로 가능하게 할 수 있다.

(1) 자동 조작 회로

동일 수압면적을 갖는 2개의 유압 실린더로 서로 다른 부하를 동작시키고자 할 때 사용한다.

(2) 포트가 있는 유압 실린더 회로

로크 실린더 (lock cylinder)를 이용하여 테이블 실린더를 작업시키는 회로이다.

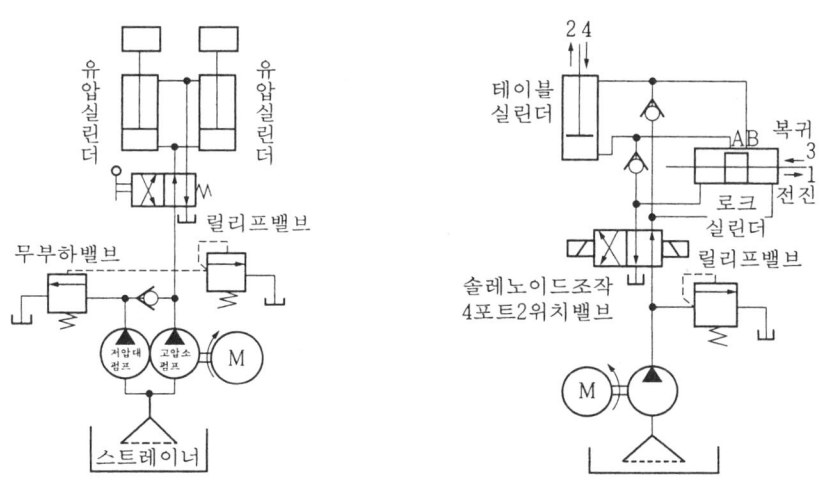

자동 조작 회로 　　　　　포트가 있는 유압 실린더 회로

(3) 시퀀스 밸브에 의한 시퀀스 회로

드릴링 머신에 응용되고 있는 회로로서 피가공물의 고정, 드릴작업 완료 후의 드릴 상승, 피가공물의 해체 작업 순으로 작업할 수 있는 회로이다.

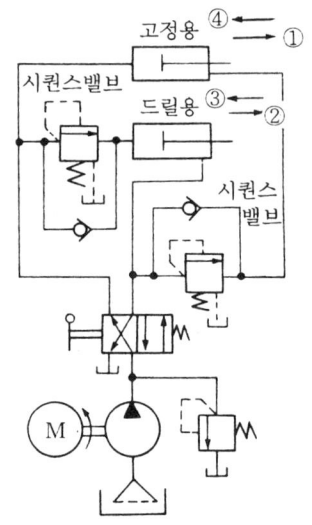

시퀀스 밸브에 의한 시퀀스 회로

(4) 캠 조작 시퀀스 작동 회로

사출기에 응용하는 회로로서 상승 실린더의 이송과 귀환 사이의 시간을 단축시킬 수 있다.

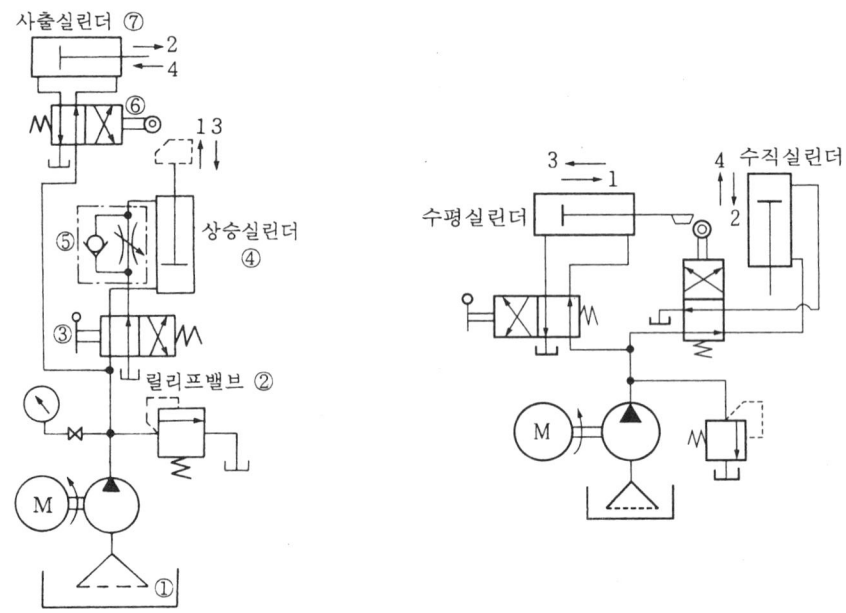

캠 조작 시퀀스 작동 회로

(5) 자동 왕복 회로

파일럿 조작회로를 사용하여 작업대의 왕복운동을 자동적으로 되풀이 할 수 있는 회로로, 클램프나 지정된 동작을 시키는데 동일 유압원을 사용하는 곳에서는 시퀀스 밸브를 사용한다.

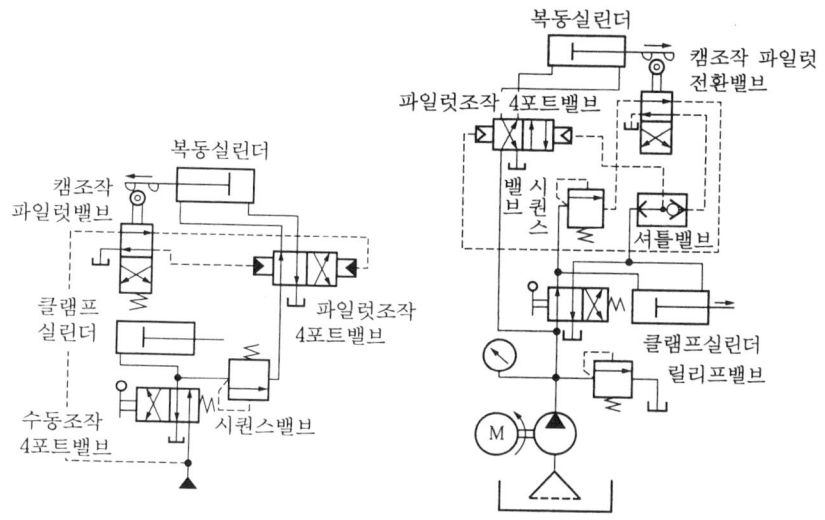

자동 왕복 회로

(6) 각개 작동 시퀀스 회로

수동 조작 밸브에 의해서 각 실린더를 각각 작동시키는 시퀀스 밸브는 한쪽 밸브가 작동하고 있는 사이에 다른 실린더가 유압을 유지해서 작동하지 않게 하기 위하여 사용한다.

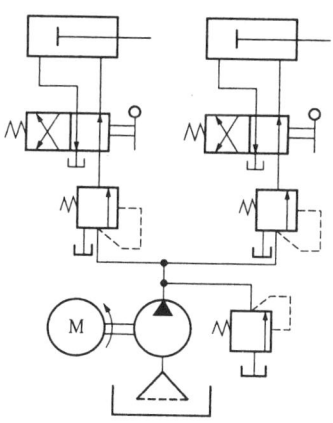

각개 작동 시퀀스 회로

(7) 전기제어 시퀀스 회로

실린더 피스톤의 운동에 의하여 리밋 스위치를 작용시켜 그 전기적 신호에 따라 솔레노이드 밸브를 전환하여 시퀀스 작동을 한다.

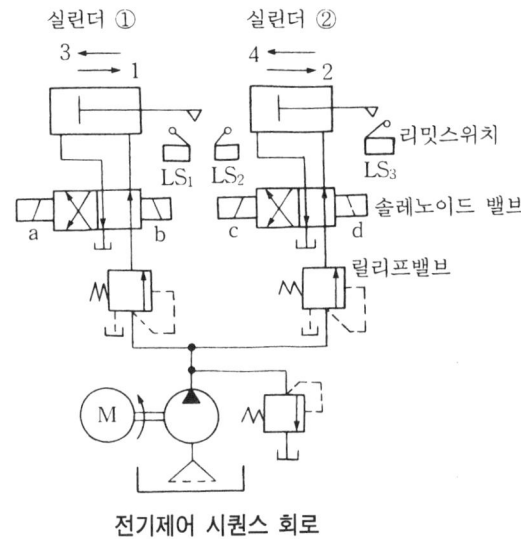

전기제어 시퀀스 회로

3-4 증압 및 증강회로 (booster and intensifier circuit)

계의 일부 압력을 높이는 회로를 증압 또는 증강회로라 한다. 고압력으로 수초 이상 유지하여야 할 경우라든가, 공기, 유압의 조합기구에서 현장의 압축공기를 사용하여 큰 힘을 얻고자 할 때 사용한다. 증압기는 유압 실린더 가까이에서 짧은 관로를 고압으로 유지시키고자 할 경우 사용하면 유리하다.

(1) 증강회로 (force multiplication circuit)

유효면적이 다른 2개의 탠덤 실린더를 사용하거나 실린더를 탠덤(tandem)으로 접속하여 병렬회로로 한 것인데, 실린더의 램을 급속히 전진시켜 그리 높지 않은 압력으로 강력한 압축력을 얻을 수 있는 힘의 증대회로인 증강회로이다. 이 회로는 고속 전진 행정과 중력 클램프 행정으로 나누어지고, 대형 실린더를 조작할 수 있으며, 대형 실린더로 동일 속도를 내기 위해 필요한 펌프보다 소형의 펌프로 가능하게 된다.

대형 실린더의 피스톤이 급속히 이동되는 사이에 대형 실린더의 좌측에 공기가 혼입되는 것을 막기 위하여 그림과 같이 체크 밸브를 사용하여 서지 탱크로부터 압유를 보충할 수 있는 회로를 설치할 필요가 있다.

(2) 공기압-유압의 증압회로

공기압-유압의 증압기를 사용하여 공기압보다 높은 압력을 얻는 회로이다.

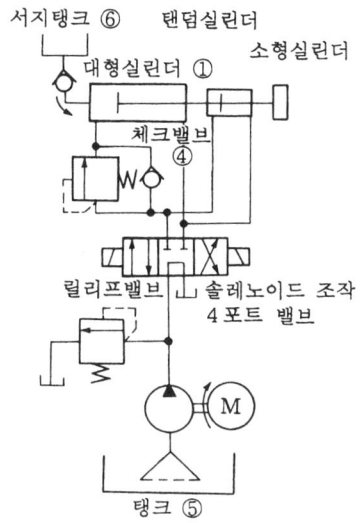
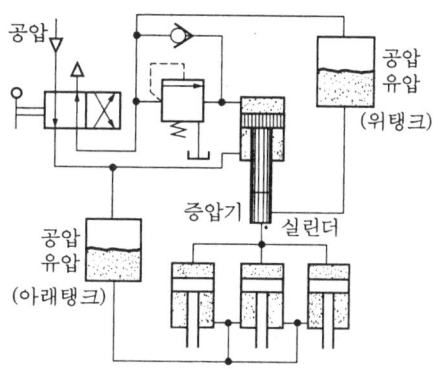

텐덤 실린더 병렬회로에 의한 증압회로 (증강회로)　　공기압-유압의 증압회로

(3) 왕복 운동형 증압 회로

왕복 운동형 증압기를 사용하여 프레스 램을 강력하게 압축시키고자 할 때 사용하는 회로이다.

(4) 증압 회로

이 회로는 4포트 밸브를 전환시켜 펌프로부터 송출압을 증압기에 도입시켜 증압된 압유를 각 실린더에 공급시켜 큰 힘을 얻는 회로로 실린더에 가까운 비교적 짧은 관로의 고압 유지에 편리하다.

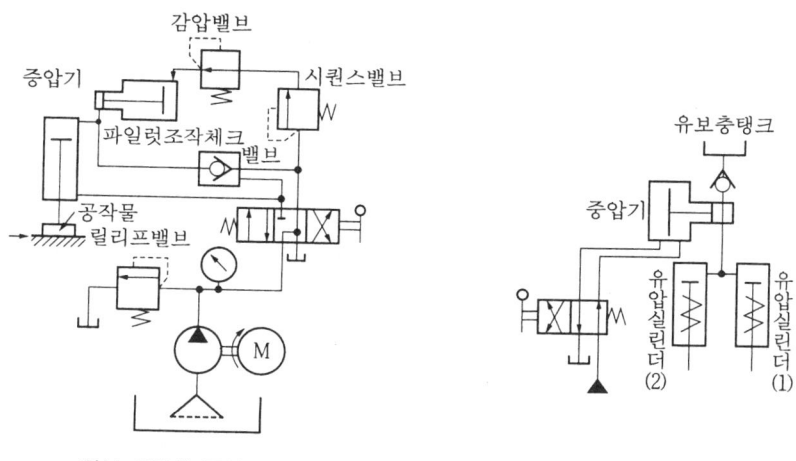

왕복 운동형 증압 회로　　증압 회로

(5) 내압 시험 회로

① 증압기 이용 회로 : 솔레노이드 ⓐ, ⓑ를 통전시키면 4포트 전환밸브 ①로 통하여 피시험물로 유입된다. ⓐ, ⓑ의 솔레노이드를 끊으면 원심펌프의 송출유는 탱크에 바이패스 된다. 솔레노이드 ⓔ를 통전시키면 압유를 500 kgf/cm² 으로 증압시킨다. 증압된 압유는 체크 밸브를 통하여 피시험물로 유입되면서 가압한다. ⓓ, ⓒ를 통전시키면 유압 펌프의 송출유는 증압기의 램을 우방향으로 귀환시킨다.

솔레노이드 ⓐ를 통전하면 피시험물의 압유는 탱크로 배출된다. 솔레노이드 조작 4포트 전환밸브 ②에 초크를 사용한 세미 오픈 센터형을 사용한 것은 증압기를 복귀상태로 유지하기 위함이다.

② 압력 증대 회로(pressure increase circuit) : 파이프의 내압시험을 할 경우에 사용할 수 있는 회로이다.

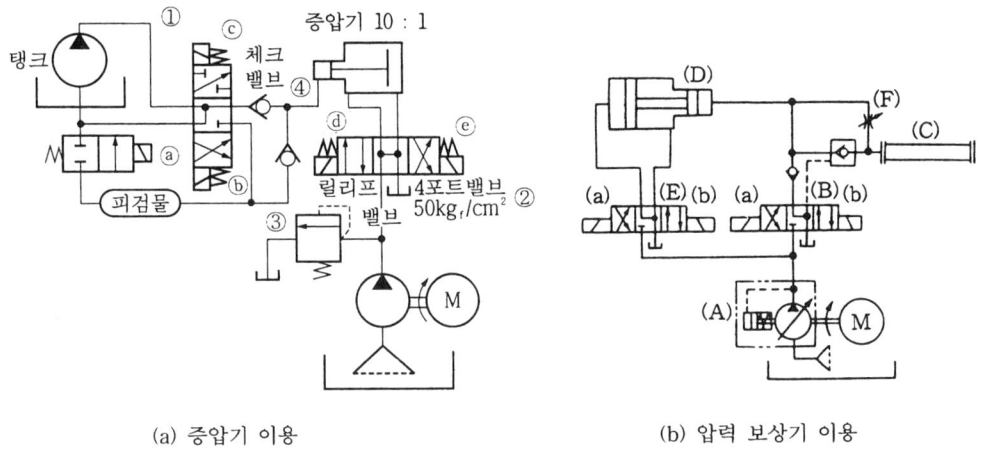

(a) 증압기 이용   (b) 압력 보상기 이용

내압 시험용 회로(압력 증대 회로)

3-5 동조 회로

2개의 같은 크기 유압 실린더에 같은 양의 압유를 유입시켜도 실린더의 치수, 누유량, 마찰 등이 완전히 일치하지 않기 때문에 완전한 동조운동이란 불가능한 일이다. 또, 같은 양의 압유를 2개의 실린더에 공급한다는 것도 어려운 일이다. 이 동조운동의 오차를 최소로 줄이는 회로를 동조 회로라 한다.

(1) 래크와 피니언에 의한 동조

2개의 실린더 피스톤 로드에 래크를 설치하고, 이것에 각각 서로 맞물리는 두 개의 피니언을 한 개의 회전축에 붙여 기계적으로 연동시킨다. 피스톤 로드 사이를 래크와 피니언으로 연동시키는 대신 케이블과 풀리 또는 체인 전동장치가 사용되는 경우도 있다.

(2) 실린더의 직렬 결합에 의한 동조

　같은 치수의 복동 실린더를 직렬 배관하면 이론적으로 동조시킬 수 있으나 압유의 누유, 압유 속의 공기 혼입, 유온의 변화 등으로 동조오차가 발생한다. 이 오차의 누적을 보정할 수 있는 회로가 직렬 결합에 의한 동조 회로이다.

　이때 유압 실린더의 내부 누유는 작동에 악영향을 미치므로 특히 주의를 하고, 피스톤이 마모되면 신품으로 교환하여야 하며 누유 방지를 위해 개스킷이나 충전물로 처치해서는 안 된다.

　또, 회로에 공기를 흡입하면 동조 불량은 물론 고장의 원인이 되므로 주의를 요한다.

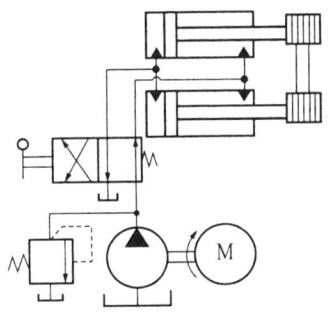

(a) 양실린더의 결합

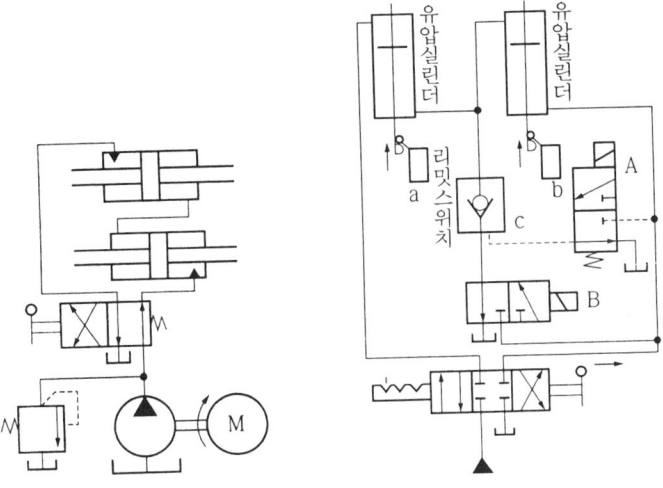

(b) 실린더의 직렬회로

동조 회로

(3) 2개의 펌프를 사용한 동조

용량이 같은 동일형의 펌프 2개를 동일축에 연결하여 동일 회전수로 회전시켜 동조시키는 회로이나 각 실린더에 걸리는 하중의 차, 패킹의 마모 저항차, 누유, 펌프 특성의 차 등이 동조에 영향을 크게 미친다.

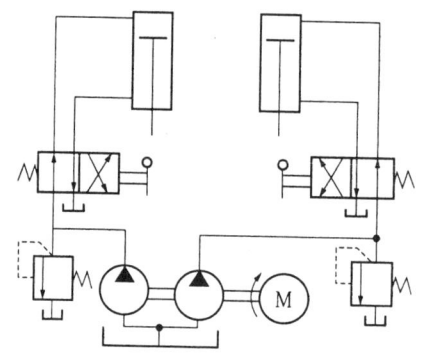
2개의 펌프에 의한 동조 회로

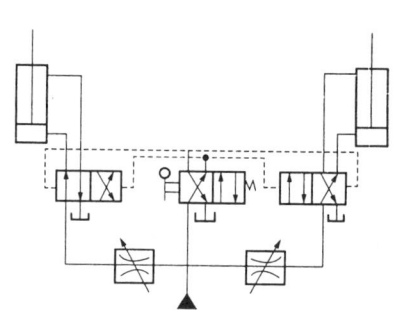
2개의 유량제어 밸브를 사용한 동조 회로

(4) 2개의 유량제어 밸브에 의한 동조 회로

2개의 실린더에 유입 또는 유출되는 압유 유량을 별개의 유량제어 밸브를 사용하여 각각 유량을 제어함으로써 실린더의 운동을 동조시킬 수 있다.

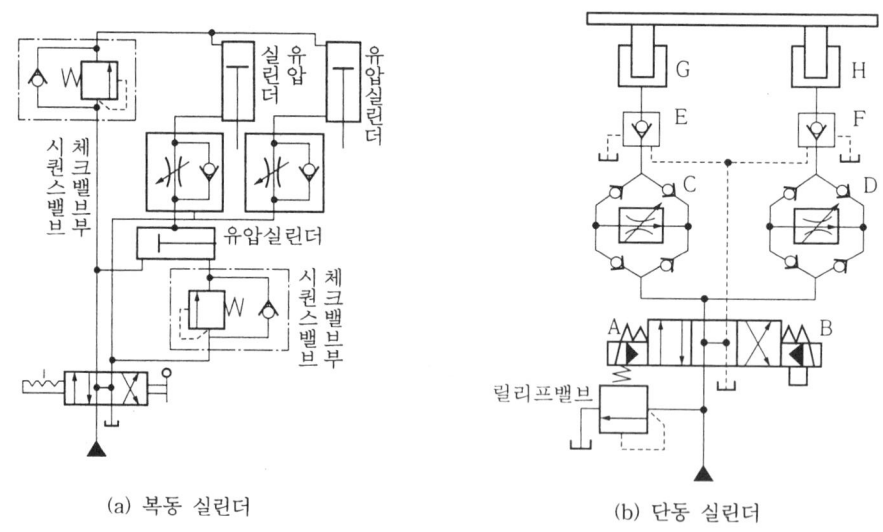

(a) 복동 실린더   (b) 단동 실린더

2개의 유량제어 밸브를 사용한 동조 회로

(5) 2개의 유압 모터에 의한 동조 회로

같은 형식의 2개의 유압 모터를 기계적으로 운동시켜 유량을 등분배시킴으로써 2개의 실린더를 동조시킬 수 있다. 그림에서 2개의 유압 모터는 기계적으로 운동되고 있으므로

동일속도로 회전하여 동일유량을 배출한다.

이와 같은 유량 분배 장치는 양방향의 운동에 대해서도 잘 작동된다. 속도의 동기에 영향을 주는 원인은 제작상의 공차에 따르는 유압모터 배제 용적의 차, 양 실린더에 가해지는 부하 크기의 차이 때문에 생기는 누유의 차, 마찰의 변화 등이 있으나, 이 회로는 다른 동조회로에 비해서 비교적 정확하게 동조시킬 수 있다.

(6) 유량제어 밸브와 축압기에 의한 동조 회로

축압기와 유량제어 밸브를 사용하면 운동을 비교적 정확하게 동조시킬 수 있다. 이 경우 유압 실린더의 행정은 축압기의 용량에 따라 제한된다. 축압기가 있기 때문에 유압 실린더의 이송행정은 충격이 없는 행정을 얻을 수 있고, 귀환행정에서 축압기는 압축된다.

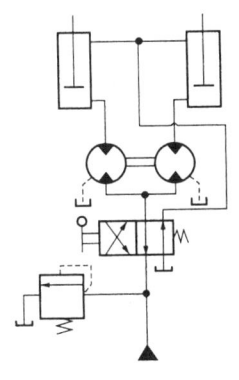
모터에 의한 동조 회로

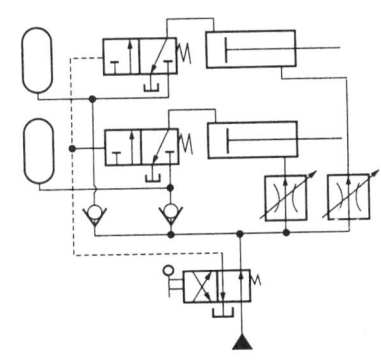
유량제어 밸브와 축압기를 사용한 동조 회로

(7) Graetz 회로

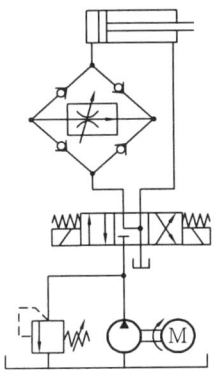
Graetz 회로를 이용한 실린더의 전후진 등속 제어

정류 회로라고도 하며 4개의 체크 밸브와 압력 보상형 유량 제어 밸브 한 개를 사용하여 실린더의 전후진 속도를 같게 한다.

3-6 유압 모터 회로

유압 모터의 출력토크는 공급압에 관계하므로 유압 모터에서의 공급 압력을 제어하면 그 출력토크를 제어할 수 있다. 또한, 공급유량을 제어하면 유압 모터의 속도가 제어된다. 또, 가변위 유압 모터를 사용하면 정마력 운전을 할 수 있다.

(1) 일정 출력 회로

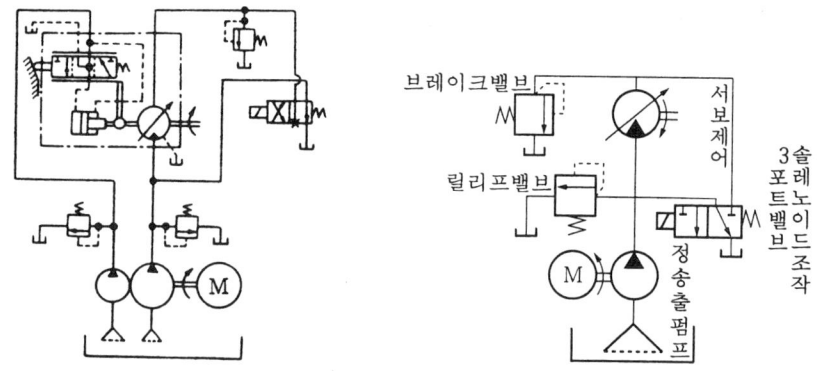

일정 출력 회로

펌프의 송출압력과 송출유량을 일정히 하고, 정변위 유압 모터의 변위량을 변화시켜 유압 모터의 속도를 변환시키면 정마력 구동이 얻어진다.

즉, 보조 펌프로부터 파일럿 압력을 서보 밸브에 주어 그 입력신호에 따라 유압 모터의 회전속도를 제어한다. 이 경우에는 전동기 회전속도가 커지면 토크가 작아지고, 회전속도가 작아지면 토크가 커져 그 출력이 일정하게 유지된다.

(2) 일정 토크 회로

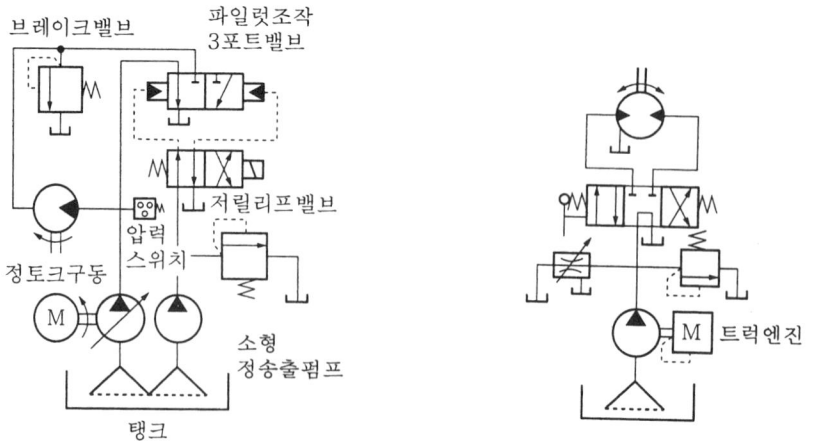

일정 토크 회로

가변 체적형 펌프와 고정 체적형 유압 모터를 조합한 정역전 폐회로를 보면, 유압 모터의 회전속도는 펌프 송출량을 제어하고, 릴리프 밸브를 일정 압력으로 설정하여 토크를 일정하게 유지시킨다.

폐회로에서는 펌프나 유압 모터의 드레인이 있으므로 수두 탱크(water head pump)로부터 보급하던가, 과급용(supercharge)의 펌프를 따로 두고 펌프의 효율을 높이도록 하기도 한다.

(3) 제동 회로(brake circuit)

시동시 서지압 방지나 정지할 경우 유압적으로 제동을 부여하거나, 주된 구동기계의 관성 때문에 이상 압력이 생기거나 이상음이 발생되어 유압장치가 파괴되는 것을 방지하기 위해 제동회로를 둔다.

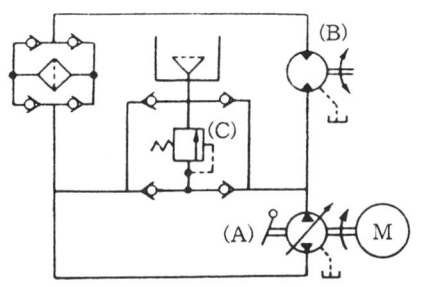

제동 회로

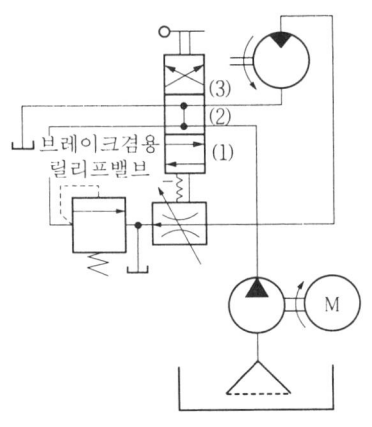

릴리프 밸브에 의한 유압 모터의
제동 회로

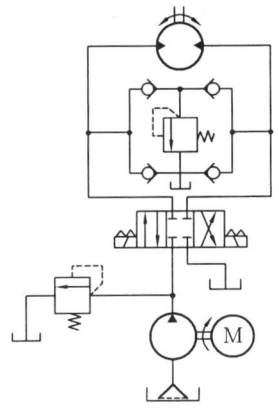

시퀀스 밸브에 의한 모터의
제동 회로

(4) 유보충 회로

펌프와 유압 모터를 폐 회로로부터 누설되는 압유를 보충하려면 체크 밸브를 구성하고 있는 유보충 회로를 사용한다. 제동작용 중에도 압유는 이 밸브를 통하여 유압 모터의 입구측에 유입된다.

펌프와 유압 모터를 폐 회로로 연결하였을 경우 소형의 정용량형 펌프에 의하여 압유를 공급시키면 효율이 좋아지며, 공급용 펌프가 없을 경우에는 탱크로부터 직접 압유를 흡입시켜 보충시킨다.

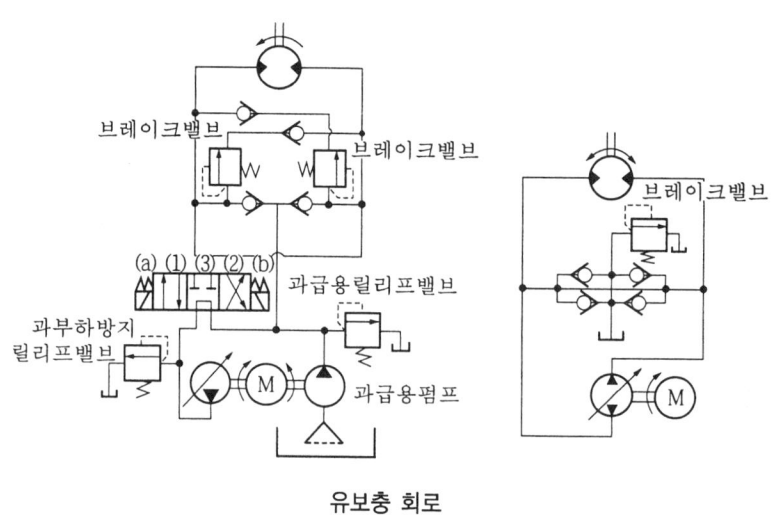

유보충 회로

(5) 유압 모터의 직렬 회로

2개 이상의 유압 모터를 직렬로 배치하면 펌프의 용량은 작게 할 수가 있고, 또 유량 분배 장치도 생략할 수 있다.

회로의 일부 관지름은 병렬 배치 경우보다 작아지고 입력관과 귀환관과 각 한 개의 관으로 충분하다.

펌프 송출 압력은 각 유압 모터는 압력강하의 합이 되므로 높아진다. 2개의 유압 모터를 직렬로 배치시킨 회로는 각 유압 모터의 최대 토크는 각각의 릴리프 밸브를 조절할 수 있고, 유압 모터 (a) 의 속도는 유량제어 밸브를 블리드 오프 회로에 설치하여 제어한다. 유압 모터 (b) 의 속도는 미터 아웃 회로로 제어한다.

또, 유압 모터 (b) 의 회전 방향은 3방향 밸브로 전환시킨다. 직렬회로에서는 병렬회로와 같이 독립적으로 운전 정지되지는 않으나, 운전 중의 각 유압 모터의 회전수는 부하 토크에 차가 있더라도 변동하지 않는 이점이 있다.

단, 유압 모터의 배출량이 다르면 회전수는 각각 반비례하는 속도로 된다. 펌프의 송출량이 분할되지 않고 직렬로 흐르게 되므로 고속 구동이 쉽고, 고속 저토크의 부하에 적합하다.

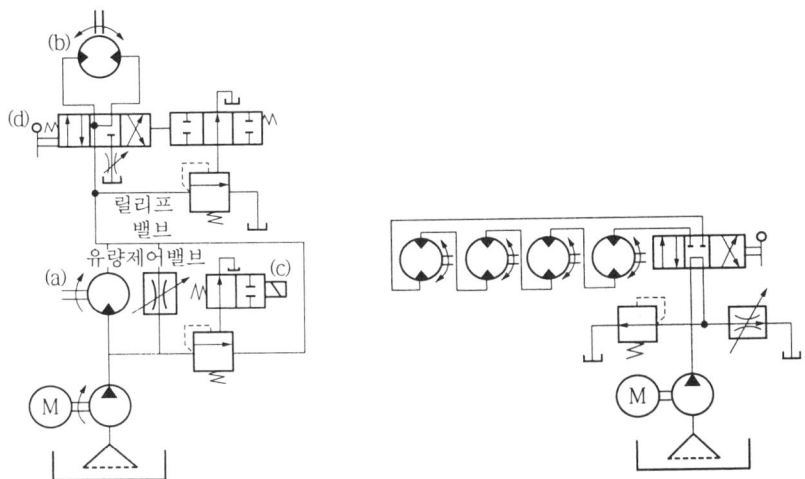

직렬 배치 회로

(6) 유압 모터의 병렬 회로

병렬회로에는 병렬배치 미터-인 회로와 병렬배치 미터-아웃 회로가 있다. 병렬배치 미터-인 회로는 각 유압 모터를 독립으로 구동, 정지, 속도 제어가 되고, 특히 각각의 모터에 걸리는 부하가 같은 경우에 유리하다. 또, 유압 모터가 정지 혹은 회전속도가 변하더라도 다른 모터 속도에 큰 영향을 주지 않는다. 부하에 차가 있으면, 부하가 작은 모터 쪽으로 압유가 흐르게 되므로 압력보상 유량제어 밸브를 사용해야 하고, 계의 압력을 높임으로써 유압 모터의 구동 토크를 증대시킬 수가 있다.

펌프는 비교적 저압으로 충분하고 저속의 부하에 적합한 회로이다. 병렬 배치 미터-아웃 회로는 각 유압 모터의 부하 변동에 따라 다른 유압 모터의 회전속도에 영향을 주기 쉽다.

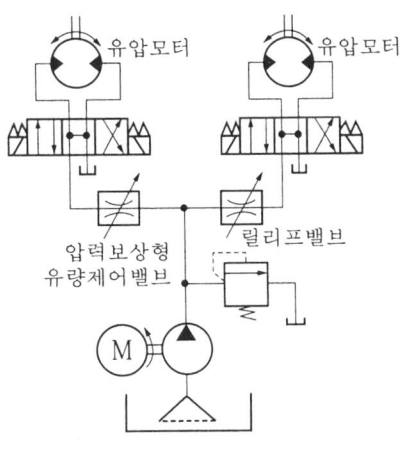

병렬배치 미터-인 회로

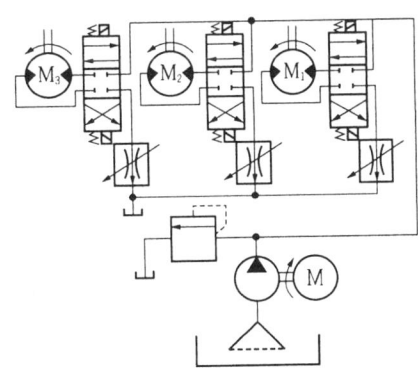

병렬배치 미터-아웃 회로

연습문제

1. 공·유압에 관한 KS B 0054의 기호를 그려 보아라.

2. 우리 주변에서 볼 수 있는 간단한 기계 장치를 도면으로 공압 회로의 구성을 나타내고 설경하여라.

3. 로직 회로의 특성과 기능은 무엇인가?

4. 공압원의 설정회로의 기능은 무엇이며, 구성은 어떻게 되어 있는가?

5. 단동 및 복동 실린더 작동회로에 대하여 간략하게 설명하여라.

6. 플립플롭 회로의 기능은 무엇인가?

7. 미터-인 회로와 미터-아웃 회로와의 차이점을 설명하여라.

8. 언로드 회로의 기능은 무엇이며, 또 어떠한 이점이 있는가?

9. 어큐뮬레이터 회로의 기능과 구성에는 어떤 것이 있는지 설명하여라.

10. 증압회로의 기능과 회로의 구성에 대하여 설명하여라.

11. 유압 모터 회로의 기능에 대하여 설명하고, 또 어떤 형식의 구성이 있는지 설명하여라.

5장 전기-공·유압

1. 전기-공·유압의 개요

1-1 제어회로의 구성

자동화를 움직이는데는 제어부, 구동부, 검출부가 필요하며, 가장 일반적으로 이용되고 있는 방식으로 공·유압기기는 구동부를 주로 맡게 된다. 제어부는 전기, 검출부는 전기와 공기 또는 유압이 사용되며, 전기-공·유압 제어방식은 제어신호의 매체로서 공·유압을 사용한 것으로 구동부까지 포함하여 모두 공·유압 에너지로 처리하는 것이다.

제어계에 사용되는 전기 제어용 기기는 특별히 "공·유압 기기용"이라고 부르는 것은 없으며, 일반적으로 전기 제어 회로용으로서 사용되고 있다.

2. 전기 기기

2-1 전기 제어용 소자

전기 제어용 소자로는 전부터 사용되고 있는 유접점식(전자 릴레이 등)과 최근에 사용되고 있는 무접점식으로 구분된다.

(1) 전기기기의 용어

① 여자 : 계전기 코일에 통전시켜 자화 성질을 갖게 되는 것
② 소자 : 계전기 코일에 전류를 차단시켜 자화 성질을 잃게 되는 것
③ 자기유지 : 계전기가 여자된 후에도 동작기능이 계속 유지되는 것
④ 조깅 : 기기의 미소 시간 동작을 위해 조작, 동작시키는 것
⑤ 인터록 : 두 계전기의 동작을 관련시키는 것으로, 한 계전기가 동작할 때에는 다른 계전기가 동작하지 않는 것

⑥ a접점 : 외력이 작용하지 않으면 접점이 항상 열려 있는 것으로 상시 열림, 정상상태 열림(normally open, N/O형), make contact라고도 한다.

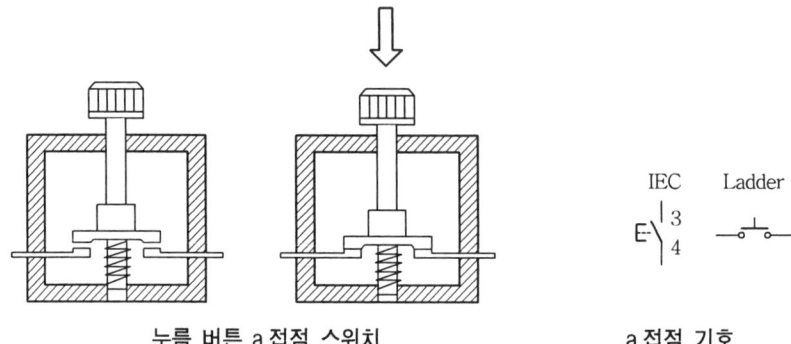

누름 버튼 a접점 스위치   a접점 기호

⑦ b접점 : 접점이 항상 닫혀 있어 통전되고 있다가 외력이 작용하면 열리는 것, 즉 통전이 차단되는 것을 상시 닫힘형, 정상상태 닫힘형(normally closed, N/C형), break 접점 (b접점)이라고 부른다.

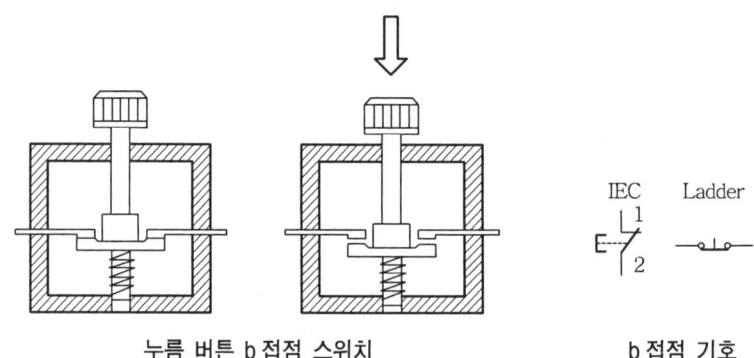

누름 버튼 b접점 스위치   b접점 기호

⑧ c접점 : 하나의 스위치에 a, b접점을 동시에 가지고 있는 접점을 c접점(change over contact) 또는 절환 접점, 전환 접점이라 한다. 이 접점은 전기적으로 독립되어 있지 않으므로 a접점이나 b접점을 동시에 사용하지 못하고, 두 접점 중 하나의 기능을 선택하여 사용한다.

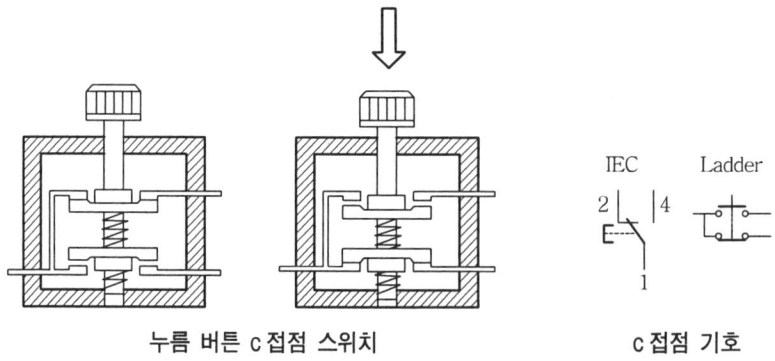

누름 버튼 c접점 스위치   c접점 기호

⑨ 다접점 스위치 : 하나의 스위치에 여러 개의 독립된 접점을 갖고 있어 한 번의 동작에 여러 개의 접점을 ON/OFF 시킨다. 독립된 접점이란 기계적인 동작은 동시에 이루어지지만 전기적으로는 각각 독립된 통전을 한다는 것이다. a 접점 2개, b 접점 2개로 구성되어 있으면 2a-2b형, a 접점 3개와 b 접점 1개로 구성되어 있는 것을 3a-1b형이라 한다.

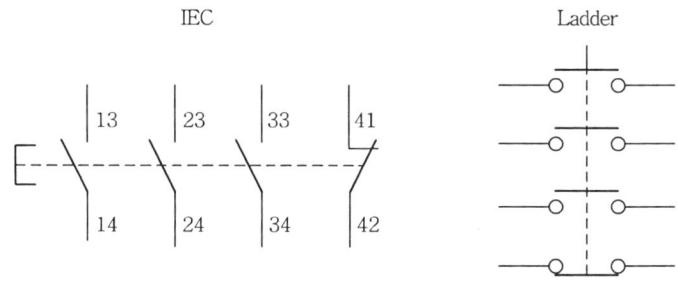

3a - 1b 접점

⑩ 스위치의 초기 상태 : 제어 회로도에서 모든 스위치는 초기 상태이다.
  ㈎ 모든 에너지와 수동 조작 스위치는 OFF 되어 있다.
  ㈏ 모든 구동 장치는 작업전의 원래 위치를 유지하고 있다.
  ㈐ 작업 대상물은 존재한다.

전기 회로용 기기의 기호

명 칭	기 호	부호	명 칭	기 호	부호
퓨즈	개방형 포장형	FU	코일	○	TR
수동 조작 자동 복귀 접점(누름 버튼 스위치)	a접점 b접점	PB	타이머 ON 딜레이	a접점 b접점	TR
조작 스위치 잔류 접점(셀렉트 스위치)	a접점 b접점	SS	타이머 OFF 딜레이	a접점 b접점	TR
플로 스위치	a접점 b접점	FLS	딜레이	a접점 b접점	TR
압력 스위치	동작에 따라 개폐 절환	PS			

릴레이	코일	○	CR MS	전동기		M
	자동복귀접점	a접점　b접점	CR MS	전자 코일 (솔레노이드)		RES
				저항	고정	RES
부저			RZ		가변	RH
표시등			LTL	배선 교차	비교차　교차	

IEC 방식과 ladder 방식의 기호

구 분	IEC 기호		ladder 기호	
	A 접점	B 접점	A 접점	B 접점
누름 버튼 스위치	S_1 E ⌐ 3 / 4	S_2 E ⌐ 1 / 2	PB_1	PB_2
리밋 누름 스위치	3 / 4	1 / 2		
	3 / 4	3 / 4		
릴레이	K_1 $\begin{matrix}A_1\\A_2\end{matrix}$ |13 |23 |33 |41 |14 |24 |34 |42 (3a−1b)		CR_1 (3a−1b)	
솔레노이드 밸브	Y_1		Sol_1	

(2) 조작 · 검출 스위치

전기제어회로의 시동, 정지, 개별조작 등에 사용되는 스위치로 접촉형과 비접촉형으로 구분된다. 접촉형에는 형상에 따라 누름 버튼형, 버섯형, 셀렉트형(선택 스위치), 토글형 선택 스위치 및 기타 (풋 스위치) 등이 있고, 비접촉형에는 근접 스위치(자기형, 고주파 발진형 등 리드 스위치)와 광전 스위치(투과형, 반사형, 방사형)가 있다.

① 접촉 스위치 (접촉 센서)

㈎ 전기회로의 개폐 또는 접속을 변경시키는 기구로 명령용 및 검출용 접점기를 가리키는 명령용 스위치와 검출용 스위치로 대별된다.

㈏ 명령용 스위치 : 인간이 손으로 조작함으로써 작업명령을 내리거나 명령처리의 방법을 변경하거나 또는 수동 · 자동의 변환용 스위치를 말한다.

㈐ 검출용 스위치 : 제어 대상의 상태를 검출하기 위한 스위치로 예정된 동작 조건에 이르렀을 때 동작하는 제어용 스위치를 말한다.

- 텀블러 스위치(기호 : TS <tumbler switch>) : 지지형(유지형) 푸시 버튼 스위치 또는 로커 스위치(locker switch)라고도 하며, 기계적으로 지지되고 손가락 끝으로 파동형 핸들의 끝부분을 누르면 스프링 기구를 갖는 접점기에 의하여 전로의 개폐, 변환동작을 하는 명령용 스위치이다.

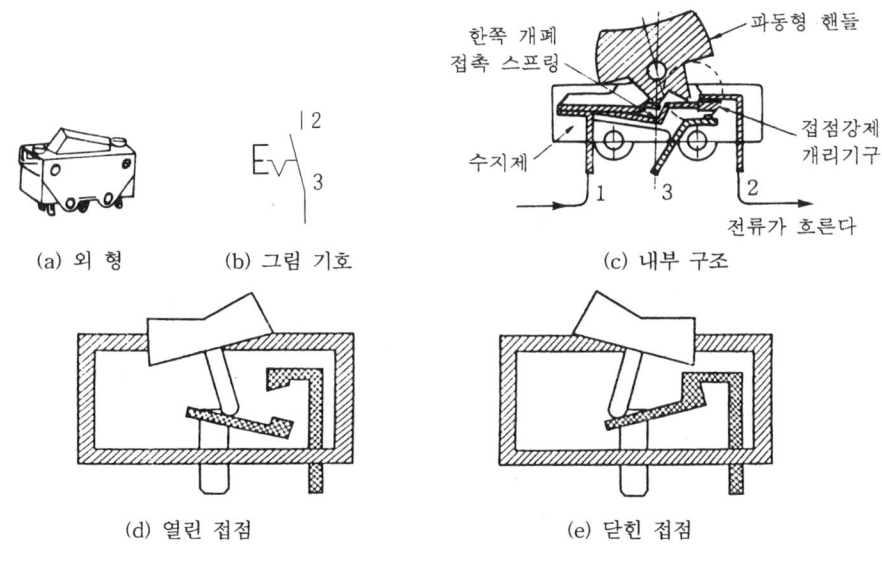

텀블러 스위치

- 누름 버튼 스위치(기호 : PBS <push button switch>) : 가장 일반적으로 사용하고 있는 스위치로서 버튼을 누르면 전환 요소는 스프링의 힘에 대항하여 동작한다. a접점, b접점, c접점이 있다.
  - 버튼을 누르는 것에 의하여 개폐되는 스위치를 말한다.

- 직접 손가락에 의하여 조작되는 누름 버튼 기구와 이것으로부터 받은 힘에 의하여 전기회로를 개폐하는 접점기구로 구성되어 있다.
• 마이크로 스위치와 리밋 스위치(기호 : LS <Limit Switch>) : 수동으로 조작하는 누름 버튼 스위치를 대신하여 기계적인 조작에 의해 접점이 개폐하는 스위치이다. 기계적 강도가 높고 내수, 방진, 방침 및 내유 등의 특성을 가진 것이 있으며, 물체의 위치 또는 힘 등의 기계량 검출에 널리 사용한다.
  - 마이크로 스위치 : 미소 접점 간격과 스냅 액션기구를 갖고 정해진 힘과 움직임으로 개폐되는 접점기구를 케이스에 수용하되, 그 외부에 액추에이터를 갖춘 소형 스위치를 말한다.

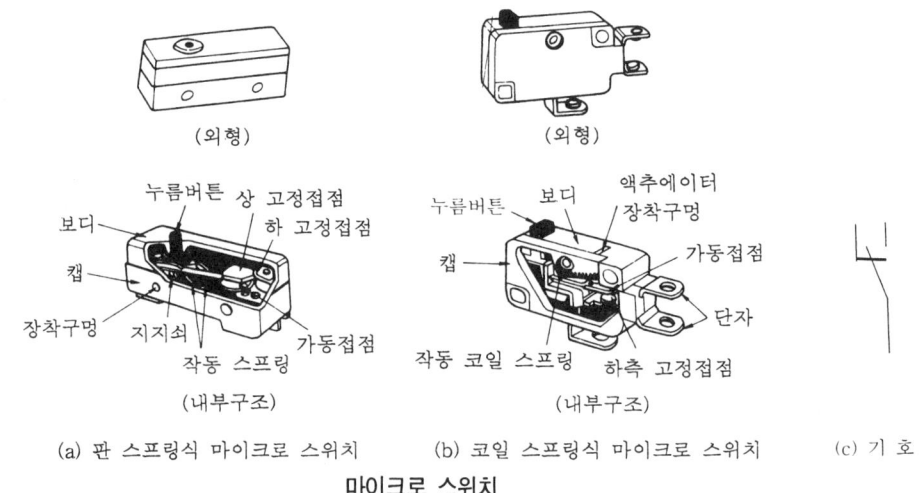

마이크로 스위치

  - 리밋 스위치 : 기기의 운동 행정 중 정해진 위치에서 동작하는 제어용 검출 스위치로서 스냅 액션형의 ON, OFF 접점을 갖추고 있다.

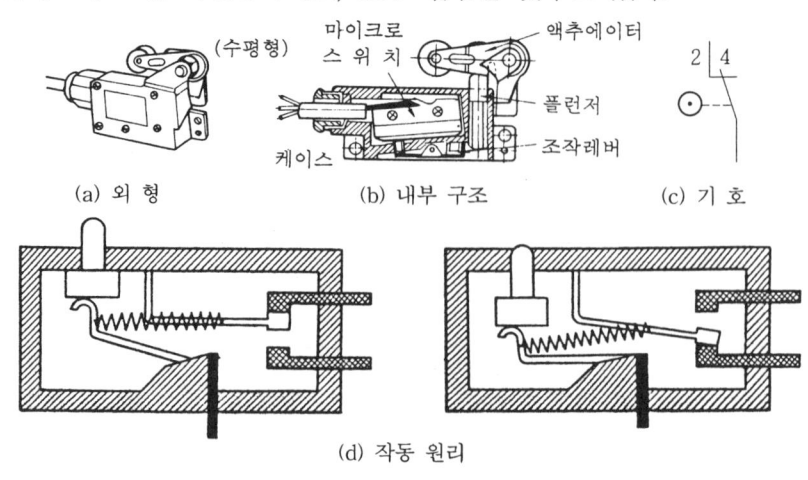

리밋 스위치

- 압력 스위치 : 유압 기기에서 자세하게 다루었으므로, 여기서는 사용시 주의사항만 설명하면 다음과 같다.
  - 히스테리시스 (응차) : 압력 스위치는 압력이 낮은 상태에서 높게 되었을 때에 검출하는 위치와 높은 상태에서 낮게 되었을 때에 검출하는 위치에서는 그 스위치의 ON, OFF 위치가 다르다. 이 차를 히스테리시스라고 한다. 그 때문에 압력 설정은 압력 상승측이나 하강측에서 행할 필요가 있다.
  - 압력 변동이 큰 경우 : 압력 설정과 같이 동일하게 압력 변동이 큰 경우에는 수명이 짧게 되므로 보호용의 교축 밸브를 부착할 필요가 있다.

② 비접촉 스위치 (비접촉 센서) : 피검출체에 전혀 접촉하지 않고 검출하는 스위치이다.

㈎ 광전 스위치(기호 : PHS <photo electric switch>)
- 빛을 매체로 하는 검출기로서 포트 트랜지스터 등을 이용한 투광기, 수광기, 앰프, 비교회로 및 출력회로를 갖추었다.
- 투광기 내의 광원에서 반사된 광이 물체에 의하여 차단 또는 반사되어 변화하는 양을 수광기 내의 광전 변환 소자에 의하여 전기량으로 변화시킴으로써 스위치를 동작시키고 물체의 유무나 상태변화 등을 무접촉으로 검출하는 스위치이다.
- 이 센서는 검출물이 비금속도 가능하고, 비교적 원거리에서의 검출도 가능한 것이 특징이다.
- 광파이버에 의해 빛만을 유도하는 것은 부착장소, 환경온도, 진동 등의 제약도 적어 미소 물체 검출 등에 적합하다.

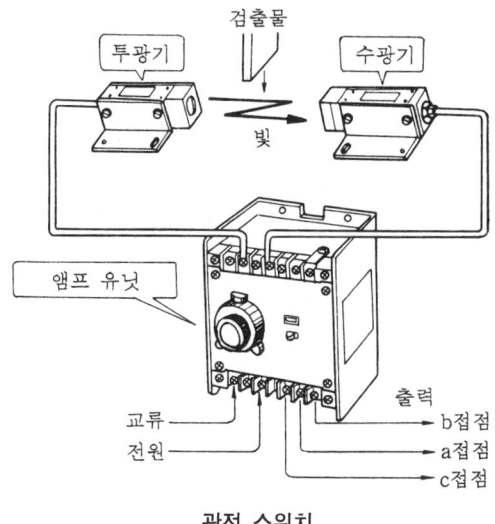

광전 스위치

㈏ 근접 스위치(기호 : PROS <proximity switch, electric proximity switch>)

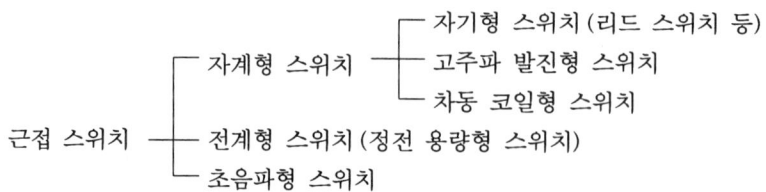

근접 스위치의 종류

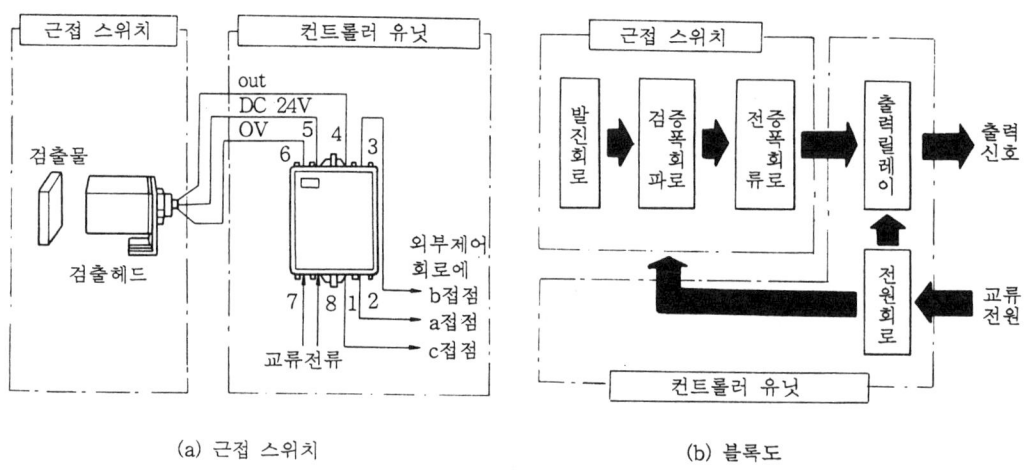

(a) 근접 스위치   (b) 블록도

근접 스위치(센서)와 블록도

- 자계형 : 자계의 에너지를 이용하여 영구 자석을 지닌 검출 헤드에 접근하는 금속체를 기계적으로 접촉시키지 않고 검출하여 전기 회로를 개폐하여 제어하는 것으로 고주파 발진형이 많이 사용되고 있다.
  - 자기형 스위치 : 리드 스위치 등을 이용하는 것이다.
  - 고주파 발진형 : 검출단에서 고주파를 발진하고 검출 문제가 접근하면 물체 내에 와전류손을 발생시켜 이 와전류손에 의한 발진전력의 변화를 검출, 동작시키는 형식을 말한다.
  - 차동 코일형 : 피검출체가 근접하면 와전류에 의한 자속의 변화를 검출 코일과 비교 코일의 차로 신호화하는 것이다.
- 전계형 : 금속, 비금속 등의 유무로 변화하는 정전용량에 따른 발진회로의 변화를 포착하여 신호화하는 것으로 정전용량형 스위치라고도 한다.
- 초음파형 : 압전소자 등의 초음파 진동자를 송·수파기로 하여 반사파의 유무, 감쇠량 등을 검출하여 신호화한다. 장거리 검출이 가능하다. 여러 개를 사용할 때에는 상호간섭 방지를 위해 동기처리 등을 해야 한다.

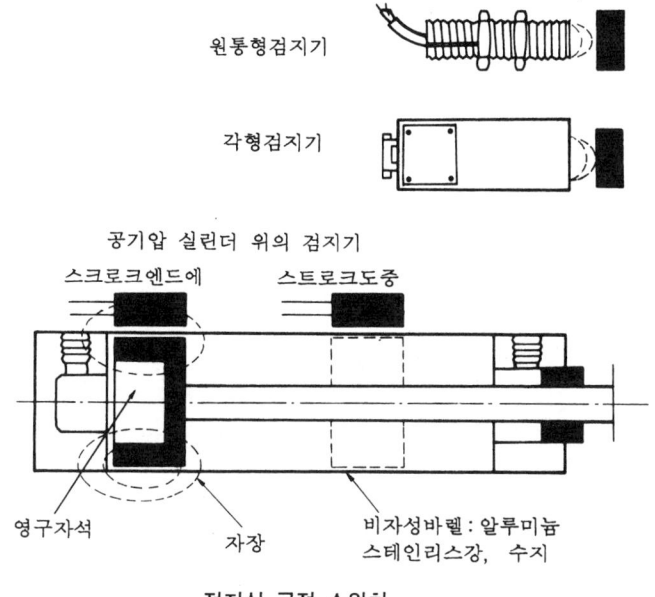

전자식 근접 스위치

(다) 리드 스위치 : 자석으로 작동이 빠른 전환 사이클이 요구될 때 적당하며, 합성수지 상자 안에 있는 가스로 채워진 튜브 안쪽에 퓨즈로 연결되어 있으며, 리드 스위치에 영구 자석으로 된 피스톤 마그넷이 접근하면 리드편(片)이 자화(磁化)되므로 양자가 서로 끌어서 접촉하여 스위치는 ON으로 된다.

물리적인 접촉면을 갖기 때문에 접점식 스위치라 하고, 접점식 스위치 외에 가동부분이 없는 무접점 스위치가 있다. 리드 스위치 등의 자기 감응형(感應形) 스위치는 피스톤에 마그넷을 내장하고 있다.

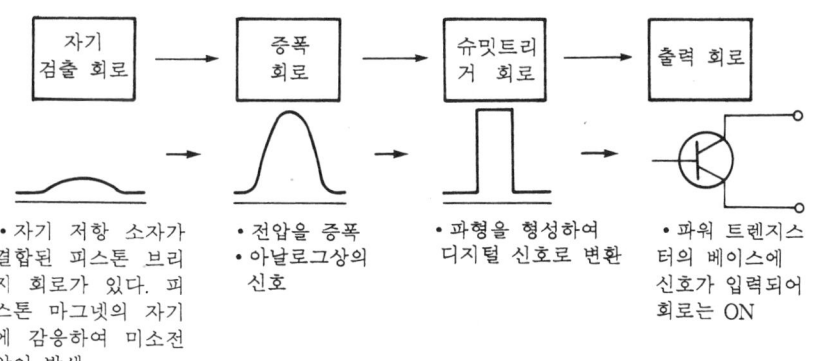

무접점 리드 스위치의 작동 원리

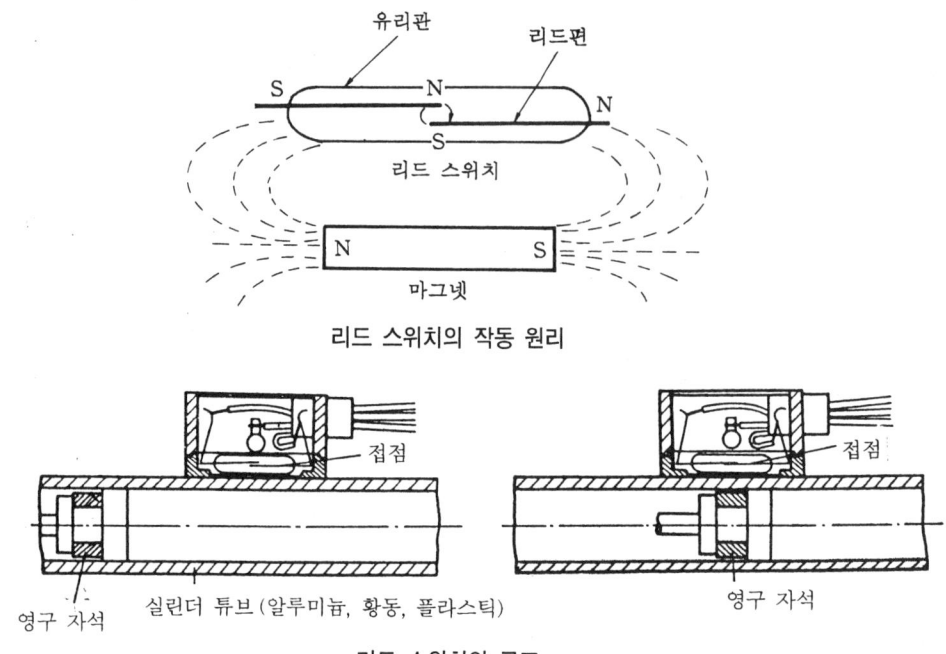

리드 스위치의 작동 원리

리드 스위치의 구조

- 교류용 리드 스위치 : 리드 스위치는 접점이 극히 작아서 외부로부터의 서지 전압, 전류에 의해 접점간에 스파크가 발생하면 수명이 현저하게 짧아지고, 접점이 용착되는 경우가 있기 때문에 서지 대책을 세워야 하며, 유도성 부하를 직접 움직이는 것은 피해야 한다.
- 직류용 리드 스위치 : 표시등 없이 리드 스위치와 발광 다이오드를 표시등으로 내장한 것 등이 있다.
- 서지 전압 : 전자밸브, 릴레이 등 전자석에 통전하면 자기가 발생하며, 전기를 OFF하면 축적된 자기 에너지는 순간적으로 반대로 전기 에너지 전자석으로 변환되어 코일에서 튀어나가는 서지 전압이 발생된다. 이 서지압은 사용전압의 10~30배의 전압을 갖고 있는 것으로 전자, 전기 부품을 파괴하고, 제어의 오작동의 근원이 된다. 릴레이 등의 유도성 부하를 접속할 때 똑같은 CR 회로를 넣을 필요가 있으며, 콘덴서는 0.01~0.1 μF, 저항은 1~4 kΩ의 것을 사용한다.

  서지 저압에는 스위치가 ON일 때 발생하는 용량성 서지 전압과 스위치가 OFF일 때 발생하는 유도성 서지 전압이 있다.
  - 용량성 서지 전압 : 스위치에 접속되어 있는 리드면이 발생원이며, 리드선이 10 m 이상이 되면 1~5 mH 의 초크 코일을 사용하여 서지 전압을 제거한다.
  - 유도성 서지 전압 : 솔레노이드에서 발생하는 것으로 서지 업소버, CR 회로, 플라이휠 다이오드 등을 사용하여 제거한다.
  - 서지 전압 대책 부품 : 서지 전압의 크기는 솔레노이드에 따라 다르며, 대책으

로는 발생원인인 솔레노이드 가까이에서 서지 전압을 제거하여 배선 속으로 흐르지 못하게 해야 한다.

각종 서지 전압 대책방식과 그 효과

방 식	없 음	CR 방식	SR 방식	서지 업소버 방식
사용 회로		$C=1\mu F$ $R=130\Omega$	아바란치 V06G	ZNR K330
서지 전압	−600 V	−130 V	−0.6 V	−40 V
전압 파형	+24V 0V			
전류 파형	0A			
ON 하는 시간	19 ms	18	19	18
OFF 하는 시간	17 ms	18	45	18
매초연초 동작수	25회	25	8	22

- 실린더 고정 리드 스위치
  - 자기 감지형 리드 스위치 : 접점이 항상 열린 비자성체(알루미늄 합금, 구리, 스테인리스) 리드 스위치를 내장하고 있고, 영구 자석은 실린더의 피스톤에 부착되어 있어 영구 자석이 접근하면 리드 스위치의 접점이 자화되어 폐로(ON) 하게 된다. 배관 내부의 철분이 부착되기 쉽고, 외부 자기의 영향을 받기 쉽다.

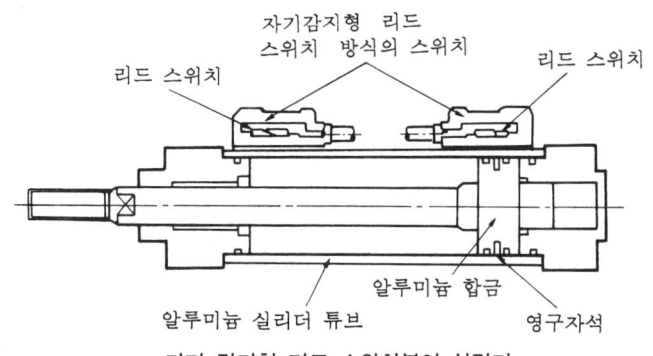

자기 감지형 리드 스위치붙이 실린더

- 철편형(자기 평형형) 리드 스위치 : 리드 스위치에 영구자석을 내장하여 스위치 접점이 항상 열린(OFF) 상태로 되도록 자기평형이 취해져 있는 것으로 외부 자기의 영향을 받기 어렵고, 스위치와 영구자석의 자기평형의 관계상 스위치의 부착에 방향성이 있다.

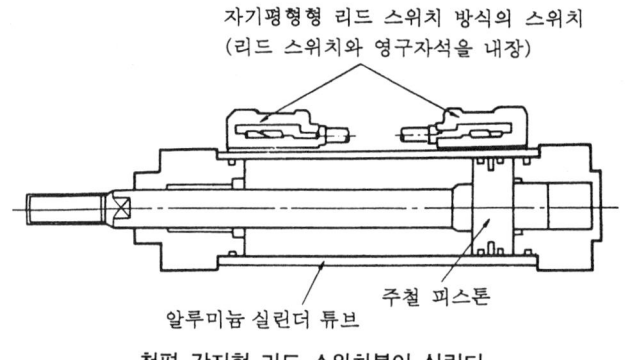

철편 감지형 리드 스위치붙이 실린더

(3) 전자 릴레이 (전자계전기)

전자릴레이는 제어전류를 개폐하는 스위치의 조작을 전자석의 힘으로 하는 것으로, 전압이 코일에 공급되면 전류는 코일이 감겨있는 데로 흘러 자장이 형성되고 전기자가 코일의 중심으로 당겨진다. 가동 부분, 즉 철심의 중량이 적고 작동거리가 짧은 것이 내구성이 높다.

① 종류 : 일반용(소형의 전자접촉기), 미니어처 릴레이, 파워 릴레이, 기타 특수 동작용 등이 있고, 접점은 a접점, b접점, c접점이 있다.

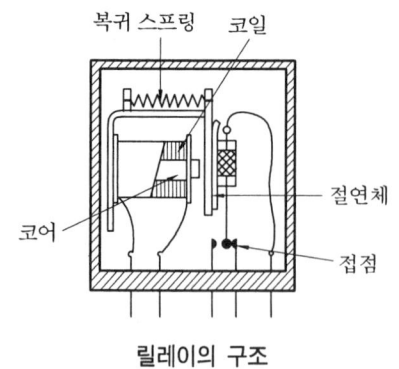

릴레이의 구조

② 사용상의 주의

㈎ IEC 방식은 K, 래더는 CR 또는 R의 약호로 표시한다.

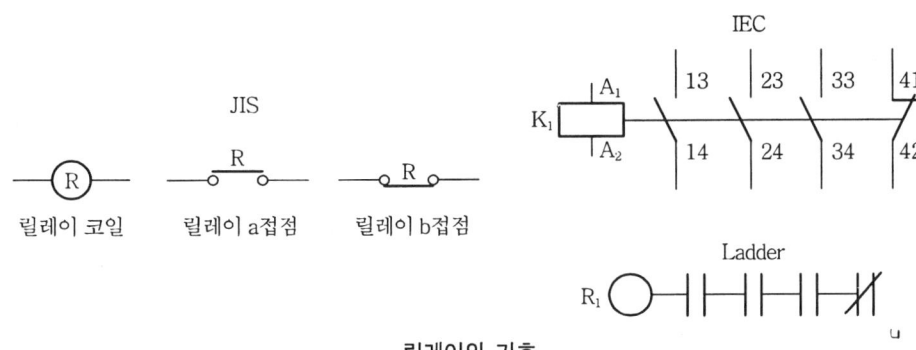

릴레이의 기호

(나) 제어하는 솔레노이드 밸브의 부하 전류에 적합한 접점 전류 용량의 릴레이를 사용한다.

(다) 솔레노이드의 전자 코일은 유도 부하라고 하며, 저항 부하에서 기재되어 있는 경우에는 1/3~1/10의 값으로 저하하여 사용하는 것이 좋다.

(4) 타이머 (기호 : TR 〈time-lage relay〉)

릴레이의 일종으로 입력신호를 받은 후 설정 시간이 경과된 후에 회로를 개폐하는 기기이다. 종류에는 전기신호를 주게 되면 일정시간 후에 출력 신호(접점)를 내는 여자 지연(delay ON type)과 전기 신호를 차단한 후 출력 신호(접점)를 내는 소자 지연(delay OFF type)이 있다.

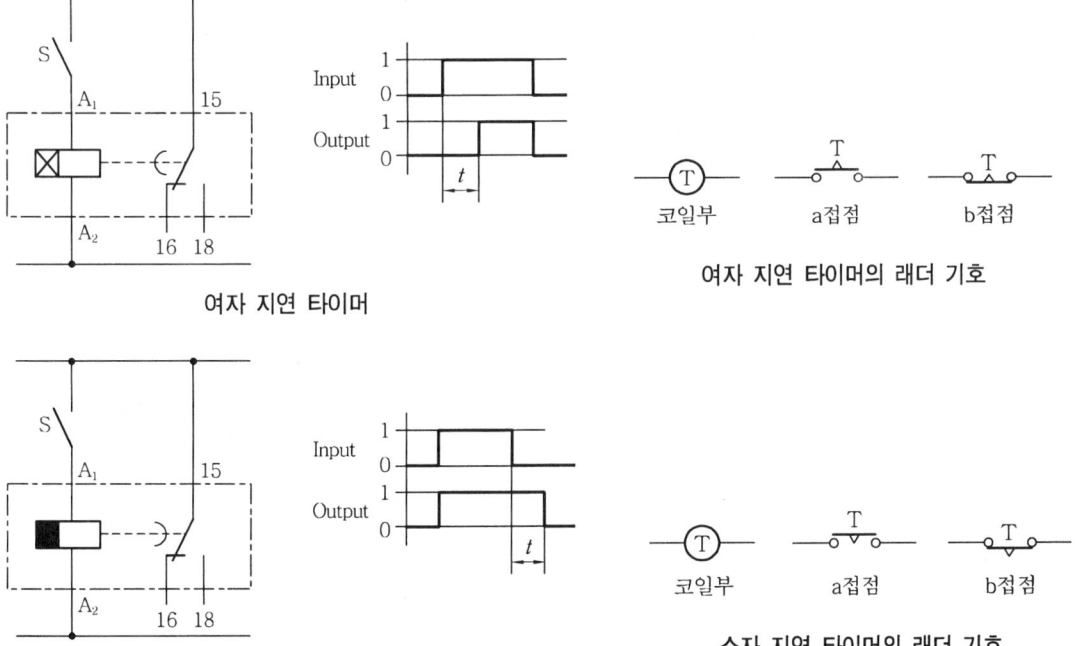

(5) 계수기 (counter)

물체의 위치나 상태를 감지하여 코일에 전류를 통과하면 전자석에 의해 휠을 1개씩 회전시켜 계수를 표시하는 기기이다.

① 메커니컬 카운터 : 회전 또는 왕복 운동의 기계적인 입력을 계수
② 전기 카운터 : 전압을 입력신호로 하여 기기 안에 전자석이 부착되어 전압신호가 기계적인 운동으로 변환되어 계수
③ 전자 카운터 : 전기신호를 입력신호로 하여 전자회로에 계수
④ 공압 카운터 : 공압으로 구동되는 카운터

3. 전기 시퀀스도를 읽는 방법과 쓰는 방법

공압 및 유압 시스템은 각종 공유압 기기와 전기 기기의 조합으로 구성되며, 회로도는 ISO 방식과 수직 방식인 Ladder (사다리) 방식을 각각 또는 병행하여 사용한다.

3-1 시퀀스도의 표시법

시퀀스 제어란 미리 정해진 순서에 따라 제어의 각 단계를 순서적으로 진행해 나가는 것으로 전개 접속도라고도 한다. 시퀀스도 작성시 주의할 점은 다음과 같다.

(1) 일일이 모선을 표시하지 않고, 전원 도선으로서 다음과 같이 표시한다.
  ① 제어 모선(제어 전원)을 수평으로 상하 나누어 그리고, 그 사이에 접점, 코일, 램프 등의 전기 기기의 심벌을 왼쪽에서 오른쪽으로 쓰는 방식(제어 전원 수평 누름 버튼 스위치 방식)
  ② 제어 모선을 수직으로 좌우로 나누어 그리고, 그 사이에 전기 기기의 심벌을 위해서 아래로 사다리 모양으로 그리는 방식(제어 전원 수직 방식)
(2) 제어 기기를 잇는 접속선은 상·하 모선일 경우에는 종선으로, 좌·우 모선일 경우에는 횡선으로 표시한다.
(3) 접속선은 동작순서별로 좌에서 우로 또는 위에서 아래로 순서적으로 표시한다.
(4) 개폐 접점을 가진 제어 기기는 그 기구 부분이나 지지 보호부분 등의 기구적 관련은 생략하고 접점 코일 등으로 표시하며, 각 접속선은 분리한다.
(5) 제어 기기를 나타내는 문자 등을 병기한다 (접점에도 제어 기기의 문자를 기입한다).

(6) 개폐 접점을 가지는 기기를 나타낼 때에 수동 조작일 때는 접점부가 닿지 않은 상태, 즉 손이 닿지 않은 상태로 하고, 전기 등의 에너지로 작동시키는 것일 때는 구동부의 전원이 모두 차단된 상태로 한다.

(7) 검출기는 용량이 적으므로 일반적으로 증폭하여 사용한다.

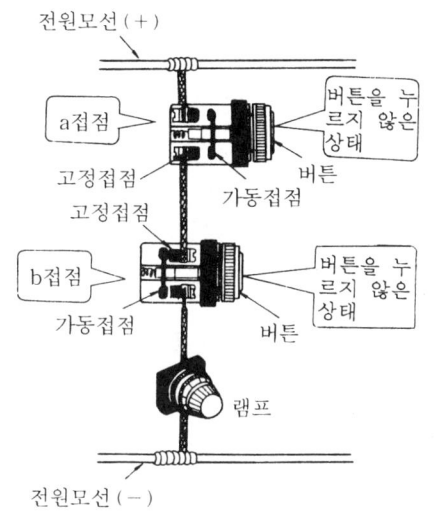

수동 조작 접점 (누름 버튼 스위치)의 상태

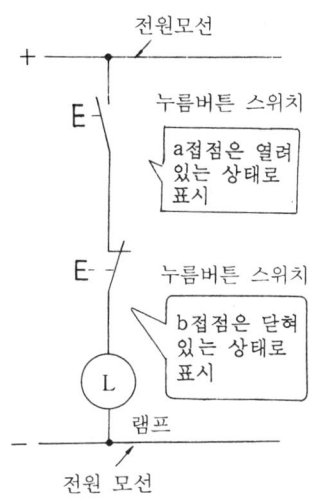

시퀀스도 그림 기호 표시법

3-2 기본 회로도 그리는 법

(1) 누름 버튼 스위치에 의한 회로

스위치 a 접점일 경우 스위치를 눌렀을 때는 통전이 되고, 스위치에서 손을 때면 전기 공급이 끊어진다.

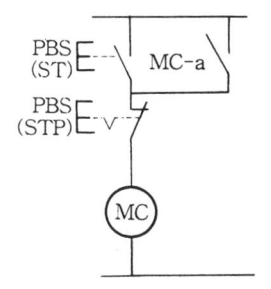

MC : 전자 접속기 코일
MC-a : 전자 접속기 보조 a접점
PBS (ST) : 기동 누름 버튼 스위치
PBS (STP) : 정지 누름 버튼 스위치

누름 버튼 스위치에 의한 회로

(2) 단동 실린더 제어 회로

누름 버튼 스위치를 누르면 단동 실린더의 피스톤이 전진하고, 누름 버튼 스위치를 놓으면 실린더가 스프링에 의하여 후진하는 회로이다.

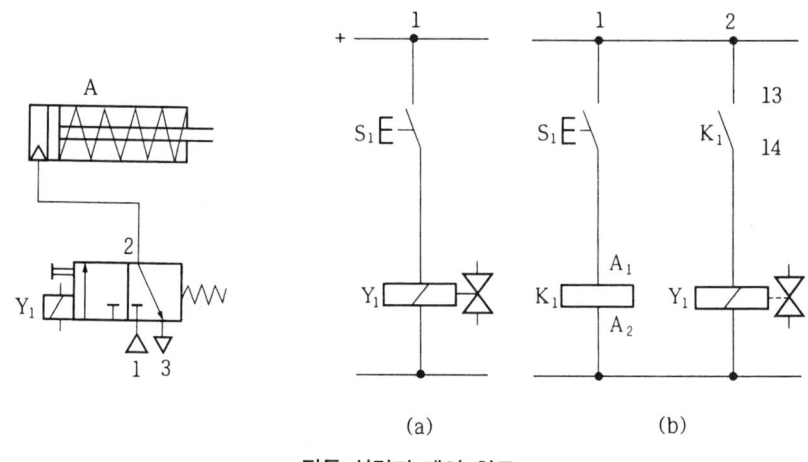

단동 실린더 제어 회로

(3) 복동 실린더 제어 회로

누름 버튼 스위치 S_1을 누르면 솔레노이드 밸브 Y_1이 여자되고 밸브의 제어 위치가 전환되어 복동 실린더가 전진하고 S_1을 놓으면 복동 실린더가 후진된다.

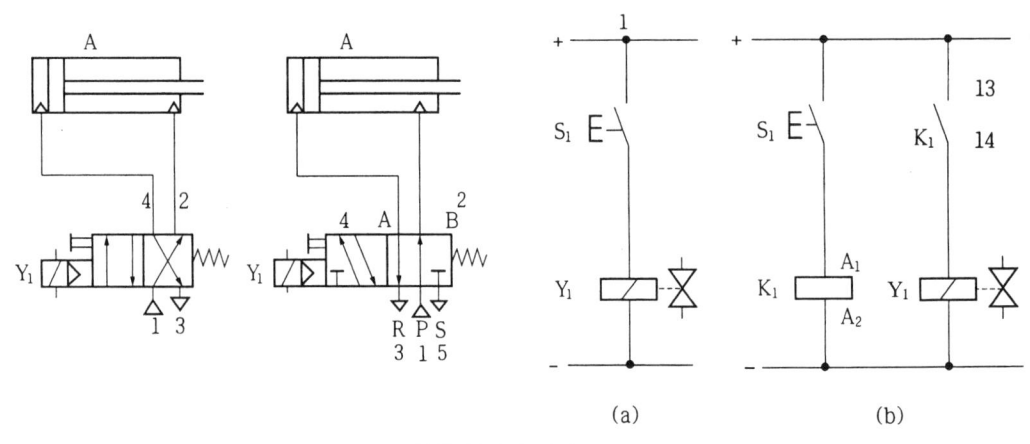

복동 실린더 제어 회로

(4) 간접 양방향 제어 회로(indirect, bidirectional control)

누름 버튼 S_1을 누르면 실린더 피스톤은 최종 전진 위치까지 운동하고, 복귀 행정은 누름 버튼 S_2를 작동해야만 작동된다.

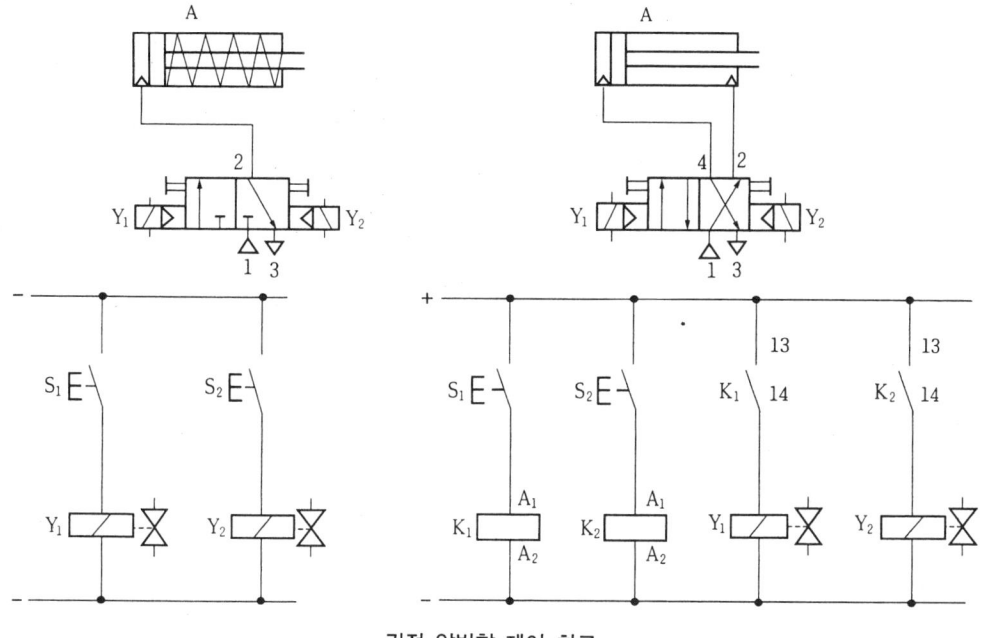

간접 양방향 제어 회로

(5) 실린더의 자동 복귀 회로

누름 버튼 스위치를 누르면 피스톤은 최종 전진 위치까지 운동하고, 이 위치에서 피스톤은 원래의 위치까지 자동적으로 복귀한다.

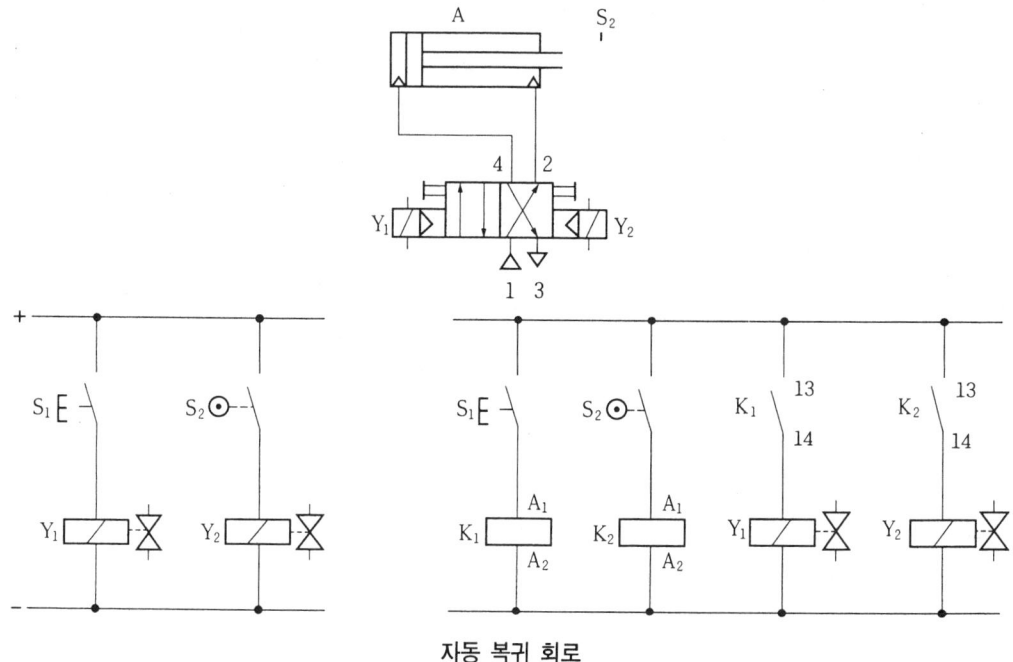

자동 복귀 회로

(6) 복동 실린더 자동 왕복 회로

스위치를 닫으면 피스톤은 그 스위치를 리셋 할 때까지 전·후진 운동을 계속하고, 스위치를 리셋하면 피스톤은 원래의 위치로 되돌아간다.

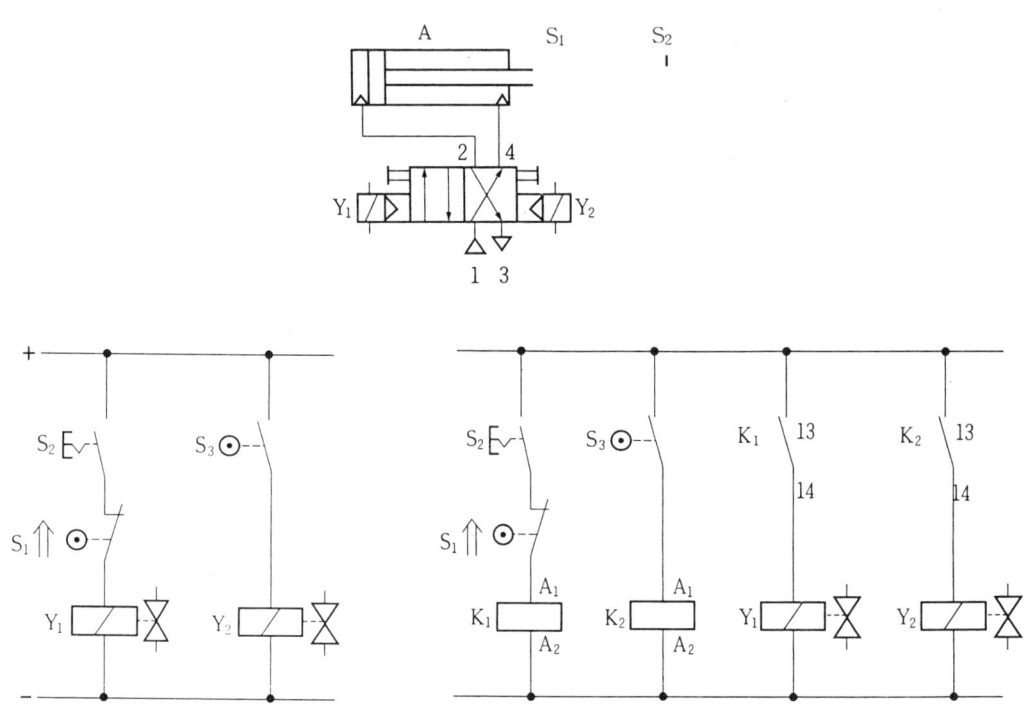

복동 실린더 자동 왕복 회로

(7) 자기유지 회로 (기억 회로, latching circuit)

릴레이를 작동시키기 위한 전기 신호가 짧은 기간 동안만 존재하다가 없어지거나 또는 스위치를 작동하는 시간보다 오래 동안 릴레이를 동작시키기 위해 필요한 자기유지 회로는 ON 우선 회로와 OFF 우선 회로가 있다.

① ON 우선 자기 유지 회로 : ON 스위치와 OFF 스위치를 같이 작동시킬 때 릴레이가 OFF 스위치와는 관계없이 ON 스위치에 의해 작동되는 회로이다.

② OFF 우선 자기 유지 회로 : ON 스위치와 OFF 스위치를 같이 작동시킬 때 릴레이가 ON 스위치와는 관계없이 OFF 스위치에 의해 릴레이가 작동될 수 없는 회로로 OFF 신호가 ON 신호보다 우선되어야 하며, 자기유지 회로로 이 방식이 많이 사용된다.

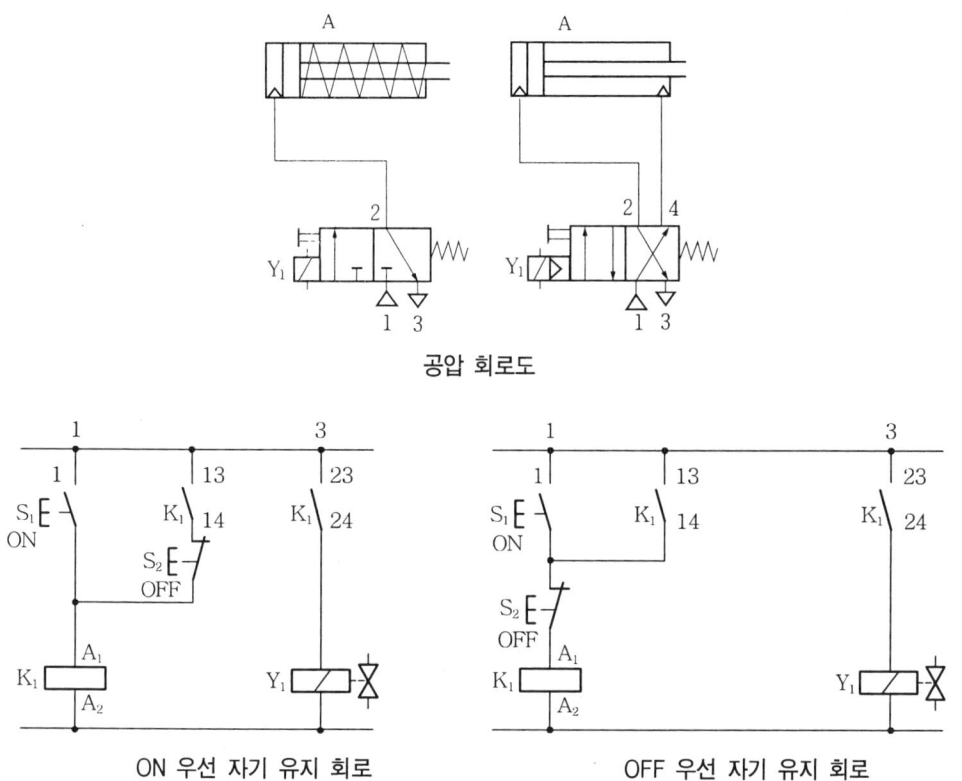

공압 회로도

ON 우선 자기 유지 회로　　　　OFF 우선 자기 유지 회로

(8) 인터록 회로

이 회로는 복수의 작동일 때 어떤 조건이 구비될 때까지 작동을 저지시키는 회로로 기기를 안전하고 확실하게 운전시키기 위한 판단 회로이다. 이 회로에서 K_2가 작동하지 않으면 (Y_2가 작동하지 않으면) K_1이 작동하지 않음을 확인한다. 즉, Y_1은 Y_2가 작동된 후 비로소 작동하게 된다.

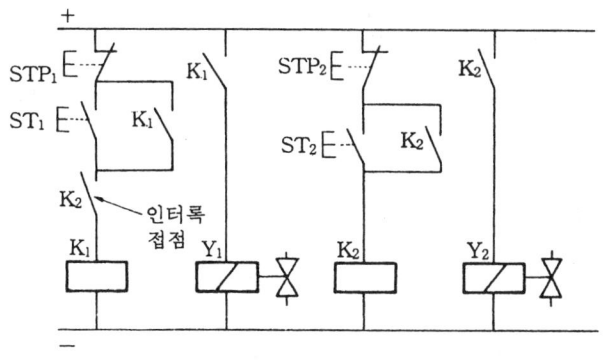

인터록 회로 I

이 회로는 Y_1이 먼저 작동하면 Y_2는 절대로 작동되지 않고, Y_2가 먼저 작동하면 Y_1은 작동되지 않는다. 즉, 솔레노이드 2개 중 1개만 작동하게 된다.

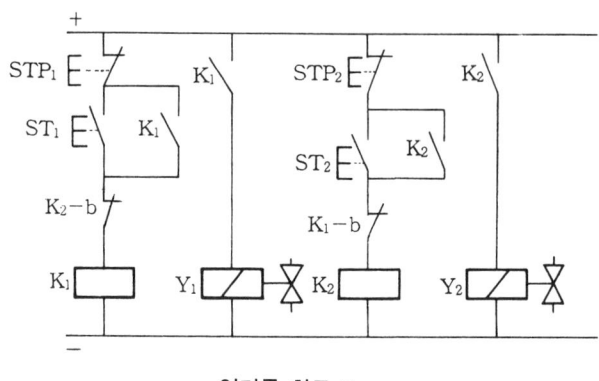

인터록 회로 Ⅱ

(9) 논리 회로

① AND 회로 : 논리적 회로라고도 하며, 입력이 모두 있을 때만 작동한다. LS_1만 작동되어도 Y_1은 작동되지 않고 LS_1과 LS_2가 작동되어도 Y_1은 작동하지 않으며, 반드시 LS_1과 LS_2, LS_2가 작동되어야만 K_1, K_2, K_3가 작동되어 솔레노이드 Y_1이 작동하게 된다.

② OR 회로 : 논리합 회로 또는 병렬 회로라고도 하며, 여러 개의 입력 중 한 개에만 신호가 있어도 작동되는 회로이다. LS_1이 작동하면 K_1이나 K_2가 작동하여 Y_1이 작동된다. 즉, 리밋 스위치 중 한 개 이상만 작동되면 솔레노이드는 작동된다.

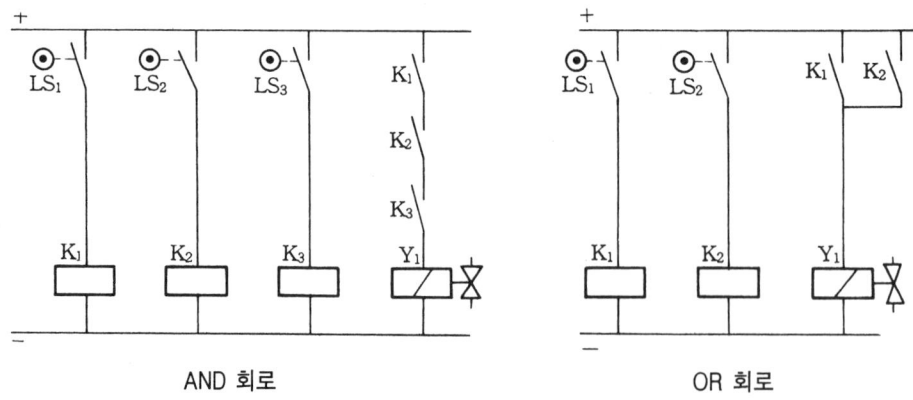

AND 회로　　　　　　　　　OR 회로

③ NOT 회로 : 논리부 회로라고도 하며, 입력이 있으면 출력이 없고, 입력이 없을 때만 출력이 나오는 회로이다. LS_1이 작동되면 K_1이 작동되고, K_1이 작동되면 K_1-b가 작동하여 회로를 차단시키므로 Y_1은 작동을 중지한다 (LS_1이 작동하지 않으면 K_1-b가 열리지 않으므로 Y_1은 작동된다).

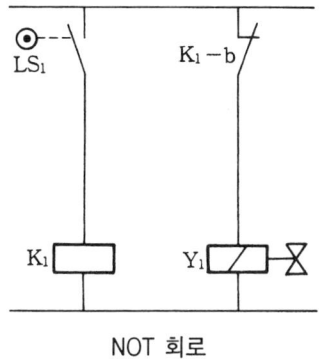

NOT 회로

논리 회로

회로명	논리기호	유체소자 회로	전기회로	논리식	설 명
AND				$i_1 \times i_2 = 0$ $i_1 \wedge i_2 = 0$	입력 i_1, i_2 가 동시에 들어가면 출력 O 가 나온다. i : 입력신호 O : 출력신호
OR				$i_1 + i_2 = 0$ $i_1 \vee i_2 = 0$	i_1과 i_2 가 개별로 또는 동시에 들어가도 출력 O 가 나온다.
NOT				$\bar{i} = 0$	입력 i 가 들어가면 출력 O 가 없게 된다. 입력 i 가 없게 되면 출력 O 가 있다.
NAND				$\overline{i_1 \times i_2} = 0$ $\overline{i_1} + \overline{i_2} = 0$	입력 i_1, i_2 가 동시에 들어가면 출력 O 가 없게 된다.
NOR				$\overline{i_1 + i_2} = 0$ $\overline{i_1} \times \overline{i_2} = 0$	입력 i_1, i_2 가 동시에 없을 때만 출력 O 가 나온다.

3-3 실제로 사용되는 회로

(1) 1개의 검출기로 여러 개를 작동시키는 회로

동기 회로라고도 하며 검출기의 개수 또는 릴레이의 접점이 많을 때 쓰인다. 접점을 적게 사용할 때에는 점선과 같이 Y_1, Y_2, Y_3의 접점부 단자를 연결하여 K_1의 접점 1개만 사용할 수도 있다.

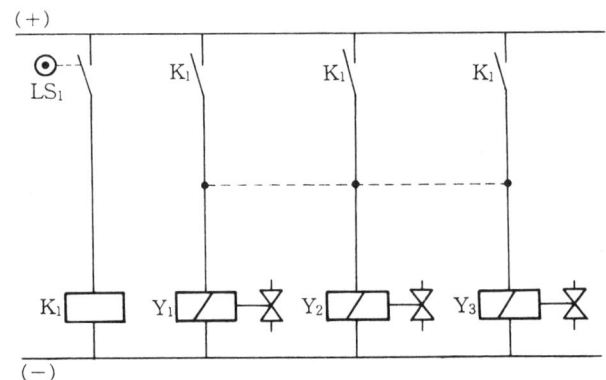

1개의 검출기를 사용한 전기 회로

(2) 복수의 검출기로 각개 작동시키는 회로

1개의 검출기로 여러 개를 작동시키는 회로와는 반대로 1개의 검출기에 의하여 1개의 SOL을 작동시키는 것으로 Y_1과 Y_2, 그리고 Y_3가 서로 별개로 독립되어 있어 다른 검출기와 상관없이 독자적으로 작동된다.

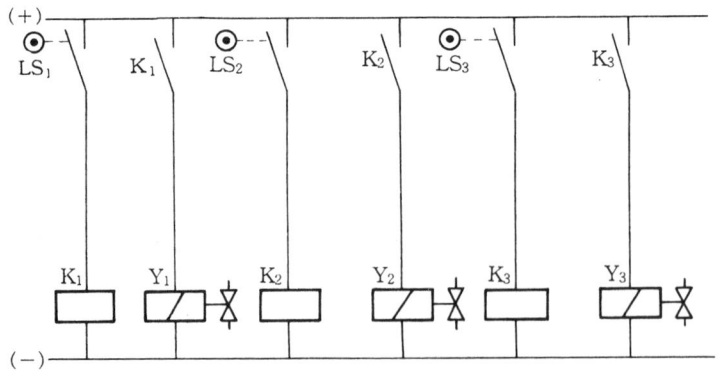

복수의 검출기로 각개 작동시키는 회로

(3) 자동, 수동 변환회로와 표시등 회로

표시등은 전류의 흐름 상태를 확인할 수 있어 준비, 전환, 조정, 고장 점검 등 각개의 작동이 필요할 때 사용된다.

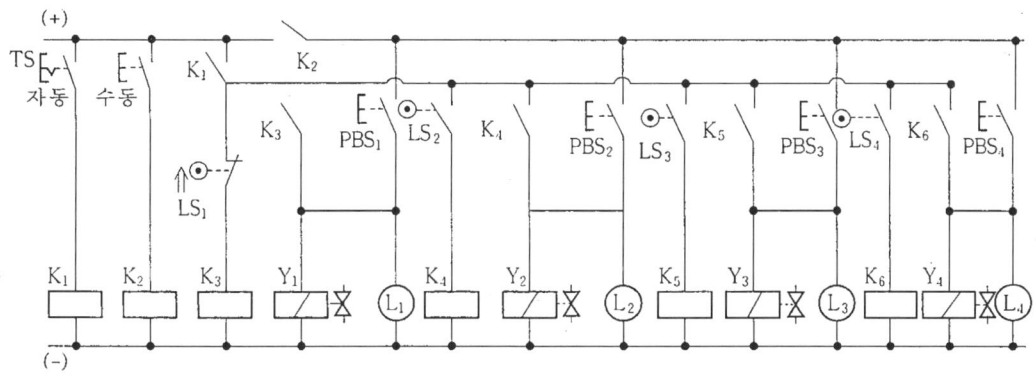

자동, 수동 변환회로와 표시등 회로

(4) 공작물을 일정시간 가압 후 원래의 위치로 되돌아가는 회로

시작 버튼을 누름으로써 피스톤 로드를 전진, 가압, 후퇴할 수 있는 회로로, 5/2-way 변환 밸브로 실린더의 운동을 변환하고 일정 시간 가압할 수 있다.

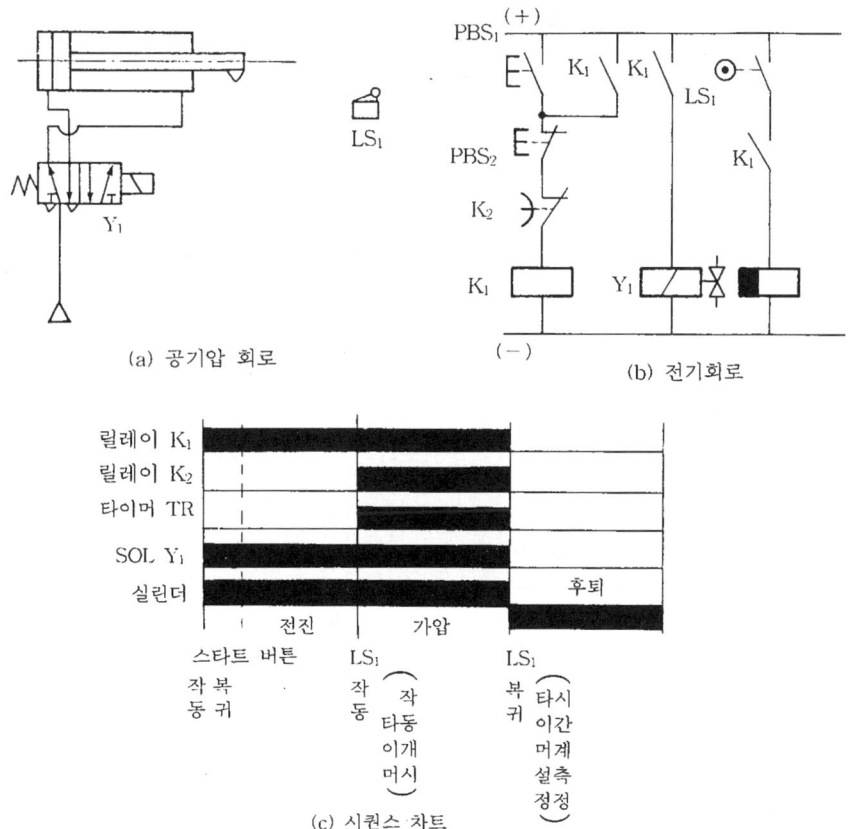

공작물을 일정시간 가압 후 원래의 위치로 되돌아가는 회로

(5) 자동 왕복운동과 수동 복귀회로

시작 누름 버튼을 누르면 복귀 버튼을 누를 때까지 계속 작업을 하는 회로이다.

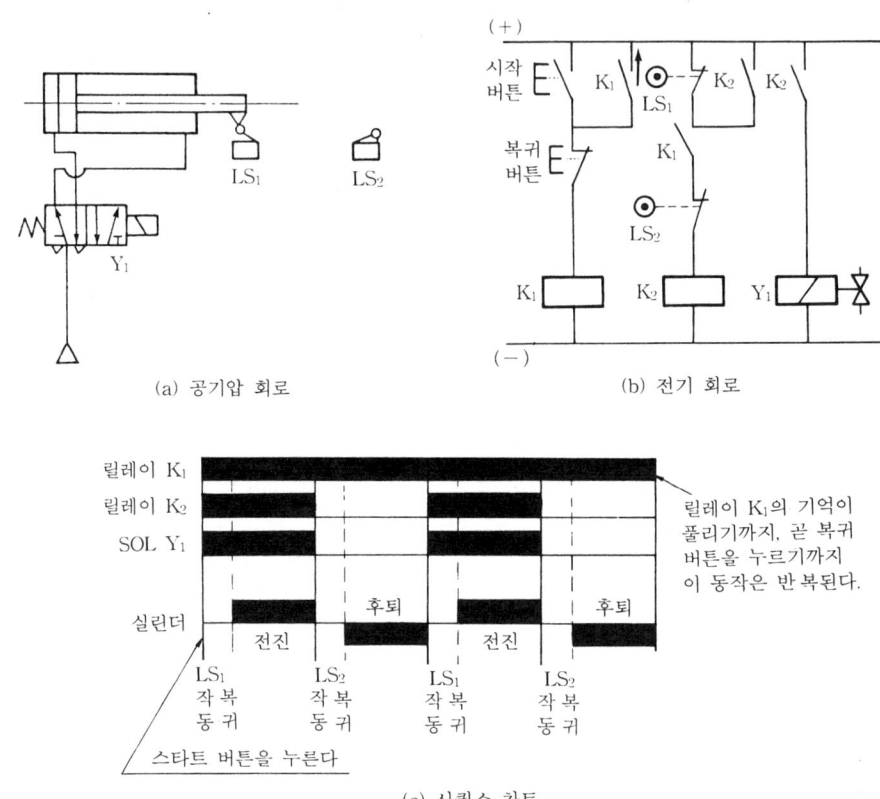

자동 왕복운동과 수동 복귀회로

(6) 복수 실린더 전·후진 회로

2개의 실린더를 A+, A-, B+, B-의 순서로 동작시키는 회로이다.

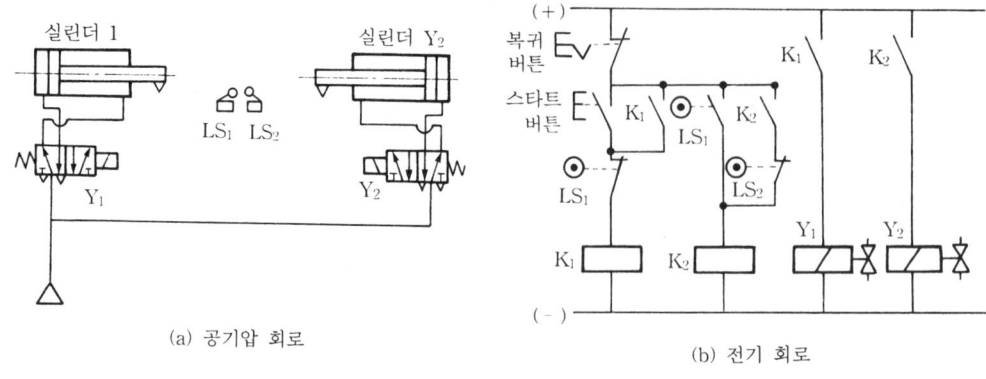

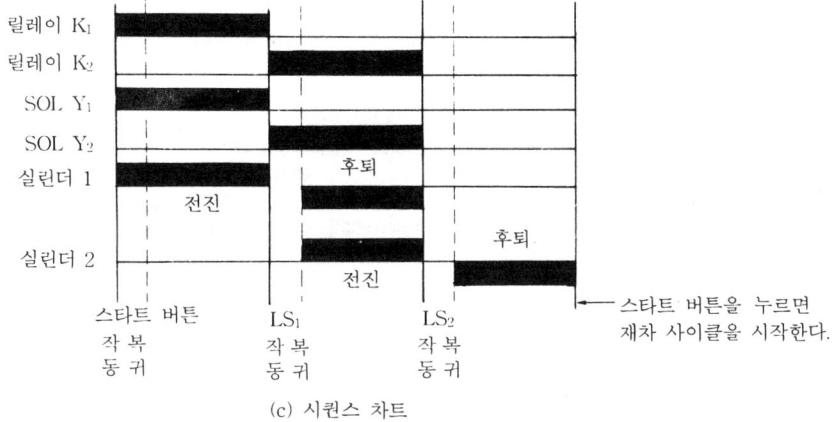

(c) 시퀀스 차트

2개의 실린더를 교대로 전·후진시키는 회로

(7) 피스톤 로크를 단계적으로 증가시켜 왕복하는 회로

이 회로는 스트로크를 단계적으로 증가시키고, 1사이클이 완료하면 재차 스타트 할 수 있는 상태가 되는 회로로 드릴 가공 등에 많이 사용된다.

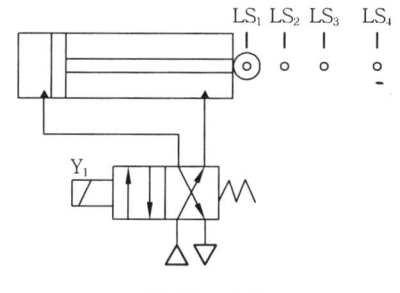

(a) 공기압 회로

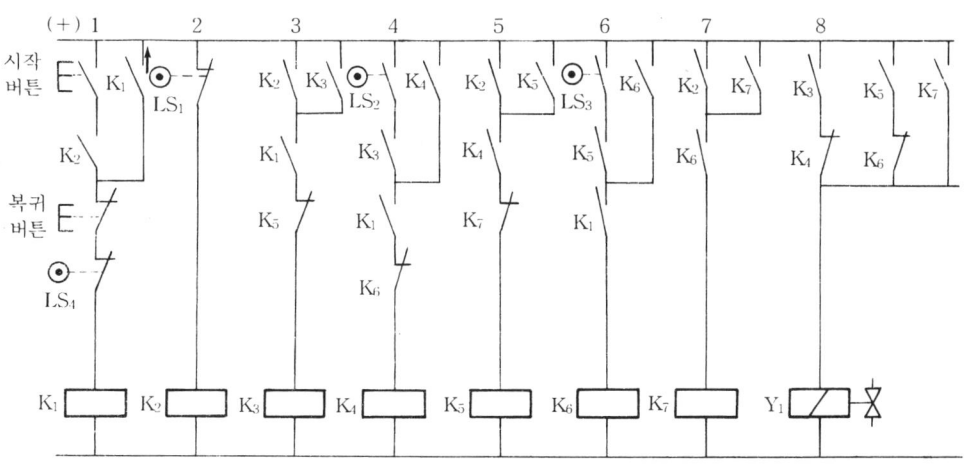

(b) 전기 회로

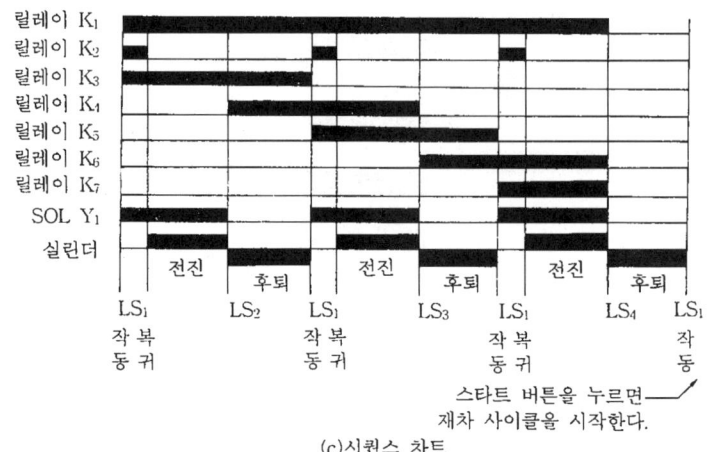

(c) 시퀀스 차트

피스톤 로크를 단계적으로 증가시켜 왕복하는 회로

연습문제

1. 릴레이에서 시작 지연과 종료 지연은 무엇을 뜻하는지 설명하여라.

2. 비접촉 스위치에 대하여 설명하여라.

3. 서지 전압의 발생원인 및 현상, 대책을 설명하여라.

4. 자기 유지회로와 인터록 회로에 대하여 설명하여라.

5. 로직회로의 종류를 들고 설명하여라.

6. 실린더의 속도를 제어하는 방법에 대하여 알아보자.

부 록

1. 유압·공기압 도면 기호
2. 공기압 용어
3. 유압 용어

1. 유압·공기압 도면 기호
(Graphic symbols for fluid power systems)

1. 적용 범위

이 규격은 유압 및 공기압 기기 또는 장치의 기능을 표시하기 위한 도면기호(이하 "기호"라 칭한다)에 대하여 규정한다.

[비 고] 이 규격은 배관공사 등의 도면에 사용하는 기호에 대하여는 규정하지 않는다.

2. 용어의 뜻

이 규격에서 사용되는 주된 용어의 뜻은 KS B 0119(유압 용어) 및 KS B 0120(공기압 용어)에 따르는 외에, 다음에 따른다.

(1) 기호 요소 : 기기, 장치, 유로 등의 종류를 기호로 표시할 때 사용하는 기본적인 선 또는 도형
(2) 기능 요소 : 기기·장치의 특성, 작동 등을 기호로 표시할 때 사용하는 기본적인 선 또는 도형
(3) 간략 기호 : 제도의 간략화를 시도하기 위하여, 기호의 일부를 생략하든가 또는 다른 간단한 기호로 대체시키는 경우에 사용하는 기호
(4) 일반 기호 : 기기·장치의 상세한 기능·형식 등을 명시할 필요가 없는 경우에 사용하는 대표적인 기호
(5) 상세 기호 : 기호를 간략화 또는 일반화시키지 않고, 기능을 상세히 명시하는 경우에 사용되는 기호. 보통 간략기호 또는 일반기호에 대비하여 사용한다.
(6) 선택 조작 : 2개 이상의 조작방식 중 어느 하나에 의하여 조작하는 방식
(7) 순차 조작 : 2개 이상의 조작방식을 사용하여 조작하는 방식
(8) 2단 파일럿 조작 : 2개의 파일럿 조작에 의한 순차조작
(9) 1차 조작 : 순차조작에 따라 기기를 조작할 경우의 최초의 조작. 보통 1차 조작수단은 인력, 기계 또는 전기 방식으로 조작한다.
(10) 내부 파일럿 : 파일럿 조작용 유체를 조작하는 기기의 내부로부터 공급하는 방식
(11) 외부 파일럿 : 파일럿 조작용 유체를 조작하는 기기의 외부로부터 공급하는 방식
(12) 내부 드레인 : 드레인 유로를 기기 내부에 있는 귀환유로에 접속시켜 드레인이 귀환유체에 합류되는 방식
(13) 외부 드레인 : 드레인이 단독으로 기기의 드레인 포트로부터 밖으로 빼내지는 방식
(14) 단동 솔레노이드 : 코일을 여자시킬 때, 1방향만으로 작동하는 전자 액추에이터

(15) 복동 솔레노이드 : 코일의 여자방법을 변경시킴으로써 작동방향을 변화시키는 여자 액추에이터
(16) 가변식 전자 액추에이터 : 입력 전기신호의 변화에 따라 출력 또는 변위량이 변화하는 전자 액추에이터
(17) 가변 행정 제한기구 : 밸브의 개도 또는 교축 정도 등을 변화시키기 위하여 스풀의 이동량을 규제하는 조정기구

3. 기본 사항

유압·공기압 기호의 표시방법과 해석의 기본 사항은 다음에 따른다.
(1) 기호는 기능, 조작방법 및 외부 접속구를 표시한다.
(2) 기호는 기기의 실제 구조를 나타내는 것은 아니다.
(3) 복잡한 기능을 나타내는 기호는 원칙적으로 [표 1]의 기호요소와 [표 2]의 기능요소를 조합하여 구성한다. 단, 이들 요소로 표시되지 않는 기능에 대하여는 특별한 기호([표 3-19] 중에서 ※표를 붙인 기호)를 그 용도에 한정시켜 사용하여도 좋다.

    [관련규격] KS B 0001 기계제도
                 KS B 0119 유압용어
                 KS B 0120 공압용어

(4) 기호는 원칙적으로 통상의 운휴상태 또는 기능적인 중립상태를 나타낸다. 단, 회로도 속에서는 예외도 인정된다.
(5) 기호는 해당기기의 외부 포트의 존재를 표시하나 그 실제 위치를 나타낼 필요는 없다.
(6) 포트는 관로와 기호요소의 접점으로 나타낸다.
(7) 포위선 기호를 사용하고 있는 기기의 외부 포트는 관로와 포위선의 접점으로 나타낸다.
(8) 복잡한 기호의 경우, 기능상 사용되는 접속구만을 나타내면 된다. 단, 식별하기 위한 목적으로 기기에 표시하는 기호는 모든 접속구를 나타내야 한다.
(9) 기호 속의 문자(숫자는 제외)는 기호의 일부분이다.
(10) 기호의 표시법은 한정되어 있는 것을 제외하고는 어떠한 방향이라도 좋으나 90° 방향마다 쓰는 것이 바람직하다. 또한, 표시방법에 따라 기호의 의미가 달라지는 것은 아니다.
(11) 기호는 압력, 유량 등의 수치 또는 기기의 설정값을 표시하는 것은 아니다.
(12) 간략기호는 그 규격에 표시되어 있는 것 및 그 규격의 규정에 따라 고안해 낼 수 있는 것에 한하여 사용하여도 좋다.
(13) 2개 이상의 기호가 1개의 유닛에 포함되어 있는 경우에는 특정한 것을 제외하고, 전체를 1점 쇄선의 포위선 기호로 둘러싼다. 단, 단일기능의 간략기호에는 통상, 포위선을 필요로 하지 않는다.
(14) 회로도 중에서 동일 형식의 기기가 수개소에 사용되는 경우에는 제도를 간략화하기 위하여 각 기기를 간단한 기호요소로 대표시킬 수가 있다. 단, 기호요소 중에는 적당한 부호를 기입하고, 회로도 속에 부품란과 그 기기의 완전한 기호를 나타내는 기호표를 별도로 붙여서 대조할 수 있게 한다.

4. 기호의 구성요소

(1) 기호 요소 : 기호를 구성하는 기본적 요소는 [표 1]에 따른다.

[표 1] 기 호 요 소

번호	명 칭	기 호	용 도	비 고
1-1	선			
1-1.1	실 선	$L > 10E$ L : 선의 길이 E : 선의 굵기	(1) 주관로 (2) 파일럿 밸브에의 공급관로 (3) 전기 신호선	• 귀환관로를 포함 • 2-3.1을 부기하여 관로와의 구별을 명확히 한다.
1-1.2	파 선	$L < 5E$	(1) 파일럿 조작관로 (2) 드레인 관로 (3) 필터 (4) 밸브의 과도위치	• 내부 파일럿 • 외부 파일럿 • 파일럿 관로는 파일럿 방식으로 작동시키기 위한 작동 유체를 보내는 관로를 뜻한다.
1-1.3	1점 쇄선		포위선	• 2개 이상의 기능을 갖는 유닛을 나타내는 포위선
1-1.4	복 선		기계적 결합	• 회전축, 레버, 피스톤 로드 등 $D < 5E$ D : 선간 거리, E : 선의 굵기
1-2	원			
1-2.1	대 원	l	에너지 변환기기	• 펌프, 압축기, 전동기 등
1-2.2	중간원	$\frac{1}{2} \sim \frac{3}{4} l$	(1) 계측기 (2) 회전 이음	
1-2.3	소 원	$\frac{1}{4} \sim \frac{1}{3} l$	(1) 체크 밸브 (2) 링크 (3) 롤러	• 롤러 : 중앙에 점을 찍는다. ⊙
1-2.4	점	$\frac{1}{8} \sim \frac{1}{5} l$	(1) 관로의 접속 (2) 롤러의 축	$d \fallingdotseq 5E$
1-3	반 원		회전각도가 제한을 받는 펌프 또는 액추에이터	
1-4	정사각형			
1-4.1		l	(1) 제어기기 (2) 전동기 이외의 원동기	• 접속구가 변과 수직으로 교차한다.
1-4.2		$\frac{1}{2} l$	유체 조정기기	• 접속구가 각 변을 두고 변과 교차한다. • 필터, 드레인 분리기, 주유기, 열교환기 등
1-4.3		$\frac{1}{2} l$	(1) 실린더 내의 쿠션 (2) 어큐뮬레이터 내의 추	

1-5	직사각형		(1) 실린더	• $m > l$
1-5.1			(2) 밸브	• 총칭하여 부를 때에는 밸브로 하고, 수식어를 붙일 때에는 ○○밸브라고 한다. (예 압력 제어 밸브)
1-5.2				
1-5.3			피스톤 특정의 조작방법	• $l \leq m \leq 2l$ • [표 6] 참조
1-6	기 타			
1-6.1	요형(대)		유압유 탱크(통기식)	• $m > l$
1-6.2	요형(소)		유압유 탱크(통기식)의 국소 표시	
1-6.3	캡슐형		(1) 유압유 탱크(밀폐식) (2) 공기압 탱크 (3) 어큐뮬레이터 (4) 보조 가스용기	• 접속구는 [표 10]과 [16-2] 참조

[비 고] 치수 l은 공통의 기준치수로 그 크기는 임의로 정하여도 좋다. 또 필요상 부득이할 경우에는 기준치수를 대상에 따라 변경시켜도 좋다.

(2) **기능 요소** : 기능을 나타내는 요소는 [표 2]에 따른다.

[표 2] 기 능 요 소

번호	명 칭	기 호	용 도	비 고
2-1	정삼각형			• 유체 에너지의 방향 • 유체의 종류 • 에너지원의 표시
2-1.1	흑	▶	유압	
2-1.2	백	▷	공기압 또는 기타의 기체압	• 대기중에의 배출을 포함
2-2	화살표 표시			
2-2.1	직선 또는 사선		(1) 직선 운동 (2) 밸브 내의 유체의 경로와 방향 (3) 열류의 방향	
2-2.2	곡 선		회전 운동	• 화살표의 축의 자유단에서 본 회전방향을 표시
2-2.3	사 선		가변조작 또는 조정수단	• 적당한 길이로 비스듬히 그린다. • 펌프, 스프링, 가변식 전자 액추에이터

2-3	기 타				
2-3.1			전 기		• 공압회로에서 특히 계측 및 제어용의 신호가 전달되는 것을 표시한다. • 전기 신호는 기호의 신호전달 중에서 전류, 전압에 대해서 사용한다.
2-3.2			폐로 또는 폐쇄 접속구		
2-3.3			전자 액추에이터		
2-3.4			온도지시 또는 온도조정		
2-3.5			원동기		
2-3.6			스프링 조정 스프링 방식		• 11-3, 11-4 참조 • 산의 수는 자유
2-3.7			교축		
2-3.8			체크밸브의 간략기호의 밸브 시트		
			그 밖의 신호		• 그 밖의 신호의 기호는 전기 이외의 신호전달로(예를 들면, 공학 계기로부터의 공압 신호나 온도제어용 감열관으로부터의 봉입 증기압 등)에 대해서 사용한다. 양 기호에 대한 것인데, 일반적으로 이들의 기호는 신호전달의 정확한 회로 상황을 표시한다기보다는 오히려 어느 부분으로부터의 신호에 의해 제어되는가라는 개념을 표시하는데 사용된다. 정확한 회로의 표현에는 별개의 전기회로도 등을 작성하여 표한다.

5. 관로 및 접속구

(1) 관 로

① 기호의 표시법 : 관로의 기호는 기호요소 1-1.1, 1-1.2 및 1-2.4를 사용하여 구성한다.
② 기호 보기 : 일반적으로 사용하는 기호의 보기를 [표 3]에 표시한다.

306 부 록

[표 3] 관 로

번호	명 칭	기 호	비 고
3-1.1	접 속		• 관로 및 통로의 접속점 　　$d ≒ 5E$ 　d: 검은 원의 지름 　E: 선의 굵기
3-1.2	교 차		• 접속하고 있지 않음 • 관로가 그림 가운데에서 교차할 때에는 한쪽의 선을 　와 같이 쓰고, 한쪽의 관로를 넘어가는 것을 뜻한다. 분명치 않을 우려가 있을 때에는 +의 사용을 피하는 것이 바람직하다.
3-1.3	처짐 관로		• 처짐(휨) 관로라는 것은 고무 호스와 같이 유연성이 있는 관로 　　$d ≒ 5E$ 　d: 검은 원의 지름 　E: 선의 굵기 • 호스(통상 가동부분에 접속된다.)

(2) 접 속 구

① 기호의 표시법 : 접속구의 기호는 기호요소 1-2.1, 1-2.3, 1-2.4, 1-4.1 및 1-5.1과 함께 기능요소 2-1.1, 2-1.2, 2-3.2 및 2-3.8을 사용하여 구성한다.

② 기호 보기 : 일반적으로 사용하는 기호의 보기를 [표 4]에 표시한다.

[표 4] 접 속 구

번호	명 칭	기 호	비 고
4-1	공기 구멍		
4-1.1			• 연속적으로 공기를 빼는 경우
4-1.2			• 어느 시기에 공기를 빼고 나머지 시간은 닫아 놓은 경우
4-1.3			• 필요에 따라 체크 기구를 조작하여 공기를 빼는 경우

4-2		배기구		• 공기압 전용
	4-2.1			• 접속구가 없는 것
				• 접속구가 있는 것
	4-2.2	취출구		• 취출 관로는 기기와 접속된다.
				• 닫힌 상태
				• 열린 (접속) 상태
4-3		급속 이음		• 고정 조리개
				초크: 단면 치수에 비하여 비교적 길이가 긴 조리개 저항
				오리피스: 단면 치수에 비하여 비교적 길이가 짧은 조리개 저항
		체크 밸브 없음		
		체크 밸브 있음		
		체크 밸브 없음		
		한쪽 체크밸브 붙이		
		양쪽 체크밸브 붙이		
	4-3.1			• 체크밸브 없음
	4-3.2		접속 상태 떨어진 상태	• 체크밸브 붙이(셀프실 이음)
4-4		회전 이음		• 스위블 조인트 및 로터리 조인트
	4-4.1	1 관로	※	• 1방향 회전
	4-4.2	3 관로	※	• 2방향 회전

6. 조작 기구

(1) **기호의 표시법** : 조작기구 기호의 표시법은 다음에 따른다.

① 기호의 구성 : 조작기구의 기호는 기호요소 1-1.4, 1-2.3, 1-2.4 및 1-5.3 과 함께 기능요소 2-1.1, 2-1.2, 2-2.3, 2-3.3, 2-3.5 및 2-3.6 을 사용하여 구성하는 것 이외에도 [표 5] 및 [표 6]에 나타낸 특별한 기호에 따른다.

② 단일 조작기구와 기기의 관계 : 단일 조작기구와 기기의 관계는 다음에 따른다.
　㈎ 조작기호를 도시하는 크기의 비율은 [표 1]에 따른다.
　㈏ 밸브의 조작기호는 조작하는 기호요소에 접하는 임의의 위치에 써도 좋다.

　㈐ 가변기기의 가변조작을 나타내는 화살표는 조작기호와 관련되어 있으면 늘리거나 구부려도 좋다.

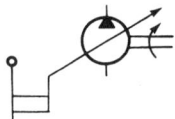

　㈑ 2방향 조작의 조작요소가 실제로 하나인 경우에는 조작기호는 원칙적으로 하나 밖에 쓰지 않는다.

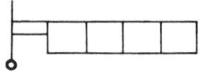

　　또한, 복동 솔레노이드로 조작되는 밸브의 기호에서 전기신호와 밸브의 상태와의 관계를 명확히 할 필요가 있는 경우에는, 복동 솔레노이드의 기호 (6-3.1.2)를 사용하지 않고 2개의 단동 솔레노이드의 기호 (6-3.1.1)를 사용하여 그린다.

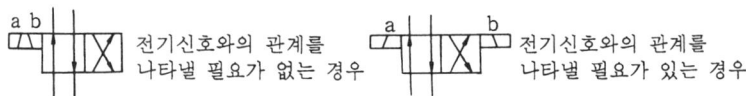

③ 복합 조작기구와 기기의 관계 : 복합 조작기구와 기기의 관계는 다음에 따른다.
　㈎ 1방향 조작의 조작기호는 조작하는 기호요소에 인접해서 쓴다.

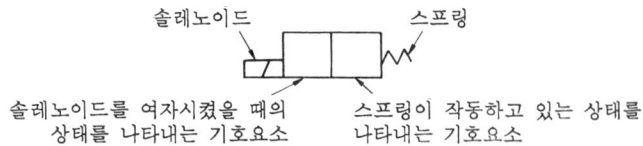

　㈏ 3개 이상 스풀의 위치를 갖는 밸브의 중립위치의 조작은 중립위치를 나타내는 직사각형의 경계선을 위 또는 아래로 연장하고, 여기에 적절한 조작기호를 기입함으로써 명확히 할 수가 있다.

㈐ 3위치 밸브의 중앙위치 조작기호는 외측의 직사각형 양쪽 끝면에 기입해도 좋다.

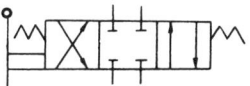

㈑ 프레셔 센터의 중앙위치의 조작기호는 기능요소의 정삼각형 (2-1.1 또는 2-1.2)을 사용하여 나타내고, 외측의 직사각형 양쪽 끝면에 삼각형의 정점이 접하도록 그린다.

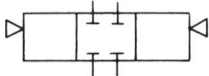

㈒ 간접 파일럿 조작기기의 내부 파일럿과 내부 드레인 관로의 표시는 간략기호에서는 생략한다.

㈓ 간접 파일럿 조작기기에 1개의 외부 파일럿 포트와 1개의 외부 드레인 포트가 있는 경우의 관로표시는 간략기호에서는 한쪽 끝에만 표시한다. 단, 이외에 다른 외부파일럿과 외부 드레인 포트가 있는 경우에는 이것을 다른 끝에 표시한다. 또한, 기기에 표시하는 기호는 모든 외부 접속구를 표시할 필요가 있다.

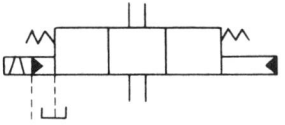

㈔ 선택조작의 조작기호는 나란히 병렬해서 표시하든가, 필요에 따라 직사각형의 경계선을 연장하여 표시하여도 좋다. 다음 그림은 솔레노이드나 누름버튼 스위치에 의하여 각각 독립적으로 조작될 수 있는 밸브를 나타낸다.

(아) 순차조작의 경우에는 조작기호를 조작되는 순서에 따라 직렬로 표시한다. 그림은 솔레노이드가 파일럿 밸브를 조작하고, 이어 그 파일럿 압력으로 주밸브를 작동시키는 밸브를 나타낸다.

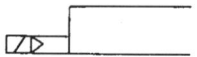

(자) 멈춤쇠는 스풀의 위치와 동수로 그리고 같은 순서로 분할하여 표시한다. 고정용 그루브의 위치는 고정하는 위치에만 표시한다. 또한 밸브의 스풀 위치에 대응시켜 고정구를 나타내는 선을 표시한다.

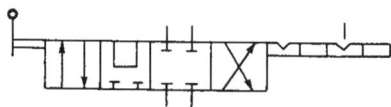

(2) 기호 보기 : 일반적으로 사용하고 있는 기호의 보기를 [표 5]와 [표 6]에 표시한다.

[표 5] 기계식 구성부품

번 호	명 칭	기 호	비 고
5-1	로 드		• 2방향 조작 • 화살표의 기입은 임의
5-2	기계식의 연결 회전축 레버, 로드 연결부 회전축 고정점붙이 연결부		• $D < 5E$, $d = (2\sim3)D$ D : 선간 거리 연결부 E : 선의 굵기 고정점 붙이 연결부 d : 원의 지름 • 1방향만의 경우 • 양쪽방향인 경우 회전방향을 표시하는 화살표는 그 원호 중심을 원동기 쪽으로 한다. 연결부는 가동 또는 고정의 어느 것이든 좋으며, 또 직각이 아니어도 괜찮다.
5-3	멈춤쇠		• 2방향 조작 • 화살표 기입은 임의

1. 유압·공기압 도면 기호 **311**

5-4	래 치	※	• 2방향 조작 • 고정용 그루브 위에 그린 세로선은 고정구를 나타낸다. • 1방향 조작 • ＊해제의 방법을 표시하는 기호
5-5	오버센터 기구	※	• 2방향 조작

[표 6] 조 작 방 식

번 호	명 칭	기 호	비 고
6-1	인력 조작		• 조작방법을 지시하지 않은 경우, 또는 조작방향의 수를 특별히 지정하지 않은 경우의 일반기호
6-1.1	누름 버튼		• 1방향 조작
6-1.2	당김 버튼		• 1방향 조작
6-1.3	누름-당김 버튼		• 2방향 조작
6-1.4	레 버		• 2방향 조작 (회전운동을 포함)
6-1.5	페 달		• 1방향 조작 (회전운동을 포함)
6-1.6	2방향 페달		• 2방향 조작 (회전운동을 포함)
6-2	기계 조작		
6-2.1	플런저		• 1방향 조작
6-2.2	가변행정 제한기구		• 2방향 조작
6-2.3	스프링		• 1방향 조작
6-2.4	롤 러		• 2방향 조작
6-2.5	편측 작동 롤러		• 화살표는 유효조작 방향을 나타낸다. 기입을 생략하여도 좋다. • 1방향 조작

6-3		전기 조작		
	6-3.1	직선형 전기 액추에이터		• 솔레노이드, 토크모터 등
	6-3.1.1	단동 솔레노이드		• 1방향 조작 • 사선은 우측으로 비스듬히 그려도 좋다.
	6-3.1.2	복동 솔레노이드		• 2방향 조작 • 사선은 위로 넓어져도 좋다.
	6-3.1.3	단동 가변식 전자 액추에이터		• 1방향 조작 • 비례식 솔레노이드, 포스모터 등
	6-3.1.4	복동 가변식 전자 액추에이터		• 2방향 조작 • 토크모터
	6-3.2	회전형 전기 액추에이터		• 2방향 조작 • 전동기
6-4		파일럿 조작		
	6-4.1	직접 파일럿 조작		
		6-4.1.1		
		6-4.1.2		• 수압면적이 상이한 경우, 필요에 따라 면적비를 나타내는 숫자를 직사각형 속에 기입한다.
		6-4.1.3	내부 파일럿	• 조작유로는 기기의 내부에 있다.
		6-4.1.4	외부 파일럿	• 조작유로는 기기의 외부에 있다.
	6-4.2	간접 파일럿 조작		
		6-4.2.1	압력을 가하여 조작하는 방식	
		(1)	공기압 파일럿	• 내부 파일럿 • 1차 조작 없음
		(2)	유압 파일럿	• 외부 파일럿 • 1차 조작 없음

1. 유압·공기압 도면 기호

(3)	유압 2단 파일럿		• 내부 파일럿, 내부 드레인 • 1차 조작 없음
(4)	공기압·유압 파일럿		• 외부 공기압 파일럿, 내부 유압 파일럿, 외부 드레인
(5)	전자·공기압 파일럿		• 단동 솔레노이드에 의한 1차 조작 붙이 • 내부 파일럿
(6)	전자·유압 파일럿		• 단동 솔레노이드에 의한 1차 조작 붙이 • 외부 파일럿, 내부 드레인
6-4.2.2	압력을 빼내어 조작하는 방식		
(1)	유압 파일럿		• 내부 파일럿·내부 드레인 • 1차 조작 없음
			• 내부 파일럿 • 원격조작용 벤트포트 붙이
(2)	전자·유압 파일럿		• 단동 솔레노이드에 의한 1차 조작 붙이 • 외부 파일럿, 외부 드레인
(3)	파일럿 작동형 압력제어 밸브		• 압력조정용 스프링 붙이 • 외부 드레인 • 원격조작용 벤트포트 붙이
(4)	파일럿 작동형 비례 전자식 압력제어 밸브		• 단동 비례식 액추에이터 • 내부 드레인
6-5	피드백		
6-5.1	전기식 피드백		• 일반 기호 • 전위차계, 차동변압기 등의 위치 검출기

6-5.2	기계식 피드백	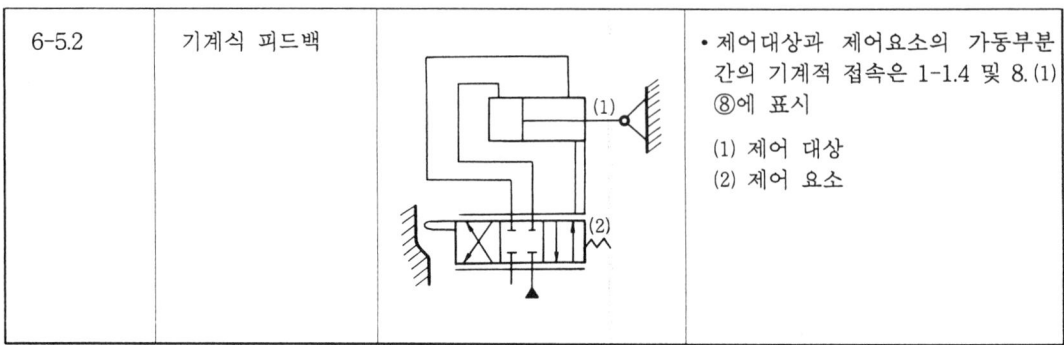	• 제어대상과 제어요소의 가동부분 간의 기계적 접속은 1-1.4 및 8.(1) ⑧에 표시 (1) 제어 대상 (2) 제어 요소

7. 에너지의 변환과 저장

(1) **펌프 및 모터**

① 기호의 표시법 : 펌프 및 모터의 기호 표시법은 다음에 따른다.
  (개) 펌프 및 모터의 기호는 기호요소 1-2.1 또는 1-3과 기능요소 2-1.1 및 2-1.2를 사용하여 구성한다.
  (내) 기계식 회전구동은 1-1.4 및 2-2.2을 사용하여 표시한다.
  (대) 1회전당의 배제량이 조정되는 경우에는 2-2.3을 사용하여 표시한다.
  (래) 다음과 같은 상호관련을 표시하는 경우에는 [부속서]에 따른다.
    ㉮ 축의 회전방향
    ㉯ 유체의 유동방향
    ㉰ 조립내장된 조작요소의 위치
  (매) 가변용량형 기기의 조작기구의 기호는 6.(1) ② (대)와 같이 표시한다 ([표 7] 및 [부속서] 참조).

② 기호 보기 : 일반적으로 사용되는 기호의 보기를 [표 7]에 표시한다.

[표 7] 펌프 및 모터

번호	명 칭	기 호	비 고
7-1	펌프 및 모터	유압 펌프 공기압 모터	• 일반 기호

1. 유압·공기압 도면 기호

7-2	유압 펌프		• 1방향 유동 • 정용량형 • 1방향 회전형
7-3	유압 모터		• 1방향 유동 • 가변용량형 • 조작기구를 특별히 지정하지 않는 경우 • 외부 드레인 • 1방향 회전형 • 양축형
7-4	공기압 모터		• 2방향 유동 • 정용량형 • 2방향 회전형
7-5	정용량형 펌프·모터		• 1방향 유동 • 정용량형 • 1방향 회전형
7-6	가변용량형 펌프·모터(인력조작)		• 2방향 유동 • 가변용량형 • 외부 드레인 • 2방향 회전형
7-7	요동형 액추에이터		• 공기압 • 정각도 • 2방향 요동형 • 축의 회전방향과 유동방향과의 관계를 나타내는 화살표의 기입은 임의(부속서 참조)
7-8	유압 전동장치		• 1방향 회전형 • 가변용량형 펌프 • 일체형
7-9	가변용량형 펌프 (압력보상제어)		• 1방향 유동 • 압력조정 가능 • 외부 드레인 (부속서 참조)

번호	명칭	기호	비고
7-10	가변용량형 펌프·모터 (파일럿 조작)	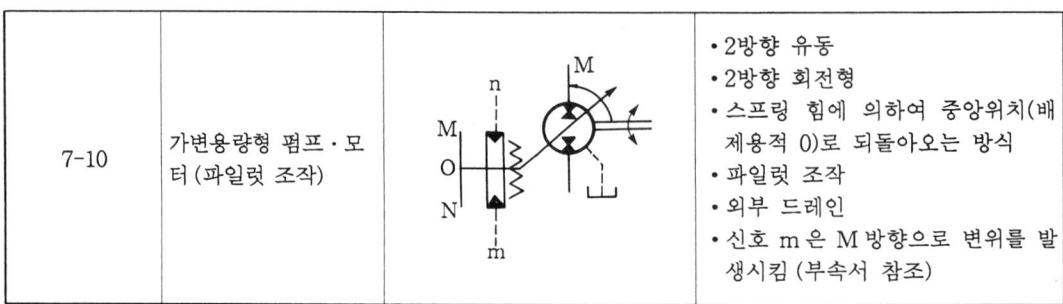	• 2방향 유동 • 2방향 회전형 • 스프링 힘에 의하여 중앙위치(배제용적 0)로 되돌아오는 방식 • 파일럿 조작 • 외부 드레인 • 신호 m은 M방향으로 변위를 발생시킴 (부속서 참조)

(2) 실린더

① 기호의 표시법 : 실린더 기호의 표시법은 다음에 따른다.

 (가) 실린더의 기호는 기호요소 1-1.4, 1-1.5 및 1-5.2 와 기능요소 2-1.1 및 2-1.2 를 사용하여 구성한다.

 (나) 단동 실린더는 한쪽 포트를 배기(드레인)에 접속시킨다.

 (다) 쿠션은 1-4.3, 쿠션 조정은 2-2.3 을 사용하여 표시한다.

 (라) 필요에 따라서는 피스톤 기호 위에 피스톤 면적비를 표시한다.

② 기호 보기 : 일반적으로 사용되는 기호의 보기를 [표 8]에 표시한다.

[표 8] 실린더

번호	명칭	기호	비고
8-1	단동 실린더	상세 기호 간략 기호	• 공기압 • 압출형 • 편로드형 • 대기중의 배기 (유압의 경우는 드레인)
8-2	단동 실린더 (스프링 붙이)	(1) (2)	• 유압 • 편로드형 • 드레인 측은 유압유 탱크에 개방 (1) 스프링 힘으로 로드 압출 (2) 스프링 힘으로 로드 흡인
8-3	복동 실린더	(1) (2)	(1) • 편로드 • 공기압 (2) • 양로드 • 공기압

1. 유압·공기압 도면 기호 **317**

8-4	복동 실린더 (쿠션붙이)		• 유압 • 편로드형 • 양 쿠션, 조정형 • 피스톤 면적비 2 : 1
8-5	단동 텔레스코프형 실린더		• 공기압
8-6	복동 텔레스코프형 실린더		• 유압
	램형 실린더		• 수압부분의 바깥지름이 로드의 바깥지름과 같은 단동 실린더를 램형 또는 플랜저형 실린더라고 한다. • 기호 중앙의 ☐ 이 로드를 표시한다.
	다이어프램형 실린더		

(3) 특수 에너지-변환기기 : 특수 에너지-변환기기의 기호 보기를 [표 9] 에 표시한다.

[표 9] 특수 에너지-변환기기

번 호	명 칭	기 호	비 고
9-1	공기유압 변환기	단동형 연속형	• 입력쪽 공압과 동일 압력의 출력쪽 유압을 내보내는 기기를 표시한다.
9-2	증 압 기	단동형 연속형	• 압력비 1 : 2 • 2종 유체용

(4) 에너지-용기 [어큐뮬레이터(축압기), 가스용기 및 공기탱크]

① 기호의 표시법 : 에너지-용기의 기호 표시법은 다음에 따른다.
　㈎ 에너지-용기의 기호는 기호요소 1-6.3 을 사용한다.
　㈏ 어큐뮬레이터의 접속구는 하부 반원과 1-1.1과의 접점으로 표시한다.
　㈐ 보조 가스용기의 접속구는 상부 반원과 1-1.1과의 접점으로 표시한다.
　㈑ 어큐뮬레이터 부하의 종류(기체압, 추, 스프링력)를 나타내는 경우에는 2-1.2, 1-4.3, 2-3.6 의 기호를 사용한다.

② 기호 보기 : 일반적으로 사용하는 기호의 보기를 [표 10]에 표시한다.

[표 10] 에너지-용기

번 호	명 칭	기 호	비 고
10-1	어큐뮬레이터		• 일반기호 • 항상 세로형으로 표시 • 부하의 종류를 지시하지 않는 경우
10-2	어큐뮬레이터	기체식　중량식　스프링식	• 부하의 종류를 지시하는 경우
10-3	보조 가스용기		• 항상 세로형으로 표시 • 어큐뮬레이터와 조합하여 사용하는 보급용 가스용기
10-4	공기 탱크		

(5) 동 력 원

① 기호의 표시법 : 동력원의 기호는 기호요소 1-2.1 및 1-4.1과 기능요소 2-1.1, 2-1.2 및 2-3.5 를 사용하여 구성한다.

② 기호 보기 : 일반적으로 사용하는 기호의 보기를 [표 11]에 표시한다.

[표 11] 동 력 원

번 호	명 칭	기 호	비 고
11-1	유압(동력)원		• 일반기호
11-2	공기압(동력)원		• 일반기호

11-3	전 동 기	ⓂⱵ	
11-4	원 동 기	Ⓜ️Ⱶ	(전동기를 제외)

8. 기호 표시법의 공통 사항

(1) 기호 표시법의 공통 사항 : 에너지의 제어와 조정의 기호 표시법의 공통사항은 다음에 따른다.

① 에너지의 제어와 조정의 기호는 기호요소 1-4.1 또는 1-5.1 을 사용한다.

② 제어기기의 주 기호는 1개의 직사각형 (정사각형 포함) 또는 서로 인접한 복수의 직사각형으로 구성한다.

③ 유로, 접속점, 체크 밸브, 교축 등의 기능은 특정의 기호를 제외하고, 대응하는 기능기호를 주 기호 속에 표시한다.

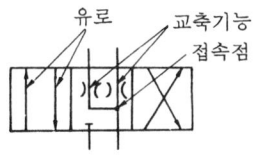

④ 작동위치에서 형성되는 유로 등의 상태는 조작기호에 의하여 눌려진 직사각형이 이동되어, 그 유로가 외부 접속구와 일치되는 상태가 소정의 상태가 되도록 표시한다.

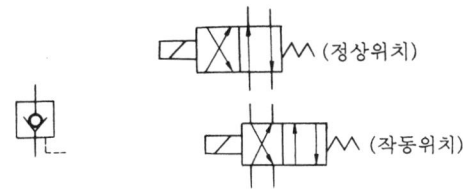

⑤ 외부 접속구는 통상, 일정 간격으로 직사각형과 교차되도록 표시한다. 단, 2포트 밸브의 경우는 직사각형으로 중앙에 표시한다.

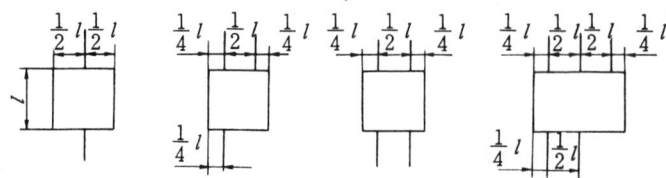

⑥ 드레인 접속구는 드레인 관로기호를 직사각형의 모서리에서 접하도록 그려 나타낸다. 단, 회전형 에너지 변환기기의 경우는 주관로 접속구로부터 45°의 방향에서 주기호(대원)와 교차되도록 표시한다.

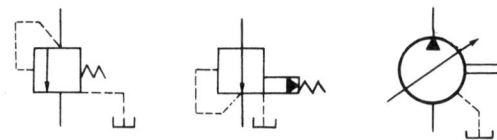

⑦ 과도위치를 나타내고자 할 경우에는 명백한 작동위치를 표시하는 인접하는 두 직사각형을 분리시키고, 그 중간에 상하변 파선으로 하는 직사각형을 삽입시켜 표시한다.

⑧ 복수의 명백한 작동위치가 있고, 교축 정도가 연속적으로 변화하는 중간위치를 갖는 밸브는 직사각형 바깥쪽에 평행선을 기입한다.

명백한 작동위치가 2개 있는 밸브는 통상 다음과 같은 일반기호로 표시한다. 또한 기호를 완성시키려면 유동방향을 나타내는 화살표를 기입한다.

번 호	명 칭	상세 기호	일반 기호	비 고
(a)	2포트 밸브			• 상시폐 • 가변 교축
(b)	2포트 밸브			• 상시개 • 가변 교축
(c)	3포트 밸브			• 상시개 • 가변 교축

⑨ 제어기기와 조작기구의 관계를 나타내는 방법은 6.(1)② 및 6.(1)③에 따른다.

⑩ 적층밸브의 기호는 그 규격에서는 규정하지 않는다.

(2) 전환 밸브

① 기호의 표시법 : 전환밸브의 기호는 8.(1)의 규정에 따르는 것 이외에 기능요소 2-2.1, 2-2.3 및 2-3.2 를 사용하여 구성한다.

② 기호 보기 : 일반적으로 사용하는 기호의 보기를 [표 12]에 표시한다.

[표 12] 전 환 밸 브

번호	명칭	기호	비고
12-1	2포트 수동 전환밸브		• 2위치 • 폐지밸브 ① 기본 표시에 기호를 붙인 것이 전환 기호로 된다. ② 정사각형(직사각형)의 상·하변의 바깥쪽에 접속하고 있는 실선을 관로로 나타낸다. ③ 관로는 원칙적으로 밸브의 정상위치 또는 중립 위치로 나타내는 정사각형(직사각형)에 접속한다. ④ 연속한 정사각형(직사각형)의 수는 밸브의 전환 위치의 수를 나타낸다. ⑤ 각 정사각형(직사각형)에 기입된 화살표는 하나의 전환 위치에서의 흐름 방향을 나타낸다. ⑥ ⊥, ┬는 밸브 내의 통로가 닫혀 있음을 나타낸다. ⑦ 제어 동작에 대응하여 흐름의 전환을 연속적으로 할 경우에는 직사각형의 바깥쪽에 평행선을 기입한다. • 2위치 인력방식 • 스프링 오프셋 파일럿 방식

12-2	3포트 전자 전환밸브		• 2위치 • 1과도 위치 • 전자조작 스프링 리턴 • 2위치 • 외부파일럿 방식 • 3위치 • 스프링 설정 방식 • 전자조작 스프링 리턴
12-3	5포트 파일럿 전환밸브		• 2위치 • 2방향 파일럿 조작 • 3위치

12-4	4포트 전자 파일럿 전환밸브	상세 기호
		
		간략 기호
			• 4/3 way 방향 전환밸브의 중립 위치에서의 흐름 모양은 원칙으로 밸브 내의 통로가 접속되어 있는 구멍의 명칭을 연결하여 나타낸다.
			
			• 주 밸브
			  3위치
			  스프링 센터
			  내부 파일럿
			
			• 파일럿 밸브
			  4포트
			  3위치
			  스프링 센터
			  전자조작 (단동 솔레노이드)
			
			  수동 오버라이드 조작 붙이
			  외부 드레인

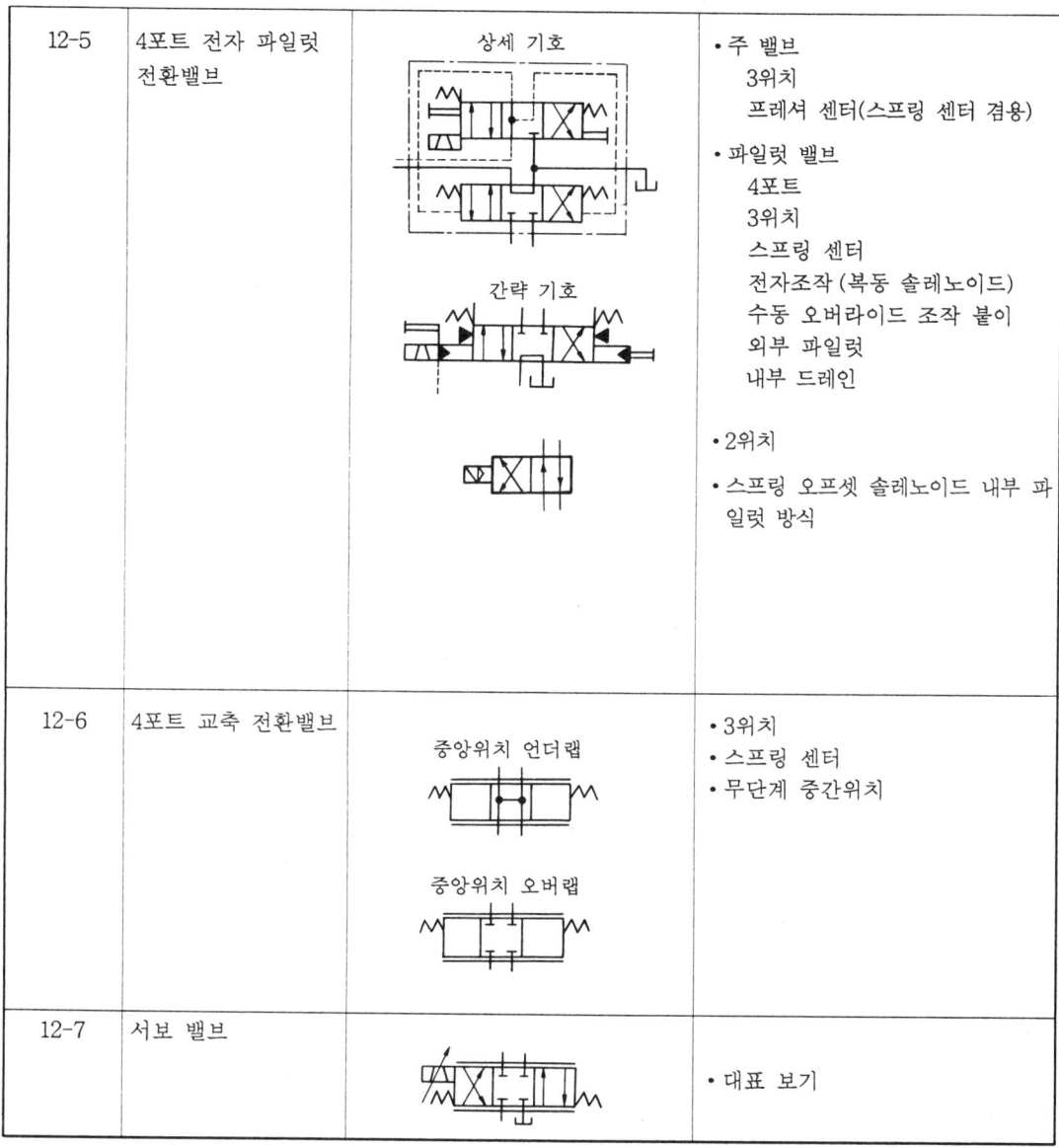

(3) 체크밸브, 셔틀밸브, 배기밸브

① 기호의 표시법 : 체크밸브, 셔틀밸브, 배기밸브 기호의 표시법은 다음에 따른다.

  ㈎ 체크밸브, 셔틀밸브, 배기밸브의 기호는 8.⑴의 규정에 따르는 것 이외에 기호요소 1-2.3 과 기능요소 2-3.6 및 2-3.8 을 사용하여 구성한다.

  ㈏ 지장이 없는 한 간략기호를 사용한다.

  ㈐ 간략기호에서 스프링의 기호는 기능상 필요가 있는 경우에만 표시한다.

② 기호 보기 : 일반적으로 사용하는 기호의 보기를 [표 13]에 표시한다.

[표 13] 체크밸브, 셔틀밸브, 배기밸브

번호	명칭	기호		비 고
		상세 기호	간략 기호	
13-1	체크밸브	(1) (2)		(1) 스프링 없음 (2) 스프링 붙이
13-2	파일럿 조작 체크밸브	상세 기호 (1) (2)	간략 기호	(1) • 파일럿 조작에 의하여 밸브 폐쇄 • 스프링 없음 (2) • 파일럿 조작에 의하여 밸브 열림 • 스프링 붙이
13-3	고압 우선형 셔틀밸브	상세 기호	간략 기호	• 고압쪽 측의 입구가 출구에 접속되고, 저압쪽 측의 입구가 폐쇄된다.
13-4	저압 우선형 셔틀밸브	상세 기호	간략 기호	• 저압쪽 측의 입구가 출구에 접속되고, 고압쪽 측의 입구가 폐쇄된다.
13-5	급속 배기밸브	상세 기호	간략 기호	

(4) 압력 제어 밸브

① 기호의 표시법 : 압력 제어 밸브 기호의 표시법은 다음에 따른다.
　(개) 압력 제어 밸브의 기호는 8.(1)의 규정을 따르는 것 이외에 기능요소 2-2.1 및 2-3.6 을 사용하여 구성한다.
　(내) 압력 제어 밸브는 8.(1)⑧에 규정하는 일반기호로 표시한다.
　(대) 정사각형의 한쪽에 작용하는 내부 또는 외부 파일럿 압력은 반대쪽에 작용하는 힘에 대항하여 작용한다.
　(래) 외부 드레인 관로는 표시한다.

② 기호 보기 : 일반적으로 사용하는 기호의 보기를 [표 14]에 표시한다.

[표 14] 압력 제어 밸브

번호	명칭	기호	비고
14-1	릴리프 밸브		• 직동형 또는 일반기호
14-2	파일럿 작동형 릴리프 밸브	상세 기호 / 간략 기호	• 원격조작용 벤트포트 붙이
14-3	전자 밸브 장착(파일럿 작동형) 릴리프 밸브		• 전자밸브의 조작에 의하여 벤트포트가 열려 무부하로 된다.
14-4	비례전자식 릴리프 밸브(파일럿 작동형)		• 대표 보기
14-5	감압 밸브		• 직동형 또는 일반기호

14-6	파일럿 작동형 감압밸브		• 외부 드레인
14-7	릴리프 붙이 감압밸브		• 공기압용
14-8	비례전자식 릴리프 감압밸브 (파일럿 작동형)		• 유압용 • 대표 보기
14-9	일정비율 감압밸브		• 감압비 : $\dfrac{1}{3}$
14-10	시퀀스 밸브		• 직동형 또는 일반기호 • 외부 파일럿 • 외부 드레인
14-11	시퀀스 밸브 (보조조작 장착)		• 직동형 • 내부 파일럿 또는 외부 파일럿 조작에 의하여 밸브가 작동됨 • 파일럿압의 수압 면적비가 1:8인 경우 • 외부 드레인
14-12	파일럿 작동형 시퀀스 밸브		• 내부 파일럿 • 외부 드레인
14-13	무부하 밸브		• 직동형 또는 일반 기호 • 내부 드레인
14-14	카운터 밸런스 밸브		

1. 유압·공기압 도면 기호 **327**

14-15	무부하 릴리프 밸브	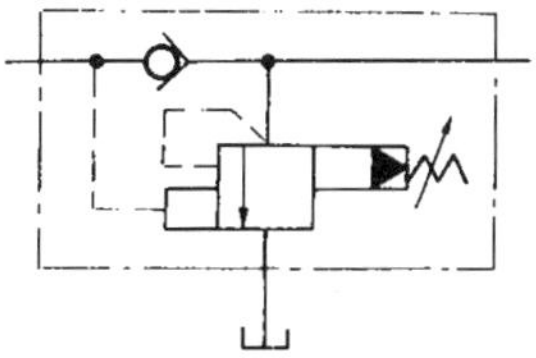	
14-16	양방향 릴리프 밸브	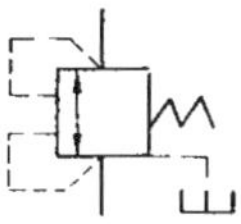	• 직동형 • 외부 드레인
14-17	브레이크 밸브	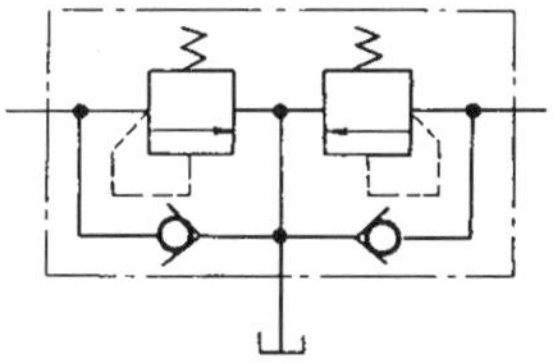	• 대표 보기

(5) 유량 제어 밸브

① 기호의 표시법 : 유량 제어 밸브 기호의 표시법은 다음에 따른다.
  (개) 유량 제어 밸브의 기호는 8.(1)의 규정에 따르는 것 이외에 기능요소 2-2.3 및 2-3.7 을 사용하여 구성한다.
  (내) 유량 제어 밸브의 표시는 다음에 따른다.
    ㉮ 조작과 밸브의 상태변화 사이의 관계를 표시할 필요가 있는 경우에는 8.(1)⑧에 서 규정하는 일반 기호를 사용한다.
    ㉯ 밸브의 상태변화는 존재하나 조작과의 관계를 명시할 필요가 없는 경우에는 간략 기호를 사용한다.

② 기호 보기 : 일반적으로 사용하는 기호의 보기를 [표 15]에 표시한다.

[표 15] 유량 제어 밸브

번 호	명 칭	기 호	비 고
15-1	교축 밸브		
15-1.1	가변 교축 밸브	상세 기호 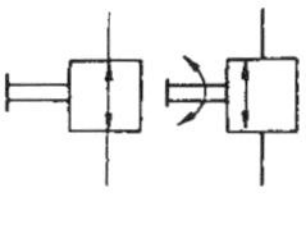 간략 기호 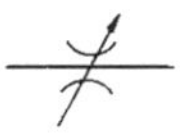	• 간략기호에서는 조작방법 및 밸브의 상태가 표시되어 있지 않음 • 통상, 완전히 닫혀진 상태는 없음
15-1.2	스톱 밸브		

15-1.3	감압밸브 (기계조작) 가변 교축밸브		• 롤러에 의한 기계조작 • 스프링 부하
15-1.4	1방향 교축밸브 속도제어밸브 (공기압)		• 가변교축 장착 • 1방향으로 자유유동, 반대방향으로는 제어유동
15-2	유량 조정 밸브		
15-2.1	직렬형 유량 조정 밸브	상세 기호　　간략 기호	• 간략기호에서 유로의 화살표는 압력의 보상을 나타낸다.
15-2.2	직렬형 유량 조정 밸브 (온도보상 붙이)	상세 기호　　간략 기호	• 온도보상은 2-3.4 에 표시한다. • 간략기호에서 유로의 화살표는 압력의 보상을 나타낸다.
15-2.3	바이패스형 유량 조정밸브	상세 기호　　간략 기호	• 간략기호에서 유로의 화살표는 압력의 보상을 나타낸다.
15-2.4	체크밸브 붙이 유량 조정 밸브 (직렬형)	상세 기호　　간략 기호	• 간략기호에서 유로의 화살표는 압력의 보상을 나타낸다.
15-2.5	분류 밸브		• 화살표는 압력의 보상을 나타낸다.

15-2.6	집류 밸브		• 화살표는 압력의 보상을 나타낸다.

9. 유체의 저장과 조정

(1) 기름 탱크
① 기호의 표시법 : 기름 탱크 기호의 표시법은 다음에 따른다.
 (개) 기름 탱크의 기호는 기호요소 1-1.1, 1-1.2, 1-6.1 및 1-6.2 를 사용하여 구성한다.
 (내) 기름 탱크의 기호는 수평위치로 표시한다.
 (대) 각 기기로부터 탱크에의 귀환 및 드레인 관로에는 국소 표시기호 [16-1 (4)]를 사용하여도 좋다.
② 기호 보기 : 일반적으로 사용하는 기호의 보기를 [표 16]에 표시한다.

[표 16] 기 름 탱 크

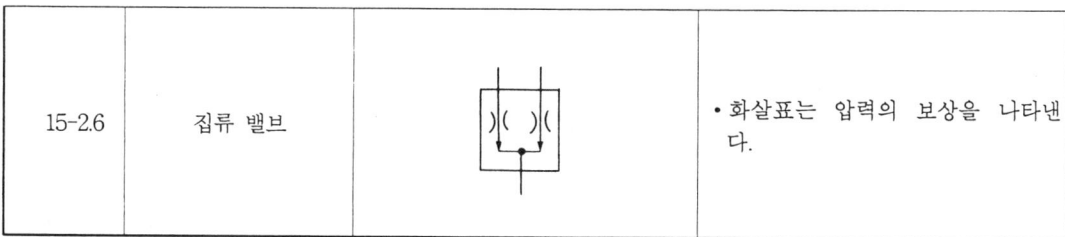

번 호	명 칭	기 호	비 고
16-1	기름 탱크 (통기식)	(1) (2) (3) (4)	(1) 관 끝을 액체속에 넣지 않는 경우 (2) • 관 끝을 액체속에 넣는 경우 • 통기용 필터(17-1)가 있는 경우 (3) 관 끝을 밑바닥에 접속하는 경우 (4) 국소 표시기호
16-2	기름 탱크 (밀폐식)		• 3관로의 경우 • 가압 또는 밀폐된 것 • 각관 끝을 액체속에 집어 넣는다. • 관로는 탱크의 긴 벽에 수직

(2) 유체조정 기기
① 기호의 표시법 : 유체조정 기기의 기호의 표시법은 다음에 따른다.
 (개) 유체조정 기기의 기호는 기호요소 1-1.2 및 1-4.2 와 기능요소 2-2.1 을 사용하여 구성한다.
 (내) 배수기 또는 배수기를 조립 내장한 기기의 기호는 수평위치로 표시한다.
② 기호 보기 : 일반적으로 사용하는 기호의 보기를 [표 17]에 표시한다.

[표 17] 유체 조정 기기

번호	명칭	기호	비고
17-1	필터	(1) ◇ (2) ※ ◇(자석) (3) ⊗◇	(1) 일반 기호 (2) 자석붙이 (3) 눈막힘 표시기 붙이 • 원칙적으로 정방향을 45° 기울인 것으로 한다.
17-2	드레인 배출기	(1) ※ ◇ (2) ※ ◇	(1) 수동배출 (2) 자동배출
17-3	드레인 배출기 붙이 필터	(1) ◇ (2) ◇	(1) 수동배출 (2) 자동배출
17-4	기름분무 분리기	(1) ※ ◇ (2) ※ ◇	(1) 수동배출 (2) 자동배출
17-5	에어드라이어	※ ◇	
17-6	루브리케이터	※ ◇	
17-7	공기압 조정유닛	상세 기호 간략 기호	• 조립 유닛의 도형은 수개의 요소(기기)가 하나의 유닛으로 조립되어 하나의 완성된 기능을 가지는 경우에 필요에 따라 사용한다. • 수직 화살표는 배출기를 나타낸다.

17-8	열교환기		
17-8.1	냉각기	(1) ◇	(1) 냉각액용 관로를 표시하지 않는 경우
		(2) ◇	(2) 냉각액용 관로를 표시하는 경우
17-8.2	가열기	◇	
17-8.3	온도 조절기	◇	• 가열 및 냉각

10. 보조 기기

(1) 계측기와 표시기

① 기호의 표시법 : 계측기 및 표시기의 기호의 표시법은 다음에 따른다.
  ㈎ 계측기 및 표시기의 기호는 기호요소 1-2.2 와 기능요소 2-2.1, 2-3.4 및 2-3.7 을 사용하여 구성한다.
  ㈏ 전기접속은 2-3.1에 따라 표시한다.

② 기호 보기 : 일반적으로 사용하는 기호의 보기를 [표 18] 에 표시한다.

[표 18] 보 조 기 기

번호	명 칭	기 호	비 고
18-1 18-1.1	압력 계측기 압력 표시기	※ ⊗ ⊙	• 계측기의 간이 표시 • 계측은 되지 않고 단지 지시만 하는 표시기
18-1.2	압 력 계	※	접점붙이 압력계
18-1.3	차 압 계	※	
18-2	유 면 계	※	• 평행선은 수평으로 표시

332 부 록

18-3	온 도 계	⊕ t°	
18-4 　18-4.1 　18-4.2 　18-4.3	유량 계측기 　검 류 기 　유 량 계 　적산 유량계	※	
18-5	회전 속도계	※	
18-6	토 크 계	※	

(2) **기타의 기기** : 기타의 기기 기호의 보기를 [표 19]에 표시한다.

[표 19] 기타의 기기

번 호	명 칭	기 호	비 고
19-1	압력 스위치	※	오해의 염려가 없는 경우에는 다음과 같이 표시하여도 좋다. ※
19-2	리밋 스위치		오해의 염려가 없는 경우에는 다음과 같이 표시하여도 좋다.
19-3	아날로그 변환기	※	• 공기압
19-4	소 음 기	※	• 공기압
19-5	경음기	※	• 공기압
19-6	마그넷 세퍼레이터	※	

【부 속 서】

1. 적용 범위

이 부속서는 회전형 에너지 변환기기 (이하 "기기"라 칭한다) 의 회전방향, 유동방향 및 조립내장된 조작요소의 위치[1]의 상호관계를 그림기호 (이하 "기호"라 칭한다) 를 사용하여 표시할 때 표시법에 관해서 규정한다.

주 (1) 기기에 조립내장되어 있는 배제용적 또는 유동방향 등을 변화시키는 조작요소의 위치를 말한다.

2. 표시법

(1) 축의 회전방향과 유동방향의 관계

축의 회전방향은 동력의 입력점으로부터 출력점을 향해서 주기호와 동심으로 그린 원호형 화살표로 표시한다. 다만, 2방향 회전형 기기[2]에 관해서는 어느 한 방향의 회전방향만을 표시한다. 또한, 양축형 기기[3]에 관해서는 한쪽 축에 대해서 표시하면 된다.

주 (2) 회전방향을 바꿈으로써 유동방향이 바뀌어지는 기기, 또는 유동방향을 바꿈으로써 회전방향이 바뀌어지는 기기
    (3) 기기의 양쪽으로 돌출되는 관통축을 갖는 기기

① 펌프의 회전방향 : 펌프의 회전방향은 입력축으로부터 송출관로를 향해서 그린 동심 원호형 화살표로 표시한다.
② 모터의 회전방향 : 모터의 회전방향은 유압유의 유입관로부터 출력축을 향해서 그린 동심 원호형 화살표로 표시한다.
③ 펌프·모터[4]의 회전방향 : 펌프·모터의 회전방향은 ①에서 규정한 펌프의 경우에 준한다.

주 (4) 펌프와 모터의 양쪽 기능을 갖는 기기

(2) 축의 회전방향과 조작요소 위치와의 관계

축의 회전방향과 조작요소 위치와의 관계를 표시할 필요가 있는 경우에는 위치의 표식을 회전방향 화살표의 선단 근방에 기입한다.

(3) 축의 회전방향과 출력특성의 관계

축의 회전방향에 따라 출력 특성이 달라지는 기기는 회전방향을 나타내는 양쪽의 화살표 선단 근방에 각각의 특성의 상위점을 표시한다 (부속서 표 A-11 참조).

(4) 조작요소의 위치 표시

조작요소의 위치는 조작요소의 위치와 그 표지를 표시하는 지시선을 사용하여 다음에 따라 표시한다.

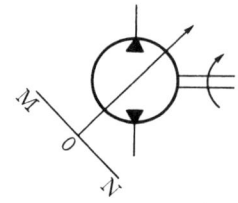

부속서 그림

① **조작요소 위치의 표시** : 조작요소의 위치는 기기의 배제 용적이 0인 위치와 최대인 위치를 나타내는 것으로서 이들의 표시 (부속서 그림의 M, O, N)는 실제의 기기에 표시되어 있는 부호를 사용하는 것이 바람직하다.
② **조작요소 위치의 지시선** : 조작요소의 위치를 표시하는 지시선은 기기의 가변조작 화살표 또는 그 인출선에 수직으로 표시한다. 또 지시선과 가변조작 화살표와의 접점은 운휴 휴지상태를 나타낸다.

3. 기호 보기

기호 보기를 [부속서 표]에 표시한다.

[부속서 표] 기 호 보 기

번호	명칭	기호	비고
A-1	정용량형 유압모터		(1) 1방향 회전형 (2) 입구 포트가 고정되어 있으므로 유동방향과의 관계를 나타내는 회전방향 화살표는 필요없음
A-2	정용량형 유압펌프 또는 유압모터 (1) 가역회전형 펌프 (2) 가역회전형 모터		• 2방향 회전·양축형 • 입력축이 좌회전할 때 B포트가 송출구로 된다. • B포트가 유입구일 때 출력축은 좌회전이 된다.

A-3	가변용량형 유압 펌프		(1) 1방향 회전형 (2) 유동방향과의 관계를 나타내는 회전방향 화살표는 필요없음 (3) 조작요소의 위치표시는 기능을 명시하기 위한 것으로서 생략하여도 좋다.
A-4	가변용량형 유압 모터		• 2방향 회전형 • B포트가 유입구일 때 출력축은 좌회전이 된다.
A-5	가변용량형 유압 오버 센서 펌프		• 1방향 회전형 • 조작요소의 위치를 N의 방향으로 조작하였을 때, A포트가 송출구가 된다.
A-6	가변용량형 유압펌프 또는 유압모터 (1) 가역회전형 펌프		• 2방향 회전형 • 입력축이 우회전할 때, A포트가 송출구로 되고, 이때의 가변조작은 조작요소의 위치 M의 방향으로 된다.
	(2) 가역회전형 모터		• A포트가 유입구일 때, 출력축은 좌회전이 되고, 이때의 가변조작은 조작요소의 위치 N의 방향으로 된다.
A-7	정용량형 유압펌프·모터		• 2방향 회전형 • 펌프 기능을 하는 경우, 입력축이 우회전할 때 A포트가 송출구로 된다.
A-8	가변용량형 유압펌프·모터		• 2방향 회전형 • 펌프 기능을 하고 있는 경우, 입력축이 우회전할 때 B포트가 송출구로 된다.

A-9	가변용량형 유압펌프·모터		• 1방향 회전형 • 펌프 기능을 하고 있는 경우, 입력축이 우회전할 때 A포트가 송출구가 되고, 이때의 가변조작은 조작요소의 위치 M의 방향이 된다.
A-10	가변용량형 가역회전형 펌프·모터		• 2방향 회전형 • 펌프 기능을 하고 있는 경우, 입력축이 우회전할 때는 A포트를 송출구가 되고, 이때의 가변조작은 조작요소의 위치 N의 방향이 된다.
A-11	정용량·가변용량 변환식 가역회전형 펌프		• 2방향 회전형 • 입력축이 우회전일 때는 A포트를 송출구로 하는 가변용량 펌프가 되고, 좌회전인 경우에는 최대 배제용적의 정용량 펌프가 된다.

2. 공기압 용어

(Glossary of terms for pneumatic equipments)

1. 적용 범위

이 규격은 공기압 기기 및 장치에 관한 주요 용어 및 뜻에 대하여 규정한다.

[비 고] 이 규격 중에 { }를 붙여서 표시한 단위 기호는 국제 단위계(SI)에 따른 것으로서 참고로 병기한 것이다.

2. 분 류

용어는 다음과 같이 분류한다.

(1) 기 본
(2) 공기압 작동기기
(3) 제어 밸브
(4) 제어용 소자 및 회로
(5) 부속 기기
(6) 응용 기기

3. 용어, 뜻 및 대응 영어

용어, 뜻 및 대응 영어는 다음과 같다.

[비 고] 1. 용어에 ( )가 붙어 있는 경우, ( ) 안은 생략할 수 있다.
       2. 2개 이상의 용어가 나란히 표시된 경우에는 그 순위에 따라서 우선적으로 사용한다.

[관련 규격] KS A 0612 (조임 기구에 의한 유량 측정 방법)
              KS B 0054 (유압·공기압 도면 기호)
              KS B 0100 (밸브 용어)
              KS A 0119 (유압 용어)
              KS A 1502 (지시 소음계)

(1) 기 본

용 어	뜻	대응 영어(참고)
표준 공기	온도 20℃, 절대압력 760 mmHg{101.3 kPa}, 상대습도 65%의 습한 공기 [비고] 단위 체적당의 무게는 $1.2\,kg_f/m^3$로 간주한다. 국제 단위계(SI)로 표시한 경우에는 밀도와 중력 가속도의 곱으로 한다.	standard air (standard reference atmosphere)
표준 대기	해면상으로부터 높이를 Z[km]라고 할 때, 다음의 식으로 표시되는 온도, 압력 및 밀도의 대기 $Z \leq 11$ km인 때, $t = t_o - 6.5\,Z$ $\dfrac{P}{P_o} = (1-0.02257\,Z)^{5.256}$ $\dfrac{\rho}{\rho_o} = (1-0.02257\,Z)^{4.256}$ $Z > 11$ km인 때, $t = -56.5$ $\dfrac{\rho}{\rho_o} = 1.266 e^{-0.1578x}$ $\dfrac{p}{p_o} = 1.684 e^{-0.1578x}$ 여기서, t : 온도(℃) $\quad\quad P$: 절대 압력 $(kg_f)\{kPa\}$ $\quad\quad p$: 밀도 $(kg_f\,s^2/m^4)\{kg/m^3\}$ 첨자 0은 해면상에 있어서의 값을 표시한다. $t_o = 1.5℃$ $P_o = 760\,mmHg = 1.0332\,kg_f/cm^2(101.3\,kPa)$ $\rho_o = 0.125\,kg_f\,s^2/m^4\,\{1.225\,kg/m^3\}$	standard atmosphere
완전 가스	$P_v = RT$의 상태식을 만족하는 기체 여기서, P : 압력 $(kg_f/m^2)\{Pa\}$ $\quad\quad v$: 비체적 $(m^3/kg_f)\{m^3/N\}$ $\quad\quad R$: 기체정수 (m/K) $\quad\quad T$: 온도(K)	perfect gas
표준 상태	온도 20℃, 절대압력 760 mmHg (101.3 kPa), 상대습도 65%의 공기 상태	standard condition
기준 상태	온도 0℃, 절대압력 760 mmHg (101.3 kPa) 에서의 건조기체의 상태	
비 열 비	$k = \dfrac{C_p}{C_v}$ 여기서, C_p : 정압비열, C_v : 정적비열 [비고] 단열변화에서는 P_v^r=일정한 관계가 성립하고, 비열비 k를 단열 지수라고도 한다.	ratio of specific heat
단열 변화	비열비를 k라고 할 때 P_v^r=일정하게 되는 상태 변화	adiabatic change
폴리트로픽 변화	P_v^n = 일정하게 되는 상태 변화	politropic change

용 어	뜻	대응 영어(참고)
폴리트로픽 지수	폴리트로픽 변화에 있어서의 지수 n을 말한다.	politropic index ; politropic exponent
등온 변화	온도 일정하며 $P_v =$ 일정하게 되는 상태 변화	isothermal change
온단열 효율	이론단열 압축동력(L_{ab})과 축동력(L)과의 비 $\eta_{tod} = \dfrac{L_{ab}}{L} \times 100(\%)$	overall adiabatic efficiency
단열 효율	이론단열 압축동력(L_{ab})과 축동력(L)으로부터 기계 손실동력(L_m)을 뺀 것과의 비 $\eta_{ab} = \dfrac{L_{ab}}{L-L_m} \times 100(\%)$	abiabatic effiency
온등온 효율	이론등온 압축동력(L_{is})과 동축력(L)과의 비 $\eta_{ia} = \dfrac{L_{ia}}{L-L_m} \times 100(\%)$	overall isothermal efficiency
등온 효율	이론등온 압축동력(L_{is})과 축동력(L)으로부터 기계 손실동력(L_m)을 뺀 것과의 비 $\eta_{ia} = \dfrac{L_{ia}}{L-L_m} \times 100(\%)$	isothermal efficiency
체적 효율	왕복 및 회전 압축기의 흡입 상태로 환산한 송출 공기량(Q)과 배제량(Q_{th})과의 비 $\eta_v = \dfrac{Q}{Q_{th}} \times 100(\%)$	volumetric efficiency
공 기 압	압축공기를 동력 전달의 매체로 하여 사용하는 기술수법	pneumatics
공기압 장치	공기압 기기를 주체로 하여 구성하는 장치	pneumatic device
공기압 시스템	일정한 기능을 얻기 위한 공기압 기기와 주변 기기로 구성된 시스템	pneumatic system
작동 유체	전동의 매체가 되는 유체	working fluid
공 기 량	단위 시간에 흐르는 공기의 체적을 표준 상태로 환산한 것	air quantity ; air capacity
(체적)유량	단위 시간에 흐르는 유체의 체적	volumetric flow (rate)
가압하의 유량	어느 압력 상태에 있어서 체적으로 환산하여 표시한 유량 [비고] 특히 표준 상태로 표시한 경우, 대기압하의 유량이라 한다.	pressurized flow (rate)
질량 유량	단위 시간에 흐르는 유체의 질량	mass flow (rate)
중량 유량	단위 시간에 흐르는 유체의 중량	mass flow (rate)
기준 유량	보통 기준 상태에서 표시한 유량	normal flow (rate)
레이놀즈 수	$Re = uD/v$로 무차원 특성수 여기서, u : 유속 (m/s) D : 물체의 크기를 표시하는 대표길이 (m) v : 동점성 계수 (m^2/s)	Reynolds number
층 류	유체의 입자가 평행 또는 층상으로 되어 있는 흐름	laminar flow

용 어	뜻	대응 영어(참고)
난 류	유체의 입자가 불규칙한 운동을 하며 혼합되어 있는 흐름	turbulent flow
축 류	유체가 오리피스 등을 통과하여 분류될 때, 오리피스 등의 개구부 면적보다 분류의 단면적이 좁게 되는 현상	contraction
음 속	음의 속도 참고 $t(℃)$의 건조공기 속을 전달하는 음속은 다음 식으로 표시된다. $$a = 331.68\left(\frac{273+t}{273}\right)^{\frac{1}{2}}$$ 여기서, a : 음속(m/s), t : 온도(℃)	acoustic velocity ; sonic velocity
아음속	기체 흐름의 속도가 음속에 도달하지 않은 상태	subsonic velocity
임계 압력비	노즐 등을 통하는 기체의 유속이 음속으로 되는 경우의 상류와 하류의 압력비를 말한다. 참고 상류 쪽의 압력을 P_H kgf/m² (kPa) abs, 하류 쪽의 압력을 P_L kgf/cm² (kPa) abs 로 하면, 임계 압력비 γ는 표준 공기에 있어서 다음 식으로 표시된다. $$\gamma = \frac{P_H}{P_L} = 1.893$$	critical pressure ratio
흐름의 모양	밸브의 임의의 위치에서, 각 포트를 접속하는 유체가 흐르는 경로의 모양	flow pattern
자유 흐름	제어되지 않는 흐름	free flow
규제 흐름	유량이 미리 정하여진 값으로 제어된 흐름	metered flow
제어 흐름	제어된 흐름	controlled flow
배제 용적	(피스톤 면적)×(행정)	displacement volume
인터플로	밸브의 변환 도중에 과도적으로 생기는 밸브 포트 간의 흐름	interflow
누 설	정상 상태에서는 흐름을 폐지하여야 할 장소 또는 좋지 못한 장소를 지나는 비교적 소량의 흐름	leakage
전 압	기체의 흐름을 등엔트로피적으로 막았을 때의 압력	total pressure
정 압	유선에 평행한 면에 미치는 기체의 압력	static pressure
동 압	(전압)-(정압)으로 표시되는 압력으로서, 비압축성인 경우에는 $\frac{\gamma V^2}{2g}\left\{\frac{p}{2}V^2\right\}$으로 표시된다. 여기서, γ : 단위 체적의 무게(kgf/m³) 　　　　p : 밀도(kg/m³) 　　　　V : 속도(m/s) 　　　　g : 중력 가속도(m/s²)	dynamic pressure
절대 압력	완전 진공을 기준으로 하여 나타낸 압력의 크기	avsolute pressure
게이지 압력	대기압을 기준으로 하여 나타낸 압력 크기	gauge pressure

2. 공기압 용어

용 어	뜻	대응 영어(참고)
사용 압력	기기 또는 시스템에 있어서 실제로 사용되는 압력	working pressure range
최고 사용 압력	기기 또는 시스템에 있어서 사용 가능한 최고 압력	maximum working pressure
최저 사용 압력	기기 또는 시스템에 있어서 사용 가능한 최저 압력	minimum working pressure
보증 내압력	정격 압력으로 되돌렸을 때, 성능의 저하를 가져옴이 없이 견디어야 하는 압력 [비고] 이 압력은 규정 조건하에서의 값으로 한다.	proof pressure
내압 시험 압력	기체의 압력을 받는 부분에 보증 내압력을 확인하기 위한 소정의 압력	proof test pressure
실파괴 압력	컴포넌트 외벽이 실제로 파괴되는 압력	actual burst pressure
파괴 시험 압력	컴포넌트 외벽이 파괴되지 않고 견디어야 하는 시험 압력	burst test pressure
시동 압력	개개의 기기가 작동을 시작하는 최저 압력	breakaway pressure (breakout pressure)
최저 작동 압력	기기가 작동하기 위한 최저 압력	minimum operating pressure
설정 압력	감압 밸브 등으로 조절되는 압력	set pressure
작동 압력차	기기가 액추에이터를 매개로 2개의 서로 다른 압력에 따라 생기는 추력차로서 작동할 때의 2개의 압력차	working differential pressure
압력 변동	기기와 시스템 내에 있어서 압력이 변화하는 것	prssure fluctuation
잔 압	보통 대기압이 될 부분이 회로의 저항으로 인해 과도적으로 남는 압력	residual pressure
파일럿 압력	파일럿 관로에 작용하는 압력	pilot pressure
압력의 맥동	정상적인 작동 조건에서 발생하는 것의 주기적인 압력의 변동. 과도기적인 압력 변동은 제외한다.	pressure pulsation
압력 강하	흐름에 기인하는 유체 압력의 감소	pressure drop
배 압	공기압 회로의 배기측 또는 압력 작동면의 배후에 작용하는 압력	back pressure
공기압 회로	각종의 공기압 기기와 배관에 따라서 조립된 공기압 장치의 기능의 구성	pneumatic circuit
관 로	작동 유체를 유도하는 관 또는 그 계통	line
주 관 로	흡입관로, 압력관로 및 배기관로를 포함하는 주가 되는 관로	main line
파일럿 관로	파일럿 방식에서 작동시키기 위한 작동 유체를 유도하는 관로	pilot line
플렉시블 관로	고무 호스와 같이 유연성이 있는 관로	flexible line
바이패스 (관로)	필요에 따라서 작동 유체의 전략 또는 그 일부를 갈라져 나가게 하는 통로 또는 관로	by-path ; by-pass line
패 킹	회전과 왕복 운동에서처럼 운동부분의 밀봉에 사용되는 실의 총칭	packing
개스킷	배관용 플랜지 등에서처럼 정지 부분의 밀봉에 사용되는 실의 총칭. 정지용 실이라고도 한다.	gasket

용 어	뜻	대응 영어(참고)
서 지	계통 내의 유체 압력의 과도적인 변동	surge
서지 압력	과도적으로 상승한 압력의 최대값	surge pressure
공기 소비량	공기압기기 또는 시스템에 있어서 어떤 조건하에서 소비되는 공기량 [비고] 단위 시간마다의 공기 소비량을 표준 상태로 환산하여 표시한다.	air consumption
내용 기간	일정한 성능을 유지하고, 사용에 견디는 기간	period of endurance
보증 수명	권장하는 조건으로 사용하여 일정한 성능이 보증되는 사용 횟수 또는 시간	guaranteed cycle ; guaranteed time
위험 한계	피로 파괴와 공진 현상의 발생 등으로 위험하게 되는 한계점	critical point
인터로크	위험과 이상 동작을 방지하기 위하여 어느 동작에 대하여 이상이 생기는 다른 동작이 일어나지 않도록 제어회로상 방지하는 수단	interlock
점 핑	감압 밸브 등 유체의 흐름이 정지할 경우 등에 응답 지연에 따라 압력이 과도적으로 설정값을 초과하는 현상	jumping
채 터 링	감압 밸브의 체크 밸브 등에서 밸브 자리를 두들겨서 비교적 높은 소리를 내는 일종의 자려 진동 현상	chattering ; chatter ; singing
오일 미스트	작동공기 속에 포함되는 미세한 기름입자	oil mist
무급유(공기압)기기	방향 제어 밸브와 액추에이터 등에 있어서 미리 그리스 등의 봉입함에 따라서 언제나 윤활제를 보급하지 않아도 운전에 견디는 공기압 기기	oiless enclosed pneumatic device
무윤활(공기압)기기	방향 제어 밸브와 액추에이터 등에 있어서 특정의 구조에 따르든가, 자기 윤활성이 있는 재료를 사용하여 특별한 윤활제를 사용하지 않아도 운전에 견디는 공기압 기기	non-lubicant pneumatic device
컨태미네이션	작동 유체 속에 포함되는 유해 물질에 관한 현상	contamination
컨태미네이션 컨트롤	작동 유체 속에 포함되는 유해 물질의 관리	contamination control
여 과	금망과 여과지처럼 가는 구멍을 가진 재료를 사용하여 유체 속의 입자를 제거할 것	filtration
여 과 도	압축 공기가 필터를 통과할 때에 혼입 입자가 여과재에 따라 제거되는 크기를 표시하는 입도의 공칭값 단위는 $\mu m \left(\dfrac{1}{1000} mm\right)$로 표시한다.	rated filtration
노 점	수증기를 포함한 기체를 압력을 일정하게 하여 냉각할 때, 포함되어 있는 수증기가 포화할 때의 온도	dew point
드 레 인	공기압 기기 및 관로 내에서 유동 또는 침전 상태에 있는 물 또는 기름 혼합의 백탁액	drain

용 어	뜻	대응 영어(참고)
흡 기 음	압축기 등의 흡입구로부터 공기가 흡입될 때 일어나는 소리	suction noise
배 기 음	전자 밸브 등의 배기구로부터 공기가 배출될 때 일어나는 소리	exhaust noise
교 축	흐름의 단면적을 감소시켜 관로 또는 유체 통로 내에 저항을 갖도록 한 기구 참고 초크 교축과 오리피스 교축이 있다.	restriction ; restrictor
노 즐	종 모양의 곡면부와 그에 이은 원통 모양의 드로트부를 갖는 교축기 (KS A 0612 참조)	nozzle
초 크	길이가 단면 치수에 비하여 비교적 긴 교축기	choke
오리피스	길이가 단면 치수에 비해서 비교적 짧은 교축기 (KS A 0612 참조)	orifice plate
벨로스	압력의 검출, 전동 및 실에 사용하는 주름상자 모양의 요소	bellows
다이어프램	압력의 검출 및 전동에 사용하는 막 모양의 요소	diaphragm
랩	슬라이드 밸브의 랜드부와 포트부와의 사이의 겹침 또는 그 모양	lap of valve
제로 랩	슬라이드 밸브 등에서 밸브가 중립점에 있을 때, 포트가 닫혀서 있고, 밸브가 조금이라도 변위하면 포트가 유체가 흐르도록 된 겹침의 상태	zero lap
언더 랩	슬라이드 밸브 등에서 밸브가 중립점에 있을 때, 이미 포트가 열려 있어 유체가 흐르도록 된 겹침의 상태	under lap
오버 랩	슬라이드 밸브 등에서 밸브가 중립점으로부터 조금 변위하여 비로소 포트가 열리고, 유체가 흐르도록 된 겹침의 상태	over lap
응답 시간	밸브와 회로 등에 입력신호가 가해졌을 때부터 출력이 어느 지정값에 도달할 때까지의 시간	response time
공기압-유압제어	제어 회로에는 공기압을 사용하고, 작동부에는 유압을 사용한 제어방식	pneumatic-hydraulic control
전기-공기압 제어	제어 회로에는 전기를 사용하고 작동부에는 공기압을 사용한 제어방식	electro-pneumatic control
공기압 서보 기구	서보 기구 중 증폭부, 작동부에 공기압을 이용한 것	pneumatic servo mechanism
공기압 위치 결정기구	파워 증폭, 작동부에 공기압을 사용하여 작동 물체를 희망하는 위치로 위치 결정을 하는 기구	pneumatic positioning mechanism

(2) 공기압 작동기기

용어	뜻	대응 영어(참고)
액추에이터	유체의 에너지를 사용하여 기계적인 일을 하는 기기	actuator
공기압 모터	공기압 에너지를 사용하여 연속 회전 운동을 하는 기기	(rotary) air motor
베인 모터	케이싱(캠링)에 접하고 있는 베인(날개)을 회전자 내에 갖고, 베인 사이에 유입한 공기에 의해서 회전자가 회전하는 형식의 공기압 모터	vane air motor
피스톤 모터	유입 공기 압력이 피스톤 끝면에 작용하여 그 압력에 의해 경사판, 캠, 크랭크 등을 매개로 하여 모터 축이 회전하는 형식의 공기압 모터	piston air motor
요동형 (공기압) 액추에이터	출력 축의 회전 운동의 각도가 제한되어 있는 형식의 액추에이터	oscillating actuator ; oscillating motor
공기압 실린더	실린더 힘이 유효 단면적 및 차압에 비례하는 직선운동을 하는 액추에이터	pneumatic cylinder
진공 실린더	부압을 줌으로써 직선 운동을 하는 액추에이터	vacuum cylinder
단동 (공기압) 실린더	유체 압력을 피스톤의 한쪽에만 공급할 수 있는 구조의 공기압 실린더	single acting(pneumatic) cylinder
복동 (공기압) 실린더	유체 압력을 피스톤의 양쪽에 공급할 수 있는 구조의 공기압 실린더	double acting(pneumatic) cylinder
한쪽 로드 (공기압) 실린더	피스톤의 한쪽에만 로드가 있는 공기압 실린더	single rod(pneumatic) cylinder
양쪽 로드 (공기압) 실린더	피스톤의 양쪽에 로드가 있는 공기압 실린더	double rod(pneumatic) cylinder
쿠션붙이 (공기압) 실린더	충격을 완충하는 기능을 갖게 하는 공기압 실린더 참고 보통 실린더로부터의 배기를 교축하여 행정 중단에 움직임을 느리게 하고, 충격을 방지할 목적으로 행정 종단에 자동 교축기구를 만든다.	pneumatic cylinder with cushion
가변행정 (공기압)실린더	행정을 제한하는 가변 스토퍼를 갖는 공기압 실린더	adjustable stroke(pneumatic) cylinder
듀얼 행정 (공기압)실린더	2개의 작동 행정을 갖는 공기압 실린더	dual stroke(pneumatic) cylinder
탠덤형 (공기압) 실린더	세로로 나란히 연결된 복수의 피스톤을 갖는 공기압 실린더	tandem(pneumatic) cylinder
텔레스코프형 (공기압) 실린더	긴 행정을 줄 수 있다. 단, 튜브형의 로드를 갖는 공기압 실린더	telescoping(pneumatic) cylinder
램형 (공기압) 실린더	램을 주요 부재로 하는 공기압 실린더	ram(pneumatic) cylinder
피스톤형 (공기압)실린더	피스톤을 주요 부재로 하는 공기압 실린더	piston(pneumatic) cylinder
벨로스형 (공기압)실린더	운동 부분의 실에 벨로스를 사용한 공기압 실린더	bellows(pneumatic) cylinder

2. 공기압 용어

용어	뜻	대응 영어(참고)
다이어프램형 (공기압) 실린더	운동 부분의 실에 다이어프램을 사용한 공기압 실린더	diaphragm(pneumatic) cylinder
차동형 실린더	실린더 면적과 실린더와 피스톤 로드 사이의 고리 모양의 면적과의 비가 회로 기능상 중요한 복동 실린더	differential cylinder
다위치형 실린더	동축상에 2개 이상의 피스톤을 가지며 각 피스톤은 각각 독립한 방으로 분할된 실린더 내에서 움직이고 몇 개의 위치를 선정하는 실린더	multiposition cylinder
하이드로 체커	공기압 실린더에 결합되어 그 운동을 규제하는 액체를 봉입한 실린더. 폐회로를 구성하는 관로 및 스로틀 밸브 등을 포함한다.	hydraulic check unit
포지셔너	액추에이터에 조합하여 사용하며 행정 또는 회전각이 임의의 입력 신호에 대하여 일정한 함수 관계가 되도록 위치 결정하는 기기	positioner
서보 실린더	제어 위치가 제어 밸브에의 입력 신호의 함수가 되도록 추종 기구를 일체로 해서 가지고 있는 실린더	servo cylinder
실린더 튜브	내부에 압력을 유지하고, 원통형의 내면을 형성하는 부분. 피스톤형 실린더의 경우에는 그 내면을 피스톤이 습동하는 실린더의 원통	cylinder tube
피 스 톤	실린더 내를 왕복 운동하면서 유체 압력과 힘을 주고받기 위한 지급에 비하여 길이가 짧은 기계 부품 참고 보통 커넥팅 로드 또는 피스톤 로드와 함께 사용된다.	piston
피스톤 로드	피스톤과 결합하여 그 운동을 실린더의 외부에 전달하는 막대 모양의 부품	piston rod
트러니언형 (공기압) 실린더	피스톤 로드의 중심선에 대하여 직각을 이루는 실린더의 양측으로 뻗은 1쌍의 원통 모양의 피벗으로 지지된 부착형식의 공기압 실린더 참고 실린더는 그 피벗을 중심으로 요동할 수 있다.	trunnion mounting cylinder
클레비스형 (공기압) 실린더	피스톤 로드의 중심선에 대하여 직각 방향의 핀 구멍을 갖는 U자형 쇠붙이에 따라서 지지된 부착식의 공기압 실린더 참고 실린더는 핀을 중심으로 요동을 할 수 있다.	clevis mounting cylinder
아이형 (공기압) 실린더	피스톤 로드의 중심선에 대하여 직각 방향인 핀 구멍이 있는 아이형 지지부를 갖는 지지 형식의 공기압 실린더 참고 실린더는 피스톤을 중심으로 해서 요동할 수 있다. 지금까지 1산 클레비스라고 했던 것이다.	eye mounting cylinder

용 어	뜻	대응 영어(참고)
풋형 (공기압) 실린더	고정하기 위한 발을 가지며, 피스톤 로드의 중심선과 평행인 부착면이 있는 지지부를 갖는 공기압 실린더	foot mounting cylinder
회전 (공기압) 실린더	회전 이음을 갖고 있어, 접속 관로와 상대적으로 회전운동을 할 수 있는 실린더	rotating cylinder
플랜지형 (공기압)실린더	부착된 플랜지로 고정되는 부착형식의 공기압 실린더 참고 플랜지는 보통 실린더 축에 대하여 수직 방향으로 만들어진다.	flange mounting cylinder
실린더 쿠션	행정 종단 부근에서 공기의 유출을 자동적으로 교축함으로써 피스톤 로드의 운동을 감속시키는 작용	cylinder cushioning
행 정	피스톤이 이동하는 거리	stroke
실린더 힘	피스톤면에 작용하는 이론 유체력	theoretical cylinder force
실린더 출력	피스톤 로드에 따라서 전달하는 기계적인 힘	cylinder output force
평균 피스톤 속도	피스톤의 시동으로부터 정지까지의 시간으로서 행정길이를 나눈 값	mean piston velocity
스틱 슬립	미끄럼면의 마찰력이 있는 정도 크기로 된 미끄럼면의 한쪽이 어느 정도 탄성자유도를 갖고 있는 운동이 연속적으로 되지 않고 간헐적으로 되는 현상	stick slip

(3) 제어 밸브

용 어	뜻	대응 영어(참고)
밸 브	KS B 0100(밸브 용어)의 번호 1000에 따른다. 참고 유체를 통과, 정지 제어하기 위하여 통로를 개폐할 수 있는 가동 기구를 갖는 기기의 총칭	valve
제어 밸브	흐름의 모양을 바꾸고, 압력 또는 유량을 제어하는 밸브의 총칭	control valve
방향 제어 밸브	흐름의 방향을 제어하는 밸브	directional control valve
압력 제어 밸브	압력을 제어하는 밸브	pressure control valve
유량 제어 밸브	유량을 제어하는 밸브	flow control valve
변환 밸브	2개 이상의 흐름의 모양을 가지며, 2개 이상의 포트를 갖는 방향 제어 밸브	directional control valve ; selector
관접속 구멍	관을 접속하기 위하여 기기에 만들어진 접속 구멍이며 보통 관용나사 접속 또는 플랜지 접속을 한다. 참고 이 부위의 크기를 가지고 기기의 크기를 표시하는 일이 있다.	port
포 트	작동 유체를 출입시키는 통로의 개구부	port
파일럿 포트	파일럿 흐름의 포트	pilot(control) port
입 구	기기에 공급하는 흐름의 포트	inlet port, supply port

2. 공기압 용어

용 어	뜻	대응 영어(참고)
출 구	기기로부터 유출되는 흐름의 포트	outlet port, service port
배기구	기기로부터 대기로 배출되는 흐름의 포트	exhaust port
통 로	구성 부품의 내부를 꿰뚫거나 또는 그 내부에 어떤 기계 가공 또는 주조로 구멍을 내어 유체를 통하게 하는 연락로	passage
통 기 구	대기에 개방되어 있는 문	breather, bleeder

A_v 값	A_v 값은 밸브의 임의의 개도에 있어서 흐름의 용량을 서술하기 위해서 사용하며, 다음 식으로 정의한다.
	$$A_v = Q\sqrt{\frac{\rho}{\Delta P \times 10^5}} \left\{ A_v = Q\sqrt{\frac{\rho}{\Delta P}} \right\}$$
	여기서,
	  A_v : 용량계수 (m^2)
	  Q : 유량 (m^3/s)
	  ΔP : 밸브 전후의 압력강하 (kg_f/cm^2) {Pa}
	  ρ : 유체의 밀도 (kg/m^3)
		value of A_v

C_v 값	C_v 값은 밸브의 유량 특성을 표시하는 계수이며, 지정개도에서 $0.07\ kg_f/cm^2$ (7 kPa)의 압력강하로 밸브를 흐르는 60°F (15.5℃)의 물 유량을 G. P. M ($3.789\ l/min ≒ 1G.\ P.\ M$)으로 계측한 숫자로 표시한다.	value of C_v
K_v 값	K_v 값은 밸브의 유량 특성을 나타내는 계수로서, 지정개도에서 $0.07\ kg_f/cm^2$ (100 kPa)의 압력강하로 밸브를 흐르는 5~30℃의 물의 유량을 m^3/h 로 계측한 숫자로 표시한다.	value of K_v
밸브 유효 단면적	밸브의 실제 유량에 기초를 둔 밸브 저항의 표시 값이며, 같은 조건에서 같은 유량을 통과시킬 수 있는 등가의 계산상의 단면적	effective area of valve
밸브 응답시간	밸브에 조작 신호가 들어가고부터 그 밸브 출구에서 압력이 규정값에 도달할 때까지의 시간	response time of valve
밸브 몸체	밸브의 기능을 맡은 부분이며, 주로 이동하는 쪽	valve body
밸브 자리	밸브 몸체에 상대하는 쪽	valve seat ; seat
스풀 밸브	스풀을 사용한 밸브	spool type valve
포핏 밸브	밸브 몸체가 밸브 자리로부터 수직 방향으로 이동하는 형식의 밸브	poppet valve
슬라이드 밸브	밸브 몸체와 밸브 자리를 습동하여, 개폐 작용을 하는 형식의 밸브	slide valve
회전 밸브	회전 또는 요동하는 회전체의 슬라이드면을 이용하여 개폐의 작동을 하는 밸브	rotary valve
볼 밸브	밸브 몸체가 공 모양인 밸브	ball valve
피스톤 밸브	밸브 몸체가 피스톤 모양이며, 밸브 자리는 링 모양으로 구성된 밸브	piston valve

용 어	뜻	대응 영어(참고)
밸브 몸체의 위치	변환 밸브로 흐름의 모양을 결정하는 밸브 몸체의 위치	valve element position
노멀 위치	조작력 또는 제어 신호가 걸리지 않을 때의 밸브 몸체의 위치	normal position
초기 위치	주압력이 걸리고서, 조작력에 따라서 예정 운전 사이클을 시작하기 전의 밸브 몸체의 위치	initial position
오프셋 위치	중앙위치 이외의 밸브 몸체의 위치	offset position
중앙 위치	3위치 밸브의 중앙 밸브 몸체의 위치	middle position
작동 위치	조작력이 걸려있을 때의 밸브 몸체의 최종 위치	actuated position
중간 위치	초기 위치와 작동 위치의 중간의 임의의 밸브 몸체의 위치	intermediate position
폐쇄 위치	입구가 출구로 통하여 있지 않는 밸브 몸체의 위치	closed position
개방 위치	입구가 출구로 통하여 밸브 몸체의 위치	open position
플로트 위치	입구는 닫혀 있고, 모든 출구가 배기구로 통해 있는 밸브 몸체의 위치	float position
노멀리 클로즈드 정상 닫힘	노멀 위치가 닫힘 위치인 상태	normally closed

2. 공기압 용어

용 어	뜻	대응 영어(참고)
노멀리 오픈 정상 열림	노멀 위치가 열림 위치인 상태	normally open
스프링 리턴	조작력을 제거하였을 때, 스프링의 힘에 따라서 노멀 위치로 되돌아가게 하는 방법	spring return
에어 리턴	조작력을 제거했을 때, 공기압에 따라서 밸브 몸체를 노멀 위치로 복귀시키는 방법	air return
디 텐 트	밸브 몸체를 어느 위치에 유지하는 기구	detent
2위치 밸브	2개의 밸브 몸체의 위치를 갖는 밸브	two(valve element) position valve
3위치 밸브	3개의 밸브 몸체의 위치를 갖는 밸브	three(valve element) position valve
4위치 밸브	4개의 밸브 몸체의 위치를 갖는 밸브	four(valve element) position valve
2포트 밸브	2개의 포트를 갖는 밸브	two ports connection valve
3포트 밸브	3개의 포트를 갖는 밸브	three ports connection valve
4포트 밸브	4개의 포트를 갖는 밸브	four ports connection valve
5포트 밸브	5개의 포트를 갖는 밸브	five ports connection valve
ABR 접속	3위치 밸브에서 중앙 위치의 상태가 아래 그림과 같이 되어 있는 통로의 접속 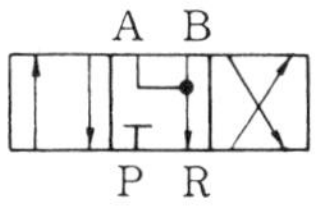	ABR connection
PAB 접속	3위치 밸브에서 중앙 위치의 상태가 아래 그림과 같이 되어 있는 통로의 접속 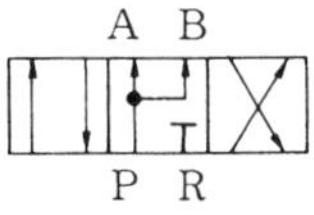	PAB connection
인력 방식	인력에 의하여 조작하는 방식	muscular operated system
전자기 방식	일체로 조립된 전자석에 의한 조작 방식	solenoid operated system
파일럿 방식	파일럿 밸브에 의하여 유도된 압력에 의한 조작 방식	pilot operated system
수동 동작 밸브	수동으로 조작하는 밸브	manually operated valve
누름버튼 조작밸브	누름버튼 조작으로 작동시키는 수동 방향 제어 밸브	push button operated valve
페달 조작 밸브	발로 조작되는 밸브	pedal operated valve
전자기 밸브	전자석으로 조작되는 밸브의 총칭	solenoid operated valve
직동형 전자기 밸브	전자석으로 직접 메인 밸브를 작동시키는 형식의 밸브	direct operated solenoid valve
파일럿 전자기 밸브	전자석으로 파일럿 밸브를 조작하여, 그 공기압으로 메인 밸브를 제어하는 형식의 전자기 밸브	pilot operated solenoid valve
파일럿 밸브	다른 밸브 또는 기기를 압력에 의하여 조작하기 위해서 사용하는 제어밸브	pilot valve
파일럿(조작) 전환 밸브	주밸브에 부착한 파일럿 밸브로 조작되는 밸브	pilot operated directional control valve

용 어	뜻	대응 영어(참고)
캠조작 밸브	캠으로 조작되는 밸브	cam operated valve
기계조작 밸브	캠, 링크기구, 기타의 기계적 방법으로 조작되는 밸브	mechanically operated valve
원격조작 밸브	떨어진 장소에서 조작하는 밸브의 총칭	remote operated valve
안전 밸브	기기나 관 등의 파괴를 방지하기 위하여 회로의 최고 압력을 한정하는 밸브	safety valve
릴리프 밸브	회로의 압력이 밸브의 설정값을 초과하였을 때, 유체의 일부 또는 전량을 배기측으로 돌려서 회로 내의 압력을 설정값으로 유지하는 압력 제어 밸브	relief valve
크래킹 압력	릴리프 밸브 등에서 압력이 상승하여 밸브가 열리기 시작해서 어떤 일정한 흐름의 양이 인정되는 압력	cracking pressure
리시트 압력 (복좌 압력)	체크 밸브 또는 릴리프 밸브 등에서 밸브의 입구쪽 압력이 강하여 밸브가 닫히기 시작해서 밸브의 누설량이 어떤 규정된 양까지 감소하였을 때의 압력	reseat pressure
컷아웃 압력	언로더 밸브 등에서 압력원 쪽의 무부하로 하기 위한 작동 최저 압력	cut-out pressure
컷인 압력	언로더 밸브 등에서 압력원 쪽에 부하를 주기 위한 작동 최저 압력	cut-in pressure
언로더 파일럿 밸브	회로의 압력이 소정의 값에 달하면 작동하고, 압력이 소정의 값까지 저하하면 원상태로 되돌아가는 밸브이며, 이 작동상태를 이용하여 압축기의 운전 상태를 부하 또는 무부하 상태로 제어하는 파일럿 밸브	unloader(pilot) valve
감압 밸브	유량 또는 입구쪽에 관계없이 출구쪽 압력을 입구쪽 압력보다 낮은 설정 압력으로 조정하는 압력 제어 밸브	pressure reducing valve
릴리프 붙이 감압 밸브	2차쪽의 압력이 설정 압력보다 높게 되었을 때, 그 일부를 배기하여 2차 압력을 유지하는 기구를 갖는 감압 밸브	pressure reducing valve with relieving mechanism
(감압 밸브의) 1차 압력	감압 밸브의 입구쪽의 압력	primary pressure of reducing valve
(감압 밸브의) 2차 압력	감압 밸브의 출구쪽의 압력	secondary pressure of reducing valve
시퀀스 밸브	2개 이상의 분기 회로를 갖는 회로 중에서 그 작동순서를 회로의 압력에 의하여 제어하는 밸브	sequence valve
스로틀 밸브	교축 작용에 의하여 유량을 규제하는 밸브	throttle valve
체크 밸브	1방향으로만 유체의 흐름을 허용하는 밸브	check valve
속도 제어 밸브	스로틀 밸브와 체크 밸브를 일체로 구성하여 회로중의 실린더 등의 속도를 제어하는 밸브	speed control valve

2. 공기압 용어

용 어	뜻	대응 영어(참고)
셔틀 밸브	1개의 출구와 2개 이상의 입구를 가지며, 출구가 최고 압력쪽 입구로 통하는 기능을 갖는 밸브	shuttle valve
급속 배기 밸브	변환 밸브와 액추에이터와의 사이에 두어, 변환 밸브의 배기 작용에 의해서 이 밸브를 작동시켜, 액추에이터로부터의 배기량을 변환 밸브의 배기량보다 높이기 위한 밸브	quick exhaust valve ; quick redease valve
볼륨 부스터	파일럿 제어방식의 밸브이며, 출구쪽 압력이 파일럿 압력과 일정비의 관계로 유지되는 비교적 대용량의 밸브	volume booster
리밋 밸브	이동하는 물체의 위치 확인에 사용하는 기계조작 변환 밸브	mechanical limit valve
마스터 밸브	공기압으로 조작되는 공기압용 방향 제어 밸브	master valve
자동배수 밸브	드레인을 자동적으로 배수하는 밸브	automatic drain valve
슬리브	속이 빈 원통형의 구성품이며, 피스톤, 스풀 등을 안내하는 하우징의 내면의 토시	sleeve
스풀	원통형 습동면에 내접하며, 축방향으로 이동하여 유로의 개폐를 하는 빗( )모양의 구성부품	spool
서브플레이트	1개의 개스킷 접속의 밸브가 부착되고, 배관접속용의 외부 포트를 가진 부착판	subplate
매니폴드 블록	2개 이상의 개스킷 접속의 밸브가 부착되고, 그 외부 배관용 관로를 조립하여 만든 부착대	manifold block

(4) 제어용 소자 및 회로

용 어	뜻	대응 영어(참고)
유체 소자	순유체소자, 가동형 소자를 포함한 소자의 총칭	—
순유체 소자	기계적으로 움직이는 부분을 사용하지 않고, 유체의 흐름으로써 유체의 거동을 제어하는 소자	fluidic device
가동형 소자	기계적으로 움직이는 부분을 사용하며, 유체의 흐름으로써 유체의 거동을 제어하는 비교적 소형의 소자	moving part device
능동 소자	입력과는 별도의 공급파워(*)를 필요로 하는 유체소자 주 (*) 공급 흐름의 파워 공급 압력과 공급 유량의 곱으로 나타낸다.	active device
수동 소자	압력만으로 작동하는 유체소자	passive device
논리 소자	논리기능을 갖는 유체소자	logic device
비례 소자	입력 신호에 대응하여 연속적으로 변화하는 출력 신호를 얻는 유체소자	proportional device
쌍안정 소자	2개의 안정한 작동상태를 가지며, 한쪽의 상태로부터 다른 하나의 상태로 바꾸는 데에 입력이 필요로 하는 유체소자	bistabel device ; flip-flop device

용 어	뜻	대응 영어(참고)
단안정 소자	1개의 안정한 상태를 가지며, 입력이 있는 동안에만 출력의 상태가 변하는 유체소자	monostabel device
논리 회로	AND, OR, NOT 등의 논리 기능을 가진 회로	logic circuit
AND 회로	2개 이상의 입력단과 1개의 출력단을 가지며, 모든 입력단에 입력이 가해졌을 경우에만 출력단에 출력이 나타나는 회로 참고 A 및 B에 압력신호가 작용하였을 경우에만 Z에 출력이 나타난다. $Z = A \cdot B$	AND circuit
OR 회로	2개 이상의 입력단과 1개의 출력단을 가지며, 어느 입력단에 입력이 가해져도 출력단에 출력이 나타나는 회로 참고 A 또는 B에 압력신호가 작용하면 Z에 출력이 나타난다. A로부터도 B로부터도 압력신호가 작용하지 않을 경우에는 Z에 출력이 나타나지 않는다. $Z = A + B$	OR circuit
NOT 회로	1개 입력단과 1개의 출력단을 가지며, 입력단에 입력이 가해지지 않을 경우에만 출력단에 출력이 나타나는 회로 참고 A에 압력신호가 작용하지 않고 있을 경우 Z에 출력이 나타나고, A에 압력신호가 작용하면 Z에 출력이 나타나지 않는다. $Z = \overline{A}$	NOT circuit

용 어	뜻	대응 영어(참고)
NOR 회로	2개 이상의 입력단과 1개의 출력단을 가지며, 입력단의 전부에 입력이 없는 경우에만 출력단에 출력이 나타나는 회로 참고 A 및 B에 압력신호가 작용하지 않는 경우에만 출력이 나타난다. $Z = \overline{A + B}$	NOR circuit
부스터 회로	저입력을 어느 정해진 높은 출력으로 증폭하는 회로 참고 A에 입력이 가해지면 압력원보다 높은 출력이 B에 나타난다.	booster circuit
플립·플롭 회로	2개의 안정된 출력 상태를 가지며, 입력의 유무에 불구하고 직전에 가해진 입력의 상태를 출력 상태로 해서 유지하는 회로 참고 신호(세트)입력이 가해지면 출력이 나타나고, 그 입력이 없어져도 그 출력 상태가 유지된다. 복귀입력(리셋)이 가해지면 출력은 0으로 된다.	flip-flop circuit
카운터 회로	입력으로서 가해진 펄스 신호의 수를 계수로 하여 기억하는 회로	counter circuit
레지스터 회로	2진수로서의 정보를 일단 내부로 기억하여 적시에 그 내용이 이용될 수 있도록 구성한 회로	register circuit
시퀀스 회로	미리 정해진 순서에 따라서 제어 동작의 각 단계를 점차 추진해 나가는 제어 회로	sequence circuit
온·오프제어 회로	제어 동작이 밸브의 개폐와 같은 2개의 정해진 상태만을 취하는 제어 회로	ON-OFF circuit

용 어	뜻	대응 영어(참고)
방향제어 회로	공기압 회로 내의 흐름방향을 바꾸는 제어 회로	directional control circuit
압력제어 회로	공기압 회로 내의 압력제어를 목적으로 한 회로	pressure control circuit
속도제어 회로	공기압 회로 내의 흐름제어에 의해 액추에이터의 작동 속도를 제어하는 것을 목적으로 한 회로	speed control circuit
미터인 회로	에이터의 공급쪽 관로에 설치한 바이패스 관로의 흐름을 제어함으로써 속도(또는 힘)를 제어하는 회로	meter-in circuit
미터아웃 회로	액추에이터 배출쪽 관로에 설치한 바이패스의 흐름을 제어함으로써 속도(또는 힘)를 제어하는 회로 참고	meter-out circuit
블리드오프 회로	액추에이터의 공급쪽 관로에 바이패스 관로를 설치하여 바이패스로부터 흐름을 제어함으로써 속도(또는 힘)를 제어하는 회로 참고	bleed-off circuit
안전 회로	우발적인 이상 운전, 과부하 운전 등일 때, 사고를 방지하여 정상 운전을 확보하는 회로	safety circuit
인터로크 회로	인터로크를 목적으로 한 회로	interlock circuit
비상 정지 회로	장치가 위험 상태로 되면 자동적 또는 인위적으로 장치를 정지시키는 회로	emergency stop circuit

(5) 부속 기기

용 어	뜻	대응 영어(참고)
공기 탱크	공기압 동력원으로서 압력 공기를 저장하는 용기	air receiver
후부 냉각기 애프터 쿨러	압축기로부터 노출된 기체를 냉각하는 열 교환기	after-cooler
드레인 분리기	공기속에 포함된 드레인을 분리하는 기기	drain separator
오일 미스트 세퍼레이터	공기속의 유무(油霧)입자를 응축, 기타 방법으로 제거하는 기기	oil mist separator
배기용 오일 미스트 세퍼레이터	배기중에 포함된 유무 및 드레인을 제거하고, 또한 배기음을 감소시키는 기기	exhaust purifier ; exhaust filter
에어 드라이어	공기중에 포함되는 수분을 제거하여 건조한 공기를 얻는 기기	air dryer
공기압 필터	공기압 회로의 도중에 부착하여 드레인 및 미세한 고형물을 원심력과 여과작용 등으로 분리 제거하는 기기	pneumatic filter
필터 엘리먼트	필터내에 부착하여 미세한 고형물을 제거하는 목적으로 사용되는 여과재	filter element
루브리케이터, 오일러	기름을 안개 모양으로 하여 공기의 흐름에 자동적으로 소입하는 공기압 기기에의 자동 급유 장치	lubricator ; oiler
전량식 루브리케이터	안개 모양을 한 기름을 모든 공기의 흐름에 넣어 흐르게 하는 루브리케이터	direct type lubricator
선택식 루브리케이터	안개 모양을 한 기름을 선택하여 입자가 미세한 유무만을 공기의 흐름으로 보내 넣는 루브리케이터	indirect type lubricator
최소 적하 유량	루브리케이터에서 지정된 조건으로 기름이 적하되는데 필요한 최소 공기 유량을 말한다.	minimum flow rate for charging
케이스 가드	필터, 루브리케이터의 합성수지 케이스 바깥쪽에 장착하며, 만약 케이스가 파손되어도 인체에 위해를 입히지 않도록 파편의 비산을 막기 위한 보호 커버	bowl guard
공기압 조정 유닛	필터, 게이지 붙이 감압밸브, 루브리케이터로 구성되며, 일정한 조건의 공기를 2차쪽으로 공급하는 기기	air coditioning unit
사출 급유기	액추에이터의 동작에 따라서 규정 유량을 직접 액추에이터로 보내 넣는 기기	injection type lubricator
증 압 기	입구쪽 압력을 이에 거의 비례한 높은 출구 압력으로 변환하는 기기	pressure intensifier ; booster
공유 변환기	공기압을 유압으로 변환하는 기기	pneumatic-hydraulic converter
압력 스위치	유체의 압력이 규정값에 달하였을 때, 전기 접점을 개폐하는 기기	pressure switch
관 이음쇠	관로의 접속 또는 기기의 부착을 위해 사용하는 유체 통로가 있는 접속 쇠붙이의 총칭	pipe connector ; pipe fitting

용 어	뜻	대응 영어(참고)
급속 이음쇠	호스 및 배관의 접속용 이음쇠이며, 급속하게 착탈이 가능한 것	quick disconnect release coupling
플랜지관 이음쇠	실된 1쌍의 플랜지로 된 이음쇠	flange connector
플레어관 이음쇠	관의 끝을 원뿔형으로 넓힌 구조를 갖는 관 이음쇠	flared fitting
플레어리스관 이음쇠	관의 끝을 넓히지 않고 관과 슬리브 또는 마찰에 따라서 관을 유지하는 관 이음쇠	compression fitting
스위블	방향 조절이 가능한 엘보형의 고정 이음쇠	swivel connectional fitting
스위블 조인트	압력하에서도 선회가 가능한 관 이음쇠	swivel joint
로터리 조인트	상대적으로 회전하는 배관 또는 기기를 서로 접속하기 위한 관 이음쇠	rotary joint
셀프실 이음쇠	양 접속 쇠붙이가 연결되었을 때 자동적으로 열리고 분리되었을 때 자동적으로 닫히도록 체크 밸브를 끝부분에 내장하는 급속 이음쇠	self-sealing coupling
소 음 기	흡·배기음을 감소시키는 장치	muffler ; silencer
공기압 센서	공기압을 사용하여 물체의 유무, 위치, 상태 등을 검지하고, 신호를 보내는 감지 기기의 총칭	pneumatic sensor
근접 센서	센서의 앞면으로부터 어느 거리에 있는 물체의 존재를 비접촉으로 검출하는 센서	proximity sensor
배압형 센서	센서의 출구 저항 변화에 따라 생기는 압력 변화를 이용한 근접 센서	back pressure sensor
초음파 센서	초음파를 이용하여 이를 차단함에 따라서 물체의 존재를 검출하는 센서	ultrasonic sensor
분류 차단 센서	분류를 차단함으로써 물체의 존재를 검출하는 센서	interruptible jet sensor
인터페이스 기기	서로 다른 매체 사이 또는 서로 다른 레벨 사이의 에너지 변환을 하는 기기류	interface device
부스터 밸브	저입력의 공기 신호를 높은 출력으로 증폭하는 밸브	booster valve
릴레이 밸브	입력 신호가 가해지면, 출력 상태가 변환되는 밸브	relay valve
지연 밸브	입력 신호가 가해지면, 설정한 일정 시간이 지난 후 작동하는 릴레이 밸브	delay valve
공기압 표시기	공기압 회로 내의 상태를 공기압을 이용하여 표시하는 기기	pneumatic indicator
공기압 카운터	공기압 신호가 가해진 횟수를 계수하여 표시하는 기기	pneumatic counter
공기압 버저	공기압에 따라서 소리를 내는 기기	pneumatic buzzer
공기압 시퀀스 프로그래머	반복 동작을 하는 프로그램 장치에 따라서 입력, 출력 혹은 그 쌍방을 제어하는 다수의 공기압 기기로 이루어지는 장치	cyclic pneumatic programer

(6) 응용 기기

용 어	뜻	대응 영어(참고)
압축공기 기관	공기압을 동력으로 하는 엔진	pneumatic engine
공기압 리프트	공기압 실린더와 변환 밸브의 조합으로 작동하는 리프트	pneumatic lift ; air lift
공기압 호이스트	공기압을 동력으로 하여 사용하는 물체 끌어 올리는 운반기계	pneumatic hoist ; air hoist
공기 컨베이어	공기압에 따른 압송 또는 진공 흡인을 이용하여 물체를 수송하는 장치	pneumatic conveyer
공기 슬라이드	관을 다공질의 것으로 상하로 칸막이 하고, 아래쪽에 공기압을 보내서 위쪽의 분입체를 유동화하여, 자중에 따라서 운반하는 장치	air slide
공기 터빈	압축 공기를 사용하는 터빈	air turbine
공기 브레이크	공기압을 동력으로 하여 작동하는 브레이크	pneumatic brake ; air brake
공기 클러치	공기압을 동력으로 하여 작동하는 클러치	pneumatic clutch
공기 쿠션	공기의 압축성을 이용한 쿠션	air cushion
공기압 다이쿠션	프레스 가공시에 사용하는 공기압에 의한 다이쿠션	pneumatic die-cushion
공기 블라스트	모래, 쇼트 등을 압축 공기로 불어 붙여서 주물의 모래떨이를 하는 방법	air blast
공기식 도어 닫기 장치	공기압에 의하여 도어를 닫는 장치	pneumatic vibrator
공기 바이브레이터	공기압에 의하여 진동을 주는 장치	pneumatic vibrator
공기 작동공구	공기압을 동력으로 하는 공구류	pneumatic tool
공기 휴대용 해머	공기압을 동력으로 하는 휴대용 해머류의 총칭	pneumatic hammer
공기 리베터	공기압 실린더 내에서 피스톤을 고속으로 왕복 운동시켜, 그 충격력으로 리베팅 작업 등을 하는 공구	pneumatic rivetting hammer ; pneumatic rivetter
공기 치퍼	공기압 실린더 내에서 피스톤을 고속으로 왕복 운동시켜, 그 충격력으로 용접부 등의 스케일 깎기 등을 하는 공구	pneumatic chipping hammer ; pneumatic chipper
공기 착압기	공기압 실린더 내에 피스톤을 고속으로 왕복 운동시켜 그 충격력으로 해머 드릴에 충격 회전을 주어 암석 등에 구멍을 뚫는 공구	pneumatic rock drill
공기 드릴	공기압 모터의 회전수를 기어 등에 의하여 감속해서 토크를 크게 하여, 드릴 등을 부착하여 구멍 뚫는 공구	pneumatic drill
공기 그라인더	공기압 모터에 연삭숫돌 등을 부착한 그라인더	pneumatic grinder
공기 임팩트 렌치	공기압 모터의 회전력을 죄어 붙이는 힘으로 변환하여 볼트 등을 죄어 붙이는 공구	pneumatic impact wrench
공기 스퀴저	공기압 실린더의 실린더력을 쐐기 및 레버를 이용하여, 리벳 등을 한번 타격으로 코킹하는 공구	pneumatic squeezer

용 어	뜻	대응 영어(참고)
공기 드라이버	공기압 모터의 회전수를 기어 등에 의하여 감속해서 토크를 크게 하고, 다시 죄어 붙이는 힘으로 바꿔서 작은나사 등을 죄어 붙이는 공구 [참고] 공기압 모터의 회전력을 직접 죄어 붙이는 힘으로 바꾸는 것도 있다.	pneumatic screw driver
공기압 이젝터	압축 공기를 노즐에서 분출하고서 속의 공기를 흡출하여 진공을 얻는 기기	pneumatic ejector
에어 척	공기압을 동력으로 하여 작동하는 척	pneumatic chuck
에어 바이스	공기압을 동력으로 하여 작동하는 바이스	pneumatic vice
에어 프레스	공기압을 동력으로 하는 프레스	pneumatic press
공기 베어링	압축 공기를 베어링의 틈새 사이로 공급하여 하중을 받치는 베어링	pneumatic bearing
공기압 밸런서	공기압에 따라서 힘의 평형을 이루는 장치	pneumatic balancer
전기·공기식 밸브	전기 신호를 받아 공기압으로 작동하는 밸브	electro pneumatic operated valve
공기 실린더 (조작)밸브	구동부에 실린더를 사용하며, 공기압을 동력으로 하는 밸브	air cylinder operated valve
공기식 조절밸브	공기신호를 받아 공기압으로 작동하는 자동조절 밸브	pneumatic control valve
다이어프램 조작 밸브	구동부에 다이어프램을 사용하여 공기압을 동력으로 하는 밸브	diaphragm operated valve
공기압 모터 밸브	밸브의 조작에 공기압 모터를 사용한 동력 구동 밸브	air motor operated valve

3. 유압 용어

(Glossary of terms for oil hydrauliccs)

1. 적용 범위

이 규격은 항공기용을 제외한 각종 기계의 유압 작동 계통 및 그 구성 부품의 명칭, 형식, 현상, 특성 등에 사용되는 주요한 용어 및 뜻에 관하여 규정한다. 또한 참고로 대응 영어를 표시한다.

2. 분 류

유압 용어는 다음 다섯으로 분류하여 구분한다.
(1) 기본 용어
(2) 유압펌프에 관련되는 용어
(3) 유압모터 및 유압실린더에 관한 용어
(4) 유압 제어 밸브에 의한 용어
(5) 부속기기 및 기타 기기에 관한 용어

3. 용어, 뜻 및 대응 영어

용어, 뜻 및 대응 영어는 다음과 같다.

[비 고] 1. 용어의 일부는 괄호( )를 붙였을 경우에는, 괄호 속의 용어를 포함시킨 용어와 괄호 속의 용어를 생략한 용어의 두 가지가 있음을 표시한다.
2. 2개 이상의 용어를 병기하였을 경우에는 그 순위에 따라 우선적으로 사용한다.
3. 뜻 난의 * 표시는 그 용어의 뜻이 유압에 한정됨을 표시한다.

(1) 기본 용어

용 어	뜻	대응 영어(참고)
혼입 공기	액체 속에 아주 작은 기포상태로 섞여서 있는 공기	entrained air aeration
공기 혼입	액체에 공기가 아주 작은 기포상태로 섞여지는 현상 또는 섞여져 있는 상태	aeration
캐비테이션	* 유동하고 있는 액체의 압력이 국부적으로 저하되어, 포화 증기압 또는 공기분리압에 달하여 증기를 발생시키거나 또는 용해 공기 등이 분리되어 기포를 일으키는 현상, 이것들이 흐르면서 터지게 되면 국부적으로 초고압이 생겨, 소음 등을 발생시키는 경우가 많다.	cavitation

용 어	뜻	대응 영어(참고)
채터링	* 릴리프 밸브 등으로, 밸브시트를 두들겨서 비교적 높은 음을 발생시키는 일종의 자력진동 현상	chattering, clatter, singing
점핑	* 유량 제어 밸브(압력보상 붙이)에서 유체가 흐르기 시작할 때 등, 유량이 과도적으로 설정값을 넘어서는 현상	jumping
유체고착 현상	스풀 밸브 등으로 내부 흐름의 불균성 등에 의하여, 축에 대한 압력분포의 평형이 깨어져서 스풀 밸브 몸체(또는 슬리브)에 강하게 밀려 고착되어, 그 작동이 불가능하게 되는 현상	hydraulic lock
디더	스풀 밸브 등으로 마찰 및 고착 현상 등의 영향을 감소시켜서, 그 특성을 개선시키기 위하여 가하는 비교적 높은 주파수의 진동	dither
유압 평형	기름의 압력에 의하여, 힘의 평형을 맞추는 것	hydraulic balance
디컴프레션	프레스 등으로 유압실린더의 압력을 천천히 빼어 기계 손상의 원인이 되는 회로의 충격을 작게 하는 것	decompression
랩	미끄럼 밸브의 랜드부와 포트부와의 사이의 겹친 상태 또는 그 양	lap
제로 랩	미끄럼 밸브 등으로 밸브가 중립점에 있을 때, 포트는 닫혀 있고 밸브가 조금이라도 변위되면 포트가 열려 유체가 흐르게 되어 있는 겹친 상태	zero lap
오버 랩	미끄럼 밸브 등으로 밸브가 중립점으로부터 약간 변위하여 처음으로 포트가 열려 유체가 흐르도록 되어 있는 겹친 상태	over lap : positive lap
언더 랩	미끄럼 밸브 등에서 밸브가 중립점에 있을 때 이미 포트가 열려 있어 유체가 흐르도록 되어 있는 겹친 상태	under lap : negative lap
유량	단위 시간에 이동하는 유체의 체적	flow : rate of flow
토출량	일반적으로 펌프가 단위 시간에 토출시키는 액체의 체적	delivery, rate of flow, flow rate : discharge : discharge rate
행정 체적	용적식 펌프 또는 모터의 1회전마다에 배제시키는 기하학적 체적	displacement
드레인	기기의 통로나, 관로에서 탱크나 매니폴드 등으로 돌아오는 액체 또는 액체가 돌아오는 현상	drain
누설	정상 상태로는 흐름을 폐지시킨 장소 또는 흐르는 것이 좋지 않은 장소를 통하는 비교적 적은 흐름	leakage
제어 흐름	제어된 흐름	controlled flow
자유 흐름	제어되지 않은 흐름	free flow
규제 흐름	유량이 이미 설정된 값으로 제어된 흐름. 다만, 펌프의 토출 이외의 것에 사용한다.	metered flow
흐름의 형태	* 밸브의 임의의 위치에서 각 포트를 접속시키는 유체흐름의 경로의 모양	flow pattern

용 어	뜻	대응 영어(참고)
인터플로	밸브의 변환 도중에서 과도적으로 생기는 밸브 포트 사이의 흐름	interflow
컷 오 프	펌프 출구측 압력이 설정압력에 가깝게 되었을 때 가변 토출량 제어가 작용하여 유량을 감소시키는 것	cut-off
풀 컷오프	펌프의 컷오프 상태에서 유량이 0(영)이 되는 것	pull cut-off
압력 강하	흐름에 따르는 유체압의 감소	pressure drop
배 압	유압 회로의 귀로쪽, 또는 압력 작동면의 배후에 작용하는 압력	back pressure
압력의 맥동	정상적인 작동 조건에서 발생하는 토출압력의 변동, 과도적인 압력 변동을 제외한다.	pressure pulsation
서지 압(력)	* 과도적으로 상승한 압력의 최대값	surge pressure
크래킹 압(력)	체크밸브 또는 릴리프 밸브 등으로 압력이 상승하여 밸브가 열리기 시작하고 어떤 일정한 흐름의 양이 확인되는 압력	cracking pressure
리스트 압(력)	체크밸브 또는 릴리프 밸브 등으로 밸브의 입구쪽 압력이 강하하여 밸브가 닫히기 시작하여 밸브의 누설량이 어떤 규정된 양까지 감소되었을 때의 압력	reseat pressure
최소 작동 압력	기구가 작동하기 위한 최소의 압력	minimum operating pressure
온유량 최대압력	펌프가 임의의 일정 회전 속도로 회전하고 있을 때, 가변 토출량 제어가 작동하기 전(컷오프 개시 직전)의 토출 압력	maximum full flow pressure
컷 인	언로드 밸브 등으로 펌프에 부하를 가하는 것. 그 한계 압력을 컷아웃 압력(cut out pressure : unloading pressure)이라 한다.	cut-in : reloading
컷 아 웃	언로드 밸브 등에서 펌프를 무부하로 하는 것. 그 한계 압력을 컷인 압력(cut in pressure : reloading)이라 한다.	cut-out : unloading
정격 압력	* 연속하여 사용할 수 있는 최고 압력	rated external
파괴시험 압력	* 파괴되지 않고 견디어야 하는 시험 압력	burst pressure
실파괴 압력	* 실제로 파괴되는 압력	actual burst pressure
보증내압력	정격 압력으로 복귀시켰을 때 성능의 저하를 가져오지 않고 견디지 않으면 안되는 압력. 이 압력은 정해진 조건에서의 값이다.	proof pressure
정격 유량	일정한 조건하에서 정해진 보증 유량	rated flow
정격회전 속도	* 정격 압력으로 연속해서 운전될 수 있는 최고 회전 속도	
정격 속도	* 정격 압력으로 연속해서 운전될 수 있는 최고 속도	rated speed
유체 동력	유체가 갖는 동력, 유압으로는 실용상 유량과 압력의 곱으로 표시한다.	fluid power, hydraulic power, hydraulic horse power

용 어	뜻	대응 영어(참고)
유압 회로	각종 유압기기 등의 요소에 의하여 조립된 유입 장치와의 구성	oil hydraulic circuit
회로도	기호를 사용하여 회로를 표시한 선도	graphical diagram : schematic diagram
인력 방식	인력에 의하여 조작하는 방식	manual control
수동 방식	인력 방식의 일종으로 수동에 의하여 조작하는 방식	manual control : hand control
파일럿 방식	파일럿 밸브 등에 의하여 유도된 압력에 의한 제어 방식	pilot control
미터인 방식	액추에이터 입구쪽 관로에서 유량을 교축시켜 작동 속도를 조절하는 방식	meter-in system
미터아웃 방식	액추에이터 출구쪽 관로에서 유량을 교축시켜 작동 속도를 조절하는 방식	meter-out system
블리드 오프 방식	액추에이터 흐르는 유량의 일부를 탱크로 분기함으로써 작동 속도를 조절하는 방식	bleed-off system
전기유압(방)식	유압 조작에 솔레노이드 등의 전기적 요소를 조합시킨 방식	electro-hydraulic system
관 로	작동 유체를 연결하여 주는 역할을 하는 관 또는 그 제품	line
주 관 로	흡입 관로, 압력 관로 및 귀환 관로를 포함하는 주요 관로	main line
바이패스 관로	필요에 따라 유체의 일부 또는 전량을 분기시키는 관로	by-path : by-pass line
드레인 관로	드레인을 귀환 관로 또는 탱크 등으로 연결하는 관로	drain line
통기관로	대기로 언제나 개방되어 있는 관로	vent line
통 로	* 구성부품의 내부를 관통하거나 또는 그의 내부에 있는 유체를 연결하는 기계 가공이나, 주물 뽑기의 유체를 인도하는 연락로	passage
포 트	작동 유체의 통로의 열린 부분	port
벤트포트	대기로 개방되어 있는 뽑기 구멍	vent-port
통 로 구	대기와 개방되어 있는 구멍	breather-bleeder
공기뽑기	유압 회로 중에 폐쇄되어 있는 공기를 뽑기 위한 니들 밸브 또는 가는 관등	air-bleeder
졸 임	흐름의 단면적을 감소시켜, 관로 또는 유체 통로 내에 저항을 갖게 하는 기구, 초크 졸임과 오리피스 졸임이 있다.	restriction, restrictor
초 크	면적을 감소시킨 통로로서, 그의 길이가 단면 치수에 비해서 비교적 긴 경우의 흐름의 졸임. 이 경우에 압력 강하는 유체 점도에 따라 크게 영향을 받는다.	choke

용 어	뜻	대응 영어(참고)
오리피스	면적을 감소시킨 통로로서, 그 길이가 단면 치수에 비해서 비교적 짧은 경우의 흐름의 졸임. 이 경우에 압력 강하는 유체 점도에 따라 크게 영향을 받지 않는다.	orifice
피스톤	* 실린더 안을 왕복 운동하면서 유체 압력과 힘을 주고 받음을 실행하기 위한 지름에 비해서 길이가 짧은 기계 부품, 보통 연결봉 또는 피스톤 봉과 같이 사용된다.	piston
플런저	* 실린더 안을 왕복 운동하면서 유체 압력과 힘을 주고 받음을 실행하기 위한 지름에 비해서 길이가 긴 기계 부품, 보통 연결봉 등을 붙이지 않고 사용된다.	plunger
램	유압 실린더. 어큐뮬레이터 등에 이용되는 플런저	ram
슬리브	속이 빈 원통형의 구성 부품으로 피스톤 스풀 등을 안내하는 하우징의 안쪽 붙임	sleeve
슬라이드	* 미끄름면에 접촉되어 이동하여, 유로를 개폐하는 구성부품	slide
스풀	원통형 미끄름면에 내접하여 축방향으로 이동하여 유로를 개폐하는 꽂이 모양의 구성부품	spool
개스킷	정비 부분에서 사용되는 유체의 누설 방지 부품	gasket
개스킷 접속	개스킷을 사용하여 기구를 접속시키는 방법	gasket mounting
패킹	미끄름면에서 사용되는 유체의 누설 방지 부품	packing

(2) 유압펌프에 관련되는 용어

용 어	뜻	대응 영어(참고)
유압 펌프	유압회로에 사용되는 펌프	oil hydraulic pump
용적식 펌프	케이싱과 이것에 내접하는 가동부재 등의 사이에 생기는 밀폐 공간의 이동 또는 변화에 의하여 액체를 흡입쪽에서 토출쪽으로 밀어내는 형식의 펌프	positive displacement pump
터보식 펌프	임펠러를 케이싱 안에서 회전시켜, 액체에 에너지를 주어 액체를 토출시키는 형식의 펌프	turbo-pump
정용량형 펌프	1회전마다의 이론 토출량이 변화되지 않는 펌프	fixed displacement pump, fixed delivery pump
가변용량형 펌프	1회전마다의 이론 토출량이 변화하는 펌프	variable displacement pump : variable delivery pump
기어 펌프	케이싱 안에서 물리는 2개 이상의 기어에 의하여 액체를 흡입쪽으로부터 토출쪽으로 밀어내는 형식의 펌프	gear pump
외접 기어 펌프	기어가 외접 물림하는 형식의 기어 펌프	external gear pump
내접 기어 펌프	기어가 내접 물림하는 형식의 기어 펌프	internal gear pump

용 어	뜻	대응 영어(참고)
베인 펌프	케이싱(캠링)에 접해 있는 베인을 로터 내에 설치하여 베인 사이에 흡입된 액체를 흡입쪽으로부터 토출쪽으로 밀어내는 형식의 펌프	vane pump
피스톤 펌프, 플런저 펌프	피스톤 또는 플런저를 경사판, 캠, 크랭크 등으로 왕복 운동시켜서, 액체를 흡입쪽으로부터 토출쪽으로 밀어내는 형식의 펌프	piston pump plunger pump
액셜 피스톤 펌프 액셜 플런저 펌프	피스톤 또는 플런저의 왕복운동의 방향이 실린더 블록 중심축에 대하여 거의 평형인 피스톤 펌프(플런저 펌프)	axial piston pump axial plunger pump
경사축식(액셜) 피스톤 펌프 플런저 펌프	구동축과 실린더 중심축이 동일 직선상에 있지 않는 형식의 액셜 피스톤 펌프(액셜 플런저 펌프)	bent axis type axial piston pump : bent axis type axial plunger pump : tilting cylinder block type axial piston pump : tilting cylinder block type axial plunger pump :
경사판식(액셜) 피스톤 펌프 경사판식(액셜) 플런저 펌프	구동축과 실린더 블록 중심축이 동일 직선상에 있는 형식의 액셜 피스톤 펌프	swash plate type axial piston pump : swash plate type axail plunger pump : can plate type axial piston pump : can plate type axail plunger pump :
레이디얼 피스톤 펌프 레이디얼 플런저 펌프	피스톤 또는 플런저의 왕복운동의 방향이 구동축에 거의 직각인 피스톤 펌프(플런저 펌프)	radial piston pump radial plunger pump
나사 펌프	케이싱내에 나사가 달린 로터를 회전시켜, 액체를 흡입쪽에서 토출쪽으로 밀어내는 형식의 펌프	screw pump
복합 펌프	동일 케이싱 속에 2개 이상의 펌프의 작용 요소를 가지며, 부하의 상태에 따라서 각 요소의 운전을 상호 관련시켜 제어하는 기능을 가지는 펌프	combination pump
더블 펌프	동일축상에 2개 펌프 작용 요소를 가지며, 제각기 독립하여 펌프 작용을 하는 형식의 펌프	double pump
유체 전동 장치	유체를 매개체로 하여 동력을 전달하는 장치	hydraulic power transmission
유압 전동 장치	유체의 압력 에너지를 이용하는 유체 전동장치, 이것에는 용적식 펌프 및 액추에이터(유압 실린더 또는 용적식 모터가 사용된다.)	hydraulic power transmission

용 어	뜻	대응 영어(참고)
터보식 유체 전동 장치	주로 유체의 운동 에너지를 이용하는 유체 전동 장치 터보식 펌프 및 터빈이 사용된다.	hydrodynamic power transmission
실린더 블록	여러 개의 피스톤 또는 플런저가 들어가는 하나로 된 부품	cylinder block
경 사 판	경사판식 피스톤(또는 플런저) 펌프 또는 모터에 사용되어 피스톤(또는 플런저의 왕복운동을 규제하기 위한 판)	swash plate : cam plate
캠 링	베인, 레이디얼 피스톤(또는 플런저) 펌프 및 모터에 사용되어 베인, 피스톤 또는 플런저의 왕복운동을 규제하는 안내링	cam ring, guide ring
밸브판	베인, 피스톤(또는 플런저) 펌프 및 모터에 사용되어 액체의 출입을 규제하는 구멍을 가진 판	valve plate : ports plate : ports valve
압 력 판	기어, 베인 펌프 및 모터에 사용되어 고압시의 용적 효율의 저하를 방지하기 위하여 뒷면에 압력을 작용시키는 구조의 측면 실부재, 밸브판을 겸치는 경우도 있다.	pressure plate
분 배 축	피스톤(또는 플런저) 펌프 및 모터에 사용되어 유체의 출입을 규제하는 구멍을 가진 축	distributor shaft : pintle
스위벨 요크, 실린더 케이싱	가변 용량형의 경사축식 피스톤(또는 플런저) 펌프 또는 모터에 사용되어 실린더 블록의 펌프 또는 모터축에 대한 경사각을 규제하는 부품, 그 내부에 액체 통로를 가지고 있다.	swivel yoke : cylinder casing

(3) 유압 모터 및 유압 실린더에 관한 용어

용 어	뜻	대응 영어(참고)
(유압) 액추에이터	유체에 에너지를 사용하여 기계적인 일을 하는 기기	actuator
유압 모터	유압 회로에 사용되어, 연속 회전 운동이 가능한 액추에이터	oil hydraulic motor
용적식 모터	유체의 유입쪽으로부터 유출쪽으로의 유동에 의하여 케이싱과 이것에 내접하는 가동부재와의 사이에 생기는 밀폐공간을 이동 또는 변화시켜, 연속회전 운동을 하는 액추에이터	positive displacement motor
정용량형 모터	1회전마다의 이론 유입량이 변화되지 않는 유압 모터	fixed displacement motor
가변용량형 모터	1회전마다의 이론 유입량이 변화되는 유압 모터	variable displacement motor
기어 모터	유압 액체에 의하여 케이싱 속에서 물리는 2개 이상의 기어가 회전하는 형식의 유압 모터	gear motor
베인 모터	케이싱(캠링)에 접해 있는 베인을 모터 속에 설치하여 베인 사이에 유입한 액체에 의하여 모터가 회전하는 형식의 유압 모터	vane motor

용 어	뜻	대응 영어(참고)
피스톤 모터 플런저 모터	유입 액체의 압력이 피스톤 또는 플런저 끝면에 작용하여, 그 압력에 의하여 경사판, 캠, 크랭크 등을 거쳐 모터축이 회전하는 형식의 유압 모터	piston motor : plunger motor
요동형 액추에이터	회전 운동의 각도가 360° 이내로 제한되어 있는 형식의 회전형 왕복운동을 하는 액추에이터	rotary actuator : oscillating rotary actuator
유압 실린더	실린더의 힘이 유효 단면적 및 차압이 비례하도록 직선 운동을 하는 액추에이터	cylinder, (oil) hydraulic cylinder
복동(유압) 실린더	액체압을 피스톤의 양쪽에 공급하는 것이 가능한 구조의 유압 실린더	doubling acting cylinder
단동(유압) 실린더	액체압을 피스톤의 한쪽면으로만 공급하는 것이 가능한 구조의 유압 실린더	single acting cylinder
단일 로드(유압) 실린더	피스톤의 한쪽 측면에만 로드가 있는 유압 실린더	single rod cylinder
양 로드(유압) 실린더	피스톤의 양쪽에 로드가 있는 유압 실린더	double rod cylinder
피스톤형(유압) 실린더	피스톤을 주요 부재로 하는 유압 실린더	piston cylinder
램형(유압) 실린더	램을 주요 부재로 하는 유압 실린더	ram cylinder
차등(유압) 실린더	실린더 양쪽에 유효 면적의 차를 이용하는 유압 실린더	differential cylinder
가변행정 (유압) 실린더	행정을 제한하는 가변의 스토퍼를 갖는 유압 실린더	adjustable stroke cylinder
쿠션붙이(유압) 실린더	충격을 완충하는 기능을 가진 유압 실린더, 보통 실린더의 유출구에서의 유출 유량을 줄여 행정 종단의 움직임을 늦추어서, 충격을 방지시키는 목적으로 행정종단에 자동 줄임기구를 설치한다.	cushioned cylinder
텔레스코프형 (유압) 실린더	긴 작동 행정을 줄 수 있는 다단 튜브 모양의 로드가 있는 유압 실린더	telescoping cylinder telescopic cylinder
회전(이음 붙이 유압) 실린더	회전 이음을 갖추어 접속 관로에 대하여 상대적으로 회전 운동이 가능한 유압 실린더	rotaring cylinder
실린더 힘(力)	피스톤 면에 작용하는 이론 유체의 힘	cylinder force
실린더 행정	피스톤 로드의 움직이는 길이 큐션부의 경우는 그 길이를 포함한다.	cylinder stroke
실린더 튜브	내부에 압력을 유지하고 원통형의 내면을 형성하는 부분, 피스톤형 실린더의 경우에는 그 내면을 피스톤이 지나가는 실린더의 원통	cylinder tube : cylinder barrel : barrel
서보 액추에이터	제어 계통에 사용되는 서보 밸브와 액추에이터의 결합체	servo actuator
서보 실린더	최종 제어 위치가 제어 밸브에의 입력신호의 함수가 되도록 추종기구를 함께 가지고 있는 실린더	servo cylinder
압력 변환기	공급하는 유체압과 다른 출력쪽 유체압을 얻는 기기	pressure intensifier

3. 유압 용어

용 어	뜻	대응 영어(참고)
증 압 기	입구쪽 압력을 이에 거의 비례하는 높은 출구쪽 압력으로 교환하는 기기	intensifer : booster
압력 전달기	유체압을 같은 압력의 다른 종류의 유체압으로 변환시키는 기기	air-oil actuator
밸 브	유체 계통에서 흐름의 방향, 압력이나 유량을 제어 또는 규제하는 기기	valve
제어 밸브	흐름의 상태를 변경시켜, 압력 또는 유량을 제어하는 밸브의 총칭	control valve
압력 제어 밸브	압력을 제어하는 밸브의 총칭	pressure control valve
유량 제어 밸브	유량을 제어하는 밸브의 총칭	flow control valve
방향 제어 밸브	흐름의 방향을 제어하는 밸브의 총칭	direction control valve
릴리프 밸브	회로의 압력이 밸브의 설정값에 달하였을 때 유체의 일부 또는 전량을 빼돌려서 회로내의 압력을 설정값으로 유지시키는 압력 제어 밸브	relife valve, relief pressure control valve
일정비 릴리프 밸브	주회로의 압력을 파일럿 압력에 대하여 소정의 비율로 조정(파일럿 조작)하는 릴리프 밸브	proportional pressure relief valve
안전 밸브	기기나 관 등의 파괴를 방지하기 위하여 회로의 최고 압력을 한정시키는 밸브	safety valve
감압 밸브	유량 또는 입구쪽 압력에 관계없이 출력쪽 압력을 입구쪽 압력보다 작은 설정 압력으로 조정하는 압력 제어 밸브	pressure regulator : (pressure) reducing valve : pressure reducing pressure control valve
일정비 감압 밸브	출구쪽 압력을 입구쪽 압력에 대하여 소정의 비율로 감압시켜 주는 밸브	proportional pressure regulator proportional pressure reducing valve
일정차 감압 밸브	출구쪽 압력을 입구쪽 압력에 대하여 소정의 차이만큼 감압시켜 주는 밸브	differential pressure regulator : fixed differential reducing valve
릴리프 붙이 감압 밸브	한쪽 방향의 흐름에는 감압 밸브로 작동하고, 역방향의 흐름에는 그 유입쪽의 압력을 감압 밸브로서의 설정 압력으로 유지시켜 주는 릴리프 밸브로서 작동하는 밸브	pressure reducing and relieving valve
언로드 밸브	일정한 조건으로 펌프를 무부하로 하여 주기 위하여 사용되는 밸브. 보기를 들면 계통의 압력이 설정값에 달하면 펌프를 무부하로 하고, 또한 계통 압력이 설정값까지 저하되면 다시 계통으로 압력 유체를 공급하여 주는 압력 제어 밸브	unloading pressure control valve : unloader
시퀀스 밸브	2개 이상의 분기 회로를 갖는 회로 내에서 그의 작동순서를 회로의 압력 등에 의하여 제어하는 밸브	sequence valve
카운터 밸런스 밸브	추의 낙하를 방지하기 위하여 배압을 유지시켜 주는 압력 제어 밸브	counter balance valve

용어	뜻	대응 영어(참고)
유량 조정 밸브	배압 또는 부압에 의하여 생긴 압력의 변화에 관계없이 유량을 설정된 값으로 유지시켜 주는 유량 제어 밸브	pressure, compensated flow control valve
온도보상붙이 유량조정 밸브	액체의 온도에 관계없이 유량을 설정된 값으로 유지시켜 주는 유량 조정 밸브	pressure-temperature compensated flow control valve
스로틀 밸브	교축(졸임) 작용에 의하여 유량을 규제하는 밸브로 보통 압력 보상이 없는 것	flow metering valve : restrictor : throttling valve
분류 밸브	유압원으로부터 2개 이상의 유압 관로로 나누어 흐르게 할 때 각각의 관로의 압력의 크기에 관계없이 일정 비율로 유량을 분할시켜서 흐르게 하는 밸브	flow dividing valve
변환 밸브	2개 이상의 흐름의 형태를 가지며, 2개 이상의 포트가 있는 방향 제어 밸브	directional control valve : selector
교환 변환 밸브	밸브의 조작 위치에 따라 유량을 연속적으로 변환시켜 주는 변환 밸브	throttling valve
체크 밸브	한쪽 방향으로만 유체의 흐름을 가능하도록 하고, 반대 방향으로는 흐름을 저지시키는 밸브	check valve : directional control check valve
디셀러레이션 밸브	액추에이터를 감속시켜 주기 위하여, 캠 조작 등으로 유량을 서서히 감소시켜 주는 밸브	deceleration valve
프리필 밸브	대형의 프레스 등의 급속 전진 행정으로서는 탱크에서 유압 실린더로의 흐름을 가능하게 하고, 가압 공정에서는 유압 실린더에서 탱크로의 역류를 방지하고 귀환 공정에서는 자유 흐름이 가능하게 되는 밸브	prefill valve
셔틀 밸브	1개의 출구와 2개 이상의 입구가 있고, 출구가 최고 압력쪽 입구를 선택하는 기능을 가진 밸브	shuttle valve
서지 감쇠 밸브	서지 압력을 감쇠시켜 주는 밸브	surge damping valve
디컴프레션 밸브	디컴프레션을 시켜주는 밸브	decompression valve
서보 밸브	전기 그 밖의 입력신호에 따라 유량 또는 압력을 제어하여 주는 밸브	servo valve
스풀 밸브	스풀을 사용하는 밸브	spool(type) valve
기계 조작 밸브	캠, 링크 기구 그 밖의 기계적 방법으로 조작되는 밸브	mechanically operated valve
캠 조작 밸브	캠에 의하여 조작되는 밸브	cam operated valve
인력 조작 밸브	인력에 의하여 조작되는 밸브	manually operated valve
수동 조작 밸브	손으로 조작되는 밸브	manually operated valve : hand operated valve
페달 조작 밸브	발에 의해서 조작되는 밸브	pedal operated valve
전자 밸브	전자 조작 밸브 및 전자 파일럿 변환 밸브의 총칭	solenoid controlled valve
전자 조작 밸브	전자력에 의하여 조작되는 밸브	solenoid operated valve
파일럿 밸브	다른 밸브 또는 기구 등에서 제어 기구를 조작하기 위하여 보조적으로 사용되는 밸브	pilot valve

파일럿(조작) 변환 밸브	파일럿으로서 작용시키는 유체 압력에 의하여 조작되는 변환 밸브	pilot operated directional control valve
전자 파일럿(조작) 변환 밸브	전자 조작이 되고 있는 파일럿 밸브가 일체로 조립된 파일럿 변환 밸브	solenoid controlled pilot operated valve
파일럿 조작 체크 밸브	파일럿으로서 작용되는 유체 압력에 의하여, 그 기능을 변화시키는 것이 가능한 체크 밸브	pilot operated check valve
밸브의 위치	변환 밸브로서 흐름의 형태를 결정하는 밸브 기구의 위치	valve position
노멀 위치	조작력이 작용되지 않고 있을 때의 밸브 위치	normal valve position
중립 위치	변환 밸브로서 결정된 중앙의 밸브의 위치	center valve position
오프셋 위치	변환 밸브에서 중심 이외의 밸브의 위치	offset valve position
디텐트 위치	변환 밸브의 밸브기구에 작용하는 유지 장치에 의하여 유지되는 밸브의 위치	detent valve position
2위치 밸브	2개의 밸브 위치가 있는 변환 밸브	two position valve
3위치 밸브	3개의 밸브 위치가 있는 변환 밸브	three position valve
노멀 클로즈드 정상 폐쇄	노멀 위치에서는 압력 포트가 닫혀 있는 형태. 이러한 형태의 밸브를 노멀 클로즈드 밸브 또는 정상 폐쇄의 밸브(normally closed valve)라고 한다.	normally closed
노멀 오픈 정상 열림	노멀 위치에서는 압력 포트가 출구 포트로 통하여 있는 모양, 이 형태의 밸브를 노멀 오픈 밸브 또는 정상 열림 밸브(normally open valve)라고 한다.	normally open

클로즈드 센터	변환 밸브의 중립 위치에서 모든 포트가 닫혀 있는 흐름의 형태, 이 형태의 밸브를 클로즈드 센터 밸브(closed center valve)라고 한다. 4포트 3위치 밸브를 예시하면 P포트(압력구), R포트(귀환구), A·B 포트(실린더구)가 모두 닫혀 있는 상태	closed center
오픈 센터	변환 밸브의 중립 위치에서 모든 포트가 서로 통하고 있는 흐름의 형태. 이 형태의 밸브를 오픈 센터 밸브(open center valve)라고 한다.	open center
스프링 리턴 밸브	스프링의 힘에 의하여 노멀 위치로 귀환하는 형식의 변환 밸브	spring return valve
스프링 센터 밸브	스프링 리턴 밸브의 일종으로서 노멀 위치가 중립 위치인 3위치 변환 밸브	spring centered valve
스프링 오프셋 밸브	스프링 리턴 밸브의 일종으로 노멀 위치가 오프셋 위치에 있는 변환 밸브	spring offset valve
포트수	밸브와 주관로를 접속시키는 포트수	number of connections : number of ports
2포트 밸브	2개의 포트가 있는 방향 제어 밸브	two port connection valve
3포트 밸브	3개의 포트가 있는 방향 제어 밸브	three port connection valve
4포트 밸브	4개의 포트가 있는 방향 제어 밸브	four port connection valve
랜드부	스풀의 밸브 작용을 하는 미끄름면	land
BR 접속	변환 밸브의 중립 위치에서, B포트는 R포트로 통하고, P포트와 A포트와는 닫혀 있는 흐름의 형태, 이 형태의 밸브를 BR접속 밸브(BR port connection valve)라고 한다. 그 밖의 형식의 밸브는 각각 상통하는 포트기호를 열거하여 PA(접속) 밸브 등으로 호칭한다.	BR port connection

(5) 부속기기 및 그 밖의 기기에 관한 용어

용 어	뜻	대응 영어(참고)
어큐뮬레이터	유체를 에너지원으로 사용하기 위하여 가압 상태로 저축하는 용기	accumulator
블래더형 어큐뮬레이터	가동성의 주머니로서 기체와 액체의 격리되어 있는 어큐뮬레이터	bladder type hydro-pneumatic accumulator
다이어프램형 어큐뮬레이터	가동성의 다이어프램으로서 기체와 액체가 격리되어 있는 어큐뮬레이터	diaphragm type hydro-pneumatic accumulator
피스톤형 어큐뮬레이터	실린더내의 피스톤에 의하여 기체와 액체가 격리되어 있는 어큐뮬레이터	piston type hydro-pneumatic accumulator
직접형 어큐뮬레이터	액체가 압축기체로 직접 가압되어 있는 어큐뮬레이터	non-separator type hydro-pneumatic accumulator
스프링형 어큐뮬레이터	액체가 스프링의 힘으로 가압되어 있는 어큐뮬레이터	spring type mechanical accumulator
중량형 어큐뮬레이터	액체가 추 등의 중량물에 의하여 중력으로 가압되어 있는 어큐뮬레이터	weighted type mechanical accumulator
관 이음	관로의 접속 또는 기기로의 부착을 위하여 유체 통로에 있는 착탈시킬 수 있는 접속 이음쇠의 총칭	connector fitting joint
플랜지관 이음	플랜지를 사용한 관 이음	flange fitting
플레어관 이음	관(튜브)의 끝을 원추형으로 넓힌 구조를 가진 관 이음	flared fitting
플레어리스관 이음	관(튜브)의 끝을 넓히지 않고, 관과 슬리브와의 꼭 끼움 또는 마찰에 의하여 관을 유지하는 관이음	flareless fitting
스위벨 이음	방향 조절이 가능한 팔굽 모형의 고정 이음	swivel fitting
돌림 이음 스위벨 이음	압력하에서도 돌림이 가능한 관 이음	swivel joint
로터리 이음	상대적으로 회전하는 배관 또는 기기를 서로 접속시키기 위한 관 이음	rotary joint
급속 이음	호스의 접속용 이음으로서 신속하게 착탈이 가능한 것	quick disconnect coupling
셀프실 관 이음	두 이음쇠가 연결되었을 때, 자동적으로 열리고 분리되었을 때, 자동적으로 닫히도록 체크 밸브가 끝부분에 내장되어 있는 급속 이음	self-sealing coupling
필 터	유체에서 고형물을 여과 작용에 의하여 제거하는 장치	filter, strainer
관로용 필터	압력 관로에 사용하는 필터	line type filter
탱크용 필터	압력 관로 및 통로 관로 이외에 사용하는 필터	reservoir type filter
통기용 필터	대기로의 통기 관로에 부착된 필터	vent type filter
유 압 유	유압기기 등에 사용되는 기름 또는 액체	hydraulic fluid : hydraulic oil
작 동 유	유압기기 또는 유압 계통에 사용되는 액체	hydraulic operating fluid : working fluid

용 어	뜻	대응 영어(참고)
난연성(유압)유	잘 타지 않는 유압유로서 화재의 위험을 최대한 예방하는 것	fire-resistant fluid
유압 유닛	펌프 구동용 전동기, 탱크 및 릴리프 밸브 등으로 구성된 유압원 장치 또는 그 유압원 장치에 제어 밸브도 포함하여 일체로 구성된 유압장치	hydraulic (power) unit : (hydraulic) power package
밸브 스탠드	유압원이란 별도로 밸브, 계기 그 밖의 부속품을 부착하여 일체로 구성된 제어용 스탠드	valve stand
압력 스위치	유체 압력이 소정의 값에 달하였을 때 전기 접점을 개폐시키는 기기	pressure switch
서브플레이트	관로에의 접속구가 한면에 집중되어 있는 개스킷 접속식의 제어 밸브를 부착시켜 관과의 접속시켜 주는 보조관	subplate
(기름) 탱크	유압 회로의 작동유를 저장하는 용기	oil tank reservoir
호스 어셈블리	내압성이 있는 호스의 양끝에 관 이음에 접속 이음쇠를 부착시킨 것	hose-assembly
매니폴드	내부에 배관의 역할을 하는 통로를 형성하여, 외부에 다수의 기구 접속구를 가지고 있는 부착대	manifold

찾아보기

ㆍㄱㆍ

가변 벤투리식 53
가변 용량형 펌프의 회로 255
가변 진동 발생기 86
가변 체적형 베인 펌프 134
가변 체적형 축방향 피스톤 모터 178
가변 행정 공압 실린더 99
감속 밸브 156
감속 회로 256
감압밸브 59
개스킷 205
게이지 압력 19
고저압 2압 회로 247
고정 벤투리식 53
고정 체적형 베인 펌프 132
고정 체적형 축방향 피스톤 모터 178
고주파 발진형 280
공ㆍ유압 변환기 117
공기 배리어 87
공기제어블록 84
공랭식 45
공압 근접 스위치 88
광전 스위치 279
교류용 리드 스위치 282
교축 밸브 64, 157
그립-암 43
근접 스위치 279
금속 실 210
기계 효율 127

기계적 실 209
기어 모터 174
기어 펌프 128
끼우기 용접형 이음 배관 215

ㆍㄴㆍ

나사끼우기형 이음 배관 215
나선 와이어 브레이드 호스 214
난류 29
내압 시험 회로 264
내전압 79
냄새 제거용 필터 52
냉각기 45
냉동식 공기 건조기 46
노점(영점) 33
논리 회로 292
누름 버튼 스위치 277
뉴턴 유체 21

ㆍㄷㆍ

다단 실린더 165
다위치형 공압 실린더 97
다이어프램형 어큐뮬레이터 197
단단 베인 펌프 133, 134
단열변화 23
단일 와이어 브레이드 호스 214
돌턴의 법칙 32
동적 실 206

동조 회로 264
듀얼 베인식 132
드레인 플러그 188
등온변화 23
디스크 시트 밸브 71
디지털형 165

ㄹ

램형 실린더 164
레이놀즈 수 30
로드레스 실린더 100
로브 펌프 130
로크 회로 257
로킹 암형 베인 모터 177
로터리형 150
루트 블로어 41
리밋 스위치 278
릴리프 밸브 143
립 패킹 90, 211

ㅁ

마이크로 스위치 278
무부하 제어 43
미세 필터 50
미터-아웃 회로 241, 254
미터-인 회로 241, 254

ㅂ

바이트형(유니언형) 이음 217
바이패스식 유량제어 밸브 158
반향 감지기 87
방청 방식성 223
방향수 151
배기제어 43

배압 감지기 88
밴드 가열기 203
밸브붙이 실린더 101
버플 188
베르누이의 방정식 28
베인 모터 176
베인 펌프의 특성 곡선 135
베인형 공기 압축기 41
벤투리관 28
벨로스 150
변위 단계 도표 232
변위 시간 도표 232
병렬 회로 271
병렬형 회전 피스톤 모터 178
보강 링 206
보일·샤를의 법칙 22
복귀전압 79
복동 실린더 95, 96
복합 베인 펌프 134
볼 시트 밸브 70
볼피스톤형 유압 모터 181
부르동관 150
분류식 189
브래더형 어큐뮬레이터 197
브레이크 붙이 실린더 97
블리드 오프 회로 254
비중량, 밀도, 비중 18

ㅅ

사축형 유압 모터 178
사판형 유압 모터 179
산화 안전성 222
서술적 묘사 232
서지 전압 282
석유계 작동유 219

성형 회전 피스톤 모터 180
세미 오픈 센터형 154
세이딩 코일 78
셔틀 밸브 156
셸 앤드 튜브(shell & tube) 식 202
소음기 121
소포성 223
속도제어 밸브 64
솔레노이드 밸브붙이 실린더 100
송풍기 37
수냉식 46
스로틀 밸브 157
스로틀 체크 밸브 157
스크루 펌프 130
스크루형 공기 압축기 40
스트레이너 189
스풀형 151
스프링 부하 어큐뮬레이터 198
스프링 부하형 체크 밸브 155
슬라이드 밸브 74
슬리브 이음 배관 216
시퀀스 밸브 61
시퀀스 제어 227

··◦··

안전밸브 59
압력 가변회로 246
압력 스위치 62
압력 온도보상 유량조정 밸브 159
압력 증폭기 87
압력 특성 63
압력보상 유량제어 밸브 158
압력의 점진적 증대용 어큐뮬레이터 195
압착 패킹 90
압축성 220

약식 기호 형태 232
양로드 형 96
언로드 밸브 61
에너지 보존의 법칙 27
연속의 법칙 24
오리피스 30
오일 미립자 분리기 51
오일 회수기 54
오일기어형 유압 모터 181
오픈 루프 제어 226
오픈 센터형 154
왕복형 공기 압축기 39
외란 226
용적형 공기 압축기 39
운동 도표 232
원격 조작 회로 246
위치수 151
위치의 수 66
유 보충 밸브와 보조 실린더의 회로 256
유동성 220
유량 비례 분류 밸브 159
유량 순위 분류 밸브 158
유량 조정 순위 밸브 159
유량 특성 63, 75
유보충 회로 269
유분 제거용 필터 52
유압 퓨즈 150
윤활유 입자 선별식 53
응답시간 79
응답시간 특성 76
응축수 33
이중 와이어 브레이드 호스 214
인라인형 유량조정 밸브 160
인터록 회로 291
인트라 베인식 131
인화점과 연소성 220

ㅇ (continued)

일정 압력 유지용 어큐뮬레이터 …………… 196
일정 출력 회로 ………………………………… 268
일정 토크 회로 ………………………………… 268

ㅈ

자계형 ………………………………………… 280
자기 감지형 리드 스위치 …………………… 283
자기유지 회로(기억 회로) …………………… 290
자기형 스위치 ………………………………… 280
자동 급유기 …………………………………… 55
잔류탄소의 색 ………………………………… 220
재생회로, 차동회로 …………………………… 255
저속 제어 ……………………………………… 43
전계형 ………………………………………… 280
전량식 ………………………………………… 52
전류 특성 ……………………………………… 78
전류식 ………………………………………… 189
전체 효율 ……………………………………… 127
절대 압력 ……………………………………… 19
절연저항 ……………………………………… 79
점도지수 ……………………………………… 221
점성계수 ……………………………………… 20
정적 실 ………………………………………… 206
제동 회로 ……………………………………… 269
제어 도표 ……………………………………… 233
조직적 설계방법 ……………………………… 232
조합 밸브 ……………………………………… 84
조합제어 ……………………………………… 227
중화수 ………………………………………… 222
증강회로 ……………………………………… 262
증기 가열기 …………………………………… 203
증압기 ………………………………………… 119
증압회로 ……………………………………… 262
직동형 릴리프 밸브 …………………………… 144
직렬 회로 ……………………………………… 270

직류용 리드 스위치 …………………………… 282
진공 펌프 ……………………………………… 120

ㅊ

차단제어 ……………………………………… 43
차동 실린더 …………………………………… 96
차동 코일형 …………………………………… 280
철편형(자기 평형형) 리드 스위치 ………… 284
체적 탄성계수 ………………………………… 20
체적 효율 ………………………………… 38, 126
체크 밸브 ……………………………………… 82
초음파형 ……………………………………… 280
초크 …………………………………………… 31
최대 압력 제한 회로 ………………………… 245
추부하 어큐뮬레이터 ………………………… 198
충격 실린더 …………………………………… 100
충격 흡수용 어큐뮬레이터 ………………… 195
충격압 방지회로 ……………………………… 247
층류 …………………………………………… 29

ㅋ

카운터 밸런스 밸브 …………………………… 148
카운터 밸런스 회로 …………………………… 255
컵형 패킹 ……………………………………… 210
쿠션 장치 ……………………………………… 96
클로즈드 루프 제어 …………………………… 226
클로즈드 센터형 ……………………………… 154

ㅌ

타르 제거용 필터 ……………………………… 51
탠덤 센터형 …………………………………… 154
터보형 공기 압축기 …………………………… 39
텐덤형 공압 실린더 …………………………… 97
텔레스코프형 ………………………………… 165

텔레스코프형 공압 실린더 96
투입 가열기 203
트로코이드 펌프 130

• ❖ ㅍ ❖ •

파스칼의 원리 23
파일럿 조작 체크 밸브 156
팬 37
펌프 클로즈드 센터형 154
펌프의 유체동력 126
펌프의 이론동력 125
펌프의 축동력 126
편로드 형 96
평형 피스톤형 릴리프 밸브 145
포지셔너 실린더 98
포트수 66, 151
포핏식 밸브 69
포핏형 150
포화 수증기량 32
포화 수증기압 32
포화상태 33
플랜지 이음 217
플랜지 패킹 211
플레어 이음 배관 216
플립플롭 회로 243

피스톤형 어큐뮬레이터 197

• ❖ ㅎ ❖ •

하이드로 체커 100
하이드로릭 체크 유닛 119
항유화성 222
헬쇼형 유압 모터 180
흡수식 공기 건조기 48
흡인력 78
흡입형 체크 밸브 155
흡착식 공기 건조기 47
히스테리시스 (응차) 279

[숫자 및 영문]

2단 베인 펌프 133
2압 밸브 83
2연 베인 펌프 133, 135
AND 회로 241
NOR 회로 242
NOT 회로 242
ON-OFF 제어 43
OR 회로 241
O링(O-ring) 205
U형 패킹 211
V형 패킹 210

공유압 제어 이론과 실험

1999년 5월 15일 1판 1쇄
2001년 2월 25일 1판 2쇄
2003년 8월 30일 2판 1쇄
2023년 1월 25일 2판 3쇄

저 자 : 차흥식
펴낸이 : 이정일

펴낸곳 : 도서출판 **일진사**
www.iljinsa.com

(우) 04317 서울시 용산구 효창원로 64길 6

전화 : 704-1616/팩스 : 715-3536

등록 : 제1979-000009호 (1979.4.2)

값 18,000 원

ISBN : 978-89-429-0734-2

● **불법복사는 지적재산을 훔치는 범죄행위입니다.**
저작권법 제97조의 5(권리의 침해죄)에 따라 위반자는 5년 이하의 징역 또는 5천만원 이하의 벌금에 처하거나 이를 병과할 수 있습니다.